人力资源和社会保障部职业能力建设司推荐
冶金行业职业教育培训规划教材

连铸保护渣技术问答

许英强　程　锐　孙风晓　赵登报　李殿明　编著

北　京
冶金工业出版社
2013

内容提要

本书以问答的形式系统介绍了保护渣的相关知识，主要包括保护渣基础理论知识、生产制造与检测、品种的规划与选用、保护渣与生产工艺、保护渣与铸坯质量、自动加渣技术、保护渣技术新进展和中间包覆盖剂等内容。

本书主要面向钢铁企业工程技术人员和从事连铸生产操作的一线人员，也可供从事连铸保护渣研制和生产的科研工作者和高等院校师生参考。

图书在版编目(CIP)数据

连铸保护渣技术问答／许英强等编著．—北京：冶金工业出版社，2013.1

人力资源和社会保障部职业能力建设司推荐冶金行业职业教育培训规划教材

ISBN 978-7-5024-6042-6

Ⅰ.①连…　Ⅱ.①许…　Ⅲ.①连续铸钢—保护渣—职业教育—教材　Ⅳ.①TG249.7

中国版本图书馆CIP数据核字(2012)第293562号

出版人　谭学余

地　　址　北京北河沿大街嵩祝院北巷39号，邮编100009

电　　话　(010)64027926　电子信箱　yjcbs@cnmip.com.cn

责任编辑　陈慰萍　美术编辑　李　新　版式设计　孙跃红

责任校对　李　娜　责任印制　李玉山

ISBN 978-7-5024-6042-6

冶金工业出版社出版发行；各地新华书店经销；北京百善印刷厂印刷

2013年1月第1版，2013年1月第1次印刷

787mm×1092mm　1/16；7.75印张；162千字；104页

20.00元

冶金工业出版社投稿电话：(010)64027932　投稿信箱：tougao@cnmip.com.cn

冶金工业出版社发行部　电话：(010)64044283　传真：(010)64027893

冶金书店　地址：北京东四西大街46号(100010)　电话：(010)65289081(兼传真)

(本书如有印装质量问题，本社发行部负责退换)

冶金行业职业教育培训规划教材
编辑委员会

序

吴溪淳

改革开放以来，我国经济和社会发展取得了辉煌成就，冶金工业实现了持续、快速、健康发展，钢产量已连续数年位居世界首位。这其间凝结着冶金行业广大职工的智慧和心血，包含着千千万万产业工人的汗水和辛劳。实践证明，人才是兴国之本、富民之基和发展之源，是科技创新、经济发展和社会进步的探索者、实践者和推动者。冶金行业中的高技能人才是推动技术创新、实现科技成果转化不可缺少的重要力量，其数量能否迅速增长、素质能否不断提高，关系到冶金行业核心竞争力的强弱。同时，冶金行业作为国家基础产业，拥有数百万从业人员，其综合素质关系到我国产业工人队伍整体素质，关系到工人阶级自身先进性在新的历史条件下的巩固和发展，直接关系到我国综合国力能否不断增强。

强化职业技能培训工作，提高企业核心竞争力，是国民经济可持续发展的重要保障，党中央和国务院给予了高度重视，明确提出人才立国的发展战略。结合《职业教育法》的颁布实施，职业教育工作已出现长期稳定发展的新局面。作为行业职业教育的基础，教材建设工作也应认真贯彻落实科学发展观，坚持职业教育面向人人、面向社会的发展方向和以服务为宗旨、以就业为导向的发展方针，适时扩大编者队伍，优化配置教材选题，不断提高编写质量，为冶金行业的现代化建设打下坚实的基础。

为了搞好冶金行业的职业技能培训工作，冶金工业出版社在人力资源和社会保障部职业能力建设司和中国钢铁工业协会组织人事部的指导下，同河北工业职业技术学院、昆明冶金高等专科学校、吉林电子信息职业技术学院、山西工程职业技术学院、山东工业职业学院、安徽工业职业技术学院、安徽冶金科技职业技术学院、济钢集团总公司、宝钢集团上海梅山公司、中国职工教育和职业培训协会冶金分会、中国钢协职业培训中心等单位密切协作，联合有关冶金企业和高等院校，编写了这套冶金行业职业教育培训规划教材，并经人力资源和社会保障部职业培训教材工作委员会组织专家评审通过，由人力资源和社会保障部职业能力建设司给予推荐，有关学校、企业的编写人员在时间紧、任务重的情况下，克服困难，辛勤工作，在相关科研院所的工程技术人员的积极参与和大力支持下，出色地完成了前期工作，为冶金行业的职业技能培训工作的顺利进行，打下了坚实的基础。相信这套教材的出版，将为冶金企业生产一线人员理论水平、操作水平和管理水平的进一步提高，企业核心竞争力的不断增强，起到积极的推进作用。

随着近年来冶金行业的高速发展，职业技能培训工作也取得了令人瞩目的成绩，绝大多数企业建立了完善的职工教育培训体系，职工素质不断提高，为我国冶金行业的发展提供了强大的人力资源支持。今后培训工作的重点，应继续注重职业技能培训工作者队伍的建设，丰富教材品种，加强对高技能人才的培养，进一步强化岗前培训，深化企业间、国际间的合作，开辟冶金行业职业培训工作的新局面。

展望未来，任重而道远。希望各冶金企业与相关院校、出版部门进一步开拓思路，加强合作，全面提升从业人员的素质，要在冶金企业的职工队伍中培养一批刻苦学习、岗位成才的带头人，培养一批推动技术创新、实现科技成果转化的带头人，培养一批提高生产效率、提升产品质量的带头人；不断创新，不断发展，力争使我国冶金行业职业技能培训工作跨上一个新台阶，为冶金行业持续、稳定、健康发展，做出新的贡献！

前　言

在连续铸钢生产中，采用结晶器保护渣浇注已经有50 多年的历史。随着连铸技术的不断发展，保护渣的功能及其在连铸工艺中的重要地位日益受到各国连铸工作者的重视并且开展了广泛的研究。

高效连铸技术的发展，对保护渣的作用提出了更高的要求，需要解决高拉速下铸坯表面质量难以保证和黏结漏钢几率增加的难题。以连铸连轧为基础的紧凑型生产工艺流程，是降低生产成本、提高经济效益的重要途径。而无缺陷铸坯的生产是实现连铸连轧的关键，它对保护渣的要求更高。选择合适的保护渣和铸机工艺参数相匹配，是保证连铸机顺行稳定、提高铸坯质量、减少生产事故的基础。因此，无论是从事连铸技术工作的工程技术人员，还是连铸生产一线的生产操作者，对连铸保护渣相关知识都要有一定的了解，以求解决生产过程中遇到的问题。

为使广大连铸工作者更好地掌握保护渣应用知识，在连铸生产中进一步避免各类漏钢事故，减少裂纹等各类连铸坯缺陷，作者在《连铸结晶器保护渣应用技术》基础上，吸收最新经验和知识，撰写了本书。本书结合生产实践系统地介绍了保护渣的相关知识，在形式上采用一问一答，方便读者查阅；在讲解上，深入浅出、通俗易懂，利于读者理解。本书是从事连铸工作的工程技术人员和生产操作者良好的参考用书。

本书由山东九羊公司富伦钢铁有限公司许英强、程锐、孙风晓、赵登报、李殿明撰写，山东九羊公司富伦钢铁有限公司炼钢厂程振清、唐民生、杨庆利、张敬忠、李涛等生产技术骨干参与了撰写工作。济钢集团总公司副总经理邵明天、河南西峡龙城集团公司朱书成、武汉钢铁集团公司冶金辅料公司肖敬魁为本书的撰写提供了技术指导和帮助，在此对他们的热情帮助和支持表示衷心感谢！

本书在撰写过程中，参阅了连铸、炼钢方面的文献和某些连铸专著中提供的经验和资料，在此向这些作者和出版者表示衷心感谢！

由于作者水平所限，书中不足之处，敬请读者批评指正。

作 者

2012 年 8 月 28 日

目　　录

第1章 保护渣基础知识

1. 保护渣技术有什么样的发展过程?

在连铸工艺发展的最初阶段，一般采用植物油润滑铸坯，进行敞开浇注。20世纪60年代对保护渣进行了初步的探索和使用。20世纪70年代是保护渣研究和应用比较活跃的时期。这个阶段系统地研究了保护渣在结晶器内的行为，对保护渣的物理特性提出了要求，确定了保护渣的化学组成。20世纪80年代，由于高速连铸、连铸坯热送热装和直接轧制等技术的发展，保护渣的研究和应用进一步发展，自动加渣技术也得到了初步发展。20世纪90年代是保护渣的研制理论进一步成熟和制造技术飞速发展的阶段，围绕微合金钢、不锈钢等多钢种，高拉速连铸无缺陷铸坯的要求，保护渣的品种进一步丰富，并且计算机辅助设计技术开始应用。目前，围绕无氟渣、无碳渣、彩色保护渣以及在浇注过程中如何进一步提高保护渣性能的稳定性，对保护渣展开了更深层次的研究。

保护渣技术的详细发展过程见表1-1。

表1-1 保护渣技术的发展过程

序号	年代	发明者	主要技术或贡献
1	1959	挪威	在一台方坯铸机上第一次采用保护渣保护结晶器液面
2	1963	法国优质钢公司	采用了浸入水口保护渣浇注技术
3	1964	德国迪林根（DILLINGEN）	开发了直筒形浸入式水口加保护渣浇注的技术
4	1965	日本	在连铸机上开始应用粉末保护渣浇注
5	1971	克利波夫	提出使用高CaF_2、低黏度的发热保护渣浇注含Ti的不锈钢
6	1972	中国	开始研究浸入式水口保护渣浇注技术
7	1973	中国	针对存在的板坯表面纵裂等质量问题成立攻关组，使用青岛耐火材料厂试制的熔融石英水口和攻关组配制的保护渣在上钢一厂板坯连铸机上做了试验并取得成功
8	1973	左藤良吉	系统论述了保护渣在结晶器内的行为；如何根据不同钢种对保护渣的物理性质的要求，合理确定保护渣的化学组成；明确提出控制保护渣熔化速度的重要作用，保护渣在结晶器钢液面上的熔融模型通过配入的炭粒的粒度和数量来控制
9	1974	江见俊彦	研究板坯表面的纵裂和夹渣，指出保护渣的黏度与熔化速度之间应保持一恰当的比值
10	1976	芬兰劳塔路基钢厂	提出了无粉尘（颗粒）保护渣的设想

续表 1-1

序号	年代	发明者	主要技术或贡献
11	1976	德国 Metallurgica 公司创始人 H. J. Eitel	用喷雾干燥法首先研制出空心颗粒结晶器保护渣，平均粒径 0.5mm，具有无粉尘、堆积密度小、流动性好、成分均匀、不吸水及有利于自动加渣等优点；同期，日、美等国采用挤压机或圆盘造粒机，开发了预熔型实心颗粒渣
12	1978	竹内英磨	提出以 BN 取代碳质材料的无碳保护渣
13	1979	P. V. Riboud 等	论述了保护渣对钢液弯月面的保护作用；提出高碱度、低黏度及含 Na_2O、CaF_2 高的保护渣有利于吸收非金属夹杂物；并对凝固壳的形成和弯月面上熔渣的流入行为，保护渣的性质和作用间的关系进行了研究
14	1980	李正邦、邵象华、茅洪祥	1980 年开始电渣重熔无氟渣的研究，在本钢试验获得成功
15	1981	T. Sakuraya	提出了控制保护渣熔化特性的关键在于控制半熔态温度区间的宽度 T_{HM}，T_{HM} 为 120～180℃ 时板坯的表面缺陷最低，可以通过调节碳质材料的种类和数量来控制 T_{HM} 的大小
16	1982	法国索拉克公司瑟雷芒日厂	首先安装使用了简单可靠的保护渣自动加渣装置，专利名为"Dapsol"（索拉克公司保护渣自动加渣器缩写）
17	1985	河南西保集团	研制成功实心颗粒保护渣
18	1989	美国纽柯钢厂	投产了第一台薄板坯连铸机，首次开发采用薄板坯保护渣
19	80 年代后期	重庆大学、北京科技大学、上海盛桥保护渣厂	研制成功预熔型实心颗粒保护渣，并在重庆特钢和上海宝钢应用
20	90 年代初	金刚（现大众）保护材料厂	研制成功空心颗粒保护渣
21	1993	迟景灏、甘永年	主编出版《连铸保护渣》，在中国第一次系统论述了保护渣的基础知识、结晶器保护渣在连铸过程中的行为、保护渣的理化性质及其对铸坯质量的影响、碳质材料的作用、结晶器保护渣类型、保护渣的配制及制造、保护渣的测试方法等内容
22	1994	朱立光	论述了保护渣满足高生产率要求、工艺简化要求、特殊钢连铸要求、环境保护和铸机维护的要求，国内外开展的研究和保护渣应用成果，提出了保护渣研制的建议
23	1994	朱果灵	研制成功薄板坯空心颗粒保护渣，并试用在兰州钢厂薄板坯连铸机上
24	1996	美国钢铁协会（AISI）	开展了结晶器保护渣理化性能测试方法调查，确定了用于保护渣理化性能测定的最适宜的方法，并于 1996 年制定六个保护渣的试验方法标准
25	1997	嵇美华	论述了保护渣技术的发展历史，保护渣技术进步与连铸技术发展的关系，分析了中国连铸保护渣生产现状、存在问题和解决的办法等
26	1998	茅洪祥	对结晶器保护渣自动加渣器进行了研究，指出了开发自动加渣器应遵循的原则，提出了改进自动加渣器的措施
27	2001	中国	制定了黏度、熔点等保护渣性能检测标准
28	2003	河南西保集团、重庆大学	在重钢 2 号板坯铸机上实现了包晶钢无氟保护渣浇注技术
29	2006	德国 STOLLBERG	开发试验了彩色保护渣

2. 什么是结晶器保护渣技术？

结晶器保护渣技术是连铸高效化的一项关键技术。

在连铸工艺发展的最初阶段，普遍敞开浇注，采用植物油润滑铸坯，用气体和油的不完全燃烧产物或其碳氢化合物的分解产物保护结晶器内的金属液。植物油润滑铸坯的缺点是在坯壳和结晶器壁的润滑和传热性能差，增大了形成裂纹和发生漏钢事故的几率。针对这些问题，人们逐渐开发出浸入式水口加保护渣浇注技术。保护渣渣膜充填坯壳与结晶器间的空隙，解决了敞开浇注存在的润滑不良和裂纹问题。

随着连铸技术的不断发展，高效连铸逐渐成为主流。高效连铸中的高拉速使结晶器中的热流密度及摩擦力增大，结晶器钢液面波动加剧，出结晶器的铸坯坯壳变薄，渣耗急剧下降造成润滑不良和传热不均等，使得高速连铸遇到了黏结漏钢和铸坯表面缺陷率增加的两大难题。解决这些问题的重要手段之一就是选择合适的保护渣，使保护渣性能与连铸机工艺参数相匹配。

3. 高效保护渣有何技术特点？

为了满足高效连铸，结晶器保护渣必须符合下列要求：

（1）保护渣在高拉速或拉速变化较大时，必须能够保持足够的消耗量和良好的润滑能力，避免发生黏结漏钢。

（2）结晶器与坯壳之间形成厚度适宜且分布均匀的渣膜，以降低摩擦力，促进传热，使坯壳快速均匀地生长，减少铸坯表面缺陷。

（3）具有适当厚度的液渣层，防止高拉速时液渣供应不足，产生铸坯黏结。

（4）要有良好的溶解、吸收夹杂物的能力，并在吸收夹杂物以后，仍能保持稳定的使用性能。

因此，连铸高效化后必须有低黏度、低熔点、高熔化速度、大凝固系数的保护渣，以减少铸坯的表面质量缺陷。

4. 保护渣由哪几部分组成？

保护渣一般由三部分物料组成：一是基料部分，二是辅助材料，三是熔速调节剂。它们都有定量的配比，对有特殊要求的，按特殊的配比配制。

5. 保护渣按照基料的化学组成分成哪几类？

保护渣按照基料的组成可分为 $SiO_2-CaO-Al_2O_3$ 系、$SiO_2-Al_2O_3-CaF_2$ 系和 $SiO_2-Al_2O_3-Na_2O$ 系等三元渣系，其中以第一类的应用最为普遍。在第一类的基础上可加入少量调整熔点和黏度的添加剂（如碱金属或碱土金属氧化物、氟化物、硼化物等）和控制熔速的碳质材料（炭黑、石墨和焦炭等），以制造其他类别的保护渣。

6. 保护渣按照形状分为哪几类？

根据外形，保护渣可以分为粉状渣和颗粒渣，其中颗粒渣又可分为长条形颗粒渣、实心球形颗粒渣和空心球形颗粒渣。

7. 粉状保护渣主要有哪些优缺点？

粉状保护渣的优点是：

（1）制造工艺简单，成本低；

（2）保温性能好；

（3）由于比表面积大，渣的熔化速度较快。

粉状保护渣目前仍然是应用最广泛的品种之一。

粉状保护渣的缺点是：

（1）成分偏析大，易造成流入结晶器和坯壳间的液渣不均匀，对其应有的润滑作用造成不良影响；

（2）易吸水返潮，使用时铺展性差，且性能不一致；

（3）使用时容易产生气体，在铸坯上形成皮下气孔；

（4）加入时粉尘和火焰较大，影响环保，且不易实现自动加渣。

有研究者提出，粉渣不宜用于裂纹敏感性强的钢种。

8. 颗粒保护渣按照成型方法的不同可分为哪几类？

在粉状渣中配加适量的黏结剂，按照不同的成型方法，一般将颗粒保护渣分为挤压机挤压成型法制造的长条形保护渣、圆盘成型法或圆筒成型法制造的实心球形颗粒保护渣和喷雾成型法制造的空心球形颗粒渣。

9. 颗粒保护渣和粉渣相比有哪些优点？

在粉状渣中配加适量的黏结剂，做成颗粒保护渣，可以克服粉渣污染环境的缺点。颗粒保护渣虽然由于制作工艺复杂，成本有所增加，但是熔化均匀性和铺展性大大改善，有利于使用机械化自动加渣装置，实现保护渣加入自动化控制。

10. 长条形保护渣的特点有哪些？

长条形保护渣是依靠挤压成型的原理对半干状态的粉渣施加一定的压力，使其通过上面布有许多孔径为 $\phi 1 \sim 1.5$mm 的筛网，从而形成柱状颗粒（长为 1 ~ 3mm）。

挤压成型的长条形保护渣具有较好的熔化均匀性，使用时粉尘少，有利于环境保护，而且渣膜均匀，改善润滑效果。但是，长条形保护渣与粉状渣相比，绝热保温性较差，而且成渣速度慢；和球形颗粒渣相比，流动性和铺展性较差。另外，挤压成型方法所用的筛网容易损坏，而且不易调整保护渣的体积密度，颗粒尺寸难以掌握。

11. 实心球形颗粒保护渣的特点有哪些？

实心球形颗粒保护渣使用时粉尘少，降低了对工作环境的污染，熔化均匀好，但是绝热性和铺展性较差，渣的熔化速度慢。和空心球形颗粒渣相比，实心球形颗粒渣制造工艺较简单，生产成本低。

12. 空心球形颗粒保护渣的特点有哪些？

空心球形颗粒保护渣集粉状渣和实心颗粒渣的优点为一体，熔化均匀性较好，绝热保温性能和环保性能优于其他类型渣，其流动性、在结晶器内的铺展性也优于其他类型保护渣。

空心球形颗粒保护渣为高档产品，主要用于优质碳素钢、低合金钢、合金钢特殊钢种的生产。

空心球形颗粒保护渣一般采用喷雾成型工艺制造，其优点是连续作业，产量高，可进行全自动控制。其缺点是生产成本高，制造工艺复杂等。

13. 按照使用原材料的不同，保护渣可以分成哪几类？

按照使用原材料的不同，保护渣可以分成以下几类。

（1）原始材料混合型即混合粉状保护渣：该类保护渣是将所需原材料混合均匀、磨细至一定的粒度、烘干后制成。

（2）半预熔型保护渣：将所用的原料部分预熔后，加入熔剂、碳质材料等制成粉状或颗粒状保护渣。

（3）预熔型保护渣：将含 SiO_2、CaO 的材料（如硅灰石、石灰石等）、氟化物（如萤石等）、含 Na^+（如纯碱等）的材料等按一定比例混合后，在冲天炉或电炉中熔化成所需要的基料，然后根据需要配入少量的熔剂及碳质材料，就得到预熔型粉状保护渣。

（4）发热保护渣：在保护渣中加入发热材料，一般用作开浇渣。

14. 预熔型保护渣有哪些特点？

预熔型型保护渣制作工艺复杂，成本较高，其主要优点是化学成分和相成分均匀，在结晶器内能够均匀熔化，形成稳定的液渣层。预熔型保护渣还可进一步制造成颗粒保护渣。预熔型颗粒保护渣的特点主要有以下几点：

（1）对环境污染小。预熔型颗粒保护渣能大幅度减少粉尘发生量，在相同条件下，粒状渣粉尘发生量只有粉渣的1/20。从环保角度看，粒状渣优于混合粉渣。

（2）性能稳定，使用效果好。由于粉渣是各种高熔点原料和低熔点原料的混合物，故难以达到均匀熔化的要求。而预熔型颗粒保护渣则是对熔点进行了均匀化调整后的混合物，其熔化性能更加稳定和均匀。

（3）无分层现象。粉渣是由粗细不等的细小颗粒组成，容易产生分层，从而导致熔化性能不均匀，因此，只能依靠严格限制粉体粒度来减轻分层趋势。而预熔渣本身就是均匀相，不存在分层问题，故预熔渣克服了粉渣在包装、运输和使用过程中的分层现象。

（4）可以适当调整体积密度。对于某些钢种而言（如超低碳钢），结晶器内液面上的绝热条件要求非常苛刻，一般的粉渣和颗粒渣因体积密度大而难以满足要求，这时就需要降低其体积密度来补偿绝热能力的不足。用喷雾干燥法生产出的空心球状保护渣，其密度可以降到0.5g/m^{3}左右。

15. 什么是发热型保护渣？

发热型保护渣是在渣粉中加入了发热剂（如铝粉等）。在高温状态下发热剂氧化放热，发热型保护渣不从钢水吸热就能立即形成液渣层。但这种渣成渣速度不易控制，成本较高，污染工作环境，故应用受到一定限制，主要在连铸开浇时使用。

16. 保护渣按照不同钢种的使用特性可以分为哪几类？

保护渣按照不同钢种的使用特性，可以分为低碳钢保护渣、中碳钢保护渣、高碳钢保护渣和特种钢专用渣。

17. 保护渣根据不同坯型可以分为哪几类？

按照不同坯型，保护渣可以分为板坯保护渣、方坯保护渣、圆坯保护渣和异型坯保护渣。

18. 保护渣的化学成分通常包括哪些物质？

保护渣的化学成分主要包括 CaO、SiO_2 和 Al_2O_3，少量的 Na_2O（或 Li_2O）、K_2O、B_2O_3、BaO、SrO、FeO、CaF_2 和炭粒，还包括很少量的有害成分磷、硫。其中 CaO 和 SiO_2 占60%～70%。典型的保护渣的化学成分范围见表1-2。

表1-2　典型的保护渣化学成分范围　（%）

成分	含量	成分	含量	成分	含量	成分	含量
CaO	25~44	SiO_2	30~44	Al_2O_3	2~8	MgO	0~9
Na_2O	3~16	K_2O	0~5	Fe_2O_3	0~3	B_2O_3	0~10
MnO	0~4	BaO	0~10	Li_2O	0~1.5	F	5~15

19. CaO对保护渣的物化性能有什么影响?

CaO的熔点为2600℃，它和析晶温度有关，属于破网氧化物（网络外体氧化物），因此，增加保护渣中CaO的含量可以增加保护渣的碱度，明显降低保护渣的黏度，提高保护渣吸收钢中氧化物夹杂的能力，尤其是Al_2O_3和TiO_2。高碱度保护渣可提高溶解、吸收钢中夹杂物的速度。但碱性渣的黏度随温度变化较大。当冷却到液相线温度时，由于结晶能力强而不断析出晶体，会严重破坏渣的玻璃性。日本山中启川等人的研究表明：随保护渣碱度的增大，晶体的析出温度升高，结晶化倾向增大。使用结晶温度高、结晶化倾向大的保护渣，会使结晶器摩擦阻力增大，穿钢发生率也增加。

20. CaF_2对保护渣的物化性能有什么影响?

CaF_2含量较高时，结晶器液面不结“冷皮”，铸坯表面质量好，但铸坯振痕峰谷处容易发生穿钢现象。这是由于渣中CaF_2含量过高会析出枪晶石（$3CaO \cdot 2SiO_2 \cdot CaF_2$）等高熔点物，从而破坏熔渣的玻璃性，使润滑条件恶化。另外，F^-含量过高还会对浸入式水口造成严重侵蚀。熔渣中适量的F^-可促使硅氧聚合体解体。

CaF_2在小于10%的范围内增加含量对保护渣降低黏度的影响较大，将CaF_2控制在7%~10%可显著降低渣的黏度，且不会影响熔渣的玻璃性。超过10%后再增加CaF_2则作用不明显。同时，CaF_2含量高的熔渣大多属于短渣，其$\eta - t$关系曲线转折较陡。

保护渣中逸出的氟化物与它的矿物组织有极密切的关系。加热和熔化非预熔结晶器保护渣，在700℃时会有大量的KF逸出；到900℃时NaF逸出达到高峰；超过900℃以后，保护渣中存在的固态SiO_2将发生反应：

$$2CaF_2 + SiO_2 = 2CaO + SiF_4$$

逸出大量有毒SiF_4气体。此外，保护渣中的水分会促使HF的形成而逸出。采用预熔渣和提高保护渣的碱度，可有效减少含氟气体的逸出。

21. Na_2O对保护渣的物化性能有什么影响?

Na_2O熔点为920℃，属于破网氧化物（网络外体氧化物），能破坏硅酸盐网络结构，在保护渣中起降低熔融温度和黏度的作用，但它具有促进熔渣结晶的倾向。如果 Na_2O 加入量过高（当渣中 Na_2O/ Al_2O_3的摩尔分数 $x_{Na_2O}/x_{Al_2O_3}>1$ 时），熔渣中易析出霞石（$Na_2O\cdot Al_2O_3\cdot 2SiO_2$）等高熔点物，对结晶器润滑不利，因此应限制其加入量，一般要求 Na_2O 含量小于 10%。

22. Al_2O_3 对保护渣的物化性能有什么影响?

Al_2O_3 大量进入熔渣易生成高熔点的钙铝黄石（$2CaO\cdot Al_2O_3\cdot SiO_2$）和霞石，恶化润滑作用。保护渣中增加 Al_2O_3 会增加渣的黏度，降低渣吸附夹杂物的能力，但它可降低渣的凝固点，由此改善结晶器润滑。

23. Li_2O 对保护渣的物化性能有什么影响?

Li_2O 是一种强的助熔剂，它一般以锂辉石或碳酸锂的形式加入保护渣中，破坏渣的链结构，降低熔渣的黏度、软化温度及初晶析出温度，提高渣的流动性。每增加 1% 的 Li_2O，渣的熔化温度降低 60℃，黏度降低 0.032Pa·s。即使渣中 Li_2O 的含量较低，它对渣的熔化温度也有较大的影响。

Li_2O 的微量加入($w(Li_2O)<2\%$)，可以改善保护渣的玻璃化程度，降低析晶率。但由于 Li_2O 是一种碱性金属网络外体氧化物，离子半径小，电子构型是 $1s^2$，原子核外电子排斥力弱，离子移动的位阻很小，结晶时离子重组容易，因此它的过量加入($w(Li_2O)>4\%$)，反而会因大量的黄长石晶体析出而使渣的玻璃化程度大大降低。因此，Li_2O 的适量加入可获得低熔点、低黏度的、玻璃性好的保护渣。其适宜的量为$w(Li_2O)<2\%$。

24. BaO 对保护渣的物化性能有什么影响?

BaO 属离子晶体结构，熔点为 1926℃。Ba^{2+} 的静电势小于 Ca^{2+}，它能更多地呈离子态。静电势弱的 AlO_2^- 群聚在 Ba^{2+} 周围，可形成弱离子对，所以 BaO 能提高熔渣吸收 Al_2O_3、TiO_2 和 Cr_2O_3 夹杂物的能力。BaO 可以提高熔渣熔解 TiO_2 的速度，防止 $CaTiO_3$ 的形成。熔渣中 BaO 的存在，还可促使低熔点硅酸盐玻璃相的增加，阻碍液渣结晶，降低渣的熔化温度。BaO 向渣中提供 O^{2-} 的活度比 CaO 大，故破坏 $Si_xO_y{}^{2-}$ 阴离子的能力更强，因此能明显降低渣的黏度，改善熔渣的润滑作用，提高铸坯表面质量。

渣中氧化物向熔渣提供 O^{2-} 的能力按“Na_2O—BaO—Li_2O—CaO—MgO”的顺序减弱。

25. TiO_2 对保护渣的物化性能有什么影响?

TiO_2 大量进入熔渣中易生成高熔点 $CaTiO_3$ 化合物，恶化熔渣物化性能，恶化润滑作用，且它是结晶器液面形成“冷皮”的原因之一。

26. B_2O_3 对保护渣的物化性能有什么影响?

B_2O_3 的熔点为450℃，它比 Na_2O 降低熔化温度的能力更强。B_2O_3 可显著降低熔化温度，使熔体有较高的过热度，给出较多的可供原子或分子利用的孔穴，使之成为流体结构；使其物质结构松散，从而使渣的黏度减低，抑制高熔点物的析出；同时也减轻渣的分熔倾向；也能够提高 Al_2O_3 在保护渣中的饱和浓度，即提高保护渣吸收夹杂物后的稳定性。

27. MgO 对保护渣的物化性能有什么影响?

高速连铸时，MgO 是保护渣的优选成分，因为它可降低渣的黏度、凝固点和活化能。MgO 的加入可使渣在保持相同黏度及软化点的同时，增加渣的流动性，提高渣耗。另外，在渣中加入适量的 MgO 对提高渣的化学稳定性是很有利的。但 MgO 的配入量不可过高，MgO 过高，反而会使渣的熔化性能变坏。一般，MgO 在6% ~ 10%的范围内可以明显改善高碳钢、低碳钢的流动性能。

28. MnO 对保护渣的物化性能有什么影响?

研究指出，随着 MnO 含量的增加，熔渣对红外电磁光波的透明度降低，熔渣的导温系数降低。这是由于 MnO 着色作用及促进微晶（如 $Ca_4F_2Si_2O_7$、$Ca_2SiO_2F_2$）析出，降低了熔渣的辐射传热。虽然这对析晶温度影响不大，但对水口有严重的侵蚀。另外，渣中含有少量的 MnO 有利于增加其化学稳定性。MnO 在2% ~10%的范围内可使中碳钢、包晶钢熔渣的黏度有一定降低。

29. 根据各组分对熔融结构的作用，保护渣的组成可分为哪几类?

根据各组分对熔融结构的作用，保护渣的组成可分为三类：结网氧化物，也称网络形成体，如 SiO_2、Al_2O_3 等；中性物，如 Cr_2O_3、TiO_2 等；破网氧化物，也称网络外体，如 Na_2O、K_2O、Li_2O、CaO、BaO、SrO。

30. 保护渣在结晶器内的作用机理是什么?

保护渣加入结晶器后，吸收高温钢水提供的热量，迅速在钢水液面上形成液渣层；靠近液渣层的保护渣还没有达到熔化温度时，已被烧结成过渡层；在过渡层的上方是原渣层。这就是所谓的保护渣三层结构——液渣层、烧结层和原渣层。

在连铸过程中，保护渣随着结晶器的振动，从弯月面处流入结晶器和坯壳的缝隙中。由于结晶器的冷却作用，熔渣沿着结晶器壁在初生坯壳表面形成固态渣膜。浇注初期拉速较低，渣膜随着结晶器向下振动而被带到下方，在坯壳与结晶器壁之间形成保护层。当拉速提高以后，结晶器中钢水与结晶器壁之间的热交换加强，坯壳表面温度升高，靠近坯壳一侧的渣膜被加热而变成熔融状态，起到润滑坯壳，防止坯壳和结晶器铜板黏结的作用；固态渣膜影响结晶器的传热，改善铸坯表面质量。

在使用过程中，保护渣要达到良好的效果，各渣层必须有符合实际需要的厚度。首先是液渣层的厚度，若液渣层厚度不足，渣层中沿结晶器壁易形成渣圈，随着结晶器振动而向下运动，渣圈将会把熔渣经弯月面向下的通道局部堵死。液渣层越薄，局部堵死的部位就越多，时间也越长。对于板坯，在局部被堵死的表面处产生纵向裂纹。若液渣层过厚，则其稳定性降低，同时也影响到烧结层和原渣层。不稳定的液渣层，同样也会引起板坯表面裂纹。

随着拉坯继续进行，结晶器上下振动，保护渣被连续地带出结晶器。相应要持续不断地向结晶器中添加新保护渣，如此循环进行。

31. 连铸保护渣的主要作用是什么？

连铸保护渣的主要作用有以下几方面：

（1）绝热保温，减少钢液散热损失。

（2）隔绝空气，防止钢液二次氧化。

（3）润滑铸坯，减少铸坯和结晶器黏结。

（4）充填坯壳与结晶器之间的气隙，改善结晶器传热。

（5）吸收溶解钢液中夹杂物，净化钢液。

32. 连铸保护渣的基本物理、化学特性是什么？

连铸保护渣的基本物理、化学性能是测定渣子的理化指标，它主要包括以下几项：

（1）化学成分。各牌号的保护渣一般都由三部分物料组成，一是基料部分，二是辅助材料，三是熔速调节剂。它们都有定量的配比，有特殊要求的，按特殊的配比配制。

（2）熔化温度。将成品渣粉制成规定的 $\phi3mm \times 3mm$ 的试样，在专门仪器上把试样加热到圆柱体变为半球形，定义达到半球点的温度为熔化温度。通常将保护渣的熔点温度控制在1200℃以下。

（3）碱度。碱度一般定义为组分中碱性氧化物和酸性氧化物之间的比值。它是反映保护渣吸收钢液中夹杂物能力的重要指标，同时也反映了保护渣润滑性能的优劣。通常，碱度大，吸收夹杂物的能力也大，但它的析晶温度升高，导致传热和润滑性能恶化。

（4）黏度。黏度表示渣粉熔化成液体的流动性能。它直接影响熔渣吸收氧化物夹杂的速度和润滑铸坯的效果。用扭摆黏度计或旋转黏度计测定1300℃渣子的黏度来比较不同渣子的流动性。

(5) 熔化速度。熔化速度（熔速）是衡量渣子熔化过程快慢的指标。熔速可用标准试样在规定温度下完全熔化或液化所需要的时间来表示。

(6) 表面张力和界面张力。保护渣的表面张力和界面张力是影响钢渣分离、液渣吸收夹杂物并使之从钢液中排除的重要参数。表面张力是指单位面积的液相与气相形成新的交界面所消耗的能量。界面张力是指两凝聚相间存在的张力。从利于分离钢中夹杂物的观点出发，钢液的表面张力应尽可能大些，熔渣的界面张力应尽可能小。表面张力和界面张力取决于渣的化学成分，一般通过调整渣中的活性成分Na_2O和CaF_2的含量来调整熔渣的表面张力和界面张力。

(7) 密度。密度是直接影响保护渣在结晶器中的保温性和防止钢水二次氧化的重要参数。

(8) 粒度及颗粒尺寸分布。粒度组成是保护渣最重要的性能之一，因为它对保护渣的熔化速度和钢液面上未熔化部分的绝热性能有重要影响。大多数保护渣基本组成部分的粒度为0.1mm，小的在0.06mm以下，最大不超过0.3mm。某些保护渣的最大粒度在0.32mm以上，但其比例不超过5%。

(9) 铺展性。铺展性表示粉渣加到钢液面上的覆盖能力和覆盖的均匀性，它可以用一定容积内的保护渣粉从规定高度下流到平板上铺散的面积来衡量。

(10) 水分。保护渣粉容易吸潮，吸附水量超过规定会使渣粉结团影响使用效果。通常要求在105℃条件下测得的含水量不大于0.5%。

(11) 渣耗量。渣耗量是衡量保护渣润滑状况优劣的重要指标，如因渣耗偏低，润滑不良，往往会导致漏钢。渣耗量取决于浇注的钢种、铸坯尺寸、结晶器振幅和频率、拉速及保护渣自身的性能等。

33. 保护渣绝热保温、减少钢液热损失的作用是什么?

连铸结晶器保护渣必须具有良好的绝热保温性能，这样可以抑制连铸过程中在结晶器铜板和浸入式水口之间形成搭桥和钢液面结壳，提高弯月面温度，维持流渣通道，减轻振痕，减少表面及皮下缺陷（如针孔）。同时，在浸入式水口外壁覆盖一层渣膜，还可减少和防止水口相应位置的凝钢聚集。通过未熔化的保护渣对辐射热量的吸收和反射，可使钢液散失到环境的热量损失达到最小。良好的绝热使铸坯弯月面处坯壳生长变慢的同时有较大的曲率半径，这就使得钢液中的气泡和氧化物夹杂更易上浮到液渣层中。提高保护渣的绝热保温性能，可提高结晶器弯月面温度，减少渣圈的生成或过分长大，有利于改善铸坯润滑。

34. 保护渣防止钢水二次氧化的作用是怎样实现的?

保护渣防止钢液在结晶器内二次氧化的作用，主要靠保护渣液渣层来实现。通常结晶器内液渣层厚度在10～20mm范围，在液面稳定，水口插入深度合理的情况下，利用保护渣的液渣层对空气中的氧、氮起到隔绝作用，使其覆盖下的钢水免于二次氧化和氮的吸收，保证钢水的洁净，同时也避免了钢液中合金元素的氧化。

减少渣中FeO的含量，防止钢液与粉渣层的直接接触，可提高保护渣的防氧化能力，因而一般要求保护渣中的FeO含量小于4%，有的要求小于1%。

35. 影响保护渣润滑效果的因素有哪些？

这里所说的润滑，是指结晶器内坯壳与结晶器壁之间渣膜的液态润滑。在结晶器四周的弯月面处，由于结晶器的振动和坯壳与铜板之间缝隙的毛细管作用，液渣被吸入并充满铜板与坯壳的缝隙，形成渣膜，起润滑作用。液渣润滑效果的好坏取决于：

（1）液体渣和弯月面钢的润湿角。润湿角是指液相与固相的接触点处液固界面和液态表面切线的夹角。如果润湿角小于90°，说明液渣铺展在钢液面上；大于90°，表示不润湿。

（2）液渣黏度。正常条件下，铜板内表面温度小于300℃，凝固坯壳表面温度约1300～1400℃，流入的渣膜靠近铜板侧为固体，靠近铸坯侧为液体，在铸坯与铜板间提供润滑。由于渣子黏度与温度有关，也就是靠近铜板侧温度低，渣膜为温度低的固体层，靠近铸坯表面因为温度高，渣膜是流动的，因此铸坯表面与铜板之间的相对运动产生渣膜层的剪切力。当剪切力超过一定限度时，会使局部渣膜破裂，坯壳则会产生裂纹。此外，黏度随温度的变化特性以及坯壳温度分布的均匀性，对保护渣的润滑效果都有一定影响。为此，要求能形成一定厚度的渣膜（0.1～0.5mm），相应要有一定的液渣层厚度（10～15mm）和足够的吨钢渣耗（0.3～0.5kg/t）。当结晶器振动参数相同时，黏度（η）和拉速（v）应配合适当，一般以二者的乘积$\eta \cdot v$作为评价润滑状况的指标，范围以0.1～0.35Pa·s·m/min为好。

改善结晶器内的润滑状况，只有通过扩大渣膜的液相区和改善液相渣膜的性能来实现。目前对保护渣润滑性能研究有两个方面，一是研究改善保护渣的性能使其具有良好的润滑性；二是改进结晶器振动形式，来改善保护渣的润滑作用。

36. 影响结晶器传热的主要因素有哪些？

影响结晶器传热的主要因素有：

（1）浇注参数，包括浇注速度、钢水过热度、结晶器液面波动状况和结晶器的水流量。

（2）固态和液态渣膜的热特性和物理特征，包括渣膜厚度、结晶程度、位置及传热和吸收系数。

（3）结晶器壁与渣膜界面的热阻，包括结晶器与坯壳之间的气隙、渣膜的线膨胀系数和结晶器铜板的表面粗糙度。

37. 怎样提高保护渣吸附溶解夹杂的能力？

连铸过程中出现的常见的典型夹杂物分为三类：Al_2O_3 类夹杂、钛化合物夹杂（TiN、TiCN、TiO_2）、稀土氧化物夹杂。

连铸生产中，由于钢液脱氧和钢水二次氧化等产生的夹杂（如 Al_2O_3 等），会有一部分在结晶器中上浮，这就要求结晶器内的熔融保护渣能对钢渣界面聚集的夹杂物迅速溶解。如果熔渣不能溶解这些聚集物，就可能出现两种情况：一是它们进入熔渣形成多相渣，破坏液渣的均匀性和流动的稳定性，使熔渣不能顺利地进入坯壳和结晶器间的间隙，不能形成均匀的渣膜；二是不能进入熔渣的固相夹杂物富集在钢－渣界面处，使流入坯壳和结晶器间的熔渣变得不稳定。这些都将严重恶化保护渣的润滑性能，同时，聚集的固相夹杂物还可能卷入坯壳中，产生表面和皮下夹杂等缺陷。

因此，为了提高保护渣溶解夹杂的能力，要求保护渣中原始 Al_2O_3 含量尽可能少，液渣层的流动性好，对氧化物夹杂具有良好的润湿性，吸收速度快，而且吸收相当数量的氧化物夹杂后，其黏度、凝固温度、结晶性能等物性参数应相对稳定，不影响保护渣自身性能，避免急剧变化危害铸坯质量和连铸工艺顺利进行。当然，保持适量的保护渣消耗，及时补充、更换新渣也有利于稀释液渣中 Al_2O_3 含量。

38. 保护渣的碱度对保护渣有什么影响？

保护渣组分中碱性氧化物和酸性氧化物之间的比值称为熔渣的碱度，常用符号 R 或 B 来表示。碱度是反映保护渣吸收钢液中夹杂物能力的重要指标，同时也反映了保护渣润滑性能的优劣。通常，碱度大，吸收夹杂物的能力也大，但它的析晶温度变大，不利于传热和润滑性能。

39. 什么是保护渣的二元碱度、综合碱度？

二元碱度是指熔渣中 CaO 与 SiO_2 的质量百分数的比值。综合碱度（BI）建立在 O^{2-} 含量的基础上，它较为全面地衡量了连铸保护渣中各个组元的作用，即

$$BI=\frac{1.53\%(\mathrm{CaO})+1.51\%(\mathrm{MgO})+1.94\%(\mathrm{Na_2O})+3.55\%(\mathrm{Li_2O})+1.53\%(\mathrm{CaF_2})}{1.48\%(\mathrm{SiO_2})+0.10\%(\mathrm{Al_2O_3})}$$

40. 什么是保护渣的黏度？

黏度是表示熔渣中结构微元体移动能力大小的一项物理指标。熔渣的黏度是指

液体渣移动时各渣层分子间的内在摩擦力大小，单位是 Pa · s 或 P（1P = 0.1Pa · s），保护渣的黏度一般在 1300℃ 时采用旋转黏度计法测定，大小通常为 0.05 ~ 0.15Pa · s。保护渣黏度是表征在一定温度和一定剪切力作用下熔渣流入铸坯与结晶器间隙能力的大小。

41. 保护渣黏度的意义是什么？

合适的保护渣黏度值是保证保护渣熔渣能够顺利填入结晶器与铸坯间通道、保证渣膜厚度、保证合理的传热速度和润滑铸坯的关键。渣膜的厚度和均匀性与黏度有很大的关系。如果黏度过低会使渣膜增厚，且不均匀，铸坯易产生裂纹。黏度过高，又会使液渣流入困难从而使渣膜变薄，渣的流动性能变差，润滑不良。

42. 影响保护渣黏度的因素有哪些？

保护渣的黏度主要取决于保护渣的成分和渣液的温度，一般可以通过调节渣的碱度来控制渣子黏度。对于酸性或偏中性的保护渣，适当提高 CaO 或降低 SiO_2 的含量，能降低液渣的黏度，改善流动性；增加 CaF_2 或 $Na_2O + K_2O$ 的含量，能够在基本不改变保护渣碱度的条件下改善液渣的流动性。在一定温度下，渣中 Al_2O_3 含量增加，黏度也随之增大。

43. 酸性渣有什么特性？

酸性渣（一般指 $R < 2$ 的渣）中有大量的三维网状的硅氧复合离子，当冷却到液相线温度时，其内网状硅氧离子团的扩散比较慢，来不及在晶格上排列，以致成过冷状的玻璃质。所以其凝固温度范围也较宽，适宜作连铸保护渣。又由于酸性渣冷却时能拉成长丝，因此又称“长渣”。

44. 碱性渣有什么特性？

碱性渣（一般指 $R > 2$ 的渣）中由于没有大集团的硅氧复合离子，质点移动较容易。其黏度随温度变化比较大，当冷却到液相线温度时，能不断析出晶体，从而影响渣子的流动性。因其凝固温度范围也较窄，液渣不能拉成长丝，所以又称“短渣”。

45. 什么是保护渣黏度的稳定性？

保护渣黏度的稳定性包括化学稳定性和热稳定性两个含义。

化学稳定性是指允许熔渣化学成分有一定的波动范围，而不应使熔渣的黏度发生大的变化。

热稳定性是指温度变化对熔渣黏度的影响程度，通常是指在 $\eta - t$ 曲线（见图 1-1）转折点附近，黏度随温度变化的程度。

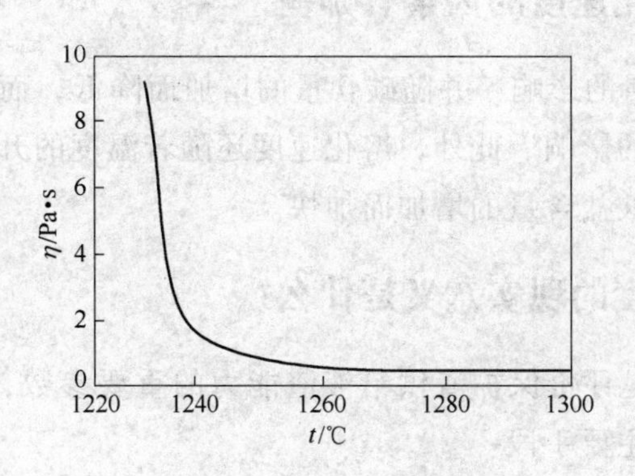

图 1-1　保护渣 $\eta - t$ 曲线

46. 什么是保护渣的熔化温度?

保护渣是多种化合物组成的混合物，其熔化过程从开始熔化到熔化完毕是在一个温度范围内进行的。为了统一熔化温度的标准，人们将保护渣熔化达到开始流动的温度定义为熔化温度，即试样由圆柱形加热变为半球形的温度，称为熔化温度（见图 1-2）。大多数板坯连铸保护渣的熔化温度控制在 1050 ~ 1200℃范围内。

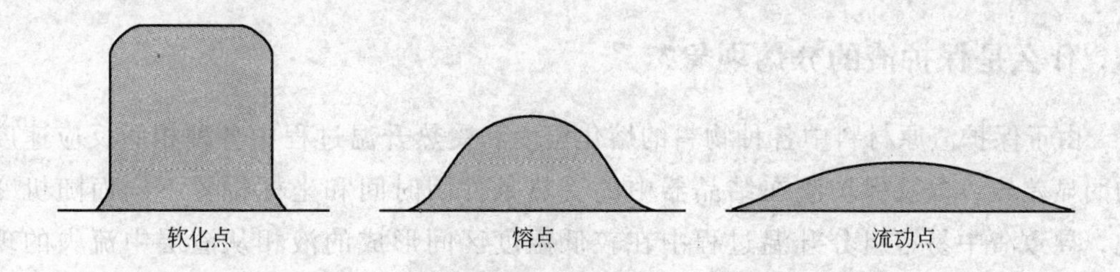

图 1-2　保护渣的熔化温度测试原理示意图

47. 熔化温度对保护渣的特性有什么影响?

保护渣的熔化温度对保护渣吸收夹杂物的能力及润滑作用有较大影响。熔化温度主要受保护渣的成分、碱度以及 Al_2O_3 含量等因素的影响，熔化温度过高，润滑作用差并且传热不均匀。研究发现，降低熔化温度可使液态渣膜厚度增大，有利于改善铸坯在结晶器内的润滑状况。

48. 什么是保护渣的熔化速度?

熔化速度用来衡量保护渣熔化过程的快慢。它通常用标准试样在规定温度（如 1300℃或 1400℃）下完全熔化或液化所需的时间来表示；也可用一定质量的保护渣，加热到规定温度，在单位面积和时间内形成的液渣量来表示。

49. 影响保护渣熔化速度的因素有哪些？

熔化速度受碳含量的影响，并随碳含量的增加而降低，而且不同形态的碳质材料对熔化速度有不同的影响。此外，熔化速度还随着温度的升高而增大，随堆密度的增加而降低，随碳酸盐含量的增加而加快。

50. 保护渣熔化速度的现实意义是什么？

保护渣熔化速度是评价保护渣供给液渣能力的重要参数，是控制熔渣层厚度、渣膜均匀性和渣耗的主要手段。

熔化速度太慢，则不能在钢液面上形成合适厚度的液渣层，对熔渣隔绝空气及吸收夹杂物的作用不利，同时因不能形成足够厚的液态渣膜而对润滑不利。

熔化速度过快，则不能在钢液面上保持稳定的原渣层，从而使熔渣暴露，热损失增大，钢液面易结壳，可能导致夹渣。熔化速度太快还会引起液态渣膜不均匀，使铸坯表面出现裂纹和凹坑。

所以，合适的熔化速度，才能在钢液面上形成适当的多层结构，以防止钢液重新氧化，减少钢液面上热损失，尽量多吸收夹杂物。同时，也只有适当的熔化速度才能在铸坯与结晶器之间形成足够厚度及稳定均匀的渣膜，保证良好的润滑。

51. 什么是保护渣的分熔现象？

由于保护渣原材料中各种物料的熔化温度和受热升温过程中各种相间反应速度的明显差异，以及保护渣在结晶器中的受热条件因时间和坐标位置不同而随机变化，导致渣中易熔组分升温过程中在较低温度区间形成的液相从渣层中流失的现象，称为“分熔现象”。

52. 保护渣的分熔度是怎么定义的？

可以把分熔得到充分发展时测得的半球点和分熔最大限度被扼制时得到的半球点之间的差值，作为衡量保护渣成分均匀性的参考指标，并将其定义为“分熔度”。保护渣的分熔度随选料、配比、粒度分布、均匀程度等不同而有规律地改变。

53. 如何提高保护渣的熔化均匀性？

改善保护渣的熔化均匀性，应当通过调整渣料组成、改进制造粉料工艺以及采用预熔渣等途径加以解决。为了保证保护渣的熔化均匀性，减小其熔化过程中的分熔倾向，薄板坯连铸保护渣宜采用预熔渣料。对于对保护渣均匀性要求较高的高速连铸，不仅要关注保护渣是否是预熔型，还要考虑预熔料生产工艺的差异及影响，减小入炉原料粒度，提高预熔料熔化均匀性。

54. 不同类型保护渣熔化均匀性有什么不同？

提高保护渣的熔化均匀性，有效改善保护渣的熔化性能，可减少夹渣。机械混合型保护渣，随着温度的升高，熔剂先熔化流失，导致高熔点材料残留下来，分熔倾向比较严重，易引发铸坯夹杂缺陷；而预熔型保护渣各组分经充分熔态混合，形成化学成分均匀的熔体和物相分布较均匀的凝固体，在再次熔化的过程中，充分混合的各物相均匀熔化，分熔倾向就小得多。此外，经试验证明，渣中添加 MgO、SrO 这些微量组分后，渣样的熔化均匀性得到极大改善。

55. 什么是保护渣的结晶（析晶）温度？

结晶（析晶）温度是指熔渣由高温冷却时开始析出晶体的温度，准确的保护渣结晶温度一般采用差热分析法（DTA）确定。以差热分析方法测定渣样的热量－温度曲线，曲线中的放热峰对应的温度即为保护渣的结晶（析晶）温度 T_M（见图 1-3）。

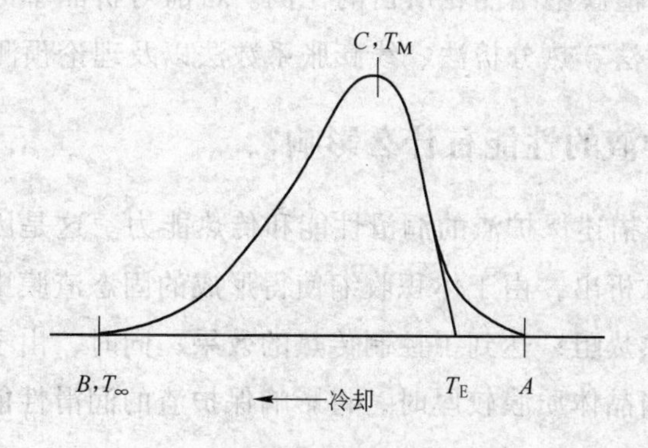

图 1-3　差热分析热峰曲线

56. 保护渣结晶（析晶）温度对保护渣的性能有什么影响？

析晶温度对保护渣在结晶器内润滑和传热都有较大的影响。这是因为保护渣液渣熔化进入结晶器和坯壳之间形成固态渣膜和液态渣层。当析晶温度高时，液渣中就容易析出硅灰石（钠、钙）、黄长石和枪晶石等高熔点晶体，从而影响了保护渣润滑性能。同时，在固态渣膜中析出大量晶体质，改变了渣膜热量传递的热阻。在浇注包晶钢等裂纹敏感性钢时，为了达到控制传热的目的，可以适当提高保护渣的析晶温度。另一方面，晶体析出增大了铸坯与结晶器之间的摩擦力，从而增加了黏结漏钢的可能性。保护渣的析晶温度越高，结晶比例越大，这种影响就越显著。

57. 什么是保护渣的凝固温度，它对保护渣的性能有什么影响？

保护渣的凝固温度是指熔渣从液态向固态转变的温度，理论上对应于熔渣完全熔化的温度；技术上定义为熔渣在一定降温速度下，黏度达到10Pa · s时的温度。

液渣低于凝固温度形成固态渣膜。凝固温度越高，生成的固态渣膜越厚，其导热阻力越大。研究表明，随着凝固温度的增加，保护渣对结晶器和铸坯间的润滑变坏，摩擦力增大，容易产生黏结。相反，凝固温度过低则热流变大，有可能形成纵裂纹。

58. 什么是保护渣的转折温度？

一般采用黏度 - 温度曲线法测定保护渣的转折温度，即在一定的降温速度下，黏度发生突变的点，称为转折温度（T_b）。

59. 什么是保护渣的析晶率，其检测方法有哪些？

析晶率是指固态渣膜中结晶相所占的比例。目前对析晶率的测试及评价主要有观察法、X 射线衍射法、热分析法、线膨胀系数法以及理论预测等。

60. 析晶率对保护渣的性能有什么影响？

析晶率可以用来描述保护渣的润滑性能和传热能力。这是因为在固态渣膜的形成过程中不断有晶体析出，由于体积收缩使得形成的固态渣膜中有许多空隙，从而增加了保护渣的传热热阻，达到了控制传热的效果；同时，由于晶体质膜的润滑能力不如玻璃质膜，当晶体质膜较厚时，将影响保护渣的润滑性能，利用此特性也可达到控制润滑的效果。

碱度对析晶率有明显的影响，随着碱度的升高，保护渣的析晶率也有明显的提高。对于浇注中碳钢、包晶钢等裂纹敏感性钢，需要适当地增加保护渣的析晶率来控制保护渣的传热效果，降低发生纵裂的可能性。

61. 玻璃化率和玻璃转化温度的定义是什么，各有什么作用？

玻璃化率是指用25g 保护渣在1400℃的氧化铝坩埚中单向加热7min 形成液态渣的百分率。当玻璃化率大于80%时，保护渣有形成厚渣圈的倾向，并造成板坯连铸机中钢水表面的部分凝固；当玻璃化率太低，纵裂指数提高。为防止这种缺陷的形成，最佳玻璃化率约为60%。

玻璃转化温度是从玻璃相转变成结晶相的温度。它不仅会改变渣的黏度，而且也影响传热。

62. 保护渣的表面张力的物理意义是什么?

表面张力的物理意义是指单位面积的液相与气相形成新的交界面所消耗的能量，其单位为N/m。保护渣的表面张力决定了液渣润湿钢的能力，它对控制夹杂物分离、吸收夹杂物和渣膜的润滑起重要作用。

63. 保护渣表面张力的计算公式是什么?

测定表面张力的方法有最大气泡压力法和拉环法等；对多组元的保护渣，可用经验公式（1-1）计算。

$$\sigma_s = \int_1^n x_i K_i \quad (i = 1,\cdots,n) \tag{1-1}$$

式中　σ_s——多组元保护渣的表面张力，N/m；

x_i——渣中组元摩尔分数，%；

K_i——组元 i 的系数，不同氧化物的 K 值见表1-3。

表1-3　不同氧化物的 K 值

氧化物	Li_2O	Na_2O	K_2O	MgO	CaO	BaO	Al_2O_3	SiO_2	TiO_2	CaF_2	MnO	Fe_2O_3
K 值	4.6	1.5	1.0	6.6	4.8	3.6	6.2	3.4	3.0	1.0	4.5	4.5

64. 什么是界面张力，其计算公式是什么?

两凝聚相间存在的张力称为界面张力。金属与熔渣间的界面张力属于液－液相间的界面张力。钢渣间的界面张力，可用式（1-2）计算。

$$\sigma_{钢-渣} = \sqrt{\sigma_{钢}^2 + \sigma_{渣}^2 - 2\sigma_{钢}\sigma_{渣}\cos\theta} \tag{1-2}$$

式中　$\sigma_{钢-渣}$——钢渣间的界面张力，N/m；

$\sigma_{钢}$——钢液的表面张力，N/m；

$\sigma_{渣}$——熔渣的表面张力，N/m；

θ——润湿角，(°)。

式（1-2）说明，钢渣间界面张力越大，则 $\cos\theta$ 越小。润湿角 θ 越大，两相间润湿程度越小，表示钢渣越易分离。反之，钢渣越难分离。

65. 影响保护渣界面张力的因素有哪些?

在平衡条件下，一般在保护渣中增加氧化钠（Na_2O）、氟化钙（CaF_2）可提高界面张力；在保护渣中增加氧化铁（Fe_2O_3）、氧化锰（MnO）、氧化镁（MgO）和氧化钛（TiO_2）会降低界面张力。

66. 什么是保护渣的铺展性?

铺展性表示固态保护渣加到钢液面上的覆盖能力和覆盖的均匀性。通常用铺展角和铺展面积的大小来表示保护渣的铺展性。一定容积的保护渣，从规定高度下落到一平面上形成的圆锥体与其在平面上的投影之间的夹角称为铺展角，圆锥体的底面积称为铺展面积。一般，粒度越小，铺展性越差。

67. 铺展性对保护渣性能有什么影响?

铺展性好，保护渣更容易分散到整个结晶器表面，从而获得厚度均匀的粉渣层，也有利于实行自动加渣；反之，则可能出现保护渣的局部堆积，结晶器钢液面上各处粉渣层厚度差别较大，影响保护渣的熔化和润滑的均匀性，从而容易引起铸坯表面缺陷。

对于结晶器液面翻卷严重的浇注工艺，为避免颗粒渣滚动性太好造成液面局部裸露，可采用在加热过程中能膨胀为粉状或片状的颗粒渣。

68. 为什么要求保护渣具有良好的透气性?

吹入水口的氩气和保护渣分解放出的 CO_2 及其与碳质材料反应生成的 CO 等气体，绝大部分均要通过固渣层的颗粒之间的孔隙释放到大气中。若保护渣孔隙率过小或在整个结晶器表面分布严重不均匀，则可能出现局部区域的气体大量积聚，干扰固渣转为液渣的正常熔化过程，而且当气体积聚到一定程度后瞬时释放，又可能造成液渣层的剧烈波动。当保护渣铺展性、透气性好时，结晶器钢液面各处的液渣层厚度比较稳定。保护渣透气性对薄板坯连铸工艺更加重要。因为薄板坯表面积大，拉速比较快，更容易受到气体影响，液面波动比较剧烈。

69. 影响保护渣透气性的因素有哪些?

影响透气性的因素主要有：

（1）保护渣颗粒度。保护渣未熔层的透气性与颗粒平均直径的 2 次方成反比。

（2）保护渣烧结层厚度。烧结层越厚，透气性越低。

70. 提高保护渣保温性能的作用是什么?

提高保护渣保温性能的作用主要有以下几点：

（1）可以防止铸流搭桥和结冷钢，并维持弯月面区域较高的温度。

（2）有利于减轻振痕，保证熔渣流入通道的畅通和减少针孔等皮下缺陷；

（3）对薄板坯连铸来说，保温性能更加重要。因为薄板坯钢液表面积小，使保护渣熔化的供热可能不够，导致弯月面温度过低，保护渣不能均匀地熔化，保护渣液渣不能顺畅地流入铸坯与结晶器间隙。

71. 影响保护渣保温性能的因素有哪些?

影响保温性能的因素主要有颗粒粒级分布、堆积状态和堆密度。同类型的保护渣，堆密度越小，保温性能越好。根据填充层的传热理论，渣层的传热性能与连铸保护渣的粒度、空隙度和密度有关。粉渣的空隙小且分散，渣层中的对流传热相对较弱，所以绝热保温性能较好。中空球形渣可通过减小连铸保护渣的密度来改善绝热保温性能。柱状颗粒渣的空隙大且连续，渣层中的对流传热相对较强，所以绝热保温性能最差。另外，保护渣中碳质材料含量、种类、粒径分布，影响保护渣的烧结和熔化特性，因而对保护渣的保温性能也有影响。一般，随着配碳量的增加，连铸保护渣的绝热保温性能逐渐好转。炭黑、石墨和活性炭对连铸保护渣绝热保温性能的影响并不完全相同，配碳量较小时，含活性炭的连铸保护渣的绝热保温性能最好，此后依次为炭黑和石墨；当配碳量较大时，含石墨的连铸保护渣的绝热保温性能最好，此后依次为炭黑和活性炭。

72. 保护渣的过度烧结对保护渣的使用有什么不利影响?

保护渣的烧结特性是不可避免的。因为保护渣从进入结晶器到熔化的过程中，不可避免地要经过烧结，即渣料各微粒在固态下就开始相互聚集，随温度升高，部分组分熔化形成液相烧结。因此，烧结是保护渣熔化过程中的一个必经环节。过度的烧结会导致结晶器钢液面上出现渣团、渣块，烧结层过厚，在结晶器周边弯月面处出现大而厚的渣条。由于高拉速下钢液面流速高，容易将这些大的团块卷入钢水和弯月面初生坯壳中，增大漏钢和夹渣的危险性。并且，容易烧结成块的保护渣在结晶器中的保温性能、透气性也差，对维持温度均匀的熔渣层厚度极为不利。

73. 怎样减少保护渣的烧结?

减轻烧结的途径是提高烧结温度和降低烧结强度。可以通过增加保护渣中碳质材料的有效浓度，优化原材料成分、物相、物理状态等因素，来改善保护渣的烧结性能。

74. 什么是保护渣的粒度和粒度组成?

保护渣属散装物料，散装物料的粒度为物料的颗粒大小。

物料颗粒大小可以分为若干级别，各粒级的相对含量称为粒度组成。

75. 粒度组成对保护渣的性能有什么影响?

粒度组成是保护渣重要的性能之一，因为粒度对熔化速度和钢液面上未熔化层的绝热性能有重要影响。粒度越细小，越有利于提高保护渣的绝热保温性能和熔化速度，降低熔化温度，但不利于铺展性，而且易增加环境污染。颗粒渣粒度大，容易使钢水表面冷却和冻结。物料粒度和混合均匀度会影响保护渣的分熔倾向。所以，为了保证保护渣使用时平稳熔化，不产生分熔，除选择合理的混匀工艺外，严格地限制物料粒度范围是很重要的。

76. 什么是保护渣的吸附水和结晶水？

被某些有吸附能力的保护渣基料所吸收的水分称为吸附水。

以中性水分子形式参加到保护渣晶体结构中去的一定量的水称为结晶水。

77. 为什么要控制保护渣中的水分？

保护渣水分分为吸附水和结晶水两类。水分过大，可使保护渣结团，影响保护渣的熔化和使用特性，会造成铸坯的皮下气孔等质量问题，过高的保护渣水分会导致钢中增氢，提高保护渣的结晶能力，很容易导致黏结漏钢。一般要求连铸结晶器保护渣的含水量低于0.5%。

78. 如何控制保护渣中的水分？

（1）保护渣粒度和原料种类对水分的控制影响较大。粒度越细，吸水率越大，74μm时，水泥吸水率为0.41%，固体水玻璃为3.24%，萤石为0.45%，苏打为15.9%，石墨微量。

（2）保护渣不应使用吸湿性物质（如黏土、生石灰和水泥等）作为原材料。为了保证水分含量在要求范围内，必须计算原材料的游离水分和结晶水。

（3）对质量要求较高的钢种，保护渣的原料最好烘烤到800℃以上，以去除结晶水，或采用预熔型保护渣。

（4）保护渣在制作、包装、运输、贮存和使用各个环节中，都应注意干燥。

79. 什么是保护渣的堆密度？

堆密度是指在规定条件下，散装物料在自然状态下堆积时，单位体积内的质量。堆密度与物料的粒度和粒度组成、颗粒形状及表面状态、颗粒湿度、堆积方式等因素有关。

测定保护渣的堆密度可取50g渣料经漏斗流入250mL的玻璃量筒内，测出体积后计算。保护渣的堆密度一般为5.0~9.0g/cm^3。

80. 保护渣在结晶器内是怎样分阶段完成作用的？

保护渣按在连铸工艺的核心环节完成的使命，可划分为熔融和凝固两个阶段。

保护渣在结晶器内的作用如图 1-4 所示。

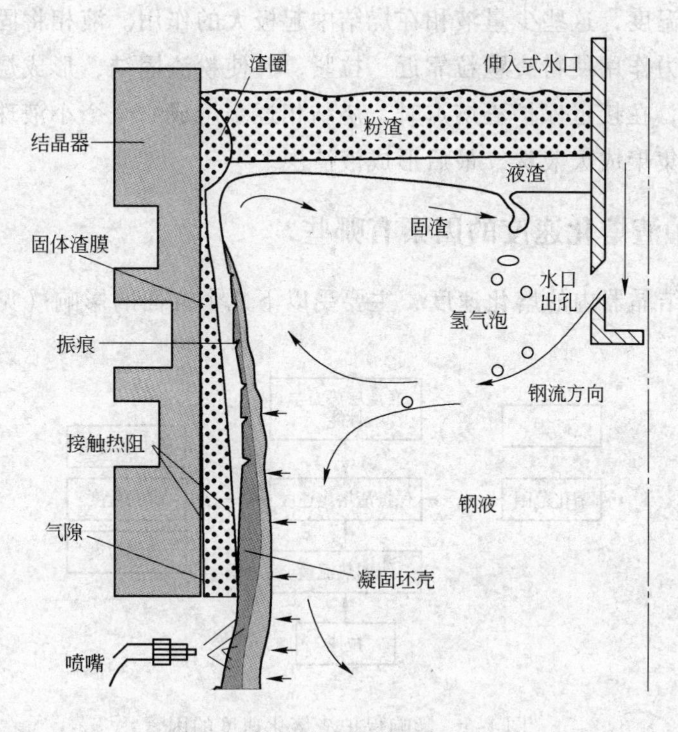

图 1-4　保护渣在结晶器内的作用

第一阶段从保护渣加入到结晶器内，受热逐渐熔化形成液渣为标志。这阶段主要是保护渣由固相向液相的转化，故称熔融阶段。保护渣在熔融阶段由于形成粉体—烧结—液渣的层状结构而保护钢水：粉状层密度低、导热慢，主要起保温作用；液渣隔绝空气，防止钢水被二次氧化。

第二阶段是液渣由弯月面向结晶器与坯壳的间隙渗流，至渣膜脱出结晶器为标志。该阶段主要为液态保护渣在高的温度梯度下发生凝固作用，故称凝固阶段。凝固阶段由于其能形成固－液复合渣膜而保护坯壳正常生长：液态渣膜良好的润滑特性保护铸坯顺利脱出结晶器；固态渣膜控制传热速度，保护坯壳均匀生长。

无论是熔融还是凝固，均是对钢流的保护，所以熔融—凝固是一个完整的保护钢流的过程。

81. 保护渣的熔化分哪几个过程?

随温度不断升高，连铸保护渣的熔化过程为：

$$粉渣\xrightarrow{固相反应}烧结\rightarrow液珠\xrightarrow{聚合}液渣$$

即随着保护渣温度的升高，首先是粉渣固相之间进行直接反应，反应温度远低于反应物的熔点或它们的低共熔点。因为在保护渣中存在着一些助熔剂，如碱金属的碳酸盐、氧化物、氟化物和玻璃质等，它们开始形成液相的温度远低于主要组成物质的低共熔温度，这些少量液相在烧结中起极大的作用。液相将固体颗粒表面润湿，靠表面张力作用使粉渣颗粒靠近、拉紧、并使粉渣固结，形成烧结相。随着温度进一步升高，在接近保护渣熔点时，烧结相逐步熔成一个个小液珠，小液珠相互接触就有可能集聚成大液珠，最后形成液渣层。

82. 影响保护渣熔化速度的因素有哪些?

保护渣在结晶器内的熔化速度，主要受以下几个方面的影响（见图 1-5）：

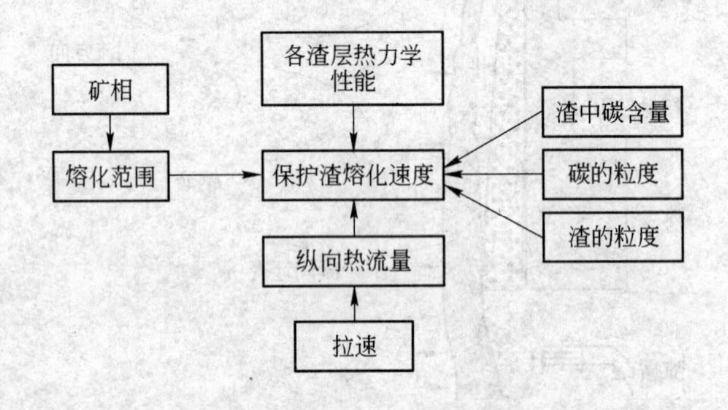

图 1-5　影响保护渣熔化速度的因素

（1）纵向的热流密度。它受到多种浇注参数影响，如拉速、过热度、振动等；

（2）保护渣中的自由碳含量。炭粒子隔离矿物粒子，并减缓熔融渣滴的聚结。因此，碳含量越多，聚结时间越长，熔化速度越慢（见图 1-6a）。

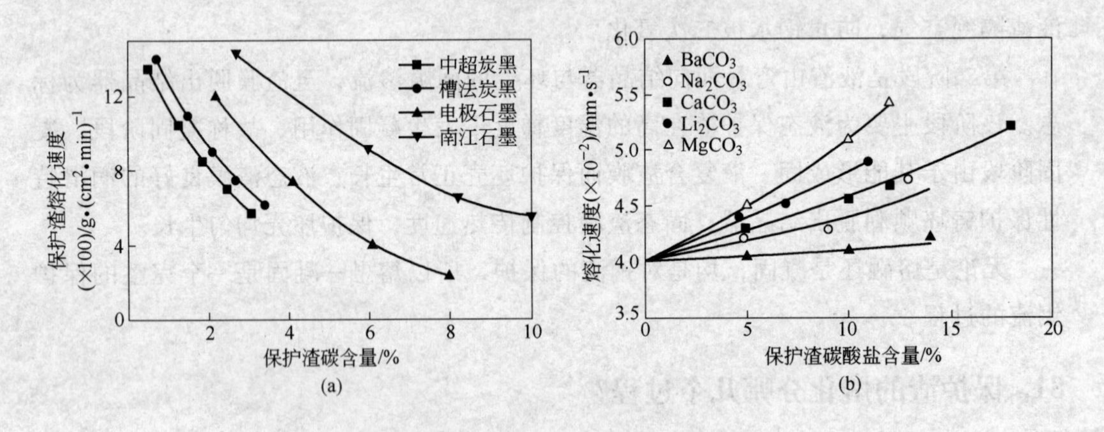

图 1-6　保护渣中碳和碳酸盐含量对熔化速度的影响

（a）保护渣中碳含量对熔化速度的影响；（b）保护渣中碳酸盐含量对熔化速度的影响

（3）碳的类型和炭颗粒的尺寸。炭颗粒粒度越大，熔化速度越快。

（4）保护渣中的碳酸盐组分。碳酸盐的分解可起到搅拌渣层的作用，从而使渣层热传导率增加，熔化速度加快。几种常用碳酸盐对熔化速度的作用次序为：$MgCO_3 > Li_2CO_3 > CaCO_3 > Na_2CO_3 > BaCO_3$（见图1-6b）。

（5）保护渣的粒度。粒度越小，熔化速度越快。

（6）保护渣的熔化范围。

83. 保护渣在结晶器内的纵向熔化结构是怎样分布的?

结晶器保护渣多为三层结构，即粉渣层、烧结层和液渣层。液渣层温度同钢液温度相近，烧结层温度在800～900℃，粉渣层在400～500℃。如果将糊状渣和富碳层也算在内，也可以说在熔化时保护渣由五层组成（见图1-7）。

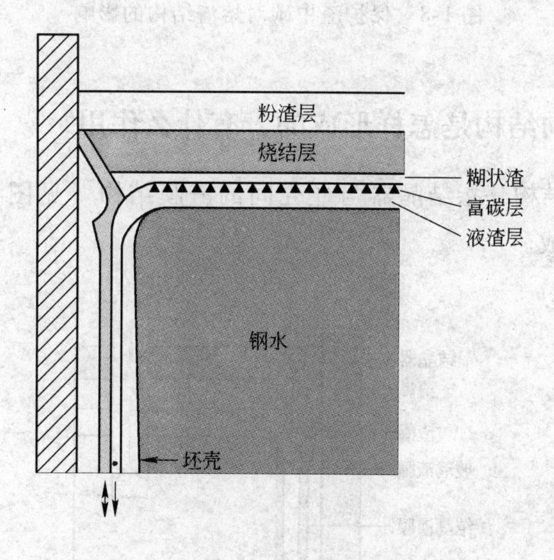

图1-7　保护渣的纵向层状结构

84. 怎样控制保护渣的层状结构?

保护渣熔化后的层数与熔化速度关系密切，因此控制熔化速度是控制保护渣熔化后层状结构的关键所在。

如果炭粉不足，温度尚未达到渣料开始烧结，炭已烧尽，则烧结层发达，熔速过快，液渣层过厚。如果炭粉过多，渣料全部熔化后尚有部分炭粒子存在，则会使烧结层萎缩过薄。

实验证明，根据碳材料种类和含量不同，保护渣会形成三种熔化结构（见图1-8）：当渣中炭黑含量大于20%时，在熔化过程中将存在粉渣层和熔渣层的双层结构；当炭黑含量小于1.5%时，将表现为粉渣层、烧结层和熔化层的三层结构；当炭黑和石墨同时加入时，形成粉渣层、烧结层、半熔化层及熔化层的多层结构。

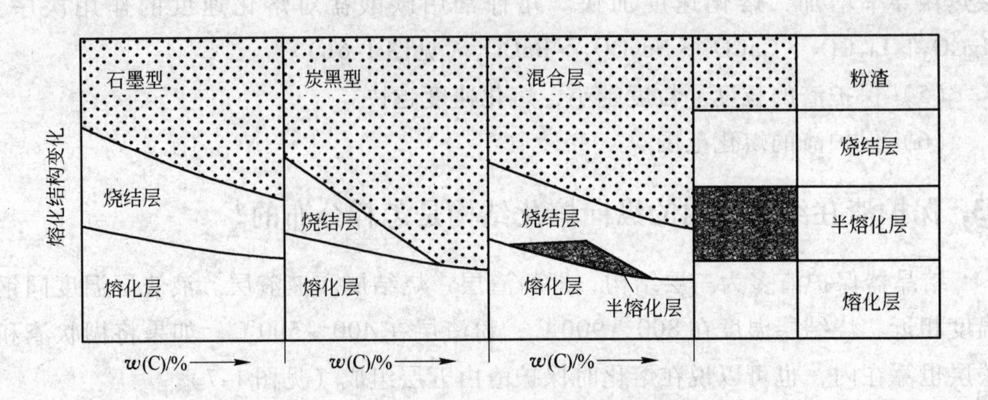

图 1-8　保护渣中碳对熔渣结构的影响

85. 保护渣的横向结构是怎样形成的，有什么作用?

保护渣的横向结构是指结晶器与坯壳间的渣膜结构（见图 1-9），通常由固态渣膜和液态渣膜组成。

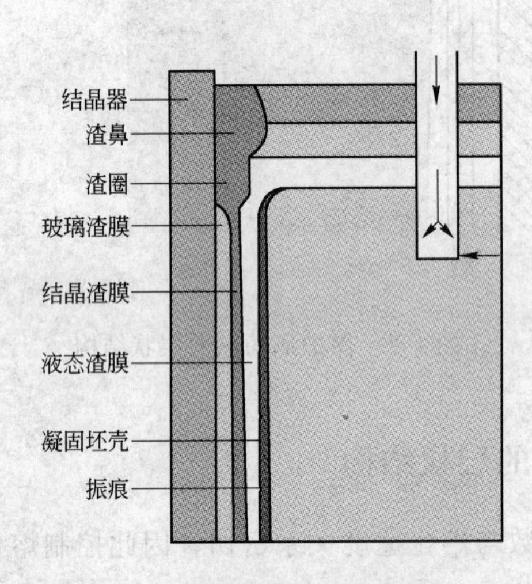

图 1-9　保护渣在结晶器内的横向结构

紧靠结晶器壁的为固态渣膜，由于熔渣受到急冷的缘故，通常成为玻璃层；在靠近液态渣膜处，固态渣膜在浇注过程中析出晶体形成结晶层。固态渣膜在开浇初期形成后，其主要部分不随铸坯向下运动，因此在连铸机拉坯过程中它是不消耗的。固态渣膜在改善结晶器传热方面起主要作用。

液态渣膜处于固态渣膜和铸坯凝壳之间，只有液态渣膜起润滑作用，它随铸坯的向下运动被带出结晶器，同时又通过钢水表面上熔渣的渗入而得到补充。液态渣膜的存在降低了连铸机的拉坯阻力。

86. 敞流浇注模式对润滑剂有什么要求?

敞流浇注时，在结晶器内普遍使用液体油类作为润滑剂。为了在高温浇注下能对结晶器产生润滑作用，对润滑剂的要求是：

（1）燃烧速度不宜过快，挥发量小，燃烧产物及残留物能起到润滑作用；

（2）对结晶器铜壁有良好的润湿性，要有一定的黏度；

（3）燃烧时烟气要少，烟气中不应有对人体有害的物质；

（4）润滑剂中不允许有机械混合物和固态颗粒。

工业生产上用的润滑剂可以是植物油、矿物油，也可以用固态或液态石蜡、地蜡及其半成品或其他材料。在这些材料中，菜子油是最为适宜的，因为它的着火点高，运动黏度较高，燃烧后灰分少，油中脂肪酸内的芜酸（$C_{21}H_{14}COOH$）含量高，而且其价格也比较便宜。芜酸是分子量很大的脂肪酸，易于吸附在金属表面起润滑作用。

87. 什么是保护渣的消耗量，其影响因素有哪些?

保护渣的消耗量表征为吨钢消耗量 Q_t(kg/t)和单位面积的保护渣耗量 Q_s(kg/m^2)。通过保护渣的消耗量可以估计保护渣流入到结晶器周边和通过液渣提供的润滑的程度。保护渣的消耗量受黏度、拉速、结晶器振动参数、保护渣的凝固温度和结晶器的几何尺寸（板坯、大方坯、小方坯、薄板坯等）等因素的影响。

88. 单位质量的保护渣消耗量 Q_t(kg/t)的计算公式是什么?

单位质量的保护渣消耗量 Q_t 的计算见式（1-3）。

$$Q_t = \frac{Q}{\rho w t L} \tag{1-3}$$

式中　Q——保护渣总消耗量，kg；

ρ——钢密度，t/m^3；

w——铸坯宽度，m；

t——铸坯厚度，m；

L——板坯的浇注长度，m。

89. 单位面积的保护渣消耗量 Q_s(kg/m^2)的计算公式是什么?

单位面积的保护渣消耗量 Q_s 的计算见式（1-4）。

$$Q_s = \frac{f Q_t \rho}{R} \tag{1-4}$$

$$R = \frac{2(w + b)}{wb}$$

式中 f——保护渣液化的比例；

Q_t——保护渣的吨钢消耗量，kg/t；

ρ——钢密度，t/m^3；

R——铸坯比表面积，对于板坯 $R<10$，对于方坯 $R>20$，对于矩形坯 $R=15$，对于薄板坯 $R>30$；

w——结晶器的宽度，m；

b——结晶器的厚度，m。

90. 结晶器的摩擦力有哪些组成部分？

在结晶器上部，由于高温和均匀的坯壳压力，铸坯和结晶器之间存在液态渣膜，产生液态摩擦。液态摩擦力随保护渣黏度和拉速的升高而升高，随液态渣膜厚度降低而升高。在结晶器下部，铸坯和固体渣膜间接或直接与结晶器接触产生固态摩擦。因此，结晶器的总摩擦力为液态摩擦与固态摩擦之和。

91. 影响结晶器热交换的因素有哪些？

影响结晶器热交换的因素主要有如下几个方面：钢水－坯壳间的热阻、通过坯壳的热阻、通过保护渣膜的热阻、通过保护渣与结晶器壁之间气隙的热阻、通过结晶器铜板的热阻、结晶器壁－冷却水间的热阻。研究认为，保护渣膜与结晶器壁之间气隙的热阻和坯壳热阻最大，其次是保护渣膜传热热阻。

92. 保护渣在结晶器内影响传热的机理是什么？

研究认为，铸坯向结晶器的传热由渣膜的辐射传热和传导传热两种方式组成。

渣膜由玻璃层和结晶层组成，玻璃渣膜层中的辐射传热比例相对较高。增加渣膜中的结晶体数量使辐射发生散射，调整保护渣成分使红外辐射被部分吸收或截止，均可起到降低辐射传热强度的作用。但是，辐射传热通常仅为总传热的10%～30%，因此，传导传热是控制保护渣膜中热流的主要因素。

传导传热靠固态渣层和液态渣层共同实现。固态渣膜厚度增加，可增大热阻。结晶层的微孔和界面极大地削弱晶格振动，从而减弱传导传热。当与结晶器壁接触的渣膜为晶体时，由于晶体收缩和晶体表面粗糙度高的原因，传热热阻增加。因此，通过适当调整保护渣的黏度、碱度（CaO/SiO_2）、结晶性能（析晶温度、结晶化率）、转折温度（或凝固温度）及保护渣的结晶矿相等理化指标，可保证良好的结晶器传热效果，减少裂纹缺陷等质量问题的发生，保证坯壳厚度，稳定热流的效果。

93. 保护渣对传热的影响因素有哪些？

保护渣对传热的影响因素（见图1-10）主要有以下几点：

（1）增加固渣膜厚度，可增大热阻。

（2）渣膜中析出晶体使辐射散射以及对辐射的吸收可降低辐射传热。

（3）结晶体内的微孔和界面削弱晶格振动，从而减弱传导传热。

（4）当与结晶器壁接触的渣膜为晶体时，由于晶体密度大于玻璃体密度，晶体的收缩导致渣膜与结晶器壁间产生气隙，增大了渣膜与结晶器壁的接触热阻。

（5）当与结晶器壁接触的渣膜为晶体时，由于晶体表面粗糙度比玻璃体高，减小了结晶器壁与渣膜的接触面积，也增大了渣膜与结晶器壁的接触热阻。

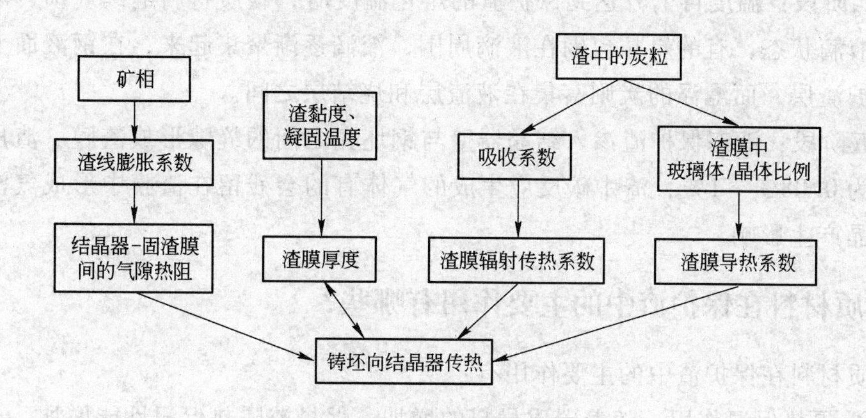

图1-10　保护渣对传热的影响因素

94. 在浇注过程中保护渣的成分有哪些变化？

保护渣熔化后，其成分的变化表现为碳的损失、碳酸盐的分解、和钢水的反应以及从钢水中吸附夹杂。

95. 如何现场评价保护渣的性能？

在现场中，保护渣的性能可以从以下几个方面进行评价：

（1）渣粉外观。铺展性好，没有结团结块现象。

（2）结晶器液面状况。渣条少，三层结构厚度稳定，液渣层保持在8～15mm，消耗量合理，沿结晶器四周的火苗活跃均匀，保护渣在结晶器内铺展均匀。

（3）铸坯表面质量。平整度好，振痕均匀，深度合理，表面无各类裂纹、夹渣和夹杂等。

（4）结晶器摩擦力、铜板热流稳定，黏结少，热电偶温度稳定。

96. 碳在保护渣中的作用机理是什么？

碳在保护渣中的作用可分为五个阶段。

第一阶段：粉渣受热，温度上升至200℃左右，水分开始蒸发，保护渣碳质材料基本上没有发生变化。

第二阶段：温度进一步上升，发生了一些化学反应（例如，碳酸钠与 SiO_2 的反应在300多度就开始了），至500～700℃碳质材料开始燃烧，结晶水分解，一些低熔点物质开始熔化。

第三阶段：温度继续上升时，熔融渣料与其他基料部分接触，开始发生烧结反应。

第四阶段：温度再上升达到保护渣的熔化温度时，碳质材料继续烧损，熔化的渣料呈液滴状态，有的炭粒包围在液滴周围，液滴逐渐聚集起来，在钢液面上形成液态保护渣层，而漂浮的炭则富集在液渣层和烧结层之间。

第五阶段：液态保护渣渗入结晶器壁与钢坯壳之间的缝隙形成渣膜。渣皮中残碳含量为0.08%～1%，渣中碳反应生成的气体有的会残留在渣膜中形成气泡，对它的结晶产生影响。

97. 碳质材料在保护渣中的主要作用有哪些？

碳质材料在保护渣中的主要作用有：

（1）隔热保温作用。随着碳质材料的增加，保护渣隔热保温性能增加。

（2）控制保护渣的熔化速度、熔化特性和熔化模型。

（3）影响保护渣的铺展性能。随着碳质材料的增加，保护渣的铺展性能得到改善。

（4）减缓保护渣在结晶器内结渣圈的作用。

98. 保护渣在使用过程中火苗过大的原因是什么？

在保护渣内一般含有一定数量的碳酸盐。如果碳酸盐含量过大，在熔化过程中发生分解反应，生成 CO_2，CO_2 和保护渣中的碳反应生成的 CO 燃烧，形成过大火苗。

99. 保护渣中各类碳质材料各有什么特点？

碳质材料种类很多（见表1-4）。随着产地不同，碳质材料在形态和性能上有很大的差别，而它们对保护渣性能的影响又很复杂，所以配碳是配制保护渣中一项重要的研究内容。结晶器保护渣中碳是以炭黑、石墨或焦粉的形式加入的，由于碳不熔于液渣，碳的颗粒形成骨架，阻止或延迟了液渣滴的聚合，因此可以用来控制保护渣的熔化速度并使钢水和液态保护渣绝热。碳的含量、类型、粒子尺寸和着火点温度对保护渣的性能都有影响。炭黑的燃烧温度最低，而石墨的燃烧温度最高。炭黑能降低保护渣的熔化速度，保护渣的完全熔化时间随其中炭黑的增加而延长。但使用炭黑时，易造成铸坯中的横向凹疤和裂纹缺陷。当保护渣中的炭黑改为焦炭粉或者石墨时，由炭黑造成的铸坯凹疤和裂纹缺陷可以消除。石墨由于价格较高，使用受到一定限制。对于结晶器内钢水液面的控制来说，应选择含有3%～5%的焦炭粉或1%以下的炭黑的保护渣。

表1-4　加入保护渣中碳的种类

碳的种类	颗粒尺寸/μm	燃烧温度/℃
炭黑	0.028	386～522
冶金焦炭粉	20	511～718
石墨	74	613～897
细石墨	1.36	613～897

100. 怎样控制保护渣的烧损量？

应将碳酸盐导致的保护渣烧损量控制在小于2%的水平。保护渣中的碳酸钠、碳酸锂等碳酸盐分解时有大量的CO_2气体逸出，这将造成结晶器内钢水液面的紊乱，从而影响铸坯的质量。为了防止因保护渣中碳酸盐的分解而造成的钢水弯月面的紊乱和保护渣的过量烧损，有效的方法是将碳酸盐和散装的保护渣一起熔化或烧结，以形成高钠或高锂化合物。

101. 超低碳钢保护渣的特点是什么？

研究发现，保护渣的对流传热系数随着粒子尺寸与密度的增大而增加。由于传导传热和对流传热方式都随密度的增加而增加，因此降低保护渣的体积密度是增大绝热性能的有效途径。对用于超低碳钢的保护渣来说，应减少保护渣中的碳，为了补偿由此所造成的绝热能力的减弱，相应要降低结晶器保护渣的密度。为此，最有效的一个方法是用喷雾成型法制造空心的颗粒状的保护渣。其颗粒密度可通过选择低解离温度的碳酸盐、表面活化剂和其他有机结合剂来进行调节，它们都能起热黏滞抑制物的作用。用喷雾成型法制造的保护渣的密度可低至$0.5g/cm^3$。降低保护渣的密度，有利于提高保护渣的绝热能力，而且可减少保护渣中的含碳量。降低保护渣的密度除了能减少钢水的吸碳外，在结晶器内钢水液面发生波动时，保护渣还能快速熔化。为了防止钢水从结晶器保护渣中吸收碳，应使保护渣中碳酸盐的含量小于2%。这样还可减少因碳酸盐的分解释放出的CO_2气体而造成的结晶器内钢水面紊乱。

102. 低碳铝镇静钢保护渣的特点是什么？

用于浇注低碳铝镇静钢的结晶器保护渣大多是由各种原料通过物理混合而制成的。保护渣的平均粒度为 20μm 左右。必须保证粉末状保护渣的粒度分布在 10～80μm 的范围内，以限制其细颗粒和粗颗粒的层次。这种保护渣的散装密度为 0.9～1.2g/cm^3，它在低速浇注时，例如在中间包开、关和更换水口的情况下，可提供良好的绝热功能。物理混合的粉末状保护渣成本低，但存在污染环境的问题，近年来国内外一些钢厂已采用喷雾或挤压成型的颗粒状保护渣来浇注低碳铝镇静钢。

103. 中碳铝镇静钢保护渣的特点是什么？

由于中碳铝镇静钢具有裂纹敏感性，所以保持结晶器内钢水弯月面上保护渣的成分和性能的均匀特别重要。为此采用预熔的经喷雾或挤压成型的颗粒状保护渣。对中碳铝镇静钢用的保护渣来说，当渣中预熔料的含量接近原料总量的 90% 时，采用挤压成粒法比采用喷雾成粒法更优越。采用挤压成粒法时，由于颗粒被挤压可获得较高的密度。中碳铝镇静钢的保护渣具有较高凝固温度和结晶温度，在开始浇注或其他低速浇注的情况下，它易于在结晶器内结壳。在这些不稳定的浇注状态下，最好使用一种较低凝固温度和低结晶温度的过渡性保护渣。

104. 高碳钢保护渣的特点是什么？

高碳钢的坯壳凝固收缩小，容易发生坯壳和结晶器黏结，浇注温度和浇注速度较低，因此保护渣的黏度和凝固温度要低些，渣膜玻璃化倾向要大些，以保证良好的润滑性能，但也要考虑高碳钢热强度差的特点，适当调节保护渣的热阻。高碳钢要使用隔热性能好的保护渣，体积密度要低，碳的加入量可稍高些，甚至可达 20% 左右。

第 2 章　保护渣的制造与检测

105. 保护渣的功能材料包括哪些?

连铸保护渣原料的种类繁多，按其功能可将连铸保护渣的原料分成三类。

（1）基料：主要有天然料硅灰石、长石、预熔料、玻璃粉、电厂灰、石灰石、石英粉、高炉渣、电炉白渣等。

（2）熔剂：主要有纯碱、冰晶石、重晶石、萤石、硼砂、碳酸锂及含氟化合物等。

（3）熔速控制剂：如炭黑、灯黑、石墨和焦炭等。

106. 保护渣所用原材料的选择原则是什么?

保护渣所用原材料的选择原则是：

（1）原材料的成分稳定。

（2）原材料中有害物质应尽量少，特别是 Al_2O_3、Fe_2O_3 和 S 等的含量。

（3）在保护渣使用过程中不应放出有害物质污染环境。

（4）来源广泛，价格便宜。

结晶器保护渣中的各种化学成分可以从各种原料的组合中获得。为了将原料对结晶器保护渣性能的影响降至最低程度，在用于制造保护渣的原料中，每一种原料成分的含量不能大于原料总量的（混合物）的40% ~50%。对结晶器保护渣来说，要尽可能地减少游离的二氧化硅、烟灰和水分的含量，并应将其烧损量降至最小限度。

107. 实心颗粒保护渣的制造方法和制造设备有哪些，各有什么特点?

颗粒保护渣的制造使用在国内起步比较晚，起初制造实心颗粒保护渣，粒度通常控制在 0.5 ~2.0mm，所用设备有以下几种。

（1）圆盘式和圆筒式造粒装置。由于这两种成粒装置的成粒率低，返回率高，因此在颗粒渣的生产中未得到广泛应用。

（2）沸腾法造粒装置。用这种装置生产的颗粒渣，其密度小，颗粒小而均匀，是理想的颗粒保护渣。用这种方法生产造粒，成粒率高，国外已广泛应用。

（3）振动法造粒装置。用该方法造粒，其颗粒强度低，密度小，颗粒近似球状，表面不光滑。

（4）机械挤压造粒法。该方法制造的颗粒渣强度高，成粒率高，颗粒尺寸主要用孔板的直径控制。

108. 空心颗粒保护渣的生产工艺流程是什么？

空心颗粒保护渣的生产工艺是：原料（粒度平均小于90μm）→贮存和称量→（涡流搅拌装置1500r/min）悬浮、搅拌→泵入低速搅拌机（15r/min）→高压膜式泵（1～2MPa）→入喷雾干燥洗涤塔（干燥温度500～570℃）形成空心颗粒→振动筛（筛孔2mm）→输送带→斗式提升机→冷却器（渣粒冷到35～45℃）→成品（成品平均粒度 ϕ0.5mm）→斗式提升机→保护渣料仓→包装。

空心颗粒保护渣的生产工艺流程见图2-1。

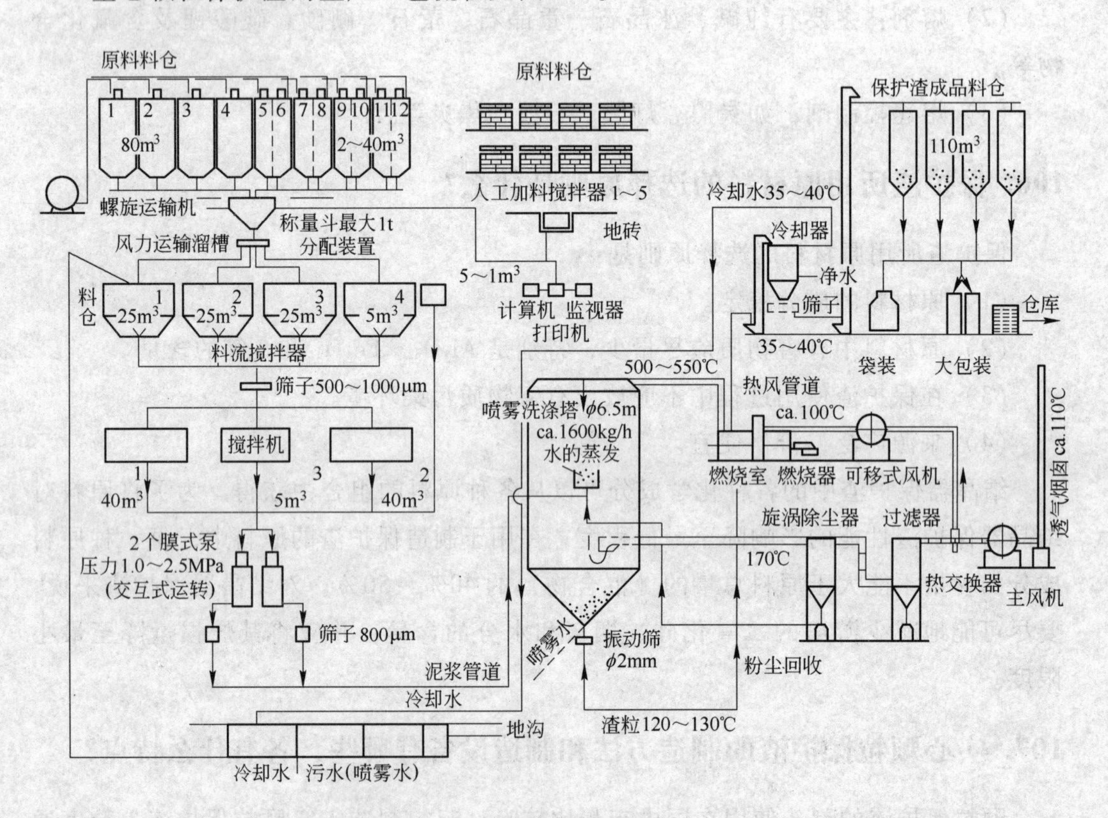

图2-1　空心颗粒保护渣的生产流程

109. 空心颗粒保护渣生产所用的主要设备有哪些？

空心颗粒保护渣的生产设备主要有：磨浆机（胶磨机、湿法球磨机）、储浆罐（搅拌桶）、压力式喷雾造粒干燥系统（喷雾塔、喷枪、引风机、旋风除尘器、泥浆泵、热风炉、测温及控制设备）等。

110. 水磨制浆有什么注意事项?

水磨制浆工序是把干料制成流动性良好而均匀的泥浆。在制作过程中，应注意以下几点:

(1) 制浆设备的选择。可选用高硅材质的湿式间歇式球磨机，但须控制制浆时间，以免研磨体损耗引起增硅。一般要求在保证浆料均匀的情况下，尽量缩短制浆时间。

(2) 进料粒度。考虑各种原料的密度不同，为使各种原料在较短时间内充分均匀混合，同时提高制浆能力，要求进料粒度尽量均匀细化。粒度大则产品成分波动大，泥浆黏度小，成型困难。

(3) 加水量。选择适宜的加水量，控制泥浆稠度对干燥的经济效益起很大作用，同时对产品的物性也有很大影响。在制浆开始前加水，加水量根据产品性能要求及配方原料特性确定，一般为 30% ~50%，最好保证泥浆黏度。水分过小，泥浆黏度增大，流动性变差，雾化效果下降；过大，则增加干燥负荷，产品粒径变小，并降低溶剂的收得率，对产品物性的稳定不利。

(4) 泥浆的均匀性。泥浆的均匀性对制浆非常重要。液体在固体表面上自动铺展是保证泥浆均匀的首要条件。

111. 在保护渣生产过程中，对磨炭时间有什么要求?

在生产成品保护渣的磨浆工艺中，磨炭时间应保证 1h 以上，一般达到 3h。延长磨炭时间一方面可使碳质材料在保护渣中分散更加均匀，增加渣中碳的有效浓度，极大地减少渣条的产生；另一方面，部分石墨充分细化和分散于渣中，在熔渣凝固过程中起到形核剂的作用，使保护渣在低于凝固温度的固态渣膜中能稳定地析出晶体，控制传热以减少铸坯表面的纵裂纹。

112. 什么是喷雾造粒?

泥浆经泥浆泵输送，以 1.0 ~2.5MPa 的压力在喷雾塔中喷射，使其减压至 0.1MPa 并形成雾粒，再由鼓进的热风把雾粒干燥，得到粒状颗粒。此过程称为喷雾造粒。

113. 什么是喷雾干燥?

喷雾干燥是指将被干燥的料液分散成微小的料雾，即雾化，使雾化后的料雾与热空气接触，极大地增加了料液与热空气接触的表面积，从而达到瞬间干燥的目的。

114. 喷雾法造粒、干燥时对各种工艺参数有什么要求？

采用喷雾法造粒、干燥时，影响产品性能的参数较多。这些参数并非孤立存在，而是相互影响的。合理控制泥浆浓度、原料粒度以及喷雾造粒干燥时的进风温度、喷枪压力等工艺参数，是保证产品性能的前提；不同添加剂的合理运用，有效地改善产品成分均匀性及颗粒分布、形态、强度等，是保证工艺流程顺行的关键所在。

115. 喷雾法造粒、干燥时对泥浆浓度有什么要求？

采用喷雾法造粒、干燥时，应根据产品性能的要求控制泥浆浓度。泥浆浓度提高时，需蒸发的水量减少，干燥负荷减小，有利于保证颗粒残余水含量小于0.5%，同时可增大颗粒粒度。但若泥浆浓度控制过大，流动性变差，易堵枪，且成品密度较大，产品的保温性能降低。一般泥浆浓度应大于40%。保护渣颗粒度和泥浆浓度的关系如图2-2所示。

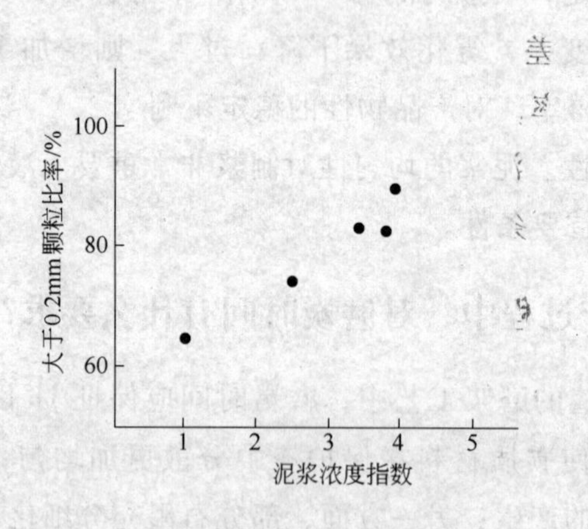

图2-2 保护渣颗粒度和泥浆浓度的关系

116. 喷雾法造粒、干燥时对进风温度有什么要求？

采用喷雾法造粒、干燥时，提高进风温度，可增加进塔热量，充分利用热量，降低产品水分。在泥浆浓度一定时，干燥到产品要求水分的热耗减少。此外，在排风量不变时，还可增加产量。但进风温度提高过多，将会影响成品颗粒的强度。因此进风温度的提高应考虑设备材质的承受能力及成品颗粒强度。适宜的进风温度应在500～800℃之间。

117. 喷雾法造粒、干燥时对喷枪压力和孔径有什么要求，这对产品有哪些影响？

采用喷雾法造粒、干燥时，应根据产品及性能的要求决定喷枪数，一般控制在

2～10支。增加喷枪压力可提高产量，但成品细颗粒增多（见图2-3）；加大喷枪孔径，能增加处理量，并使产品粗颗粒增多。

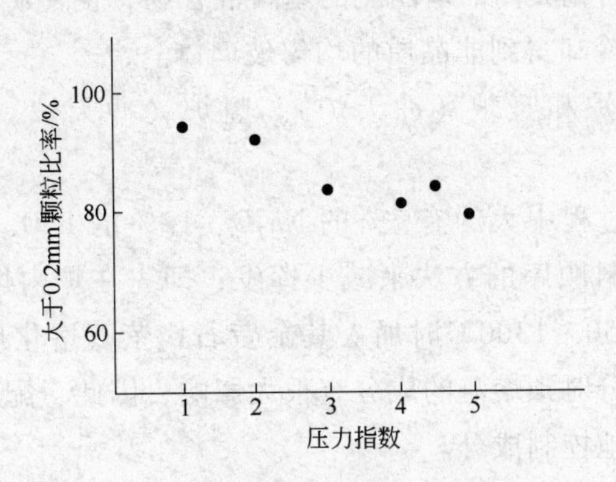

图2-3　喷枪压力与颗粒大小的关系

118. 保护渣造粒时对黏结剂有什么要求？

保护渣造粒时，对黏结剂的要求是：

（1）所用的黏结剂不应对保护渣的性能产生不良影响。

（2）不能污染环境。

（3）不应在高温时使保护渣烧结成块而使其高温性能变坏。

（4）在低温时强度高不粉化，而在高温时强度应低，最好能自动裂开而疏松。

（5）最好成本要低。

以往常用的黏结剂有纸浆、糖浆、糊精等；目前常用的有糊精、纤维素、淀粉等。

119. 什么是预熔型保护渣，其生产工艺流程是什么？

预熔型保护渣通常是指渣中60%以上的原料是预熔基料，保护渣原料和成品的矿相基本相近。

预熔型保护渣生产工艺流程如图2-4所示。

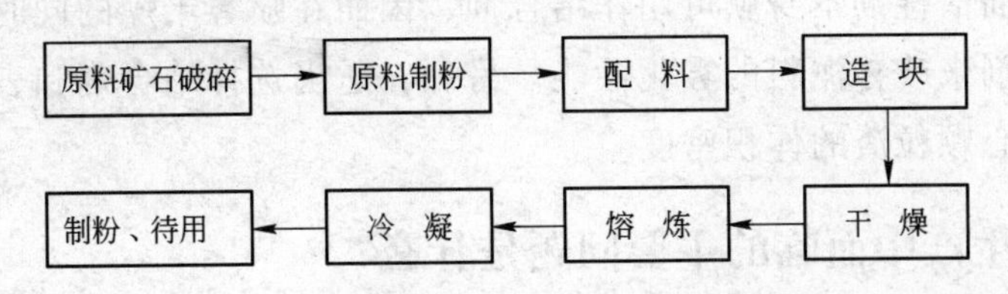

图2-4　预熔型保护渣的生产工艺流程

120. 熔化炉的作用是什么，在熔化过程中需要注意些什么？

熔化炉的作用是熔化其内的球团化的基料混合物，促使矿物间反应形成均质熔融体，最后通过快速冷却得到非晶质的均匀玻璃体。

熔化炉主要有电炉和竖炉（冲天炉），竖炉（冲天炉）是国内主要的熔炼手段。

一般认为，熔炼过程中大约有7%的Na_2O、12%的B_2O_3和20%～30%的F^-被挥发。可用改变装料顺序的方法来减少挥发：即先在炉内熔化含0.15%～25%萤石的渣，然后在1250～1300℃时加入其余萤石，萤石熔化后再加入含碱成分的炉料。另外，焦炭灰分对预熔渣的成分有很大影响，因此，配料时必须把焦炭灰分计入，这样才能准确地控制成分。

121. 怎么从预熔后的基料中得到非晶质材料？

预熔的最终目的是得到均匀的玻璃质非晶质材料，因此，预熔后须对熔渣进行急冷。一般采用的急冷方法是水淬法，即在出渣口处装一个水喷嘴，出渣口下配一个水封容器，这样可以生产出粒径为ϕ2mm左右的预熔基料。也可直接在出渣口下设置一个大水池，在出渣过程中进行强力搅拌，以确保熔渣的急冷破碎，得到非晶质材料。

122. 颗粒保护渣造粒用结合剂共有几类？

非晶质的玻璃体几乎不吸水，表面吸附能力极差，因而只能借助外加的结合剂使之成粒。结合剂大致分为两大类：无机物（碱金属或碱土金属的铝酸盐、水玻璃等）和有机物（糖浆、糊精、淀粉、聚乙烯醇等）。结合剂一般需要2～3种配合使用才能达到一定的使用效果。例如，铝酸盐的黏结软化温度为1600℃左右，但其常温强度低，在加入一定量的糊精后，熔化性能就会有很大改观。

123. 表面活性剂的作用是什么？

预熔渣的表面吸附能力极低，在造粒过程中需要润湿，这就必须依靠表面活性剂的有利作用。表面活性剂可改善造粒过程中粉泥料的流动性能并且大幅度降低配水量，一些表面活性剂本身就可用作结合剂，因而在喷雾干燥的同时，可通过合理选配表面活性剂来改善泥料的雾化性能。另外，适当选择结合剂和表面活性剂还可以调整球形空心颗粒渣的体积密度。

124. 保护渣生产中面临的主要问题是什么？

对国内一些保护渣生产厂家来说，保护渣生产中面临的主要问题有两点。一是对产品质量稳定性的控制还有待加强，对于同种保护渣，不同批次之间物化指标波动范围较大。二是对保护渣品种开发力度还需要加强，某些特殊钢种保护渣还需要加大开发力度。

125. 保护渣在转产前设备为什么要清洗干净？

保护渣产品都要有稳定的成分。每一种保护渣产品都有各自的物理性能，化学成分也各不相同，因此每生产一批产品之前，必须清洗干净混料仓、搅拌桶、成品仓及连接管道，防止上批产品的余料混入转产品种内。

126. 预熔型颗粒保护渣的特殊检验内容是什么？

预熔型颗粒保护渣的特殊检验内容主要有以下几点：

（1）颗粒渣的破碎性能。破碎性能反映了保护渣在包装、运输、使用过程中的抗研磨能力。试验方法是：取渣样 100g，与直径为 ϕ30mm、单重为 35g 的三个陶瓷球一起在 ϕ100mm × 100mm 的陶瓷筒内以 75r/min 的转速旋转 10min，然后进行筛分，计算小于 500μm 细粉所占的百分比。百分比越小，抗破碎性越好。

（2）渣化率及烧结性能。渣化率及烧结性能反映了颗粒渣的熔化性能和结渣圈趋势的大小。烧结层的大小可以反映结渣圈趋势的大小。渣化率及烧结性能一般采用单向加热法测定。

（3）流动性能。流动性能反映了颗粒渣在使用过程中的可操作性能，流动性越好，在结晶器内越易铺展开。简易的测试流动性能的方法是，颗粒渣从一个倒锥体容器中流向具有一定斜度的平面上，测定滑出平面保护渣所占的比例。比例越大，流动性越好。

127. 保护渣熔化温度的测定方法有哪些？

保护渣的熔化是在一个温度区间进行的，其熔化温度表征渣样在升温过程中由固态转变为液态的温度，即试样加热到由圆柱形变为半球形的温度，称为熔化温度。熔化温度是反映保护渣熔化特性的重要指标。一般测定保护渣熔化一半时的温度（半球温度）作为其熔点。熔化温度的测试方法有热分析法、淬火法、差热分析法、半球点法和三角锥法等，但操作和分析复杂。目前保护渣采用半球点法作为保护渣熔化温度分析的行业标准，部分仍采用三角锥法（见图 2-5）。

128. 保护渣熔化速度的测定方法有哪些？

保护渣熔化速度的测定方法有渣柱法、塞格锥法、熔化率法和熔滴法。除熔滴

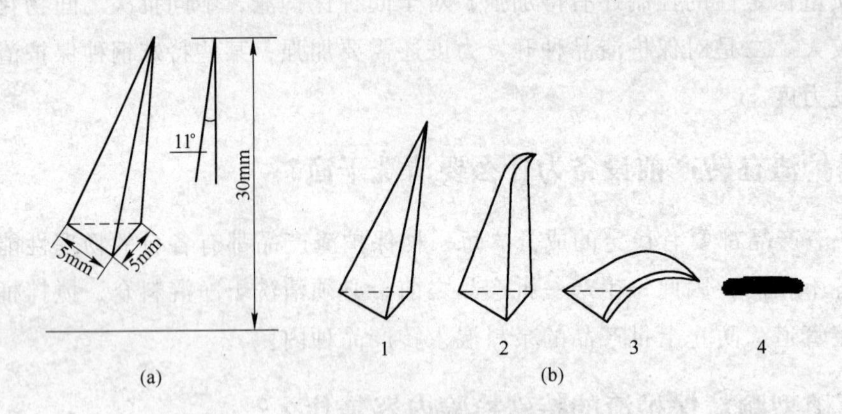

图 2-5 三角锥法测保护渣熔化温度示意图

（a）保护渣试锥；（b）试锥的变化

1—初始锥；2—变形温度下的试锥；3—熔化温度下的试锥；4—流动温度下的试锥

法外，其他方法都只能定性说明碳质材料对保护渣熔化速度的影响。如果通过渣柱法测试熔化温度，有可能导致这样的相反情况：即着火点低和分散度很高的炭黑很快烧掉，显示快的熔化速度，而石墨则反之。因此采用熔滴法测试熔速与结晶器内保护渣的熔化状况更合适。而渣柱法只能测定同一配碳模式下不同保护渣的相对熔化速度。目前国内基本上未采用熔滴法，而是广泛采用渣柱法。

129. 保护渣析晶温度的测量方法有哪些?

目前对析晶温度的测试及评价主要有差热法（DTA）、示差扫描量热法（DSC）、热丝法、黏度－温度曲线法和 X 衍射法等。

熔融保护渣在冷凝过程中可能析出晶体，析晶过程是一放热相变，检测该放热过程对应的温度范围即为保护渣析晶温度范围。

以差热分析方法（DTA）或示差扫描量热法（DSC）测定渣样的热量－温度曲线为例，曲线中的放热峰对应的温度即为保护渣的析晶温度。保护渣在冷凝过程中可能具有多个放热峰值，对应多个析晶温度，一般取最高值作为析晶温度。

DTA 和 DSC 法的测量精度较高，但是对于部分结晶率较小的保护渣，由于结晶放出的热量小，差热分析天平不能感应到放热，从而不能观测到放热峰，无法完全读出正确的析晶温度。

对于黏度－温度曲线法，目前研究者普遍认为该方法所测得的值应该是保护渣的凝固温度而非析晶温度。

热丝法是以保护渣析晶温度为出发点，将同一根双铂铑热电偶丝（分度号为 B）既作加热元件又作测温元件，被测物直接置于热电偶的热接点上，使用计算机系统控制热电偶按预定温速升、降温，并同时采集热电偶的热电势，数据通过线性化处理后在计算机上直接显示出热电偶的温度值。同时通过图像采集卡将彩色摄像机拍到的图像在显示屏上显示出来，整个试样的物性变化过程都可以在显示屏上观察。可以测量出试样的开始熔化温度、熔化区间、析晶温度、结晶率、晶粒的大小等参数；还可将有价值的图片及曲线通过自动方式连续捕捉并保存下来，并可随时查看。

130. 保护渣析晶率的测定方法和理论基础有哪些？

目前对析晶率的测试及评价主要有观察法、X 射线衍射法、热分析法、线膨胀系数法以及理论预测等。

测试研究方法所涉及的理论可以分成三类：

（1）通过比较渣膜与 100% 纯玻璃的性质来测量渣膜中玻璃体的百分比含量。

（2）通过比较渣膜和纯结晶物质（参照的纯结晶体物质是枪晶石 $3CaO \cdot 2SiO_2 \cdot CaF_2$）的性质来测量渣膜中结晶体的百分比含量。

（3）利用金相学（金相显微镜）直接测量渣膜中结晶体和玻璃体的百分比。

131. 保护渣析晶率各检测方法的优缺点是什么？

保护渣析晶率各检测方法的优缺点见表 2-1。

表 2-1　保护渣析晶率各检测方法的优缺点

方　法	渣样质量/mg	优　点	缺　点
功率示差扫描量热法	20～100	可以获得重复的结果（玻璃体百分比含量）	（1）温度不能高于 1000K；（2）结晶化会影响扫描曲线；（3）玻璃体转化成结晶体可能不够完全
差热分析法	20～100	分析所用设备大量普及	（1）随扫描曲线的波动而变化；（2）熔化的出现会干扰渣膜焓变的测量
线膨胀系数法			渣样破损使得线膨胀系数的测量出现困难
金相法	<1	能辨别液相和玻璃体	（1）观测的部分只对应一小部分质量；（2）在玻璃体和结晶体的中间区域很难确定
X 射线衍射法	40	相比其他方法，需要的时间特别短	（1）假设嘴晶石是存在的；（2）假设枪晶石样品是 100% 的纯结晶体

132. 测定保护渣黏度的方法是什么?

测定保护渣黏度采用圆柱体旋转法（见图 2-6），其设备有吊丝式黏度计和转杆式黏度计，我国行业标准是根据吊丝式黏度计制定的。

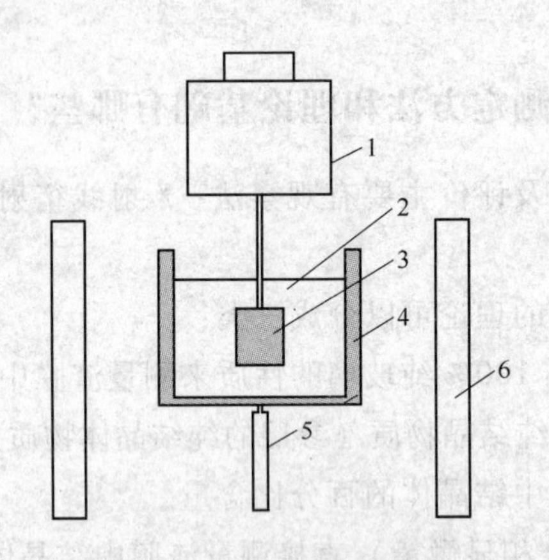

图 2-6　圆柱体旋转法

1—旋转黏度计；2—连铸保护渣熔渣；3—测头；
4—石墨坩埚；5—热电偶；6—加热炉炉壳

其方法是在高于连铸保护渣熔化温度的条件下，将石墨或金属钼圆柱体浸入石墨坩埚盛装的保护渣熔体中，通过测试圆柱体的转矩确定熔渣黏度。

当圆柱体和石墨坩埚的几何条件、吊丝尺寸和转速固定时，黏度只与吊丝扭角或扭矩即脉冲信号的时间差 Δt 成正比，即

$$\eta = K \cdot \Delta t$$

式中，K 为仪器常数。

当测定系统（测杆、吊丝、转速）固定后可由已知黏度的标准黏度液标定出来，因此可以通过直接测定 Δt 来计算连铸保护渣的黏度 η。

133. 表面张力和界面张力各有什么测定方法?

表面张力测定的方法有最大气泡压力法和拉环法等；界面张力的测定可以采用 X 射线透视成像法、坐滴法等。

134. 什么是保护渣的导温系数，其主要测定方法是什么?

导温系数是表征保护渣传热能力的物性参数，是研究和分析保护渣渣膜传热性能的基础数据，也是评价保护渣调控渣膜传热能力的依据。导温系数与保护渣的物理状态密切相关，通过测试导温系数与温度的关系，可研究和表征保护渣在

升温过程中发生的烧结、熔化等工艺行为，有助于定量控制保护渣的熔化特性。

在对连铸保护渣的传热特性的研究中，已有多种方法用于保护渣传热性能的测试，如一维非稳态热线法、一维非稳态激光脉冲法、一维稳态圆柱法、一维稳态平板法、单向炉测试保护渣导温系数（装置结构见图 2-7）等。

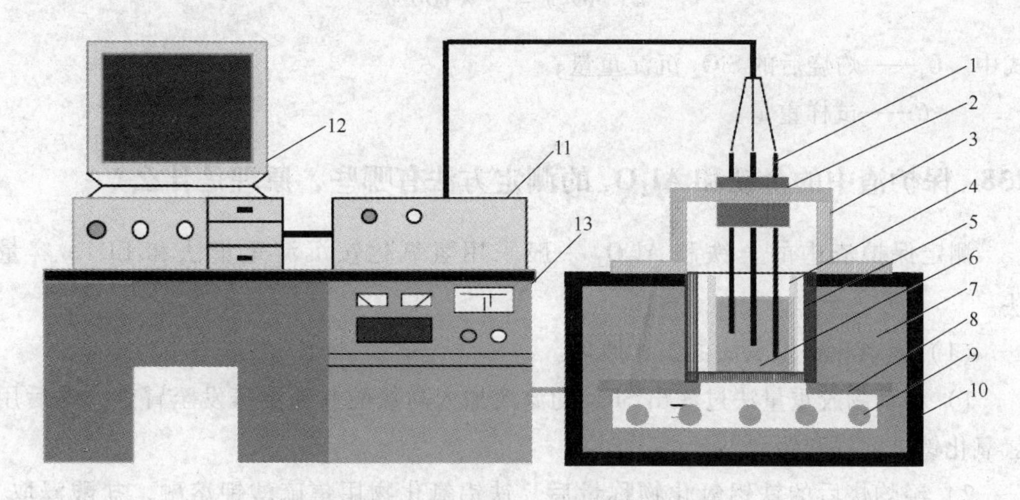

图 2-7　连铸保护渣导温系数测试装置结构示意图

1—热电偶；2—热电偶升降调节器；3—热电偶支架；4—陶瓷导管；5—坩埚；6—保护渣试样；7—炉衬耐火材料；8—炉衬底板；9—电热体；10—炉壳；11—数据采集器；12—计算机；13—炉温控制系统

135. 保护渣溶解 Al_2O_3 速度的测定方法有哪些？

测定保护渣溶解 Al_2O_3 速度的方法有静态法和旋转法两种。静态法是在一定温度下，使 Al_2O_3 试棒在熔渣里浸泡一定时间，观察熔渣吸收试棒的情况。旋转法是在一定温度下，使 Al_2O_3 试棒以一定速度在熔渣中旋转一定时间，观察熔渣吸收试棒情况。旋转法可以模拟结晶器中钢液和熔渣的流动情况，更真实反映出熔渣溶解吸收 Al_2O_3 的能力，因此，测定保护渣溶解 Al_2O_3 的速度，一般多采用旋转法。

136. 怎么测定保护渣颗粒度？

测定保护渣的颗粒度，一般是在规定条件下，将一定量的保护渣放到规定孔目的标准筛上，通过人工或机械筛分，然后分别称量各筛粉渣的重量，再计算各筛粉渣同总渣量的质量百分比，即可获得保护渣颗粒度的分布情况。

137. 保护渣中 SiO_2 含量的测定方法和原理是什么？

测定保护渣中 SiO_2 的含量，一般采用动物胶重量法。

其原理是：取一定量的保护渣，在硼酸存在的条件下，加入盐酸溶解，过滤出不溶物，灼烧后加入碳酸钠和硼砂混合溶剂熔融，熔融物用盐酸浸取，合并于第一次溶解的主溶液中，在酸性介质中加入动物胶使硅酸凝聚，将沉淀洗涤后，灼烧成SiO_2，称重后求出SiO_2含量。

$$w(SiO_2)=\frac{G_1}{G}\times 100\%$$

式中 G_1——灼烧后的SiO_2沉淀重量；

G——试样重量。

138. 保护渣中的全铁和Al_2O_3的测定方法有哪些，原理是什么？

测定保护渣中的全铁和Al_2O_3一般采用氢氧化铵沉淀重量法和EDTA容量法。

（1）氢氧化铵重量法的工作原理。

1）将动物胶重量法过滤出SiO_2的滤液加入高氯酸并高温蒸发至冒烟，然后用氢氧化铵沉淀铁和铝。

2）经灼烧后的铁铝氧化物称量后，铁铝氧化物用焦硫酸钾熔融，盐酸浸取，再用氯化亚锡将三价铁还原成二价铁，过量的氯化亚锡用二氯化汞氧化。

3）以二苯胺磺酸钠为指示剂，用重铬酸钾标准溶液滴定至溶液呈稳定的紫红色。则全铁含量可按式（2-1）计算。

$$w(TFe)=\frac{0.05585\times NV}{G}\times 100\% \tag{2-1}$$

式中 N——重铬酸钾标准溶液的浓度；

V——滴定所消耗重铬酸钾标准溶液的体积，mL；

G——试样量，g。

4）以差减法计算出Al_2O_3的含量。

（2）EDTA容量法的工作原理。

1）将动物胶重量法过滤出SiO_2的滤液加入高氯酸并高温蒸发至冒烟，然后用氢氧化铵沉淀铁和铝。

2）经灼烧生成的铁铝氧化物称量后用盐酸溶解，然后用EDTA标准溶液进行滴定，直至溶液由红色变为亮黄色或无色。则全铁含量按式（2-2）计算。

$$w(TFe)=\frac{0.05585\times MV}{G}\times 100\% \tag{2-2}$$

式中 M——EDTA标准溶液的物质的量浓度；

V——滴定全铁时消耗EDTA标准溶液的体积，mL；

G——试样量，g。

3）以差减法计算出 Al_2O_3 的含量。

139. 怎样测定保护渣中 CaO 和 MgO 的含量？

保护渣中 CaO 和 MgO 含量的测定方法如下：

（1）将除去铁、铝后的滤液置于 500mL 容量瓶中，加水稀释至刻度线并摇匀。

（2）分取两份 50mL 溶液放置于 500mL 锥形瓶中，将溶液煮沸 2～3min，冷却后加入 50mL 水和三乙醇胺（1+1）5mL。

（3）于一份溶液中加氢氧化钾溶液使 pH≥12.5，以钙指示剂为指示剂，用 EDTA 标准溶液直接滴定，至溶液由酒红色恰好变为纯蓝色为终点，则 CaO 的百分含量为所消耗的 EDTA 溶液毫升数。

（4）向另一份试液中加入 pH=10 的氨性缓冲液 10mL，加入适量铜试剂溶液，以酸性铬兰 K－萘酚绿 B 为指示剂，用 EDTA 标准溶液滴定钙镁含量。

$$w(\mathrm{MgO}) = 0.719 \times (V_2 - V_1)$$

式中　V_1——滴定钙时消耗 EDTA 标准溶液体积，mL；

V_2——滴定钙镁含量时消耗 EDTA 标准溶液的体积，mL。

140. 怎样测定保护渣中 FeO 的含量？

测定保护渣中 FeO 含量的方法如下：

（1）取保护渣 0.2g，置于 500mL 干燥的锥形瓶中。

（2）加入 0.5g 氯化钠，1g 碳酸氢钠，25mL 密度为 1.19g/mL 的盐酸溶液溶解，溶解完全后，加入 150mL 水，0.5g 碳酸氢钠，20mL 硫磷混酸，4 滴二苯胺磺酸指示剂。

（3）以重铬酸钾标准溶液滴定至稳定紫色为终点，则

$$w(\mathrm{FeO}) = \frac{0.07185 \times NV}{G} \times 100\%$$

式中　N——重铬酸钾标准溶液的浓度；

V——滴定时消耗重铬酸钾标准溶液体积，mL；

G——试样量，g。

141. 怎样测定保护渣中 K_2O、Na_2O、MnO 的含量？

测定保护渣中 K_2O、Na_2O、MnO 含量的方法如下：

（1）取保护渣试样 0.1g 于铂皿中，用数滴水润湿，加入 5mL 密度为 1.19g/mL

的盐酸，5mL 密度为 1.15g/mL 氢氟酸，1mL 密度为 1.67g/mL 的高氯酸加热溶解蒸发至冒烟。

（2）加入 10mL 盐酸，加热溶解，冷却后移入 100mL 容量瓶中，用水稀释至刻度线。

（3）摇匀后吸取 10mL 溶液，置于 50mL 容量瓶中，加入 10% 的氯化锶溶液 2.5mL，用水稀释至刻度线，摇匀后用原子吸收分光光度计测定其吸光度。

（4）根据检测标样绘制的吸光度工作曲线查出氧化钾、氧化钠和氧化锰各自的含量。

142. 保护渣中固定碳含量的测定方法和原理是什么?

测定保护渣中碳含量，一般采用气体容量法。

其测定原理是:

（1）取一定重量的试样用盐酸溶解，然后用酸性石棉过滤并进行烘干。

（2）置于高温炉中加热并通氧燃烧，使碳氧化成二氧化碳。

（3）混合气体经除硫后，收集于量气管中，然后以氢氧化钾溶液吸收其中的二氧化碳，吸收前后体积之差即为二氧化碳体积。

（4）根据二氧化碳体积计算出碳的含量。

$$w(\mathrm{C}) = \frac{A \times V \times f}{G} \times 100\%$$

式中　A——标准大气压下，温度为 16℃ 时每毫升二氧化碳中碳含量，g，用酸性水做封闭液时 A 值为 0.0005g，用氯化钠酸性溶液做封闭液时 A 值为 5.022×10^{-4}g；

V——二氧化碳体积，mL；

f——修正系数；

G——试样量，g。

143. 保护渣中吸附水的测定方法和原理是什么?

一般采用差重法测量保护渣中的水分含量。

其原理是：取一定量保护渣，置于预先在 105 ~ 110℃ 下烘烤至恒重的称量瓶，称量后不加盖置于烘烤箱中，在 105 ~ 110℃ 下烘干 2h，取出加盖置于干燥器，冷却至室温去盖后迅速称重，则吸附水的百分含量可按式（2-3）计算。

$$w(\mathrm{H_2O}) = \frac{G_1 - G_2}{G} \times 100\% \qquad (2\text{-}3)$$

式中　G_1——试样和称量瓶烘烤前重量，g；

G_2——试样和称量瓶烘烤后重量，g；

G——试样量，g。

144. 保护渣中氟的测定方法和原理是什么?

保护渣中氟的测定，一般采用氟离子选择电极法。

其原理是：取一定量保护渣试样用盐酸溶解，用氢氧化钠调节 pH = 9，加入络合剂 EDTA 及磺基水杨酸，用氟离子选择电极测量电位值，此电位值与氟离子浓度的负对数成正比，可以根据标样绘制的工作曲线查出氟的含量。

第3章　保护渣的品种规划和选用

145. 如何根据连铸工艺选择合适的保护渣？

一般情况下，可以按照图3-1所列程序选择合适的保护渣。

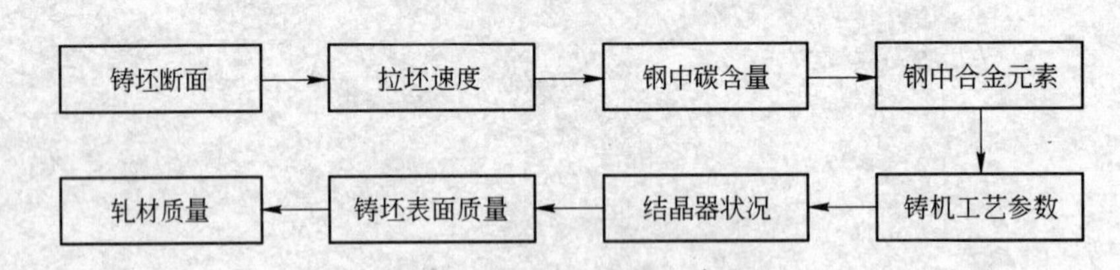

图3-1　保护渣选择程序

按照图3-1的思路，可以将保护渣划分为：

（1）方坯保护渣、板坯保护渣、圆坯保护渣和异型坯保护渣；

（2）中或低拉速保护渣、高速连铸保护渣；

（3）超低碳钢保护渣、低碳钢保护渣、中碳钢保护渣、高碳钢保护渣；

（4）碳钢保护渣、低合金钢保护渣、合金钢保护渣。

146. 保护渣选用的原则是什么？

连铸保护渣的通用性差，目前又没有一个统一的标准，如果保护渣选择与连铸工艺不相适应，不仅造成铸坯表面缺陷大量产生，精整量大，而且使连铸工艺难以顺利进行，事故频繁。所以对保护渣的选择应给予充分注意。

通常，连铸用保护渣性能参数设计应综合多因素考虑，应以实际要求作为出发点，按不同钢种、不同拉速、不同连铸坯断面、不同振动参数设计保护渣系列产品，以求达到连铸用保护渣的设计专业化、生产系列化。

147. 为什么要根据钢种的不同特性选择不同的保护渣？

保护渣的分类基本上也是按钢中碳含量来分的，但是，完全按钢中碳含量选择保护渣，不能满足所有钢种的要求。对于成分特殊的某些钢种，往往需要根据钢的用途及易出现缺陷的状况而特殊配制专用保护渣。例如，钢中含有微量特殊元素时，在浇注过程中，这些元素容易与保护渣中某些氧化物反应，而被氧化进入渣中，使保护渣性能恶化，导致使用效果变差，铸坯表面产生严重的缺陷，甚至产生漏钢事故，所以，应选用能吸收这些钢中各种夹杂物的保护渣。

148. 对高拉速保护渣的选择有什么要求？

连铸机的拉坯速度是连铸生产的重要工艺参数之一。连铸机的拉速是决定保护渣黏度的主要因素。一般说来，随着拉速提高，保护渣耗量减少，而保护渣消耗量的不足将导致铸坯的润滑和传热状况不良，并且拉速提高，钢水在结晶器中停留时间缩短，坯壳温度增高，凝固坯壳厚度减薄，同样的钢水静压力更容易使坯壳与结晶器壁接近，这样有利于传热，使热流密度随拉速的提高而增大。为此设计高速连铸用保护渣时，应提高其熔化速度，降低其黏度及凝固温度与析晶温度，以改善液渣的流入特性，满足液渣消耗的要求，减小渣膜厚度，保证结晶器传热正常。

149. 浇注不同断面形状的铸坯对保护渣有什么不同的要求？

结晶器断面是确定结晶器保护渣熔化性能和黏度的重要因素。随着铸坯断面尺寸的增加，比表面的值减小，冷却变慢，为防止出结晶器坯壳过薄，需增加铸坯在结晶器内停留时间，即降低拉坯速度；同时，随比表面值的减小，渣耗量增加，坯壳与结晶器壁间的保护渣膜增厚，因此要求保护渣有较高的熔化温度、较低的熔化速度。铸坯的比表面增加时，保护渣耗量（kg/m^2）急剧下降。板坯比表面小于方坯，保护渣消耗快，因而要求较快的熔化速度。适于板坯的保护渣熔化速度应快于方坯保护渣。其次，方坯对所用保护渣的黏度不是很敏感，故常使用高黏度渣以减少夹渣和浸入式水口的侵蚀，这是由于方坯的比表面大，允许渣消耗量较小，连铸过程中较容易满足要求。此外，板坯连铸时在宽度方向上液面波动较大，因此要求保护渣熔速较快，以迅速形成足够的液渣层厚度，覆盖整体的钢液表面。

150. 浇注不同断面大小的铸坯对保护渣有什么不同的要求？

选择保护渣必须与工艺相适应，即使同一台连铸机，浇注不同的断面尺寸时，保护渣也要相应作适应性调整。随着铸坯断面尺寸的增加，比表面的值减小，冷却变慢，为防止出结晶器坯壳过薄，需增加铸坯在结晶器内停留的时间，即降低拉坯速度；同时，随比表面值的减小，渣耗量增加，坯壳与结晶器壁间的保护渣膜增厚，因此要求保护渣有较高的熔化温度、较低的熔化速度。另外，断面大小对铸坯用保护渣黏度的影响比较复杂，设计时要综合考虑。

151. 碳当量是怎么计算的？钢种是怎么根据碳当量分类的？

碳钢一般都是以钢中的碳含量来判断钢种的，考虑钢中合金元素时，则以碳当量来判断钢种。不同的钢种选择设计不同的结晶器保护渣。碳当量用 $w[C]_{eq}$表示，计算公式见式（3-1）。

$$w[\mathrm{C}]_{eq} = w[\mathrm{C}] + 0.02w[\mathrm{Mn}] + 0.04w[\mathrm{Ni}] - 0.01w[\mathrm{Si}] - 0.1w[\mathrm{Mo}] - 0.04w[\mathrm{Cr}] \tag{3-1}$$

根据碳当量的不同，钢可以分为以下几种：

（1）超低碳钢和低碳钢：$w[\mathrm{C}]_{eq} < 0.08\%$；

（2）包晶钢：$0.08\% < w[\mathrm{C}]_{eq} < 0.15\%$；

（3）中碳钢和中高碳钢：$0.16\% < w[\mathrm{C}]_{eq} < 0.25\%$；

（4）高碳钢：$w[\mathrm{C}]_{eq} > 0.25\%$。

152. 对超低碳钢保护渣有什么要求？

对超低碳钢保护渣的要求是：

（1）结晶器保护渣中的碳含量要尽可能的低，黏度要高；

（2）出现角部裂纹等现象时，要用高碱度保护渣；

（3）为控制结晶器保护渣的熔化速度，可使用熔点较高的原料，如 MgO 等；

（4）使用隔离性较强的原料，尽量减少液面中的反应。

153. 对低碳钢保护渣有什么要求？

低碳钢的碳含量一般为0.01%～0.08%。由于该钢种的铸坯轧后容易出现条状缺陷及较高的黏结漏钢率，低碳钢的拉速变化频率也较高一些，同时由于低碳钢的凝固收缩率较低，结晶器中的坯壳厚度也相对较薄，因此，为了得到均匀的凝壳，需要适当控制结晶器中的传热。这类钢种的保护渣主要功能是提供充分的润滑，另外还要有穿过液态渣膜从铸坯到结晶器壁的传热能力，以形成坚硬的坯壳以抵抗摩擦力，所以设计这类保护渣一般要求低黏度、低碱度，并要对夹杂物具有极强吸附能力。

154. 对包晶钢保护渣有什么要求？

包晶钢的碳含量一般为0.08%～0.18%。包晶钢在 δ-γ 相转变过程中产生较大的体积收缩极易产生表面纵裂。而且，在结晶器中凝固时，由于传热不均匀而产生的局部应力，使该部位可能发生纵裂现象。对于包晶钢这种裂纹敏感性钢，保护渣设计的重点应放在控制从铸坯传往结晶器的热流上，限制结晶器热通量，希望保护渣具有较大热阻，即有低的热传导率以对弯月面实现弱冷却，同时也兼顾润滑，即保证保护渣稳定耗量和流入。选用凝固温度高、析晶温度也高的保护渣，有助于减小铸坯在冷却过程中产生的热应力。

155. 对中碳钢保护渣有什么要求？

中碳钢凝固到包晶点以下时，产生包晶体 γ 相和过剩的液相，因此同时具有裂纹敏感性和黏结敏感性。中碳钢的拉速一般比包晶钢低，所以中碳钢用的保护渣需要具备以下条件：

（1）跟低碳钢相比，结晶器保护渣的碱度要高一点；

（2）保护渣黏度要比包晶钢用的低一些，防止发生黏结现象和黏结漏钢。

156. 对高碳钢及超高碳钢保护渣有什么要求？

高碳钢及超高碳钢钢水中的碳含量一般为 0.30% ~1.20%。该类钢种的特点是热强度差，浇注温度和浇注速度较低，同时容易产生黏结漏钢。高碳钢和超高碳钢种的坯壳强度及液相线温度随着钢水中碳含量的增加而降低，所以浇注温度比其他钢种低一点。为了防止钢水冻结，高碳钢要使用隔热性能好的保护渣，体积密度要低，碳的加入量可稍高些，甚至可达 20% 左右。由于高碳钢和超高碳钢的凝固收缩率低，因此结晶器和凝壳之间的液渣流入通道变得更窄，容易产生黏结。为了维持适当的结晶器内润滑，渣耗量的保证非常关键。为了确保充分的消耗量和润滑，可选择低碱度、较低黏度的保护渣。为了确保保温性能，需要增加保护渣中的游离碳。

157. 对不锈钢保护渣有什么要求？

不锈钢中含有 Ti、Al、Cr 等易氧化元素，生成的 TiO_2、Al_2O_3、Cr_2O_3 等高熔点氧化物，使钢水发黏。当渣子吸收并熔解这些氧化物超过一定限度后，则渣的熔点和黏度显著升高，破坏了熔渣的玻璃态，析出硅灰石（$CaO \cdot SiO_2$）、铬酸钙（$CaCrO_4$）等高熔点结晶体，使结晶器保护渣结壳，严重影响不锈钢铸坯的表面质量。浇注不锈钢一般采用 $CaO-SiO_2-Al_2O_3-Na_2O-CaF_2$ 渣系。为了消除 Cr_2O_3 对熔渣性能的不利影响，可往渣中配加适量的 B_2O_3，降低渣的黏度，并使熔渣呈玻璃态，不再析出高熔点的结晶体，保持渣子良好的性能。如渣中含 4% Cr_2O_3，当加入 4% B_2O_3 后，与未加 B_2O_3 渣子比较，在 1300℃时黏度降低约 40%。

158. 对高铝钢保护渣有什么要求？

随着钢中含铝量的增加，保护渣容易吸收 Al_2O_3，使其碱度、熔点和黏度均升高，恶化了保护渣的性能。因此，对于连铸含铝的钢种，应该采用适应范围较宽的弱酸性保护渣。例如，保护渣中含有 5% ~8% Mn，能起到稳定碱度、降低熔点和黏度的作用，从而改善了保护渣的性能，减缓了由于钢中铝给保护渣带来的不利影响。

159. 对发热型开浇渣有什么要求？

发热型开浇渣通常为粉末混合型，其熔融速度是靠调整发热剂和氧化剂的加入量来控制的。在开浇或换中间包后将开浇渣投入结晶器钢液面上，依靠自身燃烧发热，很快生成熔融保护渣。由于此时铸坯拉速较低，故开浇渣的黏度应该比本体保护渣稍高，防止结晶器与凝壳间附着的渣膜过厚而诱发操作事故。

发热型开浇渣除了普通保护渣的共性要求之外，还有其他的特殊要求，如：

（1）必须考虑制造、保管、运输、使用过程的安全，不能加入活性很强的物质；

（2）发热反应要均匀、平稳，不能太剧烈，也不能存在未反应完的残余金属；

（3）不能因使用开浇渣而在结晶器内形成渣圈；

（4）发热反应的生成物和其他渣料成分快速反应生成熔融保护渣层，流入结晶器壁与凝固坯壳之间的间隙内，起到保护渣所应该起到的作用。

160. 高拉速宽板坯连铸对保护渣的使用有什么影响?

高拉速宽板坯连铸对保护渣使用的影响主要有以下几点：

（1）高速板坯连铸时，随着拉速的增加，其摩擦力增大，从而促进拉裂的产生。因为拉速增加，造成保护渣液渣流入困难，降低了铸坯的润滑能力，使凝固坯壳与结晶器壁间的摩擦力增大，超过临界值时会产生裂纹甚至漏钢事故。保护渣的单位消耗减少，渣膜的稳定性和均匀性下降。弯月面流入的液渣过少时，坯壳和结晶器壁之间的润滑减弱，摩擦力过大，易生成裂纹。

（2）水口出流速度加快，结晶器内钢液面波动加剧，容易造成卷渣。同时，钢流对窄面凝壳的冲击速度加大，容易使窄面凝固壳减薄或初生坯壳被钢流熔薄，造成窄面纵向裂纹。

（3）铸坯在凝固过程中，宽边有较大的水平方向拉伸应力。该应力随铸坯宽度增加而增大，这是造成板坯纵裂纹的主要原因之一。同时，结晶器顶部散热面积增大，散热量呈平方增加。如果保护渣的保温性能不好，就会使液渣结壳，形成渣圈，堵塞弯月面液渣流入通道；严重时还会使钢水结壳。保护渣流入通道的堵塞造成润滑、传热不足，引起各类缺陷或事故发生。高拉速使钢液在结晶器内停留时间缩短，出口坯壳厚度变薄，也导致产生裂纹。

（4）在连铸过程中，由于传热的不均匀性导致结晶器与铸坯坯壳之间的缝隙大小不一。因此，保护渣液渣膜厚度有差别，造成坯壳厚度不均匀，使传热变得不均匀，引起裂纹产生。

（5）在连铸过程中，结晶器壁各部分的温度场是不均匀的，这使得结晶器内凝固坯壳的厚度不均匀，尤其是包晶钢和中碳钢，这种不均匀性更加明显。宽板坯其宽厚比大，中心点与侧边的温差会比普通板坯高。如果钢水流动能力下降，同时保护渣传热不顺利，将形成局部的低温区和高温区，这就会造成不同部分保护渣熔化速度差异过大，局部液渣供应量不足，导致液渣流入不均，形成一系列缺陷。在大断面板坯铸坯冷却过程中，由于边部和中心区温差大，产生的收缩应力和热应力容易在中心集中。若液渣供应量不足，同时中心部分温度较高使铸坯高温力学性能下降，再加上坯壳较薄及热应力和收缩应力的影响，坯壳破裂而造成黏结性漏钢有可能产生。

161. 高拉速宽板坯连铸对保护渣有什么要求？

宽板坯连铸中所产生的各种技术难题的主要解决方向是：对钢水绝热保温，制定合适的冷却参数，保护渣传热和润滑性能好，降低中心与侧边的温差大所产生的热应力和收缩应力向中心集中的趋势。因此宽板坯连铸对保护渣的主要要求是：

（1）成渣速度快，能够及时补充液渣的快速消耗，在高速浇注或拉速变化较大的情况下，仍能维持足够的保护渣消耗量。

（2）结晶器壁与坯壳间的渣膜厚度适宜且分布均匀，防止坯壳与结晶器壁直接接触，以降低摩擦力并防止结晶器散热不均匀化，防止裂纹的产生及黏结漏钢，避免铸坯产生表面缺陷。

（3）液渣层厚度要足够，防止高速连铸或拉速较大波动时，熔渣供应不足以及固体渣颗粒流入。

（4）稳定的操作性能，良好的吸收钢液上浮夹杂物的功能，而且吸入夹杂后液渣性能稳定。

（5）在高拉速及拉速变化大时，保护渣具有稳定的熔融特性和控热能力。

162. 薄板坯连铸对保护渣的使用有什么影响？

薄板坯连铸对保护渣使用的影响主要有以下几点：

（1）拉速快，单位时间内注入结晶器内钢液量大，结晶器内钢液搅拌比较强烈，液面稳定性差，容易引起铸坯表面和皮下夹渣及裂纹的产生，同时，结晶器内钢液面上熔渣厚度难以保持均匀；在拉速很高时，出结晶器坯壳厚度薄，如拉坯阻力过大，铸坯易出现横裂。

（2）铸坯厚度小，在同等拉速条件下，结晶器热流大，产生纵裂的倾向增大，而且浸入式水口形状受到限制，易造成钢水液面“搭桥”以及结晶器壁各处温度分布不均匀和流股强烈冲刷，使凝固坯壳不均匀，易产生裂纹；结晶器内钢水表面积小，熔渣吸附夹杂物机会小。

（3）结晶器冷却强度大，钢液凝固速度快，结晶器液面温度低，保护渣更容易形成渣圈并聚集或从钢水吸热而造成液面结壳，铸坯产生表面和皮下夹渣以及皱皮等缺陷；而且，冷却速度快，结晶器热流密度大，一旦导热不均匀，铸坯会产生裂纹。

（4）坯壳比表面积大，钢液表面积相对增加，阻碍了夹杂物的上浮；需润滑的铸坯表面积也增加，因此，保护渣消耗量要相应多些；与结晶器壁接触面积大，钢液散热快，温度下降快，容易造成钢液面结壳。

（5）拉速变化范围大，要求保证单位时间内的保护渣供应，否则会使润滑或传热不均匀，造成铸坯表面缺陷和漏钢事故的发生。

163. 薄板坯连铸对保护渣有什么要求？

与板坯连铸相比，薄板坯连铸面临的浇注条件非常严格和苛刻，给改善铸坯质量和稳定连铸操作带来一系列困难。薄板坯连铸技术呈现的每一个特点所造成的影响，均与保护渣有直接的关系，为了实现操作顺利和获得满意的产品质量，薄板坯连铸保护渣必须满足如下要求：

（1）成渣速度快，能够及时补充液渣的快速消耗，在高速铸造或拉速变化较大的情况下，仍能维持足够的保护渣消耗量。

（2）结晶器壁与坯壳间的渣膜厚度适宜且分布均匀，防止坯壳与结晶器壁直接接触，以降低摩擦力并使结晶器散热均匀化，防止裂纹的产生及黏结漏钢，避免铸坯产生表面缺陷。

（3）足够的液渣层厚度，防止高速连铸或拉速较大波动时，液渣供应不足以及固体渣颗粒流入。

（4）稳定的操作性能，具有良好的溶解吸收夹杂物、保持钢液纯净度的能力，同时不会由于液渣在结晶器内成分或温度变化呈现大的物理性能波动。

（5）控制传热，对于易裂钢种，具有一定的析晶能力，增大热阻，防止热流过大引起的坯壳不均从而造成应力集中。

（6）良好的绝热保温作用，防止结壳，减少弯月面渣圈的形成。

164. 方坯连铸对保护渣的使用有什么影响？

方坯连铸对保护渣使用的影响主要有以下几点：

（1）方坯连铸的断面、拉速差别大，对保护渣的性能要求有较大差别。

（2）小断面方坯连铸时，结晶器液面波动大，不易稳定，如保护渣选择不当，易使铸坯产生夹渣等缺陷。

（3）小断面方坯结晶器散热快，液面温度低，易发生结晶器壁黏渣现象及熔渣易于凝固，铸坯易产生皱皮、结疤、重接等缺陷。

（4）方坯连铸浇注水口类型多，有侧出孔的，有下出孔的，有四孔水口的，等等，有的小方坯不用浸入式水口，无法用保护渣而用油润滑。

165. 方坯连铸对保护渣有什么要求？

方坯连铸对保护渣的要求是：

（1）方坯连铸品种多，断面尺寸和拉坯速度差别大，因此，针对连铸机断面的差异及品种的不同（轴承钢、合结钢、弹簧钢、齿轮钢、碳结钢等），必须有多种性能的保护渣，方能满足其要求。

（2）方坯连铸与板坯连铸相比，不易产生表面纵裂纹和凹坑等缺陷，因此，保护渣的熔化温度和黏度，以及消耗量等的控制范围比板坯用渣相应地宽些。对小方坯保护渣耗量的要求不很严格，为了防止裹渣和减少侵蚀浸入式水口，小方坯通常使用高黏度的保护渣，渣膜通常由玻璃相组成。

166. 异型坯连铸对保护渣有什么要求?

异型坯连铸对保护渣的要求主要有以下几点：

（1）黏度：对于大异型坯，在0.6~0.8m/min拉速的条件下，$\eta \cdot v_c$控制在0.3~0.4Pa·s·m/min之间，保护渣的黏度可控制在0.4~0.5Pa·s之间。对于小异型坯，在0.9~1.1m/min拉速的条件下，$\eta \cdot v_c$控制在0.2~0.5Pa·s·m/min之间，保护渣的黏度可控制在0.3~0.6Pa·s之间。

（2）碱度：异型坯保护渣的碱度控制在1.0~1.10之间。

（3）液渣层厚度：一般控制在7~12mm之间最佳。

（4）保护渣中的F^-：保护渣中（F^-）一般小于4.5%。

第4章　保护渣与连铸生产工艺

167. 保护渣的使用效果受哪些工艺参数的影响？

要保证保护渣的正确合理使用，充分发挥它在连铸过程中的作用，获得高质量的铸坯，就必须使连铸工艺与其相配合。否则，不仅不能充分发挥保护渣的应有作用，还会使铸坯产生大量表面和皮下缺陷，严重时造成漏钢事故。尤其是对热送的无缺陷的铸坯，正确使用保护渣更为重要。

保护渣的使用效果，通常与下列工艺因素密切相关：保持结晶器内液面稳定；中间包水口要对中；选择合理的水口尺寸及插入深度；稳定拉坯速度；振动参数应与保护渣相配合；采用保护浇注；控制好塞棒吹氩；防止连铸过程中“冲棒”操作。

168. 结晶器液面波动对保护渣有什么不良影响？

结晶器内液面的稳定是保证保护渣在结晶器内均匀熔化和获得均匀液渣层厚度的先决条件，它使结晶器壁与坯壳之间渣膜均匀，以保证其均匀传热。局部传热速度过高可使铸坯表面产生大量夹杂和裂纹。

当结晶器发生大的液面波动时，若保护渣的熔化速度慢，形成的液渣少，钢液可直接与结晶器壁接触，容易发生黏结。局部液面的突然上升造成钢液越过弯月面，严重时造成黏结漏钢。另外，液面的突然局部上升会使该处的弯月面相应扩大。这种局部扩大的不规则的弯月面会更容易捕捉夹杂、气泡和保护渣。突然的液面下降会将正在凝固的坯壳内部暴露给保护渣，导致表面凹陷。由于液面变化而产生的微观组织变化和表面凹陷将造成恶劣的影响，在最终产品中它们会导致很多质量问题。这些问题包括表面裂纹和偏析。

169. 浸入式水口和保护渣配合使用的好处有哪些？

浸入式水口和保护渣配合使用的好处主要有以下几点：

（1）隔离钢液与空气的接触，防止钢液的再次氧化。

（2）可以改善钢液在结晶器内的流动状态，促使夹杂物上浮。

（3）消除钢流对钢液面的冲击，防止卷渣，提高结晶器内铸坯表面的润滑稳定性，极大提高铸坯的表面质量。

170. 浸入式水口不对中对保护渣有什么不良影响?

中间包浸入式水口要准确位于结晶器横截面中心，以保持钢液在结晶器内均匀对称流动。这样一方面可以使注入结晶器的钢液热量均匀地被结晶器吸收，从而达到均匀降温的目的，减少漏钢；另一方面可以使结晶器内的结团渣料和夹杂物上浮，并且能保证保护渣的均匀熔化，形成均匀的渣膜。水口不对中，必然使结晶器内钢液流动产生偏流，引起结晶液面大翻，影响保护渣的熔化和润滑效果，使铸坯表面和皮下产生大量夹渣和结晶器内坯壳不均匀，严重时可能引起漏钢事故发生。

171. 浸入式水口穿孔对保护渣有什么影响?

在连铸生产过程中，由于某些因素，导致浸入式水口过度侵蚀而穿孔。在浸入式水口穿孔附近，钢水的流出，引起保护渣的翻腾，影响保护渣的熔化和润滑，使铸坯产生夹渣和结晶器内坯壳不均匀，严重时引起铸坯表面纵裂或黏结漏钢事故的发生。如果在液渣层附近穿孔，由于抽吸作用，保护渣容易被吸入钢水中，影响铸坯内部质量。所以发现浸入式水口穿孔，要及时更换。

172. 浸入式水口插入深度对保护渣有什么影响?

选择合适的水口结构及插入深度是充分发挥保护渣在连铸过程中的作用及提高铸坯质量的重要条件之一。水口插入深度指从钢渣界面到水口出钢口上沿的长度。为了适应渣线处水口的侵蚀，操作过程中要相应改变插入深度。插入深度对产品质量有重要影响，应精确控制。插入深度太浅，会使结晶器液面大翻，造成卷渣、液渣层厚度不均匀等，使铸坯产生大量缺陷。插入过深，液渣面不活跃、发死，化渣不良，下渣不均，很容易产生铸坯宽面中央及角部纵裂纹。

173. 怎么通过结晶器内保护渣的表现来判断浸入式水口的侵蚀?

在正常侵蚀情况下，结晶器内浸入式水口两侧保护渣消耗及火焰均匀稳定，翻腾较小。如果浸入式水口附近保护渣的局部翻腾，严重时露出钢花，则可能是浸入式水口渣线穿孔。在穿孔附近，由于钢水的冲击引起的变化根据穿孔形式的不同而不同。如果浸入式水口一侧保护渣消耗增加，火焰变大，翻腾较厉害，另一侧液面发死，消耗降低，可能是由于浸入式水口单侧扩孔，钢流偏移造成的。如果浸入式水口两侧火苗都变大，翻腾严重，则可能是由于两侧都扩孔引起的。如果浸入式水口两侧结晶器内保护渣渣面都不活跃、发死，渣耗降低，则可能是由于浸入式水口掉底，钢流直接向下冲击，热流下移引起的。

174. 结晶器振动参数对保护渣的使用有什么影响?

在实际生产中，选择振动参数时不仅要考虑钢种和拉速，还应考虑保护渣的作用。特别是振幅、频率及负滑脱比等参数，因为这些参数对保护渣的消耗量和润滑性能有较大影响。如果选择不当，会使铸坯产生缺陷，严重时引起漏钢。

结晶器保护渣的消耗量不仅取决于保护渣类型的选择，也受结晶器振动的影响，一般结晶器保护渣消耗量随负滑脱时间的增加而增加。

175. 钢水的二次氧化对保护渣有什么影响?

在浇注过程中，如果保护不良，钢水与大气接触，造成钢水二次氧化，产生大量的夹杂物。这些夹杂物被结晶器内液渣吸收后，保护渣变性，其化学性质发生很大变化，恶化了其润滑传热的功能，很容易发生裂纹和黏结漏钢。

176. 塞棒吹氩对保护渣有什么影响?

氩气泡从塞棒头吹出，随钢流从水口侧孔流出后，由于浮力作用，脱离钢流而急速上浮，并带动一部分钢水向上流动，从而促进低温区域的传热，改善保护渣的熔化和润滑效果，减少黏结。现场调节塞棒氩气压力时以水口两侧微冒火但不翻钢、不偏流为宜。合理的塞棒吹氩，能保持结晶器内液面的稳定，充分发挥保护渣的作用。如果氩气量太大，会使液面发生大的翻动，尤其是水口周围，破坏了保护渣正常熔化。氩气量过大还容易产生皮下气泡，给铸坯造成大量缺陷。

177. 浇注速度的变化对保护渣有什么影响?

浇注过程中拉速突然增加时，结晶器与铸坯之间的固态渣膜不能随之立即熔化减薄，因而从结晶器导出的热量不能随拉速突然增加而随之立即增加，即从结晶器导出的热量不足，使坯壳厚度增加得慢，因而坯壳的强度低。反之拉速突然降低时，固态渣膜不能随之立即增厚，因而从结晶器导出的热量不能随之立即减少，即从结晶器导出的热量过多，坯壳表面温度降低，因而使液渣膜的温度下降，导致液渣膜的黏度增加。黏度增加使液渣膜与坯壳之间的摩擦力增加。当摩擦力大于坯壳强度时，将产生黏结漏钢。

178. 什么是黑渣操作?

所谓黑渣操作，就是连续加入足够的保护渣到结晶器内的钢液面上，以保持保护渣表面不“漏红”。一般要求渣子表面呈灰色（表面温度约400℃）而不是红色（表面温度约800℃），逸出火苗不要太高，约20mm。一般液渣层厚度为7～15mm，原渣层厚度为15～20mm比较合适，不宜经常搅拌保护渣，这样只会破坏保护渣的三层结构，不利于保护渣作用的发挥。

179. 保护渣加入结晶器时有哪些注意事项？

保护渣加入结晶器时应注意：

（1）保护渣必须存放在烘房内，保证最低水分。保护渣随用随取，在结晶器上口旁的拆包保护渣，当浇注结束后要把未用完的丢弃。

（2）中间包开浇后，待钢液面上升到淹没水口出孔后，开始加入保护渣。注意某些板坯连铸机，中间包开浇时采用的开浇渣与正常浇注渣理化性能不同。

（3）开浇渣基本消耗之后，即渣面由黑转红，开始加正常浇注用的保护渣，或开动自动加渣机。

（4）保护渣的手工加入，一般用推渣棒推入结晶器，推渣要有一定力度，使渣能在液面上均匀洒落。

（5）保护渣加入时要求勤加、少加、均匀加。

（6）结晶器液面在正常浇注过程中应保证钢液不裸露，渣面在结晶器四壁呈红亮色，其他地方呈保护渣本色。控制渣层厚度（液渣加粉渣）以35～40mm为宜。

（7）采用自动加渣机时，开机后要注意加入速度和加入位置的微调，确保符合加渣要求。

（8）若发现结晶器液面上的保护渣有结块、靠近结晶器四壁结渣圈时，必须用捞渣棒及时捞出清除，否则会影响质量或造成浇注事故，捞出渣块或渣圈时，要轻拨慢挑，以免钢液卷渣。

（9）结晶器保护渣在浇注过程中发现异常，如消耗量过低，必须进行换渣操作。

（10）采用换中间包连浇技术时，如结晶器加连接件，则结晶器内残留保护渣事前应捞出清除干净，或增加提前停止加渣时间，保证中间包停浇做换包操作时结晶器液面能看见钢液。

180. 开浇时加入保护渣有哪些注意事项？

开浇时加入保护渣应注意：

（1）为了防止钢水大量卷渣，中间包开浇后，待钢液面没过浸入式水口侧孔后，方能加入开浇渣。

（2）为了减少渣圈的生成，待开浇渣基本消耗之后，即渣面由黑转红，开始加正常浇注用的保护渣，或开动自动加渣机。

（3）连铸刚开浇时，拉速比较慢，散热比较快，加入保护渣后，又要吸收大量的热量，因此要用捞渣棒轻轻将渣面搅动，防止液面结壳，影响保护渣的熔化和润滑效果。

181. 正常浇注过程中保护渣使用注意点有哪些?

正常浇注过程中使用保护渣应注意:

(1) 黑渣操作,避免钢液面漏红,这是为了保证保护渣在结晶器内的均匀熔化,使液渣层保持稳定,同时使保护渣在结晶器内起到绝热保温作用。

(2) 禁止用钢条经常搅动结晶器液面,这会破坏保护渣在结晶器内的正常熔化和保护渣的三层结构。

(3) 要随时掌握保护渣性能的变化,如消耗量、液渣层厚度、结晶器摩擦力等参数要及时测量,做到心中有数。

(4) 渣圈严重时会妨碍液渣顺利流入到铜壁与坯壳之间,影响保护渣的润滑效果,因此应及时清除发达的渣圈。

182. 正常浇注过程中保护渣加入的原则是什么?

(1) 加入保护渣时,要做到勤加、少加、均匀加。

(2) 结晶器内要保证一定厚度的粉渣层,对于大板坯一般控制在 35 ~50mm,对于薄板坯可以适当增加厚度,以保证良好的保温绝热效果。

(3) 对于非稳态浇注或实验保护渣时,要密切关注保护渣的消耗量、液渣层厚度、摩擦力的变化和渣条生成情况。

183. 如何监控保护渣的使用情况?

在保护渣使用过程中,要密切监控保护渣的使用效果,避免出现质量和生产事故。

(1) 监控结晶器内保护渣的火苗。正常情况下,结晶器内保护渣的火苗两边大,至浸入式水口处逐渐减少,如果火苗分布异常,需要及时查找原因并采取相应对策。

(2) 监控保护渣的消耗量。在生产过程中,要经常测量保护渣的消耗和液渣层厚度,如果消耗变少或液渣层变厚,应该考虑结晶器内换渣操作。

(3) 监控铸坯质量。如果铸坯大量出现表面裂纹,应该考虑保护渣是否和钢种匹配。

(4) 监控结晶器热电偶的运行情况。正常情况下,热电偶温度变化趋势应该是均匀的,如果保护渣和钢种不能匹配,热电偶一般会产生大的波动。

184. 为什么要进行结晶器换渣操作?

结晶器换渣操作,即把结团结块的保护渣从结晶器内捞出,重新加入新的保护渣的操作。吸附钢液中的夹杂物是保护渣主要作用之一,在浇注过程中,保护渣大量吸附钢中非金属夹杂后，容易导致黏度增加，消耗降低，保护渣结块，渣条变大，如果不进行换渣操作，容易出现铸坯表面质量问题，严重时将造成黏结漏钢。

185. 结晶器换渣操作的注意事项有哪些？

结晶器换渣操作时应注意以下几点：

（1）在结晶器内换渣操作时，为了防止黏结漏钢，要降低浇注拉速。

（2）中间包温度不能太低，防止发生低温停机事故。

（3）结晶器内保护渣不要捞得太干净，并且要防止液面结冷钢。

186. 保护渣消耗量有什么重要意义？

保护渣消耗量是评价润滑性能的指标。足够大的保护渣消耗量对于吸收上浮到钢液表面的夹杂物也是非常重要的。保护渣的消耗量对铸坯的润滑非常重要，消耗量不当，可能引起铸坯纵裂纹、黏结漏钢、振痕过深、横角裂、角部纵裂及铸坯凹坑。约90%的保护渣消耗由液渣膜供给而消耗掉，10%由振痕夹渣损失掉，因此可以认为消耗量的大小近似反映了液渣膜的厚薄及传热的能力。消耗量取决于浇注的钢种、铸坯尺寸、结晶器振幅和频率、拉速及保护渣自身的性能等。铸坯比表面积越大、振幅越大、振频越小、拉速越低、保护渣黏度越低，保护渣消耗量越大。一般厚板坯正常的消耗量是0.3～0.6kg/m²。

187. 影响保护渣消耗量的因素有哪些？

影响消耗量的因素有拉速、振幅、振频、振动周期、负滑脱时间、保护渣黏度、凝固温度等。渣子消耗速率在很大程度上决定于拉速和结晶器振动。

一般越接近窄面保护渣的消耗量越高，越靠近浸入式水口周围消耗量越低；随着保护渣的黏度减小、拉速降低和结晶器振频的降低，保护渣的消耗量增大；随着浇注温度的降低和保护渣熔化速率的降低，保护渣的消耗量也会降低。塔克发现在结晶器向下的振动速率最大的时候消耗量最大。保护渣的消耗量随着拉速的升高而减少。

188. 保护渣熔化速度对消耗量有什么影响？

保护渣熔化速度决定液渣层厚度及消耗量。熔化速度太慢，消耗量过小，液渣层偏薄，在工艺条件变化时，影响铸坯的润滑，容易引起铸坯表面缺陷，严重时诱发漏钢事故。熔化速度太快，消耗量加大，但是会引起液渣流入不均，影响铸坯传热和润滑。

189. 保护渣的黏度对消耗量有什么影响？

黏度是反映保护渣熔化形成液渣后，流动性能好坏的一个重要指标。保护渣的黏度对其消耗量的影响是显著的，保护渣的黏度小，流动性就好，流入结晶器和铸坯间隙的量就多，消耗量增加；保护渣的黏度高，流动性差，影响液渣流入结晶器－铸坯间隙，消耗量降低，同时还会导致渣膜厚薄不均匀，从而导致润滑和传热不良，严重时使铸坯表面产生撕裂现象。

190. 保护渣的熔化温度、凝固温度、析晶温度对消耗量有什么影响?

凝固温度、析晶温度等物化性能对保护渣消耗量的影响也非常显著，并且与熔化温度的影响是一致的。提高保护渣的熔化温度、凝固温度、析晶温度，保护渣消耗量降低。这是由于随熔化温度、凝固温度、析晶温度的提高，渣膜中流动速度快的液态层变薄，流动速度慢的结晶层变厚。

191. 结晶器振动参数对保护渣的消耗量有什么影响?

结晶器振动频率对保护渣消耗量的影响与拉速的影响有类似的规律。随着结晶器振动频率的增加，保护渣消耗量明显减少。研究认为，结晶器振动参数与保护渣消耗量存在如下关系：

（1）一般情况下，铸坯振痕深度随着保护渣消耗量的增加而加深。

（2）在保护渣黏度低的情况下，随着结晶器振幅的增加，铸坯振痕深度显著变浅，而保护渣的消耗量变化小。

（3）在保护渣黏度高的情况下，铸坯振痕深度几乎不变，但保护渣的消耗随着振幅的增加而迅速减少。由此可以看出，在振动频率高，振痕浅的情况下，仍能保证足够的保护渣消耗量是最佳的。

关于结晶器振动振幅对保护渣消耗量的影响，目前的研究存在着分歧。一般认为，随着振幅的增加，保护渣的消耗量增加。使用非正弦振动方式时，保护渣消耗量明显高于采用正弦振动的方式。

192. 结晶器振动的负滑脱时间对保护渣消耗量有什么影响?

Steinrück 研究认为结晶器保护渣消耗量随负滑脱时间的增加而增加。

$$Q = \frac{1.7 \times t_N}{\sqrt{\eta} \times v_c}$$

式中 Q——单位铸坯面积上结晶器保护渣的消耗量，kg/m^2；

t_N——结器振动负滑脱时间，s；

η——结晶器保护渣的黏度，Pa · s；

v_c——浇注速度，m/min。

振动参数（负滑脱时间）与保护渣相匹配，才能有适当的保护渣消耗量。

193. 拉速对保护渣消耗量的影响机理是什么？

拉速对保护渣消耗量的影响机理是：

（1）拉速越高，结晶器振动的频率越快。大量数据显示当振频增加时，消耗量减少。

（2）拉速越低，弯月面坯壳的收缩越严重，收缩严重的坯壳导致深的振痕和在弯月面区域形成较大的缝隙，从而增加保护渣的消耗量。

拉速与保护渣消耗量对应关系如图 4-1 所示。

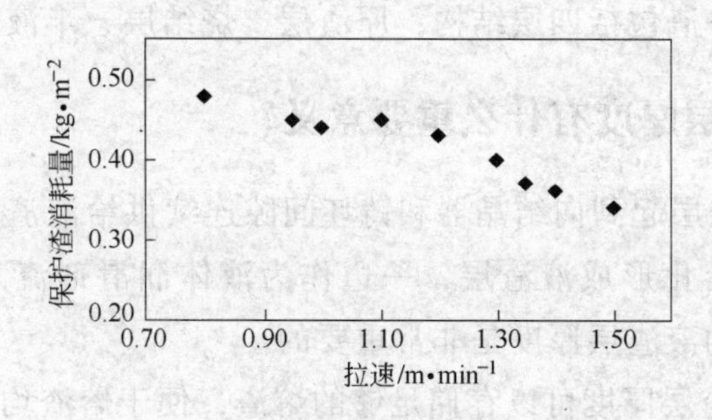

图 4-1　拉速对保护渣消耗量的影响

194. 钢水碳含量对保护渣消耗量的影响机理是什么？

钢水碳含量对保护渣消耗的影响机理是：

（1）坯壳厚度与固相率有关。当碳含量增加时，固相率降低。弯月面区域的坯壳厚度增加，有利于保护渣的流入。

（2）碳含量越低，钢的液相线温度越高。液相线温度提高，保护渣的黏度降低，消耗量增加。

195. 计算保护渣消耗量有什么重要意义？

保护渣消耗量通常以吨钢千克（kg/t）或铸坯表面每平方米千克（kg/m^2）来表示。一般而言，测量的平均消耗量是 0.3～0.7kg/t，计算的单位铸坯表面消耗量是 0.3～0.6kg/m^2。保护渣消耗过多或过少，都可能导致坯壳润滑不良，造成表面缺陷或者黏结漏钢事故。为此生产中需要根据保护渣的消耗量选择合适的保护渣以及判断浇注状态，并可根据保护渣的消耗量及时采取措施避免生产和质量产生波动。当计算消耗量变小时，可采用降低拉速、剔除渣圈或捞出结晶器内变性保护渣的方法增大保护渣的消耗量。当计算消耗量变大时，可采用增加水口插入深度或减小塞棒氩气量等方法来降低保护渣消耗量。

196. 保护渣的熔化结构是怎么划分的?

保护渣在结晶器内分层熔化，通常有颗粒渣层、烧结层、半熔层和液渣层。但是根据炭的不同类型和数量，又可以分出三种不同类型的熔化结构。

（1）当炭的组成之中炭黑的含量超过2%时，熔化后的保护渣可以获得原渣层和液渣层两层结构。

（2）如果保护渣中炭黑的含量少于1.5%或者全是石墨，保护渣熔化后是三层结构：原渣层、烧结层和液渣层。

（3）当保护渣中的炭黑和石墨的含量介于上述两种情况之间时，会形成一个半液渣层，这时，保护渣包括四层结构：原渣层、烧结层、半液渣层、液渣层。

197. 合适的液渣层厚度有什么重要意义?

钢液面上的液渣层起到向结晶器和铸坯间隙连续供给液渣的作用，在整个浇注过程中保护渣一边熔化形成液渣层，一边作为液体润滑剂流入铸坯和结晶器壁间隙，因此保持足够的液渣层厚度是非常重要的。

（1）合适的液渣层厚度可以存储足够的熔渣，便于熔渣均匀稳定地流入铸坯与结晶器壁间隙，以保障对铸坯的润滑。

（2）将钢液面与空气隔开，防止钢水被氧化。

（3）吸收上浮夹杂，以减少弯月面处夹杂聚集造成的铸坯表面或皮下夹杂。

（4）对于超低碳钢，液渣层将富碳层与钢液面隔开，减少保护渣对铸坯增碳。

198. 连铸工艺所需最小液渣层厚度与工艺参数有什么相互关系?

连铸工艺所需最小液渣层厚度 y_ρ 与工艺参数的关系见式（4-1）。

$$y_\rho = s \times \sin\frac{\pi N}{2} - \frac{500Nv_c}{f} + \alpha \qquad (4\text{-}1)$$

$$N = 1 - \frac{2}{\pi}\sin^{-1}\left(\frac{1000v_c}{\pi sf}\right)$$

式中 s——结晶器行程，mm；

f——结晶器振动频率，次/min；

α——铸流引起钢液面波动的幅值，mm ；

v_c——拉速，m/min；

N——负滑脱率，%。

199. 平均液渣层厚度经验公式是什么?

平均液渣层厚度的经验公式见式（4-2）。

$$d = 0.02\ \frac{S_R}{qwtv_c} \tag{4-2}$$

式中 d——液渣层厚度，mm；

S_R——熔化率，%；

w，t——结晶器断面尺寸，m；

v_c——拉速，m/min；

q——保护渣消耗量，kg/t。

200. 在工艺参数相同的情况下，拉速对液渣层厚度有什么影响？

一般情况下液渣层厚度随拉速升高而增加。由于在高拉速下保护渣的消耗量随拉速升高而降低，并且随着拉速的提高有更多热量供给到结晶器液面，加速了保护渣的熔化，但是在开始提速时保护渣消耗量增大但未得到较高熔速的补偿，因此，液渣层厚度有所变薄，随着通过渣层纵向的热流密度增加，结果是液渣层厚度缓慢增厚，直到达成新的稳定状态。

201. 怎么用钢带测量法测量液渣层厚度？

将厚度为1mm的薄钢带切割成矩形条，长度略小于结晶器宽度的一半。然后垂直插入结晶器的一侧，稍许后取出，插入钢水中的钢带熔化掉，插入液渣层的钢带留有明显的黑色印记，其长度就是液渣层厚度（见图4-2）。

图4-2 钢带测量法测量液渣层厚度

202. 怎么用三丝测量法测量液渣层厚度，其原理是什么？

三丝测量法（见图4-3）是把相同长度的铜线、铝线和高碳钢丝一块固定在木板上插入渣中2~3s，测量保护渣的各层厚度，夹有金属线的木板位于保护渣的顶层位置，保护渣的各层总厚度可由金属线的剩余长度给出。烧结层温度(600~900℃)比铝的熔点(660℃)高，所以铝丝在烧结层中也熔化掉了，量出铝丝与铜丝长度差就是烧结层厚度。由于液渣层温度(1100~1300℃)比铜的熔点(1083℃)

高，所以铜丝熔化，高碳钢丝被钢水熔化，量出铜丝与钢丝的长度差即为液渣层厚度。

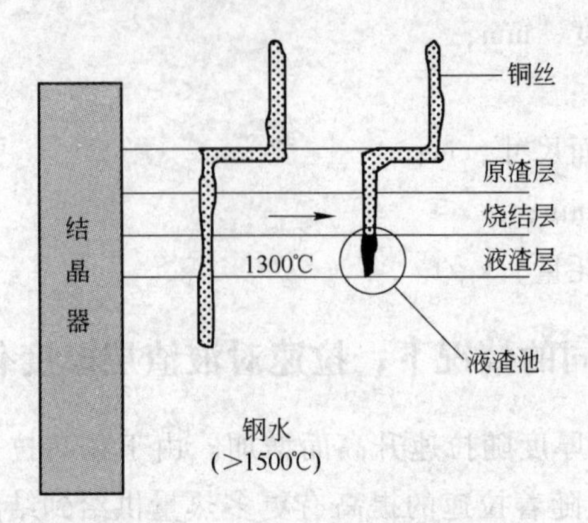

图 4-3　三丝法测量液渣层厚度

203. 什么是单丝测量法?

单丝测量法就是用小木板夹住镀铜铁丝，并将其直接放到结晶器保护渣面上，插入钢水中的铁丝熔化掉，液渣中的镀铜变黑，烧结层中镀铜无变化，从而测出液渣层厚度。

204. 渣圈形成的原因是什么?

靠近钢水弯月面处，保护渣的温度为 1200～1300℃，因此在结晶器四周的铜壁上挂上了一层糊状的渣子。随着结晶器的振动，此糊状层愈黏愈厚，形成了渣圈。特别在浇注铝镇静钢时，保护渣吸收 Al_2O_3，黏度增加很大，渣圈生长加快。

205. 过大渣圈有什么严重危害?

保护渣在结晶器壁上形成过大渣圈，不仅给操作带来麻烦，而且经常引起铸坯表面夹渣和嵌渣，严重时引起漏钢。如果液面波动比较大，当液面下降时，靠近结晶器壁处会出现渣圈，渣圈一般向结晶器中心倒下，如果操作工来不及将渣圈捞出来，液面又很快升起，就有可能将渣圈卷入，使表面不均匀冷却，有漏钢的危险。如果保护渣液渣层过厚，靠近结晶器壁处很快凝固，形成渣圈越来越大，液渣的流入通道越来越小，导致保护渣消耗量降低，润滑功能下降，容易造成黏结。如果黏在铸坯表面上，会影响铸坯质量或减慢传热速度，影响坯壳厚度，亦有漏钢的危险。

206. 保护渣渣圈形成的影响因素有哪些?

影响保护渣渣圈形成的因素主要有以下几点：

（1）结晶器钢水液面波动。当结晶器内的钢水液面上下波动时，尤其在换中间包、换水口、改变拉速等情形下，保护渣液渣层随之波动，在结晶器铜板上“涂抹”并黏附。如果钢液面波动频繁，结晶器壁上黏附的熔渣将越结越厚，最终形成渣圈。当结晶器中钢水液面波动严重时，通常使形成渣圈的情况变得严重。当液面上升时，液渣层也上升并贴在裸露的结晶器铜壁上。过大的液渣层厚度会造成液面波动，增加渣圈的形成。一般液渣层厚度为10mm左右。

（2）保护渣熔化性能不好。在保护渣的实际生产中，制渣原材料不一定完全是预熔料，而是在预熔料占绝大比例的前提下，配入少量助熔剂和含 SiO_2 的原料调节熔点和碱度。一旦原材料粒度和混匀程度不理想，就会造成保护渣熔化时出现局部分熔，低熔点物质先熔，高熔点物质后熔，有些高熔点物质的熔点甚至高于钢水温度，如果它们黏附在结晶器壁上，就不可能二次熔化，只会越长越大。

（3）保护渣低熔点物质过多。保护渣开始烧结温度越低，收缩率越大，因烧结引起的渣圈生成、长大就越明显。氟化物、碱金属碳酸盐原料在低温有收缩行为。而且，CaF_2、Na_2O 等表面活性物质多时，易在熔渣表面吸附，致使熔渣与器壁难以分离。

（4）保护渣中玻璃质原料过多。玻璃质原料没有固定的熔点，开始熔化温度较低，具有低温烧结特性，增大保护渣分熔倾向，容易结渣圈。

（5）保护渣析晶温度过高。析晶温度过高，则保护渣的结晶倾向大，熔渣的 $\eta-t$ 曲线变陡，接近短渣类型，浇注温度稍有波动，就会结渣圈。

（6）保护渣绝热保温性能不好。弯月面区域覆盖的保护渣中碳含量少于要求值；一旦粉渣层厚度不足，保护渣绝热效果不良，紧挨结晶器壁的液渣层会更容易受冷凝结在器壁上。

（7）保护渣中含有氧化剂。保护渣中不稳定的氧化物如 Fe_2O_3、MnO 等过高，会增加熔渣的氧化性及其向钢水的传氧速度，当钢－渣界面发生较强的传质活动时，界面发生扰动，保护渣液渣层随之波动，促进渣圈长大。

（8）保护渣的碱度高。高碱度保护渣容易形成渣圈。其原因一是此类渣受冷后难出现玻璃体；二是渣的液相和固相温度区间窄，一受冷容易凝固结壳。酸性保护渣受冷后较长时间内处于液态或过冷液态——玻璃相，有利于消除结渣壳或减少拉漏次数。

（9）保护渣配碳量和种类。渣圈与保护渣中控制其熔速的配碳量和种类有关。经长期探索知：石墨渣易形成渣圈，而炭黑有助于渣圈的消除。

（10）连铸工艺的影响。当浇注高铝钢、不锈钢、稀土钢等合金钢种时，一些高熔点氧化物如 Al_2O_3、TiO_2、Cr_2O_3、RE_xO_y 等会进入渣相，造成熔渣析晶温度升高以及表面张力升高，使熔渣与器壁间黏附功增大，导致二者难以分离，熔渣则黏附在器壁上；当钢水浇注温度、拉坯速度较低时，弯月面处的熔渣也易于凝固形成渣圈；而当拉速过高时，会造成保护渣绝热效果不良，同样也容易结渣圈。

207. 防止保护渣渣圈过大的措施有哪些？

防止保护渣渣圈过大的措施主要有：

（1）抑制结晶器内钢水液面的波动。提高连铸操作水平，采用钢水液面自动控制和电磁制动等措施抑制液面波动，可以降低结渣圈的程度。

（2）改善保护渣熔化性能。改进制渣工艺，用适当的温度预加热处理保护渣基料，这对控制低温烧结反应是有效的，这样可使低熔点物质形成热稳定性的新相。

（3）合理选择保护渣化学成分。保护渣结渣圈受保护渣和铸坯表面之间的可润湿性及黏附性的影响，选择合适的保护渣成分可降低其与铸坯表面间的润湿性及黏附性。保护渣配方中减少Na_2O、CaF_2的用量，改加B_2O_3、MgO和BaO助熔，尽量减少保护渣中氧化剂的含量，不仅可避免保护渣黏附器壁，还可降低结晶率。由于高碱度保护渣表现为短渣，降低碱度可提高保护渣的玻璃化特性。

通过改变渣形（如空心颗粒渣）、增加原始渣的碳含量及合理选择碳质材料种类，可以改善保护渣的绝热保温性能。

（4）合理搭配保护渣原材料。保护渣原料选择和组合模式，在一定意义上讲，比合理的成分组成更重要，这是因为即使在相同成分条件下，由于原料种类不同，其熔融特性差别很大，减少保护渣中玻璃质原料的用量，有利于控制保护渣的低温烧结特性。

（5）增强保护渣的适应性。增加保护渣中MgO、BaO含量可降低渣的熔点，能使保护渣在较宽的温度范围内黏度变化平稳、熔融区间变宽，也就是说，使保护渣对连铸工艺变化的适应性增强。

208. 剔除渣圈时的注意事项有哪些？

剔除渣圈时要注意：

（1）已经露出原渣层的渣圈必须剔除。

（2）捞渣圈时先用捞渣棒试探渣圈大小，渣圈较大时剔除，渣圈不大时不要剔除。

（3）剔除渣圈时只要温度允许，可适当降低拉速，降低发生事故的几率。

（4）尽量在温度较高时剔除渣圈。

剔除渣圈时应先用细木棒将渣圈轻轻折断，然后慢慢挑出，防止动作过猛损坏初生坯壳及破坏保护渣的正常流入。在正常浇注情况下，禁止搅动结晶器钢液面，轻微结渣圈时，只要不继续长大不要经常挑出和搅动。

209. 什么是保护渣结团？

正常情况下保护渣覆盖在结晶器液面上，铺展均匀，其表面应保持着保护渣的原始状态（粉状或颗粒状）。如果在浇注过程中发现保护渣表面有成团、结块，或在结晶器壁上出现严重的结渣圈现象，这是保护渣状态不正常的反映，通常称为保护渣结团。

210. 保护渣结团有什么严重危害?

连铸过程中，结晶器液面保护渣成团、结块，会造成铸坯表面夹杂增加，形成表面翻皮、夹渣及坯内夹渣等缺陷。如果结晶器内保护渣形成严重的渣圈，将影响液渣的流入，造成铸坯坯壳与结晶器铜板表面润滑不良，形成黏结漏钢；如果团块被坯壳捕获，出结晶器后还容易形成卷渣漏钢事故。

211. 导致保护渣结团的原因有哪些?

导致保护渣结团的原因主要有：

（1）保护渣制造加工时混合不均匀，造成局部成分偏离：保护渣内部分高熔点化合物集聚，而可降低熔点的化合物含量偏少，这样该部分保护渣就不能在合适的温度下熔化或出现分熔现象，即低熔点物质先熔化，高熔点物质不熔化，而造成结团。这种原因造成的结团将对铸坯质量产生严重影响。

（2）保护渣中水分偏高（大于0.5%），在没有加入结晶器中就已经成团，在加入后无法铺展。

（3）保护渣加入方法不对。连铸时未做到勤加少加，均匀铺盖，固体渣不能自己铺展，形成良好的渣层结构。

（4）浇注速度过低或浸入式水口浇注时伸入过深，造成钢液面“过死”（实际上出现结晶器上部流场的死区现象，死区内钢液不能进行交换，温度偏低），没有一定回流和热交换，也会造成保护渣结团或结渣圈。

（5）含钛钢种，浇注时析出较多的氧化物或氮化物（如 TiN、TiO_2、Al_2O_3）被保护渣吸附后改变了保护渣成分和性能，从而容易形成结团。

（6）含硫易切钢，结晶器弯月面处因硫、氧含量高使钢渣界面张力小，容易引起钢渣卷混出现“絮状”渣团，导致铸坯夹渣、横裂纹、微裂纹及针孔缺陷增多。

（7）根据断面和钢种连铸，开浇和浇注中期可使用不同种类保护渣，用错保护渣也会造成结团。

212. 防止保护渣结团的措施有哪些?

在连铸过程中，发现保护渣结团或结渣圈可用捞渣棒除去渣团、渣圈，另加渣覆盖液面。

为防止保护渣结团和结渣圈，可采取以下措施：

（1）仔细检查保护渣质量，凡水分超标、不均匀、已结块的保护渣不可使用。

对一些有分熔倾向的保护渣，应停止使用。

（2）认真保管好保护渣。保护渣一般存放在烘房中，明确标记分种类堆放，随用随取。保护渣包装打开后就使用，不要与其他物品混合。

（3）保证符合要求的注速或拉速，保证浸入式水口插入深度正确。

（4）连铸加保护渣要勤加少加，均匀铺盖，有条件的可使用加渣器。

（5）连铸浇注一些特殊钢种时，要按规定更换结晶器保护渣，以防止保护渣成分变化而造成结团。

（6）通过向保护渣中添加粗石墨和金属还原剂降低钢－渣界面处的硫、氧含量。生产试验表明，含有金属还原剂的保护渣能有效抑制“絮状”渣团的产生，消除由此渣团引起的铸坯缺陷，工业化生产含硫易切钢铸坯合格率明显提高。

213. 不锈钢保护渣结壳的原因主要有哪些？

不锈钢保护渣结壳的原因主要有：

（1）当钢流中 O、N 含量升高时，不锈钢水中的 Al、Ti 等活泼元素，极易形成 TiO_2、Al_2O_3、TiN、TiCN、$(Mn-Ti)_2O_4$、$(Mn-Cr)_2O_4$ 等高熔点夹杂物，使结晶器保护渣中形成大块的渣壳。

（2）进入结晶器钢液的空气呈泡状，气泡中的氧和氮都能在此钢液温度下进行氮化和氧化反应。空气泡内氮浓度大于氧的浓度，加上气泡随钢液不断地波动，加快了氮化反应的动力学条件，使气泡表面急剧形成 TiN 层。当 TiN 层包裹住整个小气泡后，其生长速度会减慢，这时，已形成的 TiN 层会阻止反应的继续进行。在气泡周围的氧化反应，使常见的依附于氧化物（Al_2O_3）核心长大的 TiN 成长的可能性大大减小，多数 TiN 在气泡表面形核长大，生成同质 TiN 夹杂。这些气泡带着 TiN 夹杂由于密度差、尺寸大小不同，上浮速度不同而发生碰撞聚合，以及在钢液湍流脉动作用下互相碰撞聚集，最终在钢液面形成结壳物。

214. 结晶器喂丝对保护渣有什么不良影响，其解决方法有哪些？

应用结晶器喂丝技术可使稀土丝或铝丝收得率提高到 80% ~90%。如果有良好的喂丝制度则可保证稀土或铝丝在铸坯截面或纵向长度上的均布，且有效避免水口的堵塞和结瘤。

其缺点表现为：

（1）金属丝熔化后时间短，生成的夹杂物不能充分上浮。

（2）上浮夹杂物后对保护渣成分有很大影响，导致铸坯缺陷和拉漏。

（3）控制成分分布均匀的难度较大。

其解决方法是：

（1）控制钢中氧和硫的含量，降低金属烧损率。

（2）使用优质包芯线，减少稀土损耗。

（3）开发结晶器喂丝专用连铸保护渣，使其具有较强的夹杂物吸收能力。

215. 稀土丝对保护渣有什么影响?

稀土丝通过保护渣时，与保护渣发生化学反应生成稀土氧化物，同时钢中也有部分稀土的脱氧产物上浮到渣中，因此保护渣对稀土氧化物的溶解能力就直接影响到其使用性能。弥散的稀土氧化物会导致保护渣变黏稠、玻璃化倾向降低，影响保护渣的流动性和吸收夹杂物的能力。当稀土氧化物小于10%时，基本不影响保护渣的使用性能，当含量再增加时，会导致保护渣熔点和黏度急剧升高。保护渣中的稀土氧化物含量达到一定程度时，存在“析晶转变点”，导致黄长石、铈钙石等大量高熔点的晶质矿物的析出，破坏了熔渣的玻璃性，恶化了铸坯在结晶器内的润滑条件。

216. 对喂稀土丝保护渣有什么要求?

对喂稀土丝保护渣的要求是：

（1）具有强的吸收稀土氧化物的能力，不仅可以吸收因为氧化而溶解在保护渣中的稀土氧化物，还可以吸收一部分从钢－渣界面上浮的稀土氧化物，减少钢中残留的稀土夹杂物。吸收了稀土氧化物的保护渣性能不能有明显的变化。

（2）在选择保护渣原料时，应该尽量减少使用与保护渣其他成分起反应的成分，需要相关的基础理论作为前提。

（3）结晶器喂稀土丝工艺，主要应解决好保护渣的变性问题。保护渣变性表现为碱度提高，润滑作用降低，而且保护渣极易卷入钢液中，从而影响钢水的纯净度，影响钢板的质量及性能。

217. 保护渣对浸入式水口的侵蚀是怎样进行的?

保护渣腐蚀水口的过程分为两步，如图4-4所示。

第一步：当浸入式水口渣线处 ZrO_2－石墨材料接触钢水时，石墨溶解到钢水中，然后，ZrO_2 颗粒与保护渣接触。

第二步：暴露到渣中的 ZrO_2 颗粒与保护渣反应，发生颗粒溶解和破碎，之后石墨又暴露到钢水中。ZrO_2－石墨材料反复经受第一步和第二步过程后受到腐蚀。

218. 保护渣的哪些性质对 ZrO_2－石墨质耐火材料侵蚀严重?

（1）黏性愈低的保护渣，对 ZrO_2－石墨质耐火材料的蚀损愈大，而且保护渣中低黏性化成分［F^-］对蚀损影响也最大。

（2）碱度 *BI* 愈大的保护渣，对 ZrO_2－石墨质耐火材料的蚀损、碳结合体的破

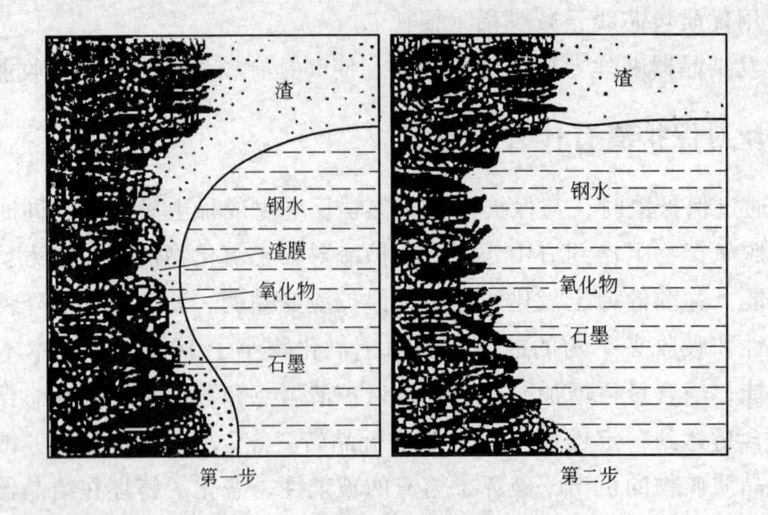

图 4-4 浸入式水口渣线侵蚀的步骤

坏及 ZrO_2 颗粒的细碎化愈激烈，蚀损速度愈快。

219. 如何提高浸入式水口耐保护渣的侵蚀性？

提高浸入式水口耐保护渣侵蚀的方法主要有以下几点：

（1）降低渣中 F^- 含量，采用无氟保护渣。

（2）水口渣线采用锆质复合材料。

（3）渣中加入 ZrO_2，由于保护渣中 ZrO_2 的溶解度很低，渣中的 ZrO_2 几乎饱和并且因此溶解的驱动力显著降低。

（4）适当增加保护渣的黏度能减轻对浸入式水口的侵蚀。

（5）耐火材料中含有 BN，可以显著提高水口抗渣侵蚀性。

（6）电磁制动可最大限度减少流场的扰动，从而减轻水口侵蚀。

（7）通过加厚水口壁及采用变渣线操作可以延长水口寿命。

（8）使用过程中改变浸入式水口在钢水中的插入深度，使局部侵蚀分散，可显著提高浸入式水口的使用寿命。

220. 保护渣中氟化物及钠钾氧化物对石英水口的侵蚀机理是什么？

F^- 能代替 O^{2-} 促使网状或链状硅氧离子解体，分裂成较小的复合阴离子，从而使保护渣黏度下降。另外，CaF_2 加入到碱度较低的保护渣内，将发生下述反应，SiF_4 使石英制品发生化学侵蚀。

$$2CaF_{2(s)} + SiO_{2(s)} = 2CaO_{(s)} + SiF_{4(g)}$$

钠钾氧化物与石英生成低熔物 $Na_2O \cdot 2SiO_2$ 和 $K_2O \cdot 4SiO_2$，熔融温度分别为

782℃和769℃，因此钠钾氧化物也是石英制品的强侵蚀剂。

221. 保护渣对液面检测系统有什么影响?

保护渣对放射源式液面检测系统的检测精度有一定影响。如果保护渣中全铁含量过高，对涡流式液位检测系统的检测精度有一定影响，但对热电偶式检测系统基本没有影响。

222. 保护渣的哪些性能影响结晶器的摩擦力?

在铸流和结晶器之间发生的摩擦，最终是和保护渣的黏度及析晶温度有关，摩擦力随着保护渣黏度的降低和析晶温度的升高而增加。一般情况下，随着拉速的升高，铸坯表面温度提高，有利于液体润滑出现，结晶器摩擦力呈下降的趋势；保护渣析晶温度低，摩擦力数值小。

保护渣吸收夹杂的能力也影响保护渣的润滑性能。保护渣吸收夹杂后，如果对熔点、黏度等理化性能有很大影响，则容易形成渣条，渣条的过分长大，将堵塞保护渣的流入通道，降低保护渣消耗量，由此造成坯壳与结晶器壁的黏结，增大摩擦力。另外，液渣中夹杂的增加，使结晶器－铸坯间的渣膜析晶温度降低，容易析出晶体，结晶器－铸坯间润滑性受到破坏，导致铸坯表面质量下降，严重时激发黏结漏钢事故。提高保护渣的烧结温度和保温性，抑制液态渣的析晶，可减少渣条的生长。

第5章　保护渣与铸坯质量

223. 与保护渣相关的铸坯缺陷有哪些?

与保护渣相关的铸坯缺陷主要有铸坯表面振痕和横裂、铸坯表面纵裂纹、表面夹渣、铸坯星状（网状）裂纹、铸坯表面凹陷（凹坑）、增碳、黏结等，如图5-1所示。

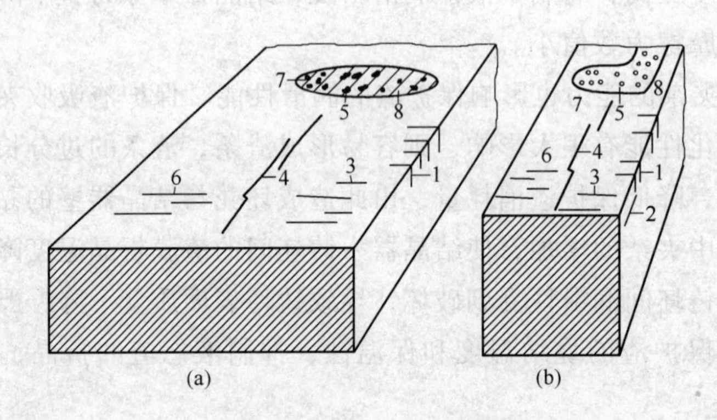

图5-1　连铸坯表面缺陷

（a）板柸；（b）大方坯/小方坯

1—横向角部裂纹；2—纵向角部裂纹；3—横向裂纹；4—纵向裂纹（宽面）；

5—星状裂纹；6—深振痕；7—针孔；8—宏观夹杂

224. 振痕的形成机理是什么?

振痕（见图5-2）是在铸坯表面形成的有规律间隔的凹陷。它作为表面裂纹、皮下夹渣和偏析等缺陷的主要发源地，严重影响连铸坯的表面质量。结晶器往复振动产生的周期性施加于初凝坯壳上的机械力，是形成振痕的主要原因。正常情况下，保护渣的液渣层在结晶器的冷却作用下生成固态渣圈，并附着在结晶器壁上，随结晶器做上下运动。当渣圈压迫到钢液弯月面时，使初生坯壳产生形变；渣圈脱离弯月面后，生成的坯壳又在保护渣及钢水静压力作用下推回到结晶器壁，完成振痕的生成过程。

225. 怎么通过保护渣减少振痕深度?

根据弯月面部分凝固理论，保护渣物化性能通过结晶器弯月面处的传热系数不

图5-2　连铸坯表面振痕

同而对振痕深度有所影响。结晶器弯月面处的传热系数越大，振痕越深；反之，振痕越浅。在保护渣物化性能中，黏度对振痕深度影响最大。试验结果表明，保护渣黏度越大，振痕越浅。但保护渣黏度增加，保护渣消耗量减少，不利于控制坯壳的黏结。因此，从保护渣物化性能方面来控制振痕深度有一定的局限。

226. 铸坯纵向裂纹的形成原因是什么？

纵裂纹（见图5-3）起源于结晶器弯月面区初生凝固壳厚度的不均匀性。坯壳受到板坯凝固壳四周温度不均匀而产生收缩力；板坯收缩时由钢水静压力产生鼓胀力；宽度收缩时受侧面约束产生弯曲应力。这些力综合作用在坯壳上，当应力超过钢的高温强度时，就在坯壳厚度薄弱处萌生裂纹，出结晶器后在二冷区继续扩展。

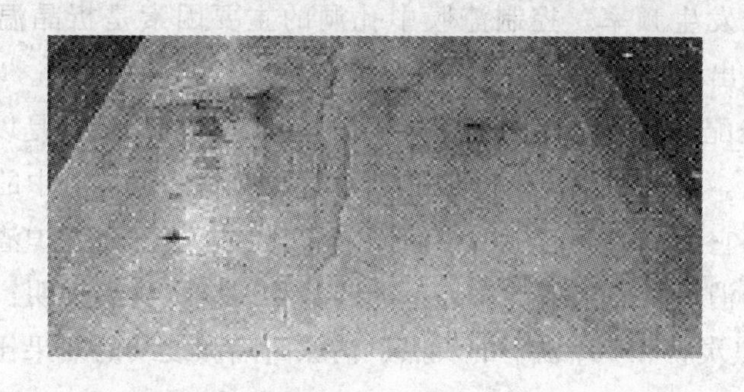

图5-3　连铸坯表面纵裂纹

227. 减少铸坯表面纵裂的措施有哪些？

减少铸坯表面纵裂的措施主要有：

（1）改善保护渣的传热。

（2）降低拉速。

（3）降低结晶器的冷却强度。

（4）减少结晶器液面波动。

（5）尽量避免包晶反应。

（6）避免结晶器内钢水偏流。

（7）控制钢水中的硫磷含量，提高钢水纯净度。

（8）采用电磁搅拌和电磁制动新技术。

（9）优化结晶器振动参数。

（10）提高铸机对弧精度。

（11）控制二次冷却的均匀性。

228. 怎样通过改善保护渣的性能减少铸坯纵裂？

通过改善保护渣的性能减少铸坯纵裂的措施主要有：

（1）提高渣膜热阻。对于中碳钢连铸，国外普遍采用较高熔化温度的结晶器保护渣。高的熔化温度，使固渣膜增厚，热阻提高，有利于弱式冷却的实现。

（2）注意黏度控制，切忌黏度偏低。为了保证足够的渣耗量，希望渣的黏度低些。但黏度降低会引起渣膜厚度不均，导致传热不均，引起不均匀凝固。综合考虑铸坯拉速的影响，黏度 η 与铸坯拉速 v 的乘积为 0.15 ~ 0.35Pa · s · m/min 时表面纵裂纹发生的几率最小。

（3）提高析晶温度。除了提高保护渣的熔化温度，还需要通过结晶相的析出来控制结晶器壁与铸坯壳间的传热。这是因为结晶相的析出、长大使结晶器与坯壳间的固态渣膜中产生孔洞，降低了渣膜的传热速率，甚至阻碍了横向温降，这样就会减少纵向裂纹的发生频率。控制渣膜中孔洞的主要因素是析晶温度。析晶温度升高，结晶器中散出的热量就减少。

（4）保护渣配碳对连铸坯凹陷和裂纹的影响。保护渣配碳是以炭黑、石墨或焦炭粉的形式加入。炭黑的燃烧温度最低，而石墨最高。保护渣中的炭黑能降低其熔化速度，但使用它易造成铸坯中的横向凹陷和裂纹缺陷。当保护渣中的炭黑改为焦炭粉时，有利于消除炭黑造成的铸坯上的凹陷和裂纹。研究表明：选择的保护渣含有 3% ~5% 的焦炭粉和 1% 以下的炭黑，消除凹陷和裂纹的效果比较明显。

229. 保护渣的黏度对铸坯纵裂有什么影响？

坯壳和结晶器之间适宜的保护渣渣膜厚度决定了坯壳的传热和润滑。保护渣渣膜的厚度与保护渣的黏度有直接关系，黏度较低时，液态渣会在局部过多形成渣沟；而黏度较大时，液态渣不能顺畅地流过弯月面，不可能在坯壳和结晶器之间形成厚度均匀的渣膜，从而增加了坯壳的不均匀性。黏度过低或过高的保护渣，都会使铸坯产生较多的裂纹，特别是黏度高时情况更严重。综合考虑铸坯拉速的影响，

黏度 η 与铸坯拉速 v 的乘积为 0.15 ~ 0.35Pa · s · m/min 时表面纵裂纹发生的几率最小。

230. 保护渣的碱度和结晶体比对表面纵裂有什么影响?

坯壳与结晶器壁之间保护渣渣膜的传热主要有辐射和传导两种方式。保护渣渣膜由液渣层和固态层所构成，渣膜中玻璃体和结晶体的比例显著影响保护渣的润滑和传热。渣膜中玻璃体比例高时，坯壳润滑好，无黏结和漏钢现象。渣膜中结晶体比例高时，一是减少玻璃体透明度而减少辐射传热（电磁波辐射），二是结晶体内的微孔和晶界削弱了晶格振动，从而减弱传导传热。所以增加渣膜中晶体比可达到减缓传热和减少裂纹的目的。保护渣中的结晶体比与碱度、析晶温度和熔剂的种类有关。碱度高，析晶温度高，保护渣中的结晶体比例就高。因此结晶器保护渣碱度一般大于 1.0，但不超过 1.20，这样既能保证润滑又能减缓传热和减少裂纹。

231. 如何通过保护渣减少包晶钢纵裂纹?

包晶钢凝固时发生包晶反应（$L + \delta \rightarrow \gamma$），结晶器弯月面凝固的坯壳随温度下降发生 $\delta - Fe \rightarrow \gamma - Fe$ 转变，并伴随着较大的体积收缩，坯壳与结晶器铜壁脱离形成气隙，气隙处导出的热流最小，坯壳最薄，在表面会形成凹陷，凹陷部位冷却和凝固速度比其他部位慢，结晶组织粗化，对裂纹敏感性强。因此包晶钢应选用凝固温度高、结晶温度也高的保护渣，利用结晶质膜中的“气隙”，使保护渣传热速度减缓，有助于减小铸坯在冷却过程中产生的热应力，减少纵裂的发生。

232. 铸坯横裂纹是怎么产生的?

铸坯横裂纹（见图 5-4）形成于结晶器内的高温区，并与振痕附近的偏析有关。这些区域由于偏析造成局部钢熔点低，向结晶器的传热下降，温度升高，从而导致钢的热撕裂。当碳含量处于包晶范围时，铸坯横裂纹增加。尽管铸坯横裂纹的早期形成阶段，可能位于结晶器内，但裂纹的扩展则是在结晶器之后的低温区。当其受到各种应力，特别是铸坯矫直应力作用时，由于钢坯已在延展性差的温度范围内，应力使铸坯横裂纹很严重。

233. 如何通过保护渣作用减少铸坯横裂纹?

增加保护渣耗量，可使横裂纹产生倾向减小。深振痕在结晶器铜板和板坯表面产生较大的局部热阻，并导致出现不均匀的坯壳和皮下结构。因此，深振痕更有利于裂纹的发生，且振痕的底部是导致裂纹扩散源头。由于裂纹随振痕深度的增加而增加，因此可采用提高液渣的黏度来解决这一问题，因为高黏度液渣可以使振痕变浅。但随着铸速的提高，渣耗量减少，容易发生坯壳黏结。所以保护渣的用量和黏

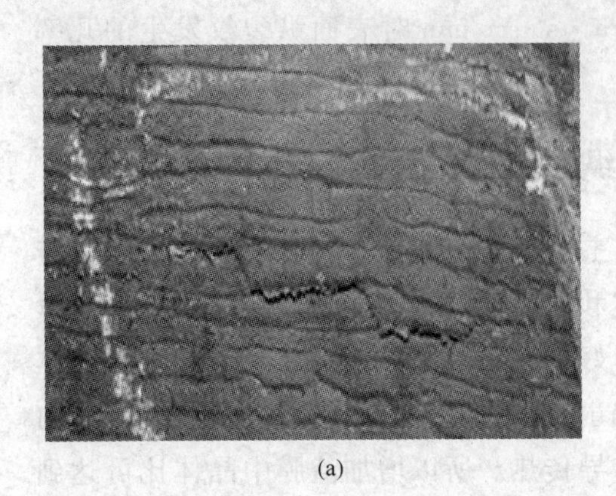

(a)

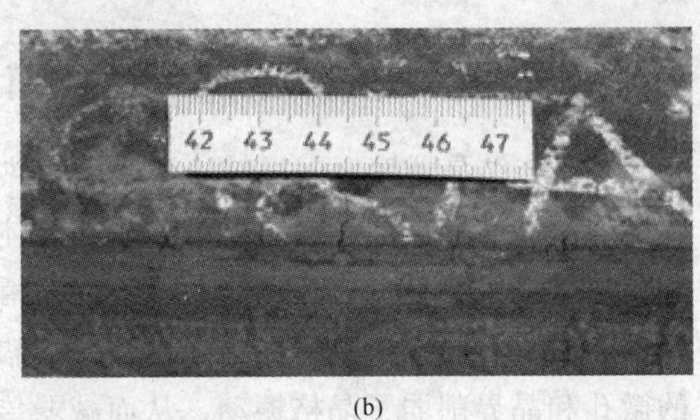

(b)

图 5-4　铸坯横裂纹缺陷

(a) 表面横裂纹；(b) 角部横裂纹

度既要保证减浅振痕，又要防止坯壳黏结，一般高拉速时应使用低熔点、低黏度、高熔化速度的预熔颗粒保护渣来减少横裂纹的发生。

234. 铸坯表面星裂产生的原因是什么?

铸坯表面星状裂纹（见图 5-5）形成的原因有以下几个。

图 5-5　铸坯表面星状裂纹缺陷

（1）结晶器渗铜：星裂通常产生于结晶器的下半部分。结晶器下部铜板渣层破裂，发生固－固摩擦接触，Cu 局部黏附在坯壳上。Cu 的熔点为 1084℃，Cu 熔化后沿奥氏体晶界渗透，晶界被破坏而失去塑性，产生热脆现象。热脆时，铜板上摩擦下来的铜通过晶界渗入到坯壳。由于坯壳的温度较高，铜在铁溶液中呈大的正偏析，容易富集在结晶前沿的液相中阻止固相晶界的形成，导致晶界周围有裂纹产生。

（2）铜富集：钢中含 Cu0.05% ~0.2%，高温铸坯由于 Fe 氧化，在 FeO 皮下形成熔点低、含Cu的富集相（70%Cu、15%Ni、10%Sn、5%Fe），形成液相沿晶界穿行，在高温时（1100~1200℃）具有最大的裂纹敏感性。Cu对钢塑性的影响主要表现为液态脆性。资料介绍，w(C)=0.15%的钢，在800~900℃之间，Cu元素的存在会加剧钢塑性的恶化，断面收缩率减小40%以上。其主要原因是Cu元素在奥氏体晶界的偏析，降低了奥氏体晶界的能量，推迟了奥氏体向铁素体的转变，使奥氏体晶界在很宽的温度范围内存在薄膜状铁素体，当应变速率为10^{-4}~10^{-2}时，应变会在铁素体中集中，裂纹就很容易沿着奥氏体晶界延伸。

（3）奥氏体晶界沾污：结晶器弯月面初生坯壳由于δ-γ转变—收缩—鼓胀—坯壳弯曲，在张力和钢水静压力作用下，奥氏体晶界裂开，固-液界面富集溶质的液体进入裂纹，加上晶界析出物，污染了晶界，成为晶界薄弱点，是产生星状裂纹的起点。铸坯运行过程中进一步受到张力作用（鼓肚、不对中、不均匀冷却等），裂纹进一步扩展。

（4）表面凹陷和不规则振痕：板坯表面有凹陷和不规则振痕。清理后，发现有的分布着细小裂纹，裂纹深度2mm，内含Si、Al、Ca、Na的氧化物。在轧材表面会遗留如头发丝细小的裂纹，有时还会发现Al_2O_3、SiO_2、Na及K等成分，与保护渣的成分相近。优化结晶器振动（高振频、小振幅）和使用低黏度、低碱性保护渣，可使星状裂纹明显减少。

（5）晶间硫化物脆性：硫在树枝晶间富集。奥氏体晶界富集有熔点为980~1000℃的（Fe,Mn）S（Mn：28%~29%，Fe：34%~35%，S：36%），在晶界处形成硫化物液体薄膜，在外力作用下形成网状裂纹。降低［S］，提高［Mn］/［S］比，延长加热时间，提高加热温度，使晶界(Fe,Mn)S转变为MnS，可减少板材星状裂纹。

由此可见，铸坯表面星状裂纹形成机理比较复杂，可能是多种因素作用的结果。

235. 如何通过保护渣来减少铸坯星裂的发生？

结晶器下半部分润滑区渣膜的破裂使热流大幅度变化，导致结晶器与板坯接触，出现固相摩擦力，从而导致星裂的发生。要减少星裂，需要保持保护渣的液态润滑，即从弯月面到结晶器出口均为液相润滑。采用低碱度、低黏度和润滑性能良好的保护渣能使星状裂纹减少，但会使纵裂纹增加。而控制纵裂纹，应采用碱度较高的保护渣，这是相互矛盾的问题。目前，通过在保护渣内配制MnO_2，对保护渣膜的玻璃相进行着色处理，既保证了保护渣的润滑功能，又减缓了其传热功能，很好地解决了这个矛盾。

236. 结晶器保护渣卷入钢水的原因有哪些？

结晶器保护渣卷入钢液由以下原因造成：弯月面扰动、旋涡、气泡从钢水进入渣中产生乳化作用、沿水口壁由于压力差引起的吸入、较高流速将渣切入、液面波动、液面结壳等。

237. 什么是卷渣漏钢?

所谓卷渣漏钢，是指结晶器内初生坯壳，捕捉到卷入钢水中的小块耐材或保护渣块，影响局部冷却，出结晶器后，由于过薄坯壳不能承受钢水静压力的作用，而从薄弱处漏出钢水的现象。

238. 剪切卷渣的机理是什么?

从水口喷射出的流股接近结晶器窄面时形成上、下两个环流，沿窄面向上的环流具有向上的速度，必造成弯月面附近的钢液面波动。钢流在由窄面转向中心流动时对钢 - 渣界面产生剪切作用，使一部分保护渣在此环流方向上被延伸，当流速超过某一临界值，被拉动的液渣最后断裂成乳化渣滴。此渣滴被卷入钢液有可能被凝固坯壳的前沿捕捉，形成皮下夹渣。

239. 旋涡卷渣形成的原因是什么?

由于水口对中不良、水口堵塞或水口冲蚀造成水口两侧流股的出口速度和方向不对称，从而使两个上回流在水口附近产生相互作用，两流股对撞产生切向流动，在浸入式水口附近形成旋涡，旋涡将出现在速度较小的一侧，这种旋涡把保护渣卷入钢液内部，形成夹渣缺陷。结晶器涡流卷渣如图 5-6 所示。

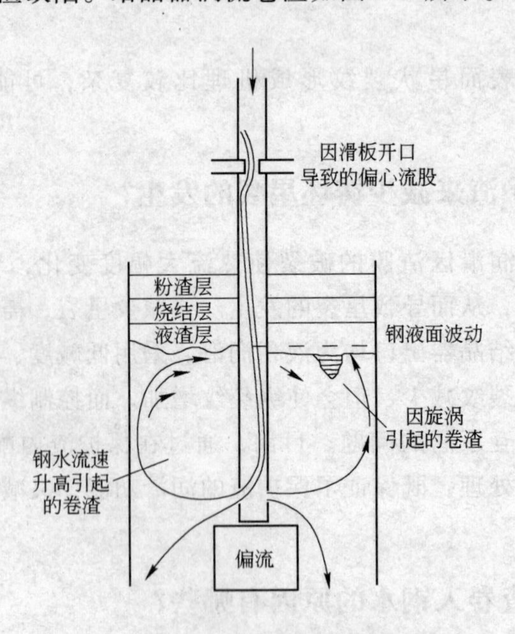

图 5-6　结晶器偏流导致旋涡及卷渣示意图

240. 结晶器卷渣发生的形式有哪些?

结晶器卷渣发生的形式有四种。

(1) 发生在低拉速、浸入式水口插入过浅时，由水口喷出的下环流直接剪切水口附近的液渣，渣滴被撕裂而生成卷渣。

(2) 发生在拉速高、水口插入深度过大时，缺陷发生在板坯角部。结晶器窄边钢液过强的上环流，将液渣剪切形成渣滴飘浮至界面或进入流股被钢液捕捉，最后渣滴聚集在结晶器宽面的边角部。

(3) 发生在氩气流量超过正常临界值（$v_{临}$ = 3L/min）时。低于此值可避免卷渣。

(4) 发生在当渣－钢界面由于较强的气体流动而形成泡沫状态，并且这些泡沫聚集在水口周围，在那里由于液态流股的拖曳作用，通常形成笔形管状缺陷。

241. 什么是铸坯表面夹渣，夹渣是怎么形成的?

在铸坯表面或其下2～10mm处镶嵌有大块、形状不规则、不连续的渣粒称为表面夹渣或皮下夹渣。夹渣处坯壳生长缓慢，凝固坯壳薄弱，往往是拉漏的起因。

夹渣是结晶器内钢液面波动卷入的结晶器保护渣、钢液的二次氧化或钢液脱氧产物。另外中间包覆盖剂、浸入式水口中的耐火材料被卷入钢液后也成为夹渣的来源。这些物质被初生坯壳的凝固前沿捕获，就会形成铸坯的表面夹渣。

242. 减少夹渣的措施有哪些?

为了减轻和消除表面夹渣缺陷，浸入式水口的设计必须合理，保证弯月面最大流速低于产生卷渣的临界值。

此外，采用结晶器液面自动控制装置，减少浇注过程中的液面波动，以及采用电磁制动装置来提高钢液面的平稳度和提高液面温度，对减少表面夹渣都是十分有效的措施。

为了防止保护渣在已凝固的弯月面进入钢坯亚表层，减小保护渣对钢的附着力是很重要的。对于给定的钢种，附着力取决于保护渣，增大保护渣的表面张力会使附着力减小。提高保护渣中MgO、MnO等含量，可以提高保护渣的表面张力。研究认为，液态保护渣对固态钢的附着力随渣中Na_2O含量的降低而减小。低碳铝镇静钢和钛稳定超低碳钢可以通过去除Na_2O来降低结晶器保护渣对钢的附着力。

243. 铸坯表面针孔形成的原因及保护渣对针孔形成的影响因素是什么?

在结晶器弯月面处的坯壳捕捉到钢水中的气泡后，在铸坯表面形成针状气孔。

保护渣中的挥发物、碳酸钠或碳酸氢钠的分解释放出的气体、氟化物与某些物质反应释放出的气体等是气体来源。但是实验证明，表面针孔缺陷与保护渣内的水分、碳酸盐关联不大，而与 F^- 的高低有直接联系。保护渣中的（F^-）在高温条件下与钢水中的［Si］在钢－渣界面生成 SiF_4 气体，在结晶器弯月面附近由于冷却梯度大，SiF_4 气体来不及上浮就被初始坯壳所捕捉，同时因为是在钢－渣界面，所以生成的 SiF_4 气泡阻碍了坯壳的正常形成，结果在坯壳表面就形成了暴露的小针孔。

244. 如何通过保护渣减少超低碳钢深冲板上的条片缺陷?

超低碳钢深冲板上的条片缺陷，多是由于保护渣被卷入到钢水中形成的。

(1) 保护渣在钢－渣界面具有较高的表面张力，较难卷入到钢水中。高的表面张力对于控制钢板上的条片缺陷具有积极作用。

(2) 保护渣在弯月面热流较低，它导致铸坯凝固时只有很小的“振动沟”，意味着只有较少的保护渣被捕捉成为夹杂。但热流较低时，振痕沟减小，黏结几率增加。

(3) 较高黏度保护渣，可以大大减少卷渣。

245. 什么是低钠保护渣?

在镀锡板生产中，发现有和结晶器保护渣相关的缺陷，由于在扫描电镜下呈白色椭圆状，因此称其为白斑缺陷。白斑的产生是由于 NaOH 对镀锡基板的腐蚀。NaOH 是由保护渣中的 Na 与水反应生成。因此对高等级薄板必须采用低钠保护渣，提高保护渣的黏度和表面张力，防止卷渣。

246. 铸坯纵向凹陷的成因是什么?

铸坯表面纵向凹陷（见图 5-7）形成的原因有以下几点:

图 5-7　连铸坯表面凹陷

(1) 钢种凝固特性造成初生坯壳收缩大，若弯月面区域冷却过强，使得坯壳不均匀生长（与纵裂纹形成原因相似）。

（2）结晶器液面波动大，渣圈将保护渣流入的局部通道封死，造成保护渣不均匀流入或渣圈沿拉坯方向被逐渐带入。

（3）深入式水口插入过深、弯月面温度过低造成保护渣熔化不稳定。

（4）保护渣熔点、黏度太低造成弯月面局部位置熔渣过量流入。

247. 通过保护渣减少铸坯纵向凹陷的措施有哪些?

通过保护渣减少铸坯纵向凹陷的措施主要有：

（1）稳定结晶器液位，减少保护渣渣圈。

（2）对于凝固收缩较大的钢种，采用弱冷型保护渣。

（3）对于凝固收缩不大的钢种，提高保护渣熔点和黏度，控制消耗量。

248. 角部纵向凹陷的成因是什么?

角部纵向凹陷是在铸坯角部因保护渣流入不够，造成局部坯壳温度更高，厚度变薄，该处坯壳由于铸坯鼓肚周期性弯曲，引起宽面上离角部一定距离的纵向凹陷或沟槽，严重时形成偏离角纵向裂纹。

249. 防止和减少角部纵向凹陷的措施有哪些?

防止和减少角部纵向凹陷的措施主要有：

（1）优化水口，避免钢流冲击角部。

（2）避免结晶器窄面锥度过大。

（3）降低保护渣黏度，提高消耗量。

（4）降低钢水过热度。

（5）使二冷喷淋更均匀。

（6）减少铸坯宽面和窄面的鼓肚。

250. 如何通过保护渣技术减少铸坯凹陷?

（1）采用适应于结晶器振动条件的黏度适宜的保护渣，防止液渣过量流入，使角部保护渣流入均匀。

（2）采用易熔保护渣，保证液渣层厚度大于液面波动值和结晶器振动的振幅之和，防止初生坯壳与渣膜接触。资料介绍，液渣层厚度大于10mm时，304不锈钢凹坑指数由1.0下降到0.2。

（3）避免液面过大波动，减少渣条压迫初生坯壳变形。

251. 预防线状、点状凹陷的措施有哪些?

预防线状、点状凹陷的措施主要有：

（1）降低保护渣的黏度和熔点，可减少线状凹陷的发生率。

（2）减小结晶器下部锥度，可改善高锰钢圆坯线状凹陷缺陷。

（3）提高保护渣中的MnO含量，可防止$w[C] \geqslant 0.3\%$、$w[Mn] \geqslant 1.5\%$的圆坯表面点状凹陷。

252. 保护渣促使钢水增碳的机理是什么？

在超低碳钢连铸生产过程中，保护渣中的碳质材料向铸坯表面渗透，使铸坯表面碳含量升高。由于保护渣中含有一定数量的碳质材料，容易引起铸坯表面渗碳和结晶器内钢液增碳。在熔渣层和烧结层之间存在富碳层，这是渗碳、增碳的主要原因，因为：

（1）富碳层靠近钢液弯月面，容易与钢液、铸坯接触。

（2）富碳层具有非烧结特性，容易与液渣、钢液混合。

（3）富碳层碳含量很高，有较强的传质驱动力。

253. 控制保护渣使钢水增碳的措施有哪些？

控制保护渣使钢水增碳的措施主要有：

（1）使用发热型开浇渣。开浇渣在开浇初期能够迅速熔化，并向弯月面区域提供热量，同后续加入的超低碳钢保护渣一起形成足够厚的液渣层，从而可以大幅度降低开浇引起的超低碳钢液增碳。

（2）降低保护渣中游离碳含量。这是避免超低碳钢钢液增碳最简单、最有效的办法。通常超低碳钢结晶器保护渣的原始配碳量大都控制在2%以下。

（3）采用炭黑类碳质材料。炭黑类碳质材料燃烧温度低、燃烧速度快，有利于增加液渣层厚度，减少富集碳层和熔渣层中碳的含量。另外，炭黑类碳质材料的粒径很小，对基料的分隔能力和对熔体的流动、汇聚的阻滞作用都很强，当原始配碳量很低时，这有利于延缓保护渣的熔化速率，避免熔渣层过厚。使用快速燃烧型活性炭，铸坯的增碳量明显降低。

（4）适当提高保护渣的黏度。超低碳钢因导热性能较差，一般拉坯速度比较慢，熔渣层厚度减薄，一旦操作不稳，钢液易与富集碳层接触而增碳，适当提高保护渣黏度，降低渣耗，液渣层将增厚，同时，因熔渣黏度的增加，熔渣层中的碳向钢液的传质速度将大大降低。

（5）向保护渣中添加氧化剂。向保护渣中添加适量的氧化剂如MnO_2等，可以促使渣中的碳氧化，有效抑制富集碳层和熔渣层碳含量，而且MnO_2等的助熔作用可使液渣层增厚。

（6）采用无碳保护渣。采用与石墨有相似结晶结构的氮化物如BN、Si_3N_4、Cr_2N等代替碳质材料，使用无碳保护渣，可以防止超低碳钢液增碳。BN最常使用，但是 BN 价格很高，而且由于生成 B_2O_3 放出 N_2，渣面常常发生鼓泡、膨胀现象。

（7）连铸操作稳定。超低碳钢是洁净钢，不仅容易吸碳，吸收氧的趋势也很强。控制中间包注流、拉坯速度、结晶器振动频率等工艺因素稳定，防止钢液面波动，采用勤加、每次少加的保护渣制度，改善保护渣的绝热保温效果，保持稳定的液渣层厚度，同时注意钢流的保护，不仅对防止铸坯增碳，而且对防止二次氧化都是不可忽视的。

254. 如何从保护渣方面减小低碳钢黏结漏钢的几率？

（1）减少含碳块状物在结晶器内四周的形成。含碳块状物的形成原因可归结为保护渣 Al_2O_3 初始含量较高；钢水 Al_2O_3 含量高，上浮后不能被液渣充分吸收，最终聚集成块；保护渣中炭粒子控制烧结的能力不足，致使烧结层过度发达；保护渣保温性差，钢水表面温度降低，使液态渣再度凝固；较大幅度的钢水液面波动，使液渣渣膜黏附于结晶器壁，冷却凝固，增大结晶器摩擦力。

（2）增大液渣流入能力。降低保护渣黏度，提高其流入结晶器与铸坯间隙的能力，满足液渣耗量的要求值，这是避免坯壳与结晶器直接接触的最好方法。

（3）降低熔点，增大液态润滑长度，实现“全程液态”润滑。

255. 如何从保护渣方面减小高碳钢黏结漏钢的几率？

高碳钢黏结的产生是由于在弯月面处初生坯壳的凝固收缩小，使初生坯壳与结晶器内壁之间形成的空隙小，保护渣流入不畅。

（1）降低保护渣碱度、减少 F^- 含量、提高 B_2O_3 含量都有利于降低凝固温度，对减少黏结有利。

（2）为了防止黏结漏钢，高碳钢连铸要选用熔点低、黏度低和耗量较高的保护渣，耗量不得低于 0.4kg/t。

（3）高碳钢的拉速也要低于低碳钢。为了防止钢水在结晶器内冻结，高碳钢要选用绝热性能好的保护渣。为了使绝热性能好，保护渣的体积密度要低、碳的加入量要适当。

256. 如何从保护渣方面减小稀土处理钢黏结漏钢的几率？

（1）减少稀土处理钢中的脱氧产物 Al_2O_3 等含量，避免液面翻动和泛红造成大量稀土丝氧化进入熔渣，尽量减少进入保护渣中的稀土氧化物，防止保护渣变性。

（2）使用具有结晶体比例较高和析晶温度较低的保护渣，一般采用 Li_2O 等低熔点碱性组分或对渣膜进行着色处理，可收到较好的效果。

（3）在高析晶温度下的保护渣要提高氧化物在熔渣中的饱和溶解度和均匀

分布。

257. 高碱度高玻璃化连铸保护渣理论控制保护渣组成的具体内容有哪些?

高碱度高玻璃化连铸保护渣理论控制保护渣组成的具体内容是:

(1) 采用“多组分，各组分含量相当”的配渣原则，通过多组分混合效应、逆性玻璃效应，使两性氧化物转化为网络化合物，促进高碱度高玻璃化保护渣熔体的形成。

(2) 在高碱度高玻璃化熔渣多组分的条件下，二元碱度已不能全面反映熔渣的碱性特征，而要控制综合碱度 $BI \geqslant 3$，熔渣在与结晶器壁侧冷却条件相似的情况下冷凝后，其矿相组织中玻璃体比例大于90%。

(3) 高碱度高玻璃化熔渣的结构处于环状、群状和岛状硅酸盐范畴，可大量吸收夹杂物，Al_2O_3、TiO_2 夹杂物进入熔渣中可起到“造链”的作用，参与熔渣网络的形成，熔渣结构向链状、层状和架状硅酸盐转化，玻璃性得到改善。

第6章 自动加渣技术

258. 目前保护渣加入方式有哪些?

目前，保护渣加入的方式有手工加入和自动加入两种。

（1）手工加入（见图6-1）：人工用推渣耙把保护渣间断地加入到结晶器里。

（2）自动加入：采用自动加渣设备把保护渣均匀地加入结晶器内。

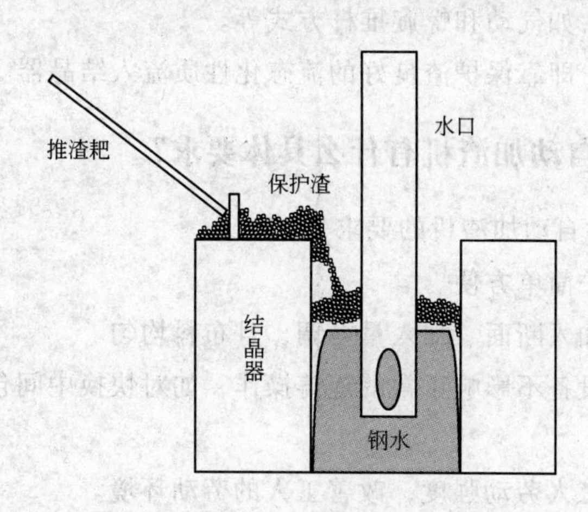

图6-1 保护渣人工加入操作示意图

259. 人工加入保护渣有什么缺点?

人工加入保护渣的缺点是：

（1）加渣时的随意性大，加入的不均匀，容易影响铸坯质量。

（2）敞开加入保护渣，现场粉尘大，浪费、污染严重。

（3）人工劳动强度大，影响身心健康。

260. 人工加入保护渣对连铸生产有何不良影响?

人工加入保护渣时，很难定量控制，随意性大，造成保护渣的加入不均匀。加入过少，粉渣层容易发红，影响保护渣保温效果，液渣层变薄，黏度增加，从而影响铸坯的表面质量；加入过厚，结晶器钢液面波动时，容易卷入粉渣，对铸坯内在质量有影响；如果局部加入不均匀，导致保护渣液渣层分布不均，影响结晶器的均匀传热，容易发生表面裂纹，严重时发生黏结漏钢。

261. 自动加渣有哪些优点?

自动加渣的优点有：

（1）减轻工人的劳动强度和改善操作人员的工作环境。

（2）得到准确的渣层厚度，这是手工加渣难以实现的。

（3）加渣均匀，更好的保护渣稳定的三层结构，这对于宽断面板坯非常重要。因此自动加渣可以减少铸坯表面缺陷，提高合格率。

262. 自动加渣的方式有哪些?

自动加渣方式有机械方式和重力方式两种。

（1）机械方式：如气动和螺旋推杆方式等。

（2）重力方式：即靠保护渣良好的流态化性质流入结晶器。

263. 连铸生产对自动加渣机有什么具体要求?

连铸生产中，对自动加渣机的要求是：

（1）操作、维护简单方便。

（2）保护渣的加入断面、加入量可调，且布料均匀。

（3）自动加渣设备不影响正常的连铸操作，如对快换中间包、快换水口、漏钢报警操作均不影响。

（4）真正降低工人劳动强度，改善工人的劳动环境。

264. 自动加渣机的布料方式有哪些?

板坯自动加渣机为实现均匀布料，可分为静态加渣和动态加渣两种方式。静态加渣是保护渣加渣喷嘴固定不动，根据相应的断面宽度决定喷嘴个数。动态加渣是通过布料装置的匀速往复摆动和专用的加渣喷嘴来实现的。

265. 如何选择合适的自动加渣机?

根据不同的连铸机断面大小选择合适的自动加渣机型号。自动加渣机一般分为板坯自动加渣机和方坯自动加渣机。板坯自动加渣机多采用动态加渣方式。方坯连铸机由于浇注断面较小，多采用固定布料方式，大方坯可选择多点布料。

266. 自动加渣机的发展方向有哪些?

自动加渣机向能够实现自动加渣功能、自动测量渣层厚度、自动计算渣耗量的全自动闭环控制技术方向发展，个别自动加渣机还能实现对保护渣干燥烘烤功能。

267. 镭目（RAMON）公司开发的方坯自动加渣机的功能及特点是什么?

A 系统功能

RAMON方坯自动加渣系统（见图6-2）是针对钢厂实际情况开发的智能控制设备，替代人工添加保护渣，实现加渣自动化，提高连铸自动控制水平，大大减轻工人劳动强度；适时适量加渣，提高钢坯的质量。本系统只需操作工人在操作箱上进行简单的操作即可根据现场条件控制加渣间隔时间、吹渣时间及加渣时间，并能点动微调加渣间隔时间和加渣时间，方便调节现场所需的时间参数，可满足各钢厂对加渣量及加渣间隔时间的要求。对任何钢种，断面均能达到及时、足量、均匀的特点，从而大大提高钢坯的质量并降低了工人的劳动强度。本系统适用于粉渣，颗粒渣；并且具有短路、开路过流多项保护功能。

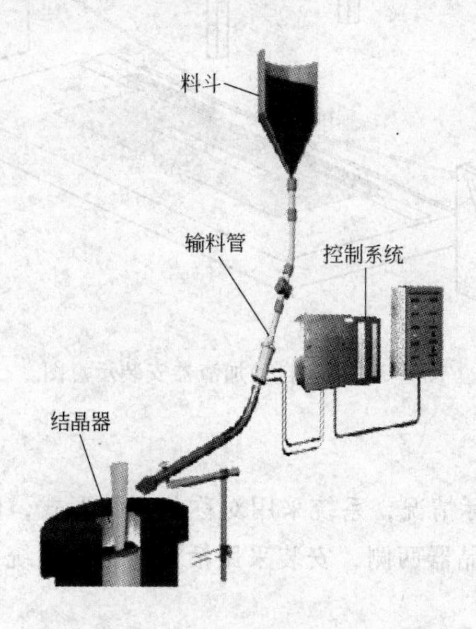

图6-2 方坯自动加渣器安装示意图

B 系统功能特点

（1）由PLC控制时间，加渣量的调节非常方便。

（2）系统根据加保护渣工艺要求，调节加渣、吹渣时间以及周期，可满足钢厂对渣量及加渣间隔时间的要求。

（3）引入拉速信号，根据拉速可自动调节加渣量的大小，能及时、均匀地加渣，提高钢坯的质量，减轻工人的劳动强度。

C 系统主要技术指标

工作电压：交流220V；

工作温度范围：-20~70℃；

加渣时间步长：0.1s；

加渣周期步长：2s。

268. 镭目（RAMON）公司开发的板坯自动加渣机的工作原理和功能特点是什么？

板坯自动加渣系统（见图6-3）根据连铸工艺要求和现场的实际情况，采取自动控制方式。

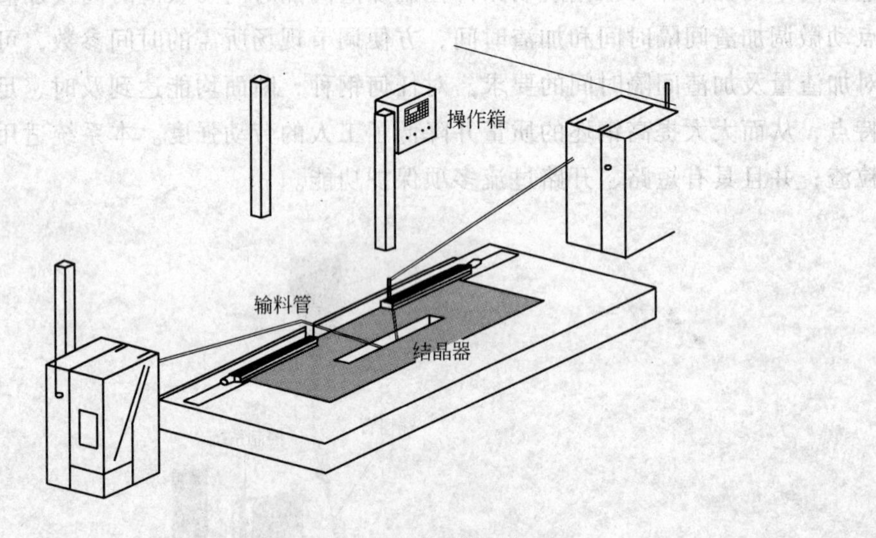

图6-3 板坯自动加渣器安装示意图

A 系统原理

根据生产现场的实际情况，系统采用对称分布的形式，以结晶器水口为对称中心将整个系统安装在结晶器两侧，安装采用活动连接，系统可以根据生产需要，随时移出和移入。

本系统主要由以下四大设备组成：可移动式定量送渣机柜、可移动式执行给料装置、触摸屏式操作面板、PLC自动控制机柜。

系统由以下两个步骤实现自动加渣：

一是定量送料。定量送料系统由料斗、渣料输送机构、螺旋式送渣泵和主吹渣气管等组成。这一部分设计成整体式，统一安装在一个带万向轮的机柜内。因为现场结构限制，若直接用一个大料斗往下送料，则会造成渣料输送机构出渣管口到执行机构加渣管之间的高度差不够，影响保护渣的顺利输出。因此，料斗分为两部分，主料斗放在下面，副料斗放在上面，两个料斗之间用带变频电动机的渣料输送机构连接，大小两个料斗之间是密封的，以防止渣料四处飞扬。渣料从螺旋式输送泵出来后经由和出料管成一定角度的主吹渣气管吹出，主吹渣气管分为强气流和弱气流两路，分别对应不同的送渣需求。

二是执行给料。执行给料系统由双层轨道、滚动丝杠、转动气缸、振动装置、出料管等组成。转动气缸、振动装置、喷管均安装在滚动丝杠的螺母上，和螺母一起沿着滚动丝杠移动，从而带动喷管沿着结晶器口来回移动，实现自动加渣功能。振动装置是为了让保护渣更好地从喷管出来。

B 系统的主要功能特点

(1) 开放式的控制系统结构，具有比较大的灵活性和可扩展性。

(2) 可接收用户信号，实现联动控制。

(3) 维修方便，可在线维护。

(4) 先进的硬件控制设备，具有高抗干扰能力和高可靠性。

(5) 显示及报警功能，如料斗的料位显示、气压显示。

(6) 根据钢种断面设置不同的参数组。

(7) 故障回查功能。

C 系统主要技术指标

每分钟送渣量：0～4kg；

料斗装载量：0.4m^3；

电源三相交流电：380V/7kW；

气源：干燥/清洁，压力0.4～0.7MPa，0.7m^3/min。

第7章　连铸保护渣技术的新进展

269. 目前连铸保护渣的发展方向是什么?

目前连铸保护渣的发展方向是:

(1) 适应大断面、高拉速和近终型断面的保护渣品种。提高连铸拉坯速度可在不增加大量投资的情况下，大幅度提高生产效率。在国外，满足大板坯高于2m/min以上拉速和薄板坯3~6m/min拉速的新型保护渣品种已成功投入使用。

(2) 低氟少钠等环保功能型的保护渣品种。氟的化合物绝大多数有毒，保护渣在使用过程中，一部分以气体形式挥发，一部分以“渣衣”形式进入二冷水和轧钢系统，腐蚀设备，并对人体造成伤害，最终污染空气和水源，破坏臭氧层，成为地球环境的一个污染源。

(3) 保护渣品种，追求相同或近似条件下，尽可能采用通用型保护渣，以利于生产组织和质量的稳定。但在特定条件下，保护渣的针对性加强。国外对于同机型保护渣品种的使用更加细化，钢种的针对性更强，低、中、高碳钢，低碳含铝钢，低合金钢等都采用不同品种保护渣。

270. 什么是无氟保护渣?

目前，国内外使用的典型保护渣渣系有：CaF_2-SiO_2-CaO、$CaF_2-SiO_2-Al_2O_3-CaO$、$CaF_2-Na_2O-SiO_2-CaO$、$Na_3AlF_6-CaO-SiO_2-Al_2O_3$，它们都含有不同程度的氟化物。保护渣在熔化过程中产生的大量氟化物气体，不但对工人健康造成危害，还能严重污染大气。因此，开发低氟和无氟保护渣就成为当前主要的研究课题之一，其关键是在保证保护渣理化性能的基础上，开发出不含氟的新渣系。

271. 对无氟保护渣析晶替代物有什么要求?

在保护渣中添加氟化物，一方面降低渣熔点和黏度，另一方面就是提高析晶温度和结晶率，形成枪晶石析晶物控制渣膜传热。因此，无氟保护渣中析晶替代物除了解决控制传热问题外，还应具备如下条件:

(1) 析晶替代物不能恶化保护渣的物理性能，如熔化、流动、均匀和稳定性。

(2) 析晶替代物不污染钢液和环境。

(3) 在浇注过程中，含有析晶替代物的无氟保护渣在结晶器内使用状况良好，满足多炉连浇的要求，不增加铸坯缺陷。

（4）析晶替代物资源丰富，成分稳定，价格低廉。

272. 无氟保护渣熔剂主要有哪些？

通常连铸保护渣是在 $CaO-SiO_2-Al_2O_3$ 三元渣系的伪硅灰石区基础上，添加熔剂和炭配制而成。熔剂在保护渣中的作用是控制渣熔化和流动性能，使其熔点和黏度在满足连铸工艺要求范围之内。一般能作连铸保护渣熔剂的主要有萤石、苏打、硼砂、冰晶石、氟化钠、氟硅酸钠、碳酸锂、锂辉石和硼矿砂等，其中萤石、冰晶石、氟化钠和氟硅酸钠是含氟化合物。因此，作为无氟保护渣的可选熔剂就主要是苏打、硼砂、碳酸锂、锂辉石和硼矿砂等不含氟物质，这些熔剂在保护渣中起作用的主要成分是 Na_2O、B_2O_3 和 Li_2O。

273. 为什么无氟保护渣一般采用烧结型生产法？

无氟保护渣基料的生产，由于保护渣中无氟，使得配料在炉内熔化流动性变差，下料困难，同时也出现熔化不均的现象。采用烧结型生产方法，在基料生产上既可避免由于无氟渣料在炉内下料困难、流动性差，引起基料熔化不均的现象，同时也可解决混合生产方法熔剂（如苏打、碳酸锂和硼砂）中挥发物和水分不能去除而在结晶器内挥发的危害。

274. 无氟保护渣今后研究的课题有哪些？

无氟保护渣今后研究的课题有：

（1）继续寻找合理的氟化物替代物及最合理的组合。

（2）氟化物的成渣能力强，用其他物质代替将会给保护渣的使用性能带来一定的差别，因此，研究选择合适的基料组合形成、提高保护渣的开始烧结温度和保温性能、考察吸收夹杂物和润滑能力、合理控制熔渣的界面张力，有助于稳定和控制无氟保护渣的熔化过程。

（3）无氟保护渣的传热是其基本问题，应分析其熔层结构、黏度和使用量的优化关系。分析其冷却矿相，定量或半定量分析其传热。在以上研究的基础上确定低碳无氟渣的化学成分，并测定其黏-熔特性、结晶率。

（4）无氟保护渣的传热特性影响着整个钢液的凝固过程，因此应进一步系统研究无氟保护渣的传热特性，提高连铸坯质量，尽快实现无氟保护渣的工业化生产和应用。

275. 目前超低碳钢保护渣面临的问题和解决措施有哪些？

在超低碳钢的连铸生产中，由于保护渣中含有一定数量的碳质材料，容易引起铸坯表面渗碳和结晶器内钢液增碳，造成铸坯合格率降低、表面质量恶化等问题。液渣层和烧结层之间存在的富碳层，其厚度和碳含量与保护渣中碳质材料的类型和含量有关。富碳层是超低碳钢增碳的主要原因，超低碳钢增碳与结晶器内钢液面波动有关。在保护渣中加入二氧化锰或采用活性炭作为碳质材料，可使熔渣层厚度增加，富碳层中碳含量降低，抑制超低碳钢增碳。在低碳保护渣中加入强还原性物质、碳酸盐、碳化物、有机纤维，或采用二钙硅酸盐做基料，可以在控制熔化速度的同时，抑制超低碳钢增碳。采用含 BN 的无碳保护渣，虽然增碳问题可以彻底解决，但是与之相伴也产生了新的工艺问题，如钢液增硼。

276. 在超低碳钢保护渣中加入强还原性物质的作用是什么?

向低碳保护渣中配入一定数量的强还原性物质，如硅钙粉、锰铁粉和铝粉等，由于其对氧亲和力比碳大，在保护渣熔化过程中优先与氧发生反应，降低了碳质材料的氧化速度，这样就可以在降低碳质材料的加入量时仍具有骨架粒子。碳质材料加入量大于1.0 %时，很难避免增碳问题。碳质材料加入量小于1.0%时，强还原性物质含量应控制在0.5% ~5.0%范围内。若强还原性物质含量不足0.5%，则保护渣熔化速度过快；若强还原性物质含量超过5%，则会出现强还原性物质未完全氧化而残留于保护渣中。

277. 在超低碳保护渣中用碳化物替代部分碳质材料有什么作用?

在超低碳保护渣中配入一定数量的碳化物，如碳化硅、碳化钨、碳化钛、碳化锆等，能减少保护渣增碳。之所以采用碳化物替代部分碳质材料，是因为：

(1) 碳化物在高温下难以与钢液发生反应，结晶器内钢液增碳和铸坯表面渗碳都很轻微。

(2) 碳化物在高温下难以与基料发生反应，可在基料颗粒之间发挥骨架作用。

(3) 碳化物价格便宜。

最常用的碳化物主要为碳化硅，碳化硅中的碳在钢液中的溶解速度极小，同时在碳化硅颗粒和碳质颗粒配合使用时，碳化硅有抑制碳溶解到钢液中去的作用。

使用碳化硅应注意：

(1) 碳化硅粒径应小于基料粒径，否则起不到控制熔化速度的作用。

(2) 碳质材料和碳化硅混合使用时，二者应有合理的比例。

(3) 单独使用碳化硅时，其加入量应控制在1.0% ~10.0%范围内；与碳质材料混合使用时，最好使用0.5% ~9.0%的碳化硅和0.5% ~3.0%的碳质材料。

278. 在超低碳保护渣中用碳酸盐替代部分碳质材料有什么作用?

在超低碳保护渣中配入一定数量的碱金属或碱土金属的碳酸盐，如碳酸钙、碳酸镁、碳酸钠和碳酸锂等，利用结晶器内钢液的放热量，使碳酸盐吸热分解来控制保护渣的熔化速度。含碳酸盐的保护渣制成空心颗粒渣使用效果最佳。

渣中的碳酸盐含量限定在7%～20%范围内。碳酸盐含量不足7%时，吸热量不足，起不到降低熔化速度的作用；而碳酸盐含量超过20%时，吸热量过大，造成保护渣熔化不良，致使结晶器内钢液面冷却，引起铸坯表面起皮和结疤。

理论上这种通过控制保护渣中碳酸盐的含量来控制保护渣熔化速度的方法可行，但是想要准确控制保护渣的熔化速度，尚有许多实际困难，故该方法尚未能得到广泛应用。

279. 在超低碳保护渣中添加有机纤维的作用是什么？

在保护渣基料中配入0.5%～5.0%粒径小于0.074mm的碳质材料和0.1%～4.0%粒径小于0.074mm的有机纤维，可以控制保护渣的熔化速度，同时抑制铸坯增碳。当保护渣中含有碳质材料和有机纤维时，有机纤维先于碳质材料燃烧并放出气体，减少了碳质材料的消耗，同时有机纤维燃烧后的残渣和碳质材料共同防止基料形成烧结块和产生渣条，保持熔渣层厚度稳定，改善铸坯表面质量。

280. 超低碳保护渣采用二钙硅酸盐作基料的作用是什么？

以30%～90%的二钙硅酸盐作为基料，可以避免无碳保护渣或低碳保护渣的缺点，即保护渣在结晶器内钢液面上熔化速度过快、熔渣层过厚。由二钙硅酸盐组成的保护渣加入钢液面后，发生α、α′、β、γ等结晶组织的相变，导致保护渣的熔化速度延缓。（此相变伴有显著体积变化，在缝隙中形成渣膜时，能否导致渣膜破裂或粉化的研究，目前尚未见有报道）。

281. 目前无碳保护渣研究的最新进展有哪些？

为了消除保护渣中的碳导致铸坯增碳、渗碳，一些学者考虑不用碳作保护渣的骨架，而另外选用和熔渣反应小、自身熔点高、比表面积大的粒子。为此，采用了和石墨有类似的结晶结构及物理性质的氮化物，如BN、Si_3N、MnN、Cr_2N等。当保护渣中加入BN后，基材被BN覆盖的情况与含碳保护渣达到同样的效果，阻隔了保护渣的熔化。但是，BN虽然自身熔点为3000℃，而其在钢液温度下和大气中的氧起反应，生成B_2O_3放出N_2气，未起到骨架的作用，反而成为保护渣的助熔剂，降低了保护渣的熔点。为此在使用BN时，同时需要加入强脱氧剂，如Al、Ca－Si，以保护BN不被氧化，仍有骨架作用。

282. 含BN的无碳保护渣面临的难题有哪些？

含BN的无碳保护渣虽然可完全解决低碳钢和超低碳钢的增碳、渗碳问题，但与之相伴也产生了一些新问题：钢中增硼；含 BN 保护渣的块性强，影响熔化均匀性；含 BN 保护渣在结晶器内容易产生鼓泡、膨胀，影响连铸操作；BN 价格昂贵，致使保护渣成本增加。

283. 对超低碳保护渣进行超细复合处理有什么作用?

利用机械化学作用原理对连铸结晶器用保护渣进行超细复合处理，在保护渣颗粒表面上生成微量碳化硅高熔点超细微物质包覆层，可有效地延缓保护渣熔化速度和增加保护渣熔化时间，大幅度减少保护渣中外加碳含量，避免超低碳钢铸坯增碳。超细复合处理可以使保护渣颗粒超细化及球形化，提高保护渣的流散和铺展性能。

284. 什么是彩色保护渣?

普通保护渣由于含有一定数量的自由碳控制熔化性能，所以保护渣的颜色通常是黑色或灰色。彩色保护渣是在减少甚至不使用黑色自由碳，保持保护渣各种物化性能的基础上，采用着色处理技术生产的具有各种不同颜色的保护渣。

285. 彩色保护渣与含碳的常规保护渣相比有什么优点?

与含碳的常规保护渣相比，彩色保护渣的优点有：

（1）防止用错保护渣。

（2）减少或者消除由于结渣条（圈）产生而带来的连铸坯缺陷。

（3）改善结晶器内的熔化特性。

（4）减少与“碳”有关的连铸坯增碳及夹杂等缺陷。

（5）减少高拉速引起的各种缺陷。

（6）更加方便地满足用户不同品种、不同参数保护渣的需要。

第8章　中间包覆盖剂

286. 中间包覆盖剂的作用有哪些？

中间包覆盖剂的作用主要有：

（1）绝热保温，防止中间包钢水结壳。中间包覆盖剂有显著的绝热保温作用，能有效减少中间包钢水大量散热，防止钢水结壳。

（2）隔绝空气，防止钢水二次氧化。中间包覆盖剂加入后，能够形成一定厚度的且透气性低的液渣层，把钢水和空气隔绝开，防止钢水接触空气造成二次氧化。

（3）吸附钢水中的非金属夹杂物。中间包覆盖剂熔融层具有吸附非金属夹杂物的作用，这对减少钢水中的夹杂物含量，为结晶器提供纯净的钢水非常有用。

287. 对中间包覆盖剂有哪些具体要求？

对中间包覆盖剂的要求主要有：

（1）良好的铺展性，能够均匀地覆盖在中间包钢水表面。

（2）较好的保温效果，保证钢水降温小。

（3）较强的吸附钢水中夹杂物的能力，从而起到净化钢水的作用。

（4）不污染钢水，对钢水不增碳和硫。

（5）密度较轻，降低成本，消耗量较少。

（6）能够隔绝空气防止钢水二次氧化，并且不易结壳。

288. 中间包覆盖剂按照配制方法是怎么分类的？

目前常用的中间包覆盖剂都属于绝热型的，按照配制方法的不同，一般可分为单一型和复合型两类。由于单一型和复合型中间包覆盖剂各有优缺点，目前一般将二者联合使用，先加入复合型中间包覆盖剂，再加入炭化稻壳保温，冶金效果更好。

289. 单一型中间包覆盖剂有哪些特点？

单一型中间包覆盖剂通常指炭化稻壳和稻壳灰。炭化稻壳是稻壳经过充分碳化处理后的产物。稻壳灰是稻壳燃烧后的残体，其密度小，导热系数低，保温效果较好，由于稻壳种类、碳化工艺等原因，其碳含量较高，保温效果虽好，但熔点高，在钢水表面不易形成液态熔融层，防止二次氧化效果差，易使钢液增碳，粉尘大容易污染环境。

290. 复合型中间包覆盖剂有哪些特点？

复合型中间包覆盖剂是由多种成分组成的机械混合物，加入后会迅速形成熔融层、过渡层和粉状层。其过渡层呈蜂窝状，疏松、多孔，和粉状层一同覆盖在钢水表面，大大提高了覆盖剂的保温性能。其液渣层可防止钢液二次氧化，吸收钢中上浮夹杂物。

291. 复合型中间包覆盖剂制造原料有哪些？

复合型中间包覆盖剂原料按其构成材料的功能可分成三类：基料（一般包括硅灰石、镁砂、白云石、珍珠岩、长石等）、熔剂（萤石）、熔速控制剂——碳质材料（鳞片石墨和炭化稻壳等）。

292. 中间包覆盖剂按照酸碱度是怎么分类的？

中间包覆盖剂根据酸碱度的大小，一般分为酸性覆盖剂、中性覆盖剂和碱性覆盖剂。

（1）酸性覆盖剂：一般中间包覆盖剂中 $w(CaO+MgO)/w(SiO_2)<0.5$ 的称为酸性覆盖剂。炭化稻壳为典型的酸性覆盖剂，绝热保温性能好，成本较低，但吸附中间包上浮夹杂物的性能差，并且容易使钢水增碳，对碱性包衬来讲，侵蚀较严重。

（2）中性覆盖剂：中间包覆盖剂中 $0.5\leqslant w(CaO+MgO)/w(SiO_2)\leqslant 1.2$ 的称为中性覆盖剂。典型的为 $Al_2O_3-SiO_2$ 质材料，有一定的隔热保温和吸附夹杂的性能，成本较低。

（3）碱性覆盖剂：中间包覆盖剂中 $w(CaO+MgO)/w(SiO_2)>1.2$ 的称为碱性覆盖剂。碱性覆盖剂一般以 MgO 或白云石为基料，吸收钢水中夹杂物能力强，但是保温效果差，其导热系数为酸性渣或中性渣的两倍，单独使用易结壳。

293. 酸性中间包覆盖剂的特点有哪些？

酸性覆盖剂保温性能较好，但由于渣中 SiO_2 含量高，黏度大等原因，其吸收 Al_2O_3 等非金属夹杂能力较低，并且容易造成钢液增 Si。由于渣中 FeO 含量高，氧化性强，易使钢液发生二次氧化，对于碱性中间包耐材侵蚀较严重。

294. 对碱性中间包覆盖剂有哪些要求？

根据连铸生产工艺要求，一般碱性中间包覆盖剂应具有以下特点：

（1）良好的铺展性，火苗小且均匀。

（2）较低的初熔温度，保证能够迅速形成适当厚度的液渣层，更好地隔绝空气及吸附钢水中的夹杂物。

（3）合适的熔化速度，保证覆盖剂在钢液面上能较长时间保持三层结构，具有良好的保温性能。

（4）中间包覆盖剂液渣要有合适的黏度，且不随温度急剧变化。

（5）随着浇注时间延长，覆盖剂吸附夹杂物后，液渣层不易结壳。

（6）对长水口、塞棒、中间包内衬等耐材侵蚀小。

295. 碱性中间包覆盖剂物化指标的设计原则是什么？

一般碱性中间包覆盖剂采用 $CaO-SiO_2-MgO$ 三元系作为基本渣系，因为该渣系恰好有在中间包钢水温度下呈液态渣的成分范围，而且 SiO_2 活性最小，能够吸收夹杂物的范围较大。确定 $CaO-SiO_2-MgO$ 三元系成分后，还应配以适当 Na_2O、CaF_2 等熔剂调整熔点和黏度，有的时候还加入适当炭粉调整熔化速度，增加隔热保温功能。另外，覆盖剂中 Al_2O_3 含量尽量少，以提高吸附钢水中 Al_2O_3 的能力。

296. 中间包覆盖剂对熔化温度有什么要求？

中间包覆盖剂熔化温度范围区间比较宽，一般要求半球点温度控制在1150～1450℃之间。如果半球点温度过低，其保温效果不会理想；太高，渣层容易结壳，将降低其防止钢水二次氧化和吸附夹杂物的能力。一般随 MgO 含量的提高，中间包覆盖剂半球点温度越高。

297. 中间包覆盖剂怎样调节保温性能？

中间包覆盖剂的保温性能，一般是通过向覆盖剂中添加炭化稻壳和鳞片状石墨来实现的。它是利用炭化稻壳的蜂窝状结构减少钢水高温热传导损失，利用石墨的层状结构减少钢水热辐射损失。但是，当炭化稻壳和石墨超过一定量后，会导致钢液增碳，不利于冶炼低碳钢和超低碳钢。为此，在覆盖剂中加入适量引气剂和保气剂，使其在使用过程中形成一定数量的微气泡并能稳定存在，或者加入适量的轻质绝热材料、膨胀材料等加强保温性能，可以大幅度降低钢液表面的热损失。

298. 碳在中间包覆盖剂中的作用是什么？

碳质材料在中间包覆盖剂中的作用主要有：抑制覆盖剂的熔化速度；提高隔热保温效果；减缓覆盖剂的烧结和结壳；提高覆盖剂的铺展性能。

299. 开发无碳覆盖剂的主要目的是什么？

含有碳质材料的中间包覆盖剂，在熔化过程中形成的富碳层，能够造成钢水增碳。生产超低碳钢的时候，为了避免钢水增碳，无碳覆盖剂应运而生。

300. 无碳覆盖剂所面临的技术难题和采取的措施有哪些？

无碳覆盖剂因为不含碳质材料，保温性能得不到保证。无碳覆盖剂提高保温性能可以通过使用轻质原料、喷雾造粒成中空球形颗粒、加引气剂、降低体积密度、使用碳酸盐、降低熔化成渣速度等方式来完成。

301. 中间包覆盖剂对钢水的净化作用主要表现在哪些方面？

中间包覆盖剂对钢水的净化能力主要表现在对钢水中 Al_2O_3 等非金属夹杂物的吸附和溶解的能力，隔绝空气防止钢水二次氧化的能力，避免钢水吸氮和氧的能力，避免钢水增硫、磷的能力。

302. 提高中间包覆盖剂净化钢水能力的措施有哪些？

覆盖剂碱度越大，其吸附钢水中非金属夹杂物的能力越强，但随着碱度增加，覆盖剂也越容易结壳。覆盖剂初渣成分中 Al_2O_3 含量越低，其吸附夹杂的能力越强，同时，降低 SiO_2 含量，可有效阻止反应 $4[Al]+3SiO_2=2Al_2O_3+3[Si]$ 的发生，防止钢水二次氧化。

303. 中间包覆盖剂吸收夹杂物的能力是怎么实现的？

中间包覆盖剂依靠两种形式吸附钢中夹杂物：一种是依靠熔渣黏性进行界面物理黏附，另一种是依靠游离状态 CaO 实现化学吸附，即发生 $Al_2O_3+CaO=CaO\cdot Al_2O_3$ 反应，起到净化钢水的作用。

酸性和中性覆盖剂由于 SiO_2 含量比较高，能够吸附 Al_2O_3 夹杂物的 CaO 均处于 $CaO\cdot SiO_2$ 结合状态，只能靠熔渣黏性进行界面物理黏附，所以其吸附能力极其有限。而碱性覆盖剂由于 $w(CaO)/w(SiO_2)$ 比值大，游离状态 CaO 的量增多，所以，碱性覆盖材料不但可以依靠其熔融层进行物理吸附 Al_2O_3 夹杂物，还可以通过界面反应溶解 Al_2O_3 夹杂物，因而具有很强的化学吸附能力。

304. 对中间包覆盖剂的黏度有什么要求？

熔渣的黏度是指液体渣移动时各渣层分子间的内在摩擦力大小，单位是 Pa·s 或 P（1P=0.1Pa·s）。一般中间包覆盖剂黏度比结晶器保护渣的黏度要大，这样黏稠的液渣层覆盖在钢液表面，能起到良好的保温效果。如果黏度太大，则熔渣易结壳，降低吸收钢液上浮夹杂物的能力；如果黏度太小，又会使消耗量增大，同时也会降低保温效果。一般覆盖剂的黏度与其化学组成、碱度等有关，随着碱度的增加，黏度降低。

305. 镁质覆盖剂优缺点有哪些?

中间包镁质覆盖剂的优点有：镁质覆盖剂具有良好的吸附钢中夹杂物的能力，并且对钢水无污染，能有效降低钢水的二次氧化；对中间包镁质涂料和镁质绝热板侵蚀小。

镁质覆盖剂的缺点有：使用过程中在钢液面容易出现大面积结壳，降低使用效果；采用塞棒控制流速的中间包内出现大面积结壳时会粘连塞棒，引起结晶器内钢水液面的波动增加。

306. 中间包覆盖剂的生产工艺包括哪些?

中间包覆盖剂的生产工艺包括：

(1) 喷雾造粒。喷雾造粒生产工艺由料浆制备和喷雾造粒两部分组成。料浆制备是喷雾造粒生产的基础，是正常雾化、球形规整、成品强度高的前提。而喷雾造粒是实现水分低、颗粒均匀的覆盖剂的生产工艺。这两套工艺的相互配合，才能生产品质良好的中间包覆盖剂。

(2) 挤压造粒。挤压生产线由混料机、卧式搅拌机和挤压机以及烘干设备组成，工艺过程比较简单，产量高，但密度大，不利于保温。

(3) 圆盘造粒。圆盘造粒就是借助圆盘的旋转，把粉渣生产成一定大小的颗粒的方法。圆盘造粒生产最大的特点是密度小，保温效果好，但劳动强度大，产量也小。

(4) 粉渣生产。粉渣生产是由人工将各种原料按配比称好，倒入搅拌桶进行机器搅拌，搅拌均匀即可。这是最简单的生产方法，也是最原始的生产方式。

307. 为什么要进行中间包排渣操作?

中间包浇注一定炉数之后，由于覆盖剂吸收了钢水中夹杂物以及钢包下渣，中间包覆盖剂的熔渣保温性、铺展性及吸附夹杂能力发生变化，不利于实现中间包覆盖剂的三大功能。此时需要排渣后重新造新渣，恢复覆盖剂的初始设计性能。

参考文献

[1] 李殿明，邵明天，杨献礼，等．连铸结晶器保护渣应用技术［M］．北京：冶金工业出版社，2008.

[2] 迟景灏，甘永年．连铸保护渣［M］．沈阳：东北大学出版社，1993.

[3] 屠宝洪．连续铸钢用保护渣［M］．北京：北京科技大学，1997.

[4] 武建民．钢液浇注保护渣［J］．冶金丛刊，2002（5）：7～10.

[5] E. Wei，Y－D. Yang，C. Feng. 钢的连铸用保护渣的表征［J］．钢铁，2003（5）：185～188.

[6] 陈伟庆．冶金工程实验技术［M］．北京：冶金工业出版社，2004.

[7] 卢盛意．连铸坯质量［M］．北京：冶金工业出版社，2000.

[8] 蔡开科．连续铸钢500问［M］．北京：冶金工业出版社，1994.

[9] 王天义．薄板坯连铸连轧工艺技术实践［M］．北京：冶金工业出版社，2005.

[10] 史宸兴．实用连铸冶金技术［M］．北京：冶金工业出版社，1998.

[11] 冯捷，史学红．连续铸钢生产［M］．北京：冶金工业出版社，2005.

[12] 曹广畴．现代板坯连铸［M］．北京：冶金工业出版社，1994.

[13] 马青．冶炼基础知识［M］．北京：冶金工业出版社，2007.

[14] 宾黑罗 C. A，杜游．连续铸钢用结晶器保护渣［J］．宽厚板，1997（2）：34～39.

[15] 王丽松．连续铸钢保护渣［J］．冶金丛刊，1994（3）：25～27.

[16] 李博知．高速连铸结晶器保护渣技术［J］．钢铁技术，2003（6）：10～12.

[17] 王健，关勇，郭惠久．连铸保护渣技术的发展和应用［J］．鞍钢技术，2004（2）：4～8.

[18] 卢盛意．有关连铸坯质量的几个问题［J］．炼钢，2003（3）：1～9.

[19] 颜慧成，郭征，张孟亭，等．连铸结晶器弯月面处保护渣的流动行为［J］．钢铁研究学报，2000（3）：10～13.

[20] 吴洁，赵沛，成国光，等．连铸结晶器内钢液弯月面行为的研究［J］．北京科技大学学报，1997（6）：530～534.

[21] 王谦，王雨，谢兵，等．合金钢连铸结晶器保护渣的基本功能［J］．特殊钢，2004（1）：1～6.

[22] 刘承军，孙丽枫，王德永，等．综合碱度对连铸保护渣黏性特征的影响［J］．东北大学学报（自然科学版），2006（7）：782～785.

[23] 申俊峰，庞智杰．结晶器保护渣渣膜的研究［J］．炼钢，1998（4）：31～33.

[24] 万爱珍，朱立光，王硕明．连铸保护渣黏度特性及机理研究［J］．炼钢，2000（2）：21～25.

[25] 陈胜清．连铸结晶器保护渣熔化速度分析［J］．武汉大学学报，1997（4）：42～46.

[26] 王德永，姜茂发，刘承军，等．稀土氧化物对连铸保护渣黏度的影响［J］．中国稀土学报，2005（1）：102～106.

[27] 张平，魏庆成，王家荫，等．连铸结晶器保护渣渣膜传热的研究现状［J］．钢铁研究学报，1995（4）：74～82.

[28] 王新月，金山同．连铸保护渣性能与钢种、工艺参数关系的初探［J］．炼钢，2005（4）：53~55.
[29] 张咏庆，段承轶，党昕伟．保护渣在薄板坯连铸中的应用［J］．包钢科技，2004（2）：10~12.
[30] 文光华，唐萍，李书成，等．无氟板坯连铸结晶器保护渣的研究［J］．钢铁，2005（7）：32~35.
[31] 朱立光，金山同．高速连铸工艺中的结晶器保护渣技术［J］．钢铁，1998（8）：70~73.
[32] 伍成波，郑斌，王谦．连铸保护渣在结晶器中熔融行为的计算机仿真［J］．重庆大学学报，2002（10）：5~8.
[33] 刘树振．连铸保护渣的性能及控制［J］．炼钢，1994（5）：55~60.
[34] 韩爱军，罗付生，杨毅，等．超低碳钢连铸结晶器用保护渣的超细复合处理［J］．特殊钢，2001（5）：23~24.
[35] 赵和明，谢兵．粘结剂对结晶器颗粒保护渣强度性能的影响．连铸［J］，2003（4）：40~41.
[36] 曾建华，孙文明．球形空心颗粒状连铸保护渣的开发与应用［J］．炼钢，1996（6）：23~28.
[37] 张荣发，陈国水．颗粒连铸保护渣的试制［J］．江西冶金，1995（2）：9~10.
[38] 杨玉祥．颗粒保护渣生产系统的设计［J］．连铸，2001（3）：25~28.
[39] 靳星，文光华，唐萍，等．连铸结晶器保护渣物理性能测试系统的开发［J］．物理测试，2007（1）：36~39.
[40] 申俊峰．结晶器保护渣物理性能的标准化测试［J］．冶金译丛，1997（2）：25~30.
[41] 伍成波．冶金工程实验［M］．重庆：重庆大学出版社．2005.
[42] 乌力平，李建中，汤寅波，等．保护渣对连铸异型坯表面质量的影响［J］．炼钢，2004（6）：42~46.
[43] 万恩同．稀土处理钢保护渣的研究与应用［J］．稀土，2001（4）：74~76.
[44] 段大福．炭质材料对连铸保护渣烧结性能的影响［J］．耐火材料，2004（5）：45~48.
[45] 郑宏光，陈伟庆，徐芳泓．321 不锈钢板表面缺陷的物相及形成原因［J］．上海金属，2005（2）：10~13.
[46] 高泽平，苏旺．结晶器保护渣对浸入式水口蚀损的影响［J］．湖南冶金，2000（3）：17~21.
[47] 张林涛，邓安元，王恩刚，等．连铸坯表面振痕的形成及影响因素［J］．炼钢，2006（4）：38~42.
[48] 董荣华．控制连铸板坯星状裂纹的对策［J］．重型机械科技，2001（Z1）：36~42.
[49] 陆巧彤，杨荣光，王新华，等．板坯连铸结晶器保护渣卷渣及其影响因素的研究［J］．钢铁，2006（7）：32~35.
[50] 刘明华，刘正，王海川．连铸坯表面凹陷和纵裂分析［J］．炼钢，2000（6）：55~58.
[51] 姜茂发，刘承军，王云盛，等．超低碳钢连铸保护渣的发展［J］．炼钢，2000（3）：52~55.
[52] 茅洪祥，胡汉涛．连铸结晶器保护渣自动加渣器［J］．冶金设备，1998（3）：39~41.

[53] 路同浚，杨冬松，孟宪超．连铸加渣机器人总体设计 [J]．黑龙江自动化技术与应用，1996 (4)：29 ~ 32.

[54] 干勇．品种钢优特钢连铸 900 问 [M]．北京：中国科学技术出版社．2007.

[55] 王妍，陈荣欢，朱立新，等．碱性中间包覆盖剂对中间包钢水洁净度的影响 [J]．宝钢技术，2004 (3)：36 ~ 39.

[56] 孙永超，吴永来，赵俊学，等．碱性中间包覆盖剂吸附夹杂能力的研究 [J]．钢铁钒钛，2006 (1)：21 ~ 24.

[57] 万恩同，王俊杰，杨运超，等．连铸中间包覆盖剂现状及发展趋势 [J]．武钢技术，2007 (4)：51 ~ 53.

矿物加工工程卓越工程师人才培养项目系列教材

编　委　会

前　言

最早发现的稀土矿物是硅铍钇矿，于1787年由阿仑尼乌斯（C. A. Arrhenius）在瑞典斯德哥尔摩附近的于特比（Ytterby）村发现。稀土具有独特的理化性质，目前已在冶金工业、石油化工、精密陶瓷、特种玻璃、荧光材料、发光材料、永磁材料、超导材料、磁致伸缩材料、储氢材料、医药和农业等方面得到广泛应用。

当前全球开采的稀土矿物主要有氟碳铈矿、独居石和离子型稀土矿等，这三类矿物约占稀土总量的80%以上。我国内蒙古的白云鄂博稀土矿是世界稀土总量最大的稀土矿，属于氟碳铈矿与独居石共生矿；四川的攀西稀土矿和山东的微山稀土矿是单一的氟碳铈矿，属于易选稀土矿，主要产出轻稀土；离子型稀土矿是我国特色的重型稀土资源，主要分布在江西、广东和福建等南方七省区，具有矿点多、分布广、易开采、放射性比度低、中重稀土元素配分高等优点，现已受到国内外的广泛关注。

近年来，随着稀土在材料、能源、通信等高新技术领域的重要性日益凸显，同时我国对稀土资源开采中的环境和生态要求越来越严苛，加之国内稀土应用需求的大幅增长和相应调整出口量，欧美国家重启并迅速加强了对稀土资源的开发和利用工作。如何保持我国在稀土资源开采和冶炼技术上的优势，进一步完善科研、开发和产业格局，是现代矿业开发的发展趋势和必由之路。在此过程中，高校培养具有现代矿业开发精神的矿物加工卓越工程师人才就非常关键。基于这个思想，本书以稀土矿资源开发为例，围绕“稀土矿物→稀土矿物加工原理和方法→实践与应用”这条主线，结合矿物加工工程专业中“工艺矿物学”、“矿物加工学”、“稀土提取技术”、“研究方法实验”、“矿物加工工程设计”等核心课程和认识实习、生产实习、毕业实习、毕业论文、毕业设计等实践环节，构建了以稀土资源开发项目驱动为背景下课程教学、实验教学、专业实践等方面的实践教学体系，并提供了实践教学案例。

本书由江西理工大学矿物加工工程系周贺鹏、吴彩斌、艾光华、冯博等教师共同编写，全书由周贺鹏统稿、罗仙平审核，研究生胡洁、张永兵、钟志刚等参与了资料的整理和归纳。本书中涉及的有关研究内容先后得到了国家级卓越计划试点专业、国家自然科学基金项目（51404112、51774153）、江西省创新驱动“5511”工程项目（20165BCB18013）、江西省自然科学基金项目（20151BAB216013）等项目的资助，同时获得了国家离子型稀土资源高效开发利用工程技术研究中心、江西省矿业工程重点实验室、江西省矿冶环境污染控制重点实验室的大力支持。在此，向对本书的编写工作给予支持和帮助的单位、个人和参考文献作者表示衷心的感谢！

由于时间和水平有限，书中不足之处，恳请读者批评指正。

编 者

2017年10月

目　录

1 稀土资源概况

稀土是我国优势矿产资源，包括元素周期表ⅢB族中原子序数为21、39和57~71共17种化学元素，因其具有无法取代的优异磁、光、电性能而广泛应用于冶金、军事、石油化工、玻璃陶瓷、农业工业及新材料等领域，是未来新兴产业发展所必需的关键性战略资源。本章介绍了世界稀土资源的分布、开发及其供需现状，分析了我国稀土资源的储量、开发利用及需求状况，介绍了矿物型和离子型两种稀土资源的赋存状态、基本特征、选矿方法和提取加工技术。

1.1 世界稀土资源分布

1.1.1 全球稀土资源储量分布

稀土元素在地壳中含量分布不均匀，因其富集成可供开采的矿床数量较少，导致已查明的资源量较低，在全球的储量分布也极不均衡。截至2015年，全球稀土矿储量1.3亿吨，储量前三的国家为中国、巴西、澳大利亚，分别占总储量的42.31%、6.92%、2.46%。中国的稀土资源主要赋存于内蒙古包头、四川冕宁、江西赣州、广东、广西和福建等地。内蒙古白云鄂博铁-铌-稀土矿床是中国乃至全球查明资源量最大的矿床，资源储量占全国总量的96%左右，且以轻稀土为主，镧、铈、镨和钕四种元素占98%以上。我国华南地区广泛分布的离子型稀土矿床虽然查明资源总量不高，但其富含极为稀缺的中、重稀土元素，现已成为全球稀土资源的重要组成部分。

美国、澳大利亚、巴西、马来西亚、印度等国家的稀土资源储量也较为丰富，同时独联体国家的稀土资源更为丰富，且主要分布于俄罗斯的科拉半岛和吉尔吉斯斯坦、哈萨克斯坦等国家，但其开发利用较晚。美国是全球重要的稀土资源赋存地。截至2011年，美国的稀土储量估计为1300万吨，约占全球总量的11%，且分布地域较广，主要在加利福尼亚、怀俄明、爱达荷和阿拉斯加等12个州。其中加利福尼亚的Mountain Pass是未来几年内除中国之外最重要的稀土矿山，该矿在20世纪60年代至80年代是全球稀土供应的重要产地，但后续因种种原因关闭。截至目前，Mountain Pass已查明的稀土资源REO总量为207万吨，且以轻稀土为主，镧、铈、镨和钕四种元素占稀土总量98.75%。美国估计储量最大的稀土矿床为科罗拉多州的Iron Hill，估计资源量为969.6万吨，但该矿勘查程度较低，开发前景不明朗。印度的稀土储量REO约为310万吨，占全球的比例为2.7%，主要赋存在海滩冲积砂矿的独居石矿物中，据印度原子能部公布的数据，印度独居石资源量达1021亿吨，折合REO总量约613万~663万吨，主要分布在安德拉邦，约占总量的36.5%，其次为泰米尔纳德邦、奥里萨邦和喀拉拉邦，分别占比18.1%、17.8%和13.4%。印度独居石矿以轻稀土为主，其中镧、铈、镨、钕四种元素约占稀土总量的92.5%。

澳大利亚稀土储量REO约160万吨，占全球总量的1.4%。据澳大利亚地学科学局公布的数据，截至2010年底，澳大利亚经济的证实资源量为183万吨，次经济的证实资源量为3483万吨，推断的资源量为2419万吨。另外，在重砂矿床中有独居石资源量610万吨，折合REO总量约367万吨，但这些资源因含有的钍和铀处理成本过高，因而无法进行有效的经济开发，被认为是不经济的资源。澳大利亚稀土矿床种类多，且特色突出，如西澳州的Mount Weld矿床以品位高而著称，平均品位高达9.7%；南澳州的Olympic Dam矿床资源量高达4500万吨，但品位过低，约0.5%，目前未进行开发利用。

除上述国家外，近年来随着稀土勘查力度的不断增加，加拿大、格陵兰、南非以及东南亚各国目前都有稀土资源重要发现，在越南也发现了一些较大型的稀土矿床。这些国家的稀土资源量也都在一百万吨以上，有的达到了上千万吨，个别甚至超过了一亿吨，构成了世界稀土资源的主体。中国以外的这些稀土资源可能在短期内无法使全球稀土资源的分布格局发生重大变化，但由于全球稀土消费量仍处于较低水平，一旦这些矿床有部分开发投产，就足以对未来全球稀土的供应格局产生较大影响。

由于稀土资源分布的不均匀性、稀土矿勘探的困难性以及统计周期和统计技术的各不相同，各个国家所统计到的数据会有所不同。根据中国工业与信息化部2012年公布的数据显示，中国的稀土矿储量占全世界储量的比例已下降到23%，俄罗斯占到19%，美国占比为13%。美国稀土资源主要是独居石和氟碳铈矿，另外还有在分离其他矿物的时候作为副产品而回收的稀土矿物。澳大利亚的稀土资源储量相比于20世纪80年代的统计数据高出十几倍，其矿种主要是独居石，独居石是作为生产金红石和锆英石以及钛铁矿的副产品而加以回收的。印度的稀土资源也主要是独居石，分布在内陆砂矿和海滨砂矿中。稀土总储量约为110万吨，占世界储量的1%左右。巴西是世界上生产稀土的最古老国家，在1884年就开始向德国输出独居石，也因此一度名扬于世。

1.1.2 国外稀土资源开发状况

随着近年国际稀土市场供应偏紧和价格不断走高，国外矿业公司纷纷加大了稀土的勘查开发力度。一方面，原有的停产矿山积极筹措资金争取复产，如美国的Mountain Pass；另一方面，一些原以其他矿产为主的矿山也开始以稀土作为主要产品来制定勘查和开发计划，如格陵兰的科瓦内湾（Kvanefjeld）。这些活动使得全球稀土资源勘查开发领域呈现一派繁荣景象。

据技术金属研究公司（Technology Metals Research LLC）统计，除中国外全球有31个稀土开发项目进行到了高级阶段，部分项目已公布了生产计划，确定了投产时间。这31个项目查明的资源总量REO高达2779万吨，如表1-1所示。

表1-1 世界稀土开发项目分布表

序号	国家	项目数/个	资源量（REO）/t	资源量占比/%
1	澳大利亚	6	3536608	12.72
2	巴西	1	226530	0.82
3	加拿大	11	13014750	46.83
4	格陵兰	2	6759598	24.32

续表 1-1

序号	国家	项目数/个	资源量（REO）/t	资源量占比/%
5	吉尔吉斯斯坦	1	46608	0.17
6	莫桑比克	1	22555	0.08
7	马拉维	1	107272	0.39
8	瑞典	1	32670	0.12
9	坦桑尼亚	1	85470	0.31
10	美国	4	2987448	10.75
11	南非	2	974920	3.51
合 计		31	27794429	100.00

数据表明，包括加拿大、澳大利亚、格陵兰和美国在内的西方发达国家和地区在未来的稀土资源开发中占据了绝对的主导地位，共计有 23 个项目，资源量高达 2630 万吨，占全部 31 个项目资源总量的 94.62%。其中加拿大无疑将在未来全球稀土供应中占据重要地位。目前加拿大进入高级阶段的项目有 11 个，占有资源量 1300 万吨，占总量的 46.83%。

在国外所有稀土开发项目中，美国的 Mountain Pass 是最有可能及早形成生产供应能力的矿山。20 世纪 60 年代中期至 80 年代，该矿曾是全球最主要的稀土资源供应地，之后受环境保护的影响以及来自中国的廉价资源的冲击，该稀土资源生产每况愈下，1998 年稀土分离工作停止，2002 年采矿和选矿活动停止。Mountain Pass 具有资源储量大、品位高的特点。截至目前，其资源总量（包括测定的、标定的和推断的）REO 约为 207 万吨，平均品位为 6.57%。Mountain Pass 以轻稀土为主，轻稀土（La-Sm）氧化物占稀土氧化物总量的 99.54%，其中氧化钕占 11.7%。

Kvanefjeld 矿是目前国外稀土开发项目中资源量最大的矿床。该矿位于格陵兰南部，是一个稀土、铀和锌共伴生矿床，包括 Kvanefjeld、Steenstrupfjeld、Zone 1 和 Zone 2 四个矿段。截至 2012 年 3 月，仅 Kvanefjeld 和 Zone 2 两个矿段估算有资源量，Kvanefjeld 资源量为 655 万吨，其中标定资源为 477 万吨，推断资源为 178 万吨，平均品位 1.06%；Zone 2 矿段有推断资源量 267 万吨，平均品位 1.10%。两个矿段合计资源量为 922 万吨。该矿重稀土（Eu-Y）含量较高，重稀土氧化物占稀土氧化物 REO 总量的 11.8%，轻稀土占 88.2%；重要元素钕、铕、铽、镝和钇占比分别为 12.9%、0.1%、0.2%、1.1% 和 7.7%。该矿计划于 2017 年投产，REO 产能在 43000 吨/年。该矿不仅产量大，而且还可供应大量更为稀缺的重稀土，因此将在稀土资源供应端占有重要地位。

Thor Lake 稀土矿位于加拿大西北领地的 Thor 湖，由五个矿段组成，是一个由稀土、钽、铌、镓和锆等多种稀有金属共伴生的矿床，其中稀土资源 REO 总量为 430 万吨，平均品位 1.36%，是加拿大资源量最大的矿床。该矿重稀土含量相对较高，达 15.46%，轻稀土占 84.54%。重要元素钕、铕、铽、镝和钇占比也相对较高，分别为 19.2%、0.46%、0.41%、1.81% 和 7.83%。该矿计划于 2017 年投产，REO 产能在 2500 吨/年。尽管重稀土含量较高，但总体产量偏低，如不进行扩产，其对全球稀土资源供应的影响有限。

Mount Weld 位于西澳州，是一个稀土、铌、钽和磷共伴生的矿床。该矿由 Central Landside Deposit 和 Duncan Deposit 两部分构成，REO 品位较高。截至目前，CLD 矿段稀土资源总量为 145 万吨，平均品位高达 9.7%；Duncan 矿段资源量较少，仅 43 万吨，平均品位为 4.8%。CLD 矿段轻稀土含量高，达 97.15%，其中元素钕含量为 18.13%；重稀土元素仅占 2.75%。Duncan 矿段重稀土含量比 CLD 矿段略高，约占 10.3%，轻稀土占 89.7%，重要元素钕、铕、铽、镝和钇占比分别为 17.89%、0.77%、0.26%、1.27% 和 5.17%。该矿于 2013 年投产，初始产能在 11000 吨/年，后续增加到 22000 吨/年，成为重要的轻稀土供应地。

1.1.3　全球稀土资源供需情况

目前，世界上对稀土产品需求量最大的国家是日本、美国、法国、韩国等发达国家。首先这些国家的科学技术领先，像电子、新能源、新材料等新兴领域对稀土产品的需求量较大；其次，韩国和日本的国土面积有限，资源相对匮乏，他们需要大量的向资源丰富国家进口稀土产品以满足本国发达的电子工业制造业的发展需要，据统计，日本目前的稀土资源储备足够其在没有外界供给的情况下使用 50 年。美国的稀土资源占到全球稀土储量的 13%，但是美国出于对本国环境的保护和其稀土资源战略储备计划，早在 20 世纪末就停止了对本国稀土资源的开采，转而向其他国家进口价格低廉的稀土产品。

由此可见，中国仍是世界上最大的稀土资源消费国，消费量约占全世界消费总量的 50%。除此之外，美国、日本和一些欧盟国家稀土消费量也较大。另外，对于整个国际市场而言，稀土资源的消费量在总体上也呈上升趋势。伴随稀土资源利用领域的不断扩展，全球各国对稀土资源的需求量也在不断攀升，世界上稀土资源储量丰富的国家也不仅仅只有中国，像印度、美国、澳大利亚、马来西亚以及一些独联体国家都拥有较丰富的稀土资源，但是它们长期以来几乎没有稀土供给，美国的一位能源政策分析家在 2010 年向美国国会递交了一份分析报告——《稀土元素：全球供应链条》，报告中详细说明了世界各国在 2009 年的稀土矿产量水平，其中美国、俄罗斯和澳大利亚的产量都为零，中国产量为 12.9 万吨，占世界稀土矿总产量的 97%，印度产量为 2700t，占总产量的 2%。另外，2013 年巴西国际矿物生产部对 2008~2013 年世界各国的稀土矿产量也做出了统计，如表 1-2 所示。

表 1-2　2008~2013 年世界各国稀土矿产量　（万吨）

年份	中国	美国	澳大利亚	巴西	俄罗斯	印度	马来西亚	越南	总计
2008	12	—	—	0.065	—	0.27	0.038	—	12.4
2009	12	—	—	0.065	—	0.27	0.038	—	12.4
2010	13	—	—	0.055	—	0.27	0.035	—	13.36
2011	10.5	—	0.22	0.025	—	0.28	0.028	—	11.1
2012	10.0	0.08	0.32	0.014	0.24	0.29	0.01	0.022	11.0
2013	10.0	0.4	0.2	0.014	0.24	0.29	0.01	0.022	11.2

1.2　我国稀土资源分布

1.2.1　我国稀土资源储量分布

中国是世界上稀土资源最丰富的国家，全国已有 22 个省份先后发现不同类型的稀土矿床，主要分布在内蒙古、江西、广东、广西、四川、山东等地。如20世纪50年代初期发现并探明超大型白云鄂博铁铌稀土矿床，20世纪60年代中期发现江西、广东等地的离子型稀土矿床，20世纪70年代初期发现山东微山稀土矿床，20世纪80年代中期发现四川凉山“牦牛坪式”大型稀土矿床等。这些发现和地质勘探成果为中国稀土工业的发展提供了最为可靠的资源保证，同时还总结出中国稀土资源具有成矿条件好、分布面广、矿床成因类型多、资源潜力大、有价元素含量高、综合利用价值大等特点。

中国稀土矿床在地域分布上具有面广而又相对集中的特点。截至目前，地质工作者已在全国三分之二以上的省份发现上千处矿床、矿点和矿化产地，除内蒙古的白云鄂博、江西赣南、广东粤北、四川凉山为稀土资源集中分布区外，山东、湖南、广西、云南、贵州、福建、浙江、湖北、河南、山西、辽宁、陕西、新疆等省份亦有稀土矿床发现，但是资源量要比矿化集中富集区少得多。全国稀土资源总量的98%分布在内蒙古、江西、广东、四川、山东等地区，形成北、南、东、西的分布格局，并具有稀土元素分布北轻南重的特点。

中国稀土资源的时代分布，主要集中在中晚元古代以后的地质历史时期，太古代时期很少有稀土元素富集成矿，这与活动的中国大陆板块演化发展历史有关。中晚元古代时期华北地区北缘西段形成了巨型的白云鄂博铁铌稀土矿床；早古生代形成了贵州织金等地的大型稀土磷块岩矿床；晚古生代有花岗岩型和碱性岩型稀土矿床形成；中生代花岗岩型和碱性岩型稀土矿床广布于中国南方；新生代有碱性花岗岩和英碱岩稀土矿床的形成；第四纪有中国南方离子型稀土矿床的形成。中国稀土矿床成矿时代之多、分布时限之长是世界上其他国家所没有的。但我国稀土资源最主要的富集期是中晚元古代和中-新生代，其他时代的稀土矿床一般规模较小。

中国稀土矿床不论其成因类型为何，在构造分区上，同世界其他地区的稀土矿床一样，均分布于地壳活动区的褶皱系或过渡带，如秦岭褶皱带、华南褶皱带、三江褶皱带、华北板块北缘裂谷系、川滇裂谷系等。在相对稳定的华北板块、扬子板块区虽也有一些稀土矿床的分布，但不是主要部分。稀土资源这种受控大地构造环境的分布与活动大陆壳的发展、演化密切相关。由于中国地质构造的特殊性和稀土、稀有金属成矿的复杂性和多样性，因而形成了多种成因类型的稀土矿床，众多学者多以赋矿围岩为主要判别特征作为成因类型的划分依据。根据成矿主要地质特征、赋矿围岩性质及矿床规模与工业意义，中国稀土矿床主要成因类型可分为八种，即海底喷流沉积型、沉积型、变质岩型、花岗岩型、花岗岩离子型、岩浆碳酸岩型、碱性岩型、海滨砂矿。在已发现的稀土矿床中，以海底喷流沉积型、碱性岩型、花岗岩离子型稀土矿床在我国最具工业意义。在世界稀土矿床成因类型中，除含铀稀土变质砾岩型、含铀稀土砾岩、磷稀土碱性岩和铌稀土碳酸岩在我国少有发现外，其他类型均有发现。而在我国南方七省区广泛分布的离子型稀土矿床，世界级超大型“白云鄂博式”铁铌稀土矿床，成矿时代最新的四川冕宁“牦牛坪式”稀土矿床，仅在我国有所发现，未见世界其他国家和地区有这类矿床的报导。

由于成矿地质条件有利，中国稀土资源不仅成因类型齐全，而且资源储量十分丰富，居世界首位。我国稀土资源的勘查与开发始于20世纪50年代至80年代末，发现并探明了一批重要的稀土矿床。据有关地质勘探和矿山生产部门提供的数据统计，截至2000年底全国已探明稀土资源REO总量超过10000万吨，预测资源远景量大于21000万吨，显示出我国稀土资源的巨大潜力。我国西部地区是轻稀土资源的最主要分布区，仅内蒙古的白云鄂博矿区地表至地下200m范围内已探明稀土资源量约10000万吨，平均稀土氧化物REO含量为3%~5%，预测全区稀土资源量超过13500万吨；中国南方的离子型稀土矿已探明资源量正式公布的数字为150万吨，另有调查资料统计南方七省区（江西、广东、广西、湖南、云南、福建、浙江）已探明稀土资源量达840万吨，预测资源远景量为5000万吨，表明我国南方中重稀土资源潜力巨大。另外，我国四川凉山州的冕宁和德昌县境内已探明稀土资源量约250万吨，于冕宁花岗岩体东西两侧及其以南地区成矿条件有利，是寻找单一氟碳铈矿的最佳有望区，预测稀土资源远景量超过500万吨。

综上所述，中国不仅是世界稀土资源大国，而且在稀土资源的质量、品种和可利用性等许多方面都具有明显的优势，这种优势为中国稀土工业的可持续发展提供了最基本的资源保障，也为中国稀土在国际市场上立于主导地位创造了条件，更为新世纪、新材料、新技术革命奠定了物质基础。事实证明我国稀土资源勘查的不断突破、发现和成矿理论的创新已居世界先进水平。

中国是世界上稀土资源储量最丰富的国家，也是矿种最齐全的国家，同时中国的稀土资源品位较高，地理分布上不仅面广而且也相对集中。中国稀土资源的集中分布区包括四川凉山、江西赣南、内蒙古的白云鄂博、山东微山以及广东粤北，其中仅内蒙古的白云鄂博已探测到的稀土储量就占全国稀土总储量的83%左右；另外，在广西、湖南、新疆等地也探测到了不少稀土矿床。我国的稀土矿床在北、南、东、西均有分布，分布区域不同，所蕴含的主要稀土类型也不同，中国的稀土资源在总体上呈现出南重北轻的分布格局，如内蒙古白云鄂博、山东、湖南等地就盛产氟碳铈矿为主的轻稀土矿，福建、云南、江西等地主要开采中重型稀土矿。虽然我国的稀土资源不论是从已探明储量、远景储量还是从稀土矿种类来看都在世界上占有得天独厚的优势，但是中国对稀土资源的保护意识非常薄弱。不可否认，中国拥有丰富的稀土资源，理应承担相应的供给职责，但是中国在2000年到2010年这十年间对稀土资源的开采和利用都是严重过度的，特别是在2009年前后中国用占世界30%多的储量供应着全球90%以上的需求，这种无节制的乱开滥采不仅导致了中国稀土可采储量的不断下降，也给中国的环境带来了严重的破坏。为此，从资源可持续开发、环境保护及供需平衡角度，开展稀土资源的高效与可持续性开发是非常有必要的，一方面对稀土行业准入、开采、出口等各方面制定的政策措施，限制稀土资源破坏性、盲目性开发；另一方面，从资源利用角度，加大稀土资源的开发效率，提高稀土资源综合利用水平。

1.2.2 我国稀土资源开发状况

我国稀土资源的开发利用起步于20世纪50年代，最早发现并探明的稀土矿床是内蒙古白云鄂博超大型铁铌稀土矿床，60年代中期发现了江西、广东等地的离子型稀土矿床，70年代发现了山东微山稀土矿床，20世纪80年代发现了四川凉山“牦牛坪式”大型稀土矿床，稀土矿床的发现和勘探，为我国稀土资源的开发利用提供了可靠的资源保障。

我国稀土资源的开发利用经过了几十年的建设与发展，现已建成具有中国稀土资源特点的工业体系。如内蒙古白云鄂博稀土矿与铁矿共生，铁、铌、稀土矿分布不均匀，采取分采、分堆的方法进行资源开发，有利地保护了稀土资源。目前，稀土选矿回收率仅为

7%，大多数都损失于选别后的尾矿中，尾矿储量约为12000万吨，含稀土氧化物REO总量超过800万吨，且呈上升趋势，可作为二次利用的重要资源。包钢集团现已规划在稳定发展钢铁的同时大力发展稀土产业，力求将白云鄂博稀土资源的选矿回收率提高至15%以上。中国南方离子型稀土资源的开发经过几代的科技攻关，改变了传统的“池浸”和“堆浸”工艺，采用的新型“原地浸矿”工艺不仅提高了资源利用率，稀土浸出率由原来的10%~15%提高至70%以上，而且有效保护了矿山生态环境，避免了因稀土开发而引发的环境破坏，实现了稀土资源的绿色高效开发，取得了良好的经济、社会和环境效益。

中国是世界稀土资源大国，但这种优势正在受到严重挑战，特别是澳大利亚、俄罗斯、巴西等国稀土资源勘查、研究的不断发现，使中国稀土资源在世界总量中所占的比重大幅度下降，由20世纪70年代的74%下降到目前的40%左右。国外更有人估计：“世界已探明具有前景的稀土资源量高达6亿吨”，而我国仅占15%。就拥有高品位稀土资源的国家排序，澳大利亚排首位，其次是俄罗斯、美国、巴西，中国位居世界第五位。

我国稀土资源虽探明储量不少，但多数矿区勘查工作只做到普查阶段，真正可供开采的经济储量并不多，内蒙古白云鄂博稀土矿已探明储量超过10000万吨，而目前保有可采储量仅2000多万吨；据资料统计，我国南方七省稀土远景储量5000万吨，新近调查显示探明储量超过800万吨。但保有可采重稀土储量较少，估计10万吨。山东微山虽探明储量不少但属地下开采，保有可采储量不足10万吨。我国高品位稀土资源除四川冕宁牦牛坪和白云鄂博矿区部分矿段外，因地质工作程度低，少有发现。

稀土元素常与多种金属和非金属元素共生而组成利用价值极高的共生矿床。如内蒙古的白云鄂博铁、铌、稀土矿床，可供综合利用的元素及矿物多达千余种，除铁和稀土已被开发利用外，其他有益组分均未被利用，如氟和磷非但未被利用，而且造成严重的环境污染。我国是铌资源丰富的国家，但又是铌缺乏的国家，其主要原因是铌储量虽大，但品位较低。白云鄂博共生矿床中铌资源丰富，已探明储量218万吨，远景储量达600万吨，但白云鄂博铌资源的开发利用至今仍处在试验阶段，没有实质性的突破。白云鄂博西矿区铁矿体上部白云岩中赋存有独立铌矿体，平均品位0.268%，储量达16万吨，可否经过试验研究进行合理开采，目前正开展小型试验研究工作。

我国稀土资源开发治“乱”效果甚微，其原因是对稀土市场缺乏分析和认识，把稀土作为单纯的“资源型”产业来看待，而对其“功能型”性质缺乏认识，单凭一时某些产品的“热销”就盲目四处搞资源开发项目，致使源头产品猛增，产品过剩，库存积压，甚至竞相压价倾销，导致市场紊乱；管理体制不健全，尚未形成一套强有力的管理体系和有法可依、有章可循的有效管理机制，因而出现了你管我不管、管而无力的局面。出于各种眼前和局部利益的驱动，往往是一些地方管住了，另一些地方乱起来了。江西离子型稀土矿的开发由于省市采取了强有力的措施，加强对稀土矿山的整治力度，组建了赣州南方稀土集团有限公司，实现对资源开发的“四统一”管理，形成利益共同体，控制总量开采，取得了明显效果。但相邻省份未采取相应的行动与措施，离子型稀土矿的开采总量并没有减少，反而持续供大于求。又如白云鄂博铁、铌、稀土矿虽属统一采矿，但多家选矿，且规模不断扩大，其总生产能力大于10万吨，致使精矿产量长期供大于求。四川凉山地区稀土精矿的生产能力超过4万吨，经调整仍超过2万吨，供大于求的局面长期得不到改变，这是计划经济和自由经济的混合产物，也严重破坏了社会主义市场经济的健康发展。

1.2.3 我国稀土资源供需情况

近年来，我国经济发展势头良好，科技领域创新不断增强，对稀土资源的需求规模也在不断增加，来自中国稀土信息网的数据显示：中国在2001年的稀土消费量为2.26万吨，接下来的几年也在不断扩大，到2005年就突破了全世界稀土消费量的50%，直到2013年稀土资源消费量在全球占比仍然在50%以上。我国稀土消费领域众多，冶金机械、石油化工、轻工纺织、农业以及新材料等行业都需要大规模用到稀土产品。据统计，稀土资源在稀土新材料领域应用最为广泛，包括永磁材料、荧光粉、抛光粉、储氢合金以及尾气净化器等方面，这一领域稀土消费量占到总消费量的一半以上。

中国是世界上稀土资源储量最大、矿种最为齐全的国家，同时也是稀土产品的生产、出口及消费最大国家。中国政府意识到这种无规制的开采不仅会使中国的优势稀土资源过快消耗，同时对中国的环境造成很大的损害。为此，自2010年起中国政府出台了一系列的措施加强对稀土开采、生产、冶炼、出口等各个环节的管制，但是中国的稀土矿生产量在2010年至2012年也分别达到了8.93万吨、8.49万吨和7.61万吨，均占到了该对应年份世界稀土总产量的80%以上。

从20世纪末期开始，中国稀土开采量及出口量一路攀升，一些企业为了获得市场份额，不惜低价出售稀土产品，导致中国珍贵的稀土资源以极为廉价的方式在国际市场售卖。中国政府在1998年就开始对部分稀土产品实行出口配额政策，但当时的政策力度不足，没有一个强有力的行业规范来进行引导。2010年开始，我国政府对稀土开采、生产、环保、进出口等环节进行全面整治，下调稀土出口配额，启动稀土国家储备计划等，稀土资源被贱卖的问题得到了一定程度的遏制，稀土产品的平均出口价格在2010年至2013年的三年中上涨了1~5倍，效果显著。

1.3 稀土资源选矿方法

1.3.1 矿物型稀土选矿方法

1.3.1.1 *矿物型稀土赋存状态*

矿物型稀土的赋存形式主要有氟碳铈矿、独居石、磷钇矿、褐钇铌矿、黑稀金矿等，常与重晶石、碳酸盐矿物、萤石、铁矿物等易浮或密度大的矿物共生。

氟碳铈矿是重要的稀土工业矿物，矿物中稀土含量可达74.77%，矿物密度为4.72~5.12g/cm^3，具有弱磁性特征。因此选别氟碳铈矿可采用重选、磁选、浮选等选矿方法；独居石也是重要的稀土工业矿物，其稀土REO含量为65.13%，其中钇含量约2%，矿物密度4.8~5.4g/cm^3，具有弱磁性，除白云鄂博复合矿中独居石含0.3%的氧化钍外，其他通常含有5%~10%的氧化钍和0.2%~0.6%的氧化铀，具有一定的放射性，原生矿的独居石常采用重选-浮选或单一浮选的方法进行加工处理；磷钇矿是以镱-钇为主的磷酸盐，矿物密度为4.37~4.83g/cm^3，具有弱磁性，通常采用单一的浮选就能获得合格精矿产品；硅铍钇矿主要含中重稀土元素，其中稀土含量为54%，矿物密度为4.0~4.65g/cm^3，具有弱磁性，可采用重选、浮选和磁选的方法进行回收。

1.3.1.2 矿物型稀土选矿方法

原生稀土矿的选矿回收一般采用阶段磨矿、阶段选别的工艺流程，以防止过粉碎。此类稀土矿常用的选矿方法有：单一浮选、浮选-重选、重选-电选-强磁-浮选等联合工艺流程。通常要获得高品质的稀土精矿，还需要经过浮选，而稀土浮选在强酸和强碱介质中会受到抑制，通常在弱碱或者中等碱度介质中浮选效果更好，很少有稀土矿物浮选在弱酸介质中进行。无机或者有机亲水性胶体物质对稀土也有抑制作用，常见的稀土矿物抑制剂有水玻璃、淀粉、栲胶、偏磷酸钠、糊精、木素磺酸铵等，捕收剂常采用脂肪酸类，选择性较好的捕收剂有烷基羟肟酸、水杨羟肟酸、环烷基羟肟酸、H_{205}（邻羟基萘羟肟酸）等。

A 白云鄂博稀土矿

白云鄂博稀土矿床系沉积变质-热液交代的铁、稀土、铌多金属共生大型矿床，矿床已发现的元素有71种、170多种矿物，稀土矿物有15种，主要为氟碳铈矿和独居石轻稀土混合矿，比例为7∶3或6∶4。有用矿物之间共生关系密切，嵌布粒度细小，稀土矿物粒度一般在0.074~0.01mm之间。矿石中有用矿物主要有磁铁矿、赤铁矿、氟碳铈矿、独居石、铌矿物等，主要脉石矿物有钠辉石、钠闪石、方解石、白云石、重晶石、磷灰石、石英、长石等，原矿化学多元素分析结果见表1-3。

表1-3 矿石的化学多元素分析结果 (%)

成分	TFe	S	BaO	FeO	SiO_2	K_2O	REO
含量	34.98	0.67	1.68	5.53	11.66	0.45	5.50
成分	Al_2O_3	Na_2O	F	CaO	Nb_2O_5	P	MgO
含量	1.07	0.80	1.60	14.10	0.122	0.95	1.22

稀土矿物选矿亟待解决的问题是稀土矿物与铁矿物、铌矿物、硅酸盐矿物以及含钙、钡等矿物的有效分离。目前白云鄂博稀土矿中稀土的回收主要采用浮选，含稀土的入选原料经过一粗二精一扫流程就可生产出REO含量为50%的混合稀土精矿，同时也可根据需要对混合稀土精矿进行氟碳铈矿与独居石的浮选分离，得到单一的稀土精矿。选别的工艺流程主要有以下两种。

a 弱磁—强磁—浮选联合工艺

该工艺首先将原矿石碎磨至-0.074mm含量占90%~92%，采用弱磁选方法预先分选磁铁矿粗精矿，并经一次精选作业获得磁铁矿精矿；弱磁尾矿采用场强为0.6~0.8T的中磁选作业进行中磁性矿物分选；选别尾矿采用强度为1.4T的强磁选作业进行粗选，将赤铁矿及大部分稀土矿物回收至强磁选粗精矿中，粗精矿采用场强为0.6~0.7T的磁选作业进行一次精选；弱磁精选、中磁粗选及强磁精选获得的铁精矿合并进入浮选作业，并采用反浮选工艺进行铁精矿与稀土、萤石等矿物分离。

从图1-1可以看出，在弱磁—强磁—浮选联合工艺中，将强磁粗选尾矿、中矿及反浮选泡沫合并作为稀土浮选的原料，并采用水玻璃作分散剂、H_{205}作捕收剂、J_{102}作起泡剂，在pH值为9左右的弱碱介质中浮选稀土矿物，经过一粗一扫二精作业，可得到REO含量高于50%的混合稀土精矿及REO含量高于30%的次精矿，浮选作业回收率为70%~75%。目前内蒙古包钢稀土选矿厂已建成8个该工艺的生产线，并沿用至今。

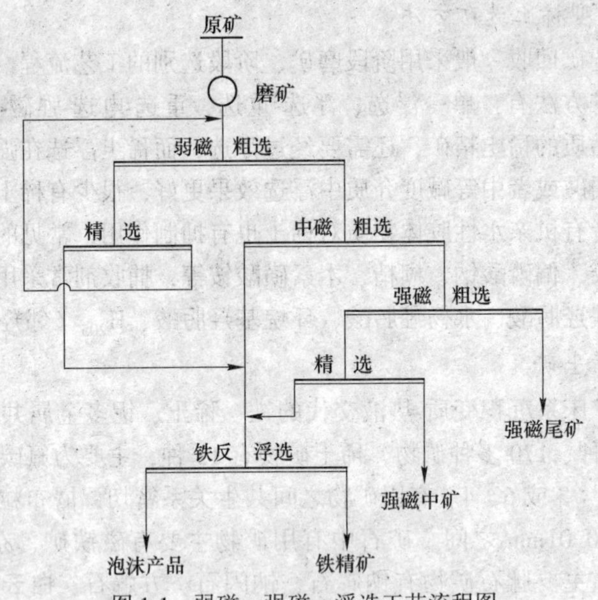

图 1-1 弱磁—强磁—浮选工艺流程图

b 弱磁—浮选联合工艺

弱磁—浮选联合工艺适合处理含磁铁矿较多的稀土矿石。该工艺首先将入选矿石碎磨至-0.074mm 含量占 90%左右，再采用弱磁选作业回收磁铁矿，弱磁选尾矿浓缩后作为稀土浮选给矿，并采用水玻璃作分散剂、H_{205}作捕收剂、J_{102}作起泡剂，经过一粗一扫二精作业可获得 REO 含量为 50%~60%的稀土精矿和 REO 含量为 34%~40%的稀土次精矿。目前，内蒙古包头达茂稀土有限责任公司和包钢白云铁矿博宇公司就按该工艺进行设计建厂，并生产至今，效果良好。

B 四川凉山稀土矿

四川凉山地区稀土资源主要分布于冕宁县牦牛坪稀土矿区，其次在德昌稀土矿区。牦牛坪稀土矿是四川省地矿局 109 地质队于 1985 年至 1986 年开展铅、锌矿点检查时发现的。该矿床系碱性伟晶岩-方解石碳酸盐稀土矿床，稀土矿物以氟碳铈矿为主，少量硅钛铈矿及氟碳钙铈矿，伴生矿物主要为重晶石、萤石、铁、锰矿物等，少量方铅矿。矿石中稀土平均品位为 3.70%，原矿化学多元素分析结果如表 1-4 所示。矿石从粒度上分为块状和粉状矿，块矿的矿物嵌布粒度粗，一般大于 1.0mm，其中氟碳铈矿粒度一般在 1~5mm，粒度粗、易磨、单体解离良好。粉状矿石是原岩风化的产物，风化比较彻底，局部风化深度达 300m，形成的矿石约有 20%左右的黑色风化矿泥，细泥粒度普遍在 44μm 以下，REO 含量为 2%~7%，铕、钇含量较高。

表 1-4 原矿化学多元素分析结果 (%)

成 分	TFe	S	BaO	FeO	SiO_2	K_2O	REO
含 量	1.12	5.33	21.97	0.43	31.00	1.35	3.70
成 分	Al_2O_3	Na_2O	F	CaO	Nb_2O_5	MgO	
含 量	4.17	1.39	5.50	9.62	0.122	0.73	

牦牛坪采出的矿石是块状和粉状自然存在的混合矿石，其中的黑色矿泥影响稀土矿物浮选，因此在浮选前通常需预先脱泥。该类矿床具有代表性的选矿工艺流程有以下四种：

a 单一重选工艺流程

该工艺首先将入选原矿碎磨至-0.074mm 含量占60%左右，再采用水力分级机将入选矿石分为4个粒级，然后在刻槽矿泥摇床上分选，获得 REO 含量为30%、50%、60%的三种稀土精矿产品，重选作业回收率为75%。

b 磁选—重选联合工艺流程

该工艺将原矿石碎磨后预先采用 Slon-1000 磁选机磁选，经过一粗一扫作业后获得 REO 含量为2.64%的磁性产品，磁选作业回收率为74.2%；磁选粗精矿经水力分级箱分为4级，并分别进行摇床重选，重选总精矿 REO 含量为52.3%，稀土回收率为55%。

c 重选—磁选联合工艺流程

该工艺将原矿石碎磨后预先采用摇床重选，重选精矿再利用磁选除杂，获得 REO 含量为51.50%的稀土精矿，稀土回收率为52%。

d 重选—浮选工艺流程

该工艺先将原矿石碎磨至-0.074mm 含量占80%左右，经水力分级箱分为4级，并分别采用摇床重选，脱除矿泥及部分轻比重脉石，获得 REO 含量为30%的重选粗精矿，稀土回收率为74.5%；重选粗精矿采用水玻璃作调整剂、H_{205}为捕收剂，在矿浆 pH 值为8~9的弱碱介质中浮选，经一粗一精一扫的闭路流程可获得 REO 含量为50%~60%的稀土精矿，稀土回收率为60%~65%。

C 山东微山稀土矿

微山稀土矿位于山东省微山县塘湖乡境内，1958~1962年先后由原济南地质局和802地质队放射性航测时发现，稀土平均地质品位为3.13%，属石英-重晶石-碳酸盐稀土矿床，矿物及脉石成分简单，以氟碳铈矿及氟碳钙铈矿为主，伴生有重晶石、方解石、石英、萤石等，稀土矿物嵌布粒度较粗，一般为0.5~0.04mm 范围，属易磨易选矿石。原矿化学多元素分析结果见表1-5。

表1-5 原矿化学多元素分析结果 (%)

成 分	REO	S	BaO	Th	SiO_2	K_2O
含 量	3.71	2.10	11.99	0.002	47.92	1.85
成 分	Al_2O_3	Na_2O	F	CaO	TFe	MgO
含 量	22.48	3.53	0.698	1.18	2.81	1.18

微山稀土选矿厂正式建厂于1982年，规模较小、工艺流程较简单，原矿碎磨至-0.074mm含量占65%~75%后，加入硫酸、水玻璃作调整剂，油酸和煤油作捕收剂，在pH为5的弱酸性介质中浮选稀土矿物，经一粗三扫三精的工艺流程获得 REO 含量为45%~60%的稀土精矿，稀土回收率75%~80%。生产后根据市场需求，优化改进了药剂制度，采用L_{102}（$C_6H_4OHCONHOH$）做捕收剂，水玻璃作分散剂，L_{101}作起泡剂，在pH值为8~9的弱碱性介质中优先浮选稀土矿物，获得 REO 含量为45%~50%，回收率为80%~85%的稀土精矿。

1.3.1.3 矿物型稀土浮选捕收剂及其作用机理

稀土矿物无论是氟碳铈矿还是独居石均属于典型的氧化矿，矿石中除长石、云母等脉石矿物外，其他矿物主要为含钡钙的碳酸盐、硫酸盐和氟化物等盐类矿物，此类盐类矿物主要赋存为重晶石、萤石、方解石等。由于它们可浮性相近，浮选分离也较为困难，所用的选矿药剂种类也较多，如捕收剂、抑制剂和活化剂等。为更好地使稀土矿物与伴生矿物及脉石矿物分离，寻找高选择性的捕收剂至关重要。捕收剂的活性基原子与矿物表面作用主要以化学吸附为主。根据化学上的软硬酸碱理论，即“软亲软，硬亲硬，软硬结合不稳定”的原则，稀土矿物晶格表面的稀土元素以正三价形式存在，属于典型的硬酸，它与电子结构上带电子的硬碱氧和氮作用稳定，因此含配位氧和氮的有机化合物是稀土矿的良好捕收剂。

自1954年美国开采分选稀土矿以来，稀土矿领域先后使用和研究过的捕收剂达30余种，归纳起来主要分为7类：烷烃羧酸类（含氧化石蜡皂）、烷基膦酸酯类、羟肟酸类、芳烃膦酸类、芳烃羧酸类、芳烃酰胺类及其组合用药，见表1-6。

表1-6 稀土矿物浮选的常见捕收剂

类 别	活性基	配合形式	代 表	选择性
烷烃羧酸类	羧酸根	单齿	油酸、油酸钠	较差
烷基膦酸酯类	磷酸基	双齿	烷基磷酸酯	好
羟肟酸类	羟肟基	螯环（双齿）	H_{205}，$C_5 \sim C_6$羟肟酸	好
芳烃膦酸类	磷酸基	双齿	苯乙烯磷酸	较好
芳烃羧酸类	羧酸根	螯环（双齿）	邻苯二甲酸	很好
芳烃酰胺类	多活性基	螯环（多齿）	N-羟基邻苯二甲酰亚胺	好
组合用药类	多活性基协同作用	多齿	H_{205}+AM	好

A 烷烃羧酸

烷烃羧酸又称脂肪酸，浮选使用的脂肪酸性能较好的都是由天然植物、动物油脂经皂化加工制成的。皂化后产品是饱和酸和不饱和酸的混合物。浮选常用的油酸并非含油酸一种成分，是同时含有亚油酸、亚麻酸及其他酸类的混合物，分子含碳量为$C_{10} \sim C_{20}$，溶解度较小，而其钠皂的溶解度较大，但浓度升高至一定值时，会形成胶团溶液。

烷烃羧酸主要包括油酸、油酸钠和氧化石蜡皂等。油酸类化合物是非硫化矿的良好捕收剂，尤其对含钙、钡的碳酸盐矿物，如萤石和重晶石等的浮选效果更好。在油酸的捕收剂体系中，各矿物的浮游顺序为：萤石 > 独居石 > 重晶石 > 方解石 > 氟碳铈矿 > 铁矿物 > 硅酸盐矿物。由于萤石、重晶石和氟碳铈矿均属于可浮性较好的矿物，因此只能寻找其对应的抑制剂，选择性地浮选分离出氟碳铈矿。

目前，选矿使用的脂肪酸来源不同，由于各种油脂多为动物原料等农副产品，产量有限，不能满足选矿工业发展的需求，因此采用工业品为原料制造脂肪酸是最为重要的途径。目前常采用的途径有两个：一是利用石油产品为原料，特别是石油蜡为原料合成饱和脂肪酸，即氧化石蜡皂；二是用纸浆废液为原料，制造以不饱和酸为主的塔尔油。氧化石蜡皂是以石油蜡为原料，经氧化加工后又经皂化处理而产出。石油蜡是石油原料经加工提炼时获得的烃类，是熔点较高部分的产品。通常生产氧化石蜡皂用的蜡熔点在40~50℃。在各种人工合成脂肪酸的反应中，氧化石蜡的反应较简单，并且石蜡来源广，价格也较便宜，在工业上广泛使用。

采用油酸和氧化石蜡皂浮选分离氟碳铈矿、萤石、重晶石、方解石等矿物时，二者浮选性能相近，捕收能力也较相似，均采用氢氧化钠在pH值为10~11.5左右的强碱介质中，以水玻璃、明矾、糊精及纤维素类作调整剂，浮选萤石、重晶石；浮选尾矿在pH为8~9的弱碱介质中加入氟硅酸钠作活化剂浮选稀土矿物。不论萤石、重晶石的浮选还是后续稀土矿物的浮选，对矿浆pH值均有严格要求。例如优先浮选萤石、重晶石时，若pH>11.5，则稀土和萤石等矿物均受到不同程度的抑制，萤石和重晶石浮选产率、回收率下降；而pH>11时，稀土矿物抑制能力减弱，导致稀土矿物在萤石浮选作业损失增加，降低后续稀土精矿的浮选回收率。因此，采用油酸做捕收剂，虽然成功地应用于稀土的浮选，但由于其浮选的选择性变差，pH值范围严格，现已逐步被羟肟酸类捕收剂所取代。

B 烷基磷酸

烷基磷酸和烷基膦酸酯是重要的有机磷酸萃取剂，在稀土萃取分离中广泛应用的有P_{204}和P_{507}，此外P_{305}、P_{538}、P_{227}和P_{215}的萃取性能也很好。这些烷基膦酸酯和烷基磷酸对稀土的配位能力很强，据此推测这些有机磷酸和有机磷酸酯可作为稀土矿物浮选捕收剂，为此周高云和罗家珂等采用P_{538}作捕收剂浮选氟碳铈矿，并获得了良好的结果。

P_{538}是二元酸，其电离常数为$pK_{a_1}=3.80$，$pK_{a_2}=9.23$。在pH值大于4.5时，它们基本上都解离为阴离子。从浮选结果可知，pH值大于4.0时才表现出良好的可浮性，因此可以推测P_{538}是以化学吸附形式吸附于矿物表面。为进一步验证P_{538}与氟碳铈矿的作用机理，采用红外光谱和光电子能谱进行了测试分析。

a 红外光谱

由氟碳铈矿，P_{538}，P_{538}-La及氟碳铈矿吸附P_{538}的红外光谱图可知，在2960~2850cm^{-1}，1460cm^{-1}，1380cm^{-1}，720cm^{-1}有强至中等的烷基吸收峰，在1200~1180cm^{-1}有P═O吸收峰，在1050cm^{-1}有P-O-C吸收峰。从P_{538}-La盐的红外光谱谱图中可看到明显的各烷基吸收峰，$\gamma_{P=O}$吸收峰发生了偏移，移至1150cm^{-1}。红外光谱中的—P═O吸收峰向低波数移动是—P═O参与金属离子络合的特征。由此可知，P_{538}-La盐可能是一种螯合物。从药剂P_{538}与氟碳铈矿作用后的红外光谱谱峰可以看出，其谱图同P_{538}盐谱图基本相似。—P═O的吸收峰都发生了向低波数的移动。因此，可以推测P_{538}是以化学吸附形式而通过螯合方式固定于两种稀土矿物表面上。

b 光电子能谱（ESCA）

它不但能检测出元素的化学环境的变化，而且还能利用X射线光电子谱峰强度的积分值求得吸附分子或表面原子的浓度。用光电子能谱测定了氟碳铈矿中镧的结合能值为835.60eV，经P_{538}处理后的氟碳铈矿中的镧的结合能为836.00eV。同时也得到了氟碳铈矿经P_{538}处理前后的表面原子浓度，见表1-7。通过计算求得的各原子浓度比值列于表1-8。

c P_{538}（单烷基膦酸酯）浮选机理

氟碳铈矿属微溶矿物，部分解离的镧和铈离子在水中水解。根据Fuerstenau绘制的

表 1-7　氟碳铈矿浮选前后表面原子浓度　（%）

元　素	C	La	Ce	O	F	P	La-Ce
氟碳铈矿	34.82	2.86	3.40	53.51	5.40	—	6.26
P_{538}-氟碳铈矿	52.00	1.97	2.02	38.52	2.89	2.60	3.99

表 1-8　氟碳铈矿浮选前后表面原子浓度比

原子浓度比	C/RE	O/RE	F/RE	P/RE
氟碳铈矿	5.56	8.55	0.863	—
P_{538}-氟碳铈矿	13.03	9.65	0.724	0.65

La^{3+}和Ce^{3+}在水溶液中的水解平衡图可知，在pH值小于6时，镧和铈基本上以自由离子存在，它们的羟基络合物很少；当pH值大于6时，各种形式的镧和铈的羟基络合物逐渐占主要部分。

单烷基膦酸酯在pH值大于3.80时大部分解离一个氢离子，而在pH大于9.23时另一个氢才大部分解离。因此在pH值小于6时，单烷基膦酸酯主要以离子状态与矿物表面上的镧、铈离子或其酸根络离子作用吸附于矿物表面。当pH值大于6时，镧、铈羟基络合物增多，它们可重新吸附于矿物表面形成活化中心，单烷基膦酸酯此时可能主要是与矿物表面的羟基络合物作用吸附于矿物表面的。

单烷基膦酸酯是在解离后以化学吸附或化学反应与矿物表面的活性中心作用形成螯合物，从而固着于矿物表面。由于单烷基膦酸酯之间常存在氢键，单烷基膦酸酯的络合物也常因氢键以聚合物的形式存在，因此单烷基膦酸酯在矿物表面也可能以氢键互相联系。当pH值小于6时，单烷基膦酸酯以离子状态与矿物表面镧、铈为主的离子或其酸根络离子发生作用；当pH值大于6时，单烷基膦酸酯可能主要以离子状态与矿物表面的羟基络合物发生作用。

PO_4是四面体结构，当它以—OP(OH)—反应基团与矿物表面金属离子或其络离子作用时，可形成四元环螯合物。烷基和烃基朝外，烷基使矿物疏水，—OH基可能通过氢键与另一个分子的烷氧基的氧相连接，从而使捕收剂牢固地吸附于稀土矿物表面，使其疏水浮游。当它以—OPO_3^{3-}反应基团与矿物表面金属离子或羟基络合物作用时，有可能形成二元螯环，则形成更稳定的螯合物，而疏水基朝外使矿物疏水浮游。

d　羟肟酸

羟肟酸类捕收剂是20世纪80年代发展起来的一种较新型的捕收剂，也是一种典型的螯合捕收剂。它的工业应用使矿物稀土的选矿回收取得了长足的进展。

羟肟酸根据所带烷基的不同可分为三类：烷基羟肟酸、环烷基羟肟酸及芳烃羟肟酸。羟肟酸酸值较低，比醋酸还小（$K_a=1.8\times10^{-5}$）。例如，已基羟肟酸$K_a=2.3\times10^{-10}$，辛基羟肟酸$K_a=2.0\times10^{-10}$，烷基羟肟酸$CH_3(CH_2)_nCONHOH$（$n=3\sim7$）$K_a=2.2\times10^{-10}$，邻苯羟肟酸$K_a=4.0\times10^{-8}$，苯基羟肟酸$K_a=1.3\times10^{-9}$。

用不同脂肪酸合成的异羟肟酸浮选稀土矿物时发现，酸价在420左右最好，选择效果最佳，同时酸价高、碳链低的脂肪酸选择性更好。

C　N-羟基环烷酸酰胺

用石油副产品环烷酸为原料合成，环烷酸是含五元环的弱酸化合物，其通式是

$C_nH_{2n-1}COOH$。环烷酸是在炼油过程中，用碱洗去酸性物质时，以碱渣形式被分离出来，经硫酸酸化，再经皂化脱去中性油而得。N-羟基环烷酸是在环烷酸酰氯化后在弱酸性介质中与羟胺缩合而成，因此它是羟胺的羟基衍生物，具有酰胺和肟的双重特性，分子量较大，酸性比 C_5~C_9异羟肟酸的弱，在水中溶解度低，不易水解而变质，便于贮存。

D 芳基异羟肟酸

在烷基酸中引入苯环，可改善烷基异羟肟酸的捕收性能及稳定性，酸性也有所增加，水溶性也会加大。这是因为芳香基类异羟肟酸分子中含有苯环或萘环，苯环或萘环上的碳原子是 sp^2杂化成键，形成共轭体系的电子结构，离域Π键加大了配体对稀土离子的授电子能力，使得捕收稀土矿物后的螯合物更加稳定，有利于稀土的捕收。若在苯环上再引入一个羟基，制成邻羟基苯甲异羟肟酸，选择性更佳。该药剂的熔点为155~170℃，其钾盐为片状透明结晶，无臭无毒，易溶于水，用于稀土浮选捕收剂时，只添加水玻璃作调整剂就可从 REO 含量为 28.90%的稀土试料中，获得 REO 含量为61.46%的稀土高品位精矿。

羟肟酸的作用机理主要有 M. C. Fueratanau 及其同事与 Jammes 等的两种学说。其中 M. C. Fueratanau 及其同事提出了羟基配合物的假说，指出最佳活化浮选的 pH 值与金属离子-羟基配合物生成最大的 pH 值相一致。在溶液中阳离子水解成各种氢氧化物，然后这些氢氧化物再吸附在界面上并促使捕收剂吸附，起活化作用的主要形式为羟基配合物。S. Rahavan 和 D. W. Fuerstenau 则假设了一种羟肟酸分子参加反应的吸附为表面反应联合机理。在捕收剂的 pK_a 附近，存在着中性羟肟酸分子和化学吸附的羟肟酸阴离子共吸附，形成稳定的金属螯合物。并推断浮选回收率和羟肟酸吸附最大值，完全是由于这些离子分子的吸附，增大了表面羟肟酸的活性。D. W. Fuerstenau 及其同事进一步假设了羟肟酸盐在矿物表面上的吸附有三种机理：化学吸附、表面反应吸附和表面反应，并设计了微溶矿物和化学键合药剂之间相互作用的模型。另外，Jammes 等的矿物表面溶度积假说认为，金属氢氧化物表面的溶度积小于它在溶液中的溶度积，在矿物表面将比在溶液中优先发生氢氧化物沉淀。浮选回收率显著增大的 pH 值，应该是对应于金属氧化物在矿物表面沉淀生成的 pH 值；同时金属氢氧化物表面沉淀是金属离子在氧化矿物表面吸附并起浮选活化作用的有效组分，并导致了表面的两个氧原子与金属离子键合（螯合作用）；另外，其矿物表面应逐渐体现出金属氢氧化物固体的某些行为。例如，金属氢氧化物表面生成沉淀后，氧化矿表面的电动行为完全类似于氢氧化物固体的电动行为。进一步证实了金属离子在氧化物/水解表面吸附及其对浮选产生活化作用的有效组分是金属氢氧化物表面沉淀。

1.3.2 离子型稀土选矿方法

1.3.2.1 离子型稀土矿主要特征

离子吸附型稀土矿是一种特殊类型的稀土矿床，这类矿床具有规模大、分布广、中重稀土配分高、综合回收价值大等特点。自 20 世纪 70 年代初在我国南方首次发现该类资源以来，迅速形成了一个新的稀土资源开发行业。离子型稀土矿中稀土元素主要是呈离子形态吸附于黏土类矿物表面或晶层间，只能采用化学选矿的方法进行回收。

离子型稀土矿的化学选矿可分为浸矿和提取两步，先将稀土从矿体中浸出，然后再从浸出液中提取稀土。浸矿的机理是：在离子型稀土矿中，被吸附在黏土表面的稀土阳离子遇到化学性质更活泼的阳离子（Na^+，NH_4^+等）时，会被更活泼的阳离子解吸下来进入溶液，达到浸出目的。其阳离子交换反应原理如下：

$$(\text{高岭土})_m \cdot n\text{RE} + 3n\text{Me}^+ \longrightarrow (\text{高岭土})_m \cdot 3n\text{Me} + n\,\text{RE}^{3+}$$

式中，Me^+为 Na^+或 NH_4^+；RE^{3+}为稀土阳离子。

按照这个浸矿机理，选择合适的浸矿方法，就能把稀土从矿石中浸出来。

1.3.2.2 离子型稀土矿浸出工艺

离子型稀土矿中目前可回收的稀土元素以离子吸附形式存在，采用重选、磁选、浮选等常规物理选矿方法无法将其富集回收。但这些稀土离子遇到化学性质更活泼的阳离子（如 Na^+，K^+，H^+，NH_4^+等）时可被交换解吸。因此，当采用含有此类阳离子的溶液（氯化钠或硫酸铵溶液等）淋洗离子型稀土矿时，稀土离子就可被浸取出来。

浸出过程的化学反应可表示为

$$[\text{Clay}]_m \cdot n\text{RE}^{3+}(\text{s}) + 3n\text{NH}_4^+(\text{aq}) \rightleftharpoons [\text{Clay}]_m \cdot (\text{NH}_4^+)_{3n}(\text{s}) + n\text{RE}^{3+}(\text{aq})$$

式中，[Clay] 表示黏土矿物；s 表示固相；aq 表示溶液。

我国科技工作者根据离子型稀土矿矿石特性，进行了长期的研究与实践，相继开发出了氯化钠桶浸、硫酸铵池浸和原地浸出三代浸出工艺，使离子型稀土矿的提取工艺不断向绿色、高效化迈进，形成了独具特色的离子型稀土矿化学提取技术。

A 第一代离子型稀土矿浸出工艺

在离子型稀土矿开发初期（20 世纪 70 年代初），江西地质工作者在赣南地区找矿的过程中发现采用氯化钠溶液能将矿石中的稀土浸泡下来，经过不断完善和提高，形成了第一代离子型稀土矿浸出工艺——氯化钠桶浸工艺，其工艺流程如图 1-2 所示，即将表土剥离后采掘矿石搬运至室内，经筛分后置于木桶内，用氯化钠溶液作为浸出剂浸析稀土，所获得的浸出液用草酸沉淀稀土。

经过一段时间的生产实践，发现氯化钠桶浸工艺存在以下三方面的突出问题：一是浸矿剂耗量大且浓度要求高（一般在 6%以上），因此会产生大量的氯化钠废水，造成土壤盐化和板结，使周围环境遭受严重破坏；二是浸出过程选择性差，浸出时大量的杂质同时被浸出，获得的氧化稀土产品品质较差；三是生产过程需要大量的劳动力，工人劳动条件差，生产成本高且生产效率低。

B 第二代离子型稀土矿浸出工艺

由于室内桶浸工艺存在的诸多问题，20 世纪 70 年代中期将室内桶浸改成了野外池浸，即将采掘的稀土矿石均匀填入容积为 $10 \sim 20\text{m}^3$ 的野外浸出池内，注入浸出剂（硫酸铵溶液）对矿石进行浸泡，浸泡完毕后收集浸出液进行后续处理，这便是第二代离子型稀土矿浸矿工艺——池浸工艺，其工艺流程如图 1-3 所示。该工艺不仅对浸出方式进行了改进，大大提高了生产效率，而且采用了更加环保高效的硫酸铵作为浸出剂，一方面实现了低浓度浸出（浸出剂浓度 1%~4%），减轻了浸矿剂对土壤的污染，另一方面提高了浸出过程的选择性，减少了钙、钡等杂质金属离子的浸出。此外，对所获浸出液中稀土的沉淀采用了清洁无毒的碳酸氢铵作为沉淀剂。

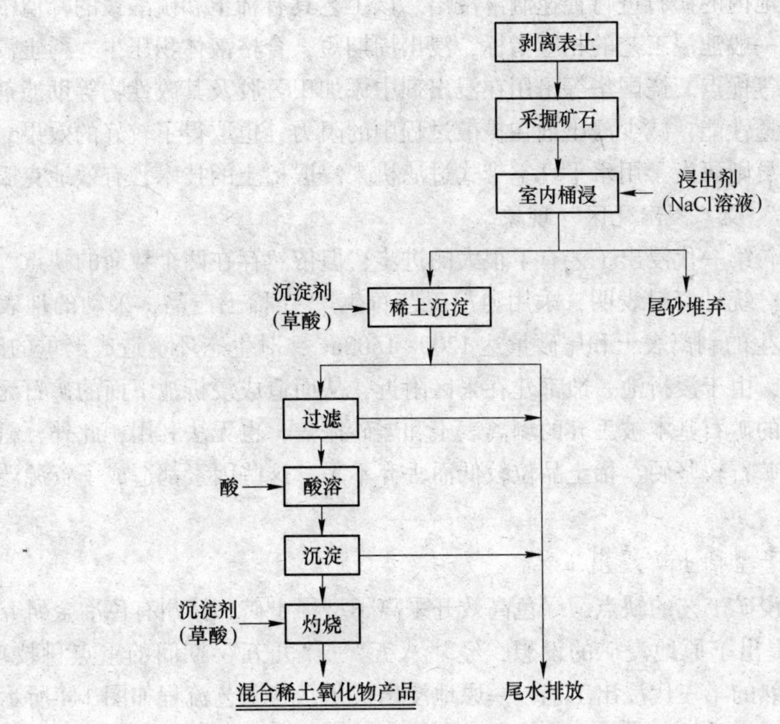

图 1-2 离子型稀土矿室内桶浸工艺

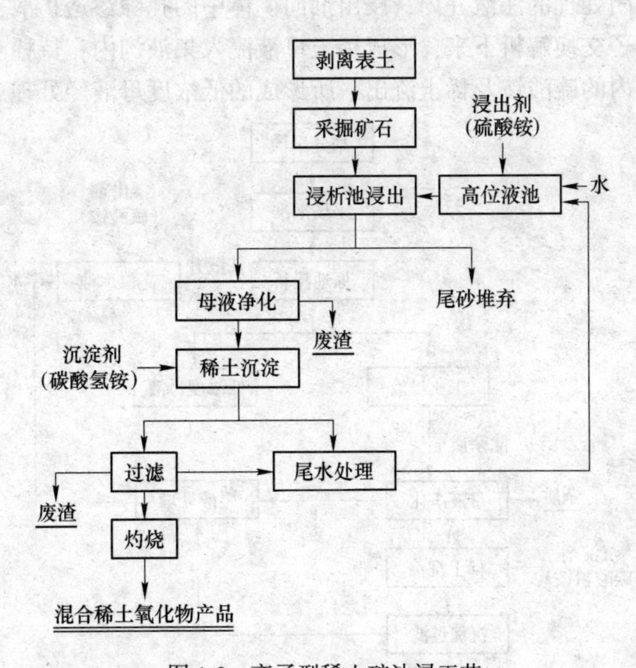

图 1-3 离子型稀土矿池浸工艺

在池浸的生产实践过程中，会出现浸析池内填充的矿石因粒度不均匀发生偏析，使一些部位产生“沟流”现象，另一些部位形成渗透性差的“浸出死区”，从而导致浸出剂耗量大，浸出率低的问题。针对这类问题，卢盛良等提出了采用高浓度硫酸铵、低液固比和低加液速度对浸析池内的矿石进行控速滴淋浸出。该工艺具有稀土和硫酸铵的峰值浓度和平均浓度都要超过一般池浸工艺的相应指标，浸出周期短，合格液体积压少，稀土浸出效率高，生产成本低等优点。饶国华等采用在浸出剂中添加田菁胶及其改性物等助滤剂的办法来改善物料的渗透性能，减少浸出剂在扩散过程中的阻力，也取得了较好的效果。江西省科学院的研究人员则研发了用水平真空带式过滤机来浸取稀土的技术，有效地克服了池浸生产中的“沟流”及“浸出死区”现象。

尽管池浸工艺较第一代浸出工艺有了很大的进步，但依然存在两个致命的缺点。一是生态环境破坏严重。统计资料表明，采用池浸工艺每生产 1t 稀土产品，采动的地表面积达 200~800m^2，产生的剥离表土和尾砂量达 1200~1500m^3，对生态环境造成严重的破坏。二是资源利用率低，由于浸析池一般都建在采区附近，从而造成浸析池下面的矿石无法回收；而半山腰以下的矿石基本被丢弃的剥离表土和尾砂掩盖，也无法利用；此外，露采至半风化矿时，由于矿石较坚硬、稀土品位较低而丢弃不采。这些因素都造成了资源严重的浪费。

C 第三代离子型稀土矿浸出工艺

为克服第二代浸矿工艺的缺点，绿色高效开采离子型稀土矿，赣州有色冶金研究所于20 世纪 80 年代初提出了原地浸矿的设想，经“八五”、“九五”期间的重点科技攻关，形成了目前较为成熟的第三代浸出工艺——原地浸出工艺，其工艺流程如图 1-4 所示。该工艺在不破坏矿区地表植被，不开挖表土与矿体的情况下，将浸出剂（硫酸铵溶液）由高位水池注入经封闭处理的注液井内，浸出剂向矿体中的孔隙渗透扩散，并将吸附在黏土矿物表面的稀土离子交换解析下来，形成稀土母液流入集液沟内；待稀土浸出完毕，加入顶水使残留在矿体内的硫酸铵及稀土流出，所形成的低浓度母液经处理后予以回用。

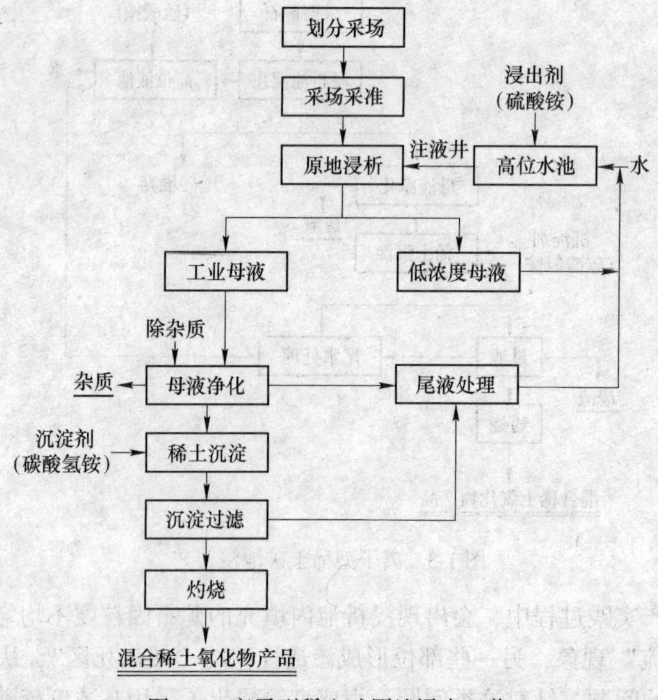

图 1-4 离子型稀土矿原地浸出工艺

原地浸出工艺不仅克服了第二代浸矿工艺的环境问题，而且浸出剂能在风化矿层渗透扩散，同时还能渗入到半风化层、微风化层乃至花岗岩基岩中，使其中的稀土也得到较好回收，从而大大提高了稀土资源的利用率。此外，原地浸矿过程仅需开挖注液井及铺设注液管道，因而开采工作量比第二代工艺显著降低，矿山的生产能力成倍增长，生产效率成倍提高，生产费用则大大减少。原地浸出工艺的应用使离子型稀土矿的开发在绿色高效的方向上迈进了一大步，是目前应用效果最好的浸出工艺。

但原地浸矿工艺在生产实践过程中也暴露出了一些问题，如容易出现浸出后的稀土离子再吸附以及稀土回收率仍不理想等问题。一些研究人员针对再吸附问题进行了研究，发现这种问题主要是由于注液方法不当（如“先下后上”式、“中心开花”式或“全面开花”式等）以及固液比不足引起的，并据此提出了解决方法，即合理选择浸取参数，并按“先上后下”、“先浓后淡”、“先液后水”的“三先”原则进行注液。汤洵忠等通过室内模拟对原地浸矿的各项技术参数进行了优化选择，并发现最佳的注液井密度受浸出剂的侧渗速度、矿石中的孔隙度影响，在一定条件下加密注液井可减少“浸取死角”，提高稀土的回收率。邱廷省等人发现利用磁场的作用来改变浸出剂的物理化学性质（如溶氧能力、表面张力、渗透能力等），能够有效降低浸出剂的耗量并提高稀土的浸出率，达到强化和促进原地浸出的目的。

为进一步完善原地浸出工艺，使离子型稀土矿的浸出过程更加绿色化，国内外许多研究者对原地浸出过程的基础理论进行了研究。A. Georgiana 和 Moldoveanu 等探讨了原地浸矿过程中稀土离子的解析机理，指出浸出过程是一个复杂的非均相过程，稀土离子与浸出剂中的铵离子的交换反应速度很快，浸出过程的总速度受控于扩散过程；他们还考察了离子型稀土矿中不同稀土离子的浸出行为，结果发现镧系元素在浸出过程的解析趋势随着其原子序数和原子半径的增加而降低，因此重稀土离子的解析速度要慢于轻稀土离子的解析速度。

AlexandreRocha 等对巴西发现的某离子型稀土矿进行了柱浸试验，结果表明：在一定范围内，提高浸出剂的浓度有利于稀土离子的浸出，但浸出剂的浓度超过某一值后，这种变化将不明显；而 pH 值（在 2~4 范围内）和温度对稀土离子的交换解吸影响不大。田君等对离子型稀土矿浸出过程的传质作用进行了研究，结果表明：稀土的浸取率很大程度上取决于浸取过程的传质效果，而浸出流速对传质效果起决定性作用，过快或过慢都将使传质效果变差，通过在浸出剂中添加田菁胶及其改性物可有效提高浸出过程的传质效果，达到降低浸出剂消耗及提高回收率的目的。此外，一些研究人员还对原地浸出过程的渗流规律、浸出水动力学、浸出动力学等基础理论进行了相应的研究。这些研究都为绿色高效地开发离子型稀土矿提供了重要的理论依据。

1.3.2.3 浸出母液提取加工技术

A 沉淀法

沉淀法是目前从离子型稀土矿浸取液中提取稀土的最主要的提取方法之一，依据所采用沉淀剂的不同可分为草酸沉淀法和碳酸沉淀法。其原理是利用稀土阳离子和沉淀剂阴离子生成难溶化合物的溶度积远小于杂质的溶度积，因而采用过滤可以达到使稀土与杂质离子分离的目的。

a 草酸沉淀法

草酸沉淀稀土是早期研究和工业应用最多的一种传统工艺，是从浸取液中富集提纯稀土的有效方法之一。它以草酸（$H_2C_2O_4 \cdot 2H_2O$）作稀土沉淀剂，将草酸加入到稀土浸取液中析出白色稀土草酸盐沉淀。其化学方程式如下所示：

$$2RE^{3+} + 3H_2C_2O_4 + xH_2O \longrightarrow RE_2(C_2O_4)_3 \cdot H_2O \downarrow + 6H^+$$

工业应用中发现，草酸的实际耗量远大于草酸的理论用量，针对草酸耗量大这一实际问题，国内很多研究者同时开展了大量相关研究。池汝安等对风化壳淋积型稀土矿浸取液草酸沉淀稀土工艺进行了溶液化学计算，结果发现草酸主要消耗在三个方面，一是沉淀稀土离子化学反应消耗的草酸，二是维持稀土沉淀完全所需的草酸，三是杂质离子消耗的草酸。试验研究表明，通过提高浸取液稀土浓度和严格控制草酸沉淀稀土的 pH 值等条件，就可以有效地减少草酸的用量。兰自淦等进行了浸取液预先净化处理和浸取液不作任何处理的两组对比试验，研究发现经净化处理的浸取液草酸耗量明显降低。李秀芬等以氨水或碳酸氢铵等碱性物质为中和剂进行中和处理，也能有效地减少草酸的用量。与此相关有意义的研究还有邱廷省等开展了关于磁处理强化草酸沉淀稀土过程的研究。

草酸沉淀法工艺成熟，具有稀土与共存离子分离效果好，沉淀结晶性能好，产品纯度高等优点，但此工艺存在着诸多不足，首先是草酸相当昂贵、有毒，草酸沉淀后的母液残留有过量草酸，废水必须进行无害化处理；其次，草酸耗量大，草酸有效利用率低，稀土沉淀率低。草酸沉淀法因草酸成本高、有毒性、污染环境、不符合绿色化学提取发展理念等缺点已逐渐被其他方法所代替。

b 碳酸沉淀法

由于草酸易污染环境，因此逐步开发了碳酸沉淀法用来代替草酸沉淀法，即以碳酸氢铵代替草酸作沉淀剂，加到浸取液中生成稀土碳酸盐沉淀。其化学方程式如下所示：

$$2RE^{3+} + 3NH_4HCO_3 \longrightarrow RE_2(CO_3)_3 + 3NH_4^+ + 3H^+$$

此工艺较草酸沉淀工艺的优点是碳酸氢铵是一种廉价易得的农用化工产品，成本低、无毒性、对环境友好，稀土沉淀率高等，但以碳酸氢铵作沉淀剂所生成的沉淀多为无定形絮状胶体沉淀，很难形成晶型碳酸稀土，如能控制好沉淀过程中稀土结晶过程就有可能解决碳酸稀土难过滤的难题。

喻庆华等研究了影响因素如时间、温度、浓度等对稀土碳酸盐结晶过程的影响，并通过分析不同条件下形成的碳酸稀土晶型发现，当稀土浓度为 0.85~1.69g/L、温度 20~40℃、$NH_4HCO_3/RE = 3.0 \sim 3.6$、搅拌时间 45~90min、陈化时间 9~10h 的条件下，可以获得很好的结晶结构。池汝安等对风化壳淋积型稀土矿浸取液碳酸氢铵沉淀稀土工艺进行了溶液化学分析，结果表明首先控制 pH 值为 5.0，使浸取液中铝、铁等杂质离子形成氢氧化物沉淀除去；然后调节 pH 值大于 8.0 制备碳酸稀土沉淀，结果表明通过控制沉淀过程的 pH 条件可以获取到高纯度的晶型碳酸稀土。尹敬群等还报道了用控速淋浸新工艺浸取南方离子型稀土矿的研究，并对所得稀土浸取液展开了大量的试验研究，研究发现在适宜的碳酸氢铵沉淀条件下是可以获得晶型碳酸稀土的。

碳酸沉淀法因成功实现了稀土母液无毒化，提高了稀土沉淀率，明显改善了矿山生态环境且大幅提高了稀土矿山效益，所以今后很长的一段时期内，碳酸沉淀法仍将是从离子型稀土矿浸取液中提取稀土的主要方法。

B 沉淀浮选法

无论是采用草酸还是碳酸氢铵作沉淀剂的稀土沉淀工艺，都存在无法实现连续生产作业，生产周期冗长等缺点。因此具有浮渣量小、稀土产品纯度高、处理周期短的沉淀浮选法成为人们关注的热点。沉淀浮选法是利用表面活性剂在气-液界面产生吸附现象，使稀土离子与表面活性剂形成不溶的固体沉淀物，然后使沉淀物牢固地附着于气泡上形成泡沫刮出，实现稀土与其他物质的浮选分离。

田君等通过对风化壳淋积型稀土矿浸取液沉淀浮选进行溶液化学计算分析，探讨了pH值条件、沉淀剂及浮选剂等因素对沉淀浮选的影响。结果表明浸出液中杂质离子可以氢氧化物或焦磷酸盐或聚磷酸沉淀形式被优先沉淀浮选，然后增大体系的pH值沉淀稀土，获得了较好的指标。刘光德等以十二烷基磺酸钠作捕收剂从风化壳淋积型稀土矿浸取液中沉淀浮选富集分离稀土元素，并研究了表面活性剂、溶液pH值、离子强度和共存离子等对稀土回收率的影响。结果表明：无论是轻稀土型还是中、重稀土型风化壳淋积型稀土矿的稀土浸取液，都可以采用沉淀浮选法进行回收，但都面临浮选捕收剂选择性差，浮选产品稀土纯度低，杂质含量较高等实际问题，因此，高选择性捕收剂的研发是沉淀浮选法今后研究的方向。

沉淀浮选法具有设备简单、处理时间短、稀土回收率高等优点，但存在浮选捕收剂昂贵、选择性差、沉淀浮选技术难以控制等缺点。所以沉淀浮选法必须找到价格低廉且选择性强的高效捕收剂才有可能具有应用前景。

C 溶剂萃取法

沉淀法生产的稀土沉淀物一般都经高温煅烧后得到稀土氧化物产品，因此在稀土应用或稀土分离时仍需将稀土氧化物经盐酸溶解成氯化稀土溶液后才能使用。溶剂萃取法因符合绿色化学提取稀土的要求，既能达到稀土元素与非稀土元素的分离目的，又可以对稀土元素进行萃取分组以制备稀土分组产品，受到了越来越多研究学者的关注。

池汝安等开展了以有机磷酸为萃取剂从稀土浸取液中溶剂萃取氯化稀土的研究，研究表明：先调整浸取液pH值为5.0，几乎浸取液中所有的重金属离子和90%以上的铝离子都被优先沉淀除去，然后在6mol/L的盐酸体系中，以有机磷酸为萃取剂萃取稀土离子制备氯化稀土，得到REO含量为45%～46%的氯化稀土，再通过蒸发、浓缩等工序实现单一稀土的分离。田君等详细地考察了浸出液的稀土浓度、非稀土杂质含量、萃取相比等因素对稀土萃取效果的影响，并最终确立了串级萃取氯化稀土的新工艺。

在不断加大溶剂萃取法的萃取剂和萃取工艺研究的同时，也需进行相关萃取设备的研究，因为萃取设备也是实现从风化壳淋积型稀土矿浸取液中提取稀土的关键因素之一。有研究表明离心萃取器是一种高效节能的萃取设备，具有萃取速度快、稳定性强，相比变化大，夹带杂质含量少等特点。溶剂萃取法既能实现稀土离子与非稀土杂质离子的分离，又能对稀土进行萃取分组获取稀土分组产品，改变了稀土矿山一直以来只能生产混合氧化稀土的不利局面，提高了矿山的经济效益。但溶剂萃取法一般萃取设备多、前期投资大，萃取流程复杂，故它多适合应用于大中型稀土矿山。

D 离子交换法

离子交换法与溶剂萃取法一样，也可直接从离子型稀土矿浸取液中制备稀土分组产品。其原理是阳离子交换剂与稀土离子发生可逆性的化学反应，稀土离子有目的地转入阳离子交换剂中，再经特定的淋洗剂使稀土重新进入水相，达到提纯稀土元素的目的。

杨伯和等开展了利用001×7阳离子交换树脂从风化壳淋积型稀土矿浸取液中吸附稀

土元素的试验研究，在浸取液含稀土 1.065 g/L、有机玻璃塔塔高 4 m、树脂层高 3 m、洗涤段高 0.5 m 的试验条件下，可获得稀土交换率 98 %，树脂操作容量 75%以上的良好指标，研究表明采用流化床设备进行连续逆流 001×7 阳离子交换稀土离子的工艺是可行的。郭伟信等报道了利用 HEDTA 离子交换色层法分离重稀土元素的研究。

离子交换法可以实现稀土离子在低酸度条件下的吸附回收，但离子交换剂用量大、利用率低、选择性差等缺点影响了稀土分离效果，因而只有研发出高选择性离子交换剂之后，离子交换法才有可能应用于工业生产。

E　液膜分离法

液膜分离法是 20 世纪 60 年代中期发展起来的一种新型分离技术，是萃取和反萃取同时进行的双向过程。其原理是模拟生物膜的输送过程，即使物质从低浓度向高浓度扩散，达到提纯稀土的目的。液膜法可分为乳状液膜法、支撑液膜萃取法、静电式准液膜法、内耦合萃反交替法等。

20 世纪 80 年代初期，我国工作者开始以 P_{204}作载体，P_{204}和煤油作液膜相，盐酸溶液作膜内相，稀土浸取液作膜外相，使稀土离子由膜外相转入膜内相，传质完成后进一步浓缩处理膜内相获取高浓度稀土溶液。但采用液膜分离时存在着膜渗漏和膜溶胀等实际问题，中国原子能研究院研究出以特制挡板代替多孔固体膜的静电式准液膜法，克服了支撑液膜稳定性差等缺点。同时在静电式准液膜研究基础上开发出了内耦合萃反交替法，提高了传质效率，简化设备结构，增强了对萃取体系和入料的适应性。与此相关的研究还有华南理工大学经过对表面活性剂的筛选，研发出了一种新型阴离子表面活性剂 LMS-2，将它应用于稀土浸取液的提取也可获得较好的指标。

近年来，虽然液膜分离法提取稀土的研究发展迅速，已在实验室完成连续台架试验，但尚未推广至工业上生产。主要原因是该技术仍存在较多技术问题亟待解决：（1）研发新型的表面活性剂来消除膜溶胀问题；（2）研究传输过程抑制杂质离子进入膜内相的途径；（3）研发新型液-液非均相分离设备等。

2 稀土资源开发项目驱动下的实践教学体系

本章以稀土矿资源开发为例，围绕“稀土矿石→稀土矿物组成→稀土矿物加工原理和方法→实践与应用”这条主线，结合矿物加工工程专业中“工艺矿物学”、“矿物加工学”、“化学选矿”、“稀土提取技术”、“研究方法实验”、“矿物加工工程设计”等核心课程，详细介绍了实验教学、专业实践等方面的实践教学体系主要内容。

2.1 实践教学体系构建内容

为了紧密结合江西丰富的稀土矿产资源，体现地方资源教学特色，以现代矿山资源开发过程中需要强实践、厚基础、知识面宽的具有分析问题、解决问题和创新能力的卓越工程师人才培养为目的，按照矿山资源开发需要的知识能力及素质要求，围绕稀土资源开发过程中“稀土矿石→稀土矿物组成→稀土矿物加工原理和方法→实践与应用”这条主线设计项目驱动，在专业核心课程“工艺矿物学”、“粉体工程”、“物理选矿”、“浮游选矿”、“化学选矿”、“稀土提取技术”、“研究方法实验”、“矿物加工工程设计”和“认识实习”、“生产实习”、“毕业实习”、“毕业论文”、“毕业设计”等教学活动中构建了以稀土资源开发项目驱动为载体、以学生实践能力培养为全过程、以提高学生创新能力为目标的实践教学人才培养体系，如表 2-1 所示。

表 2-1　稀土资源开发项目驱动下的实践教学内容构建

课程实验、实践环节	稀土资源开发项目驱动为核心的实验、实践教学内容
工艺矿物学	认识并掌握稀土矿石及其伴生矿石的组成、构造
物理选矿	稀土矿石的磁选富集特征、重选提纯特点
浮游选矿	稀土矿物及其伴生矿物的浮选富集特征
化学选矿	离子型稀土矿石化学提取过程与特征
稀土提取技术	稀土矿物基本性质及其提取方法与特征
研究方法实验	稀土矿石的选矿方法及其工艺流程研究
认识实习	稀土矿石选矿工艺流程及其特点
生产实习	稀土矿石选矿工艺组织生产
毕业实习	稀土资源中有用矿物在流程中的走向
毕业论文	稀土资源选矿流程开发
矿物加工工厂设计/毕业设计	稀土选矿厂设计

2.2 课程实验教学大纲

2.2.1 “工艺矿物学”课程实验教学大纲

在“工艺矿物学”课程教学过程中，通过现代测试仪器掌握稀土矿物的形态、理化性质及其他基本特征，熟悉稀土矿物晶体的结构形态及矿床的形成过程等，重点掌握稀土矿石的矿物组成、赋存状态、嵌布特征、单体解离特性及其矿物间的共（伴）生关系。

本课程实验教学基本要求应包括：

(1) 掌握稀土矿石的矿物组成、形态及其矿物粒度分析。

(2) 掌握稀土元素的赋存状态，判别其综合回收的可能性。

(3) 掌握稀土矿物工艺性质及与元素组成和结构的关系。

(4) 掌握稀土矿石的工艺类型与空间分布规律，编制矿物工艺图—工艺地质填图。

(5) 掌握稀土矿物加工前后的表生变化及矿物工艺性质的生成条件。

本课程实验内容与学时分配如表 2-2 所示。

表 2-2 “工艺矿物学”实验内容与学时分配表①

实验项目名称	实验学时	备　注
稀土矿石基本特征及其成矿特性	2	必修
稀土矿物的偏光显微镜鉴定	2	必修
反光显微镜下的矿物鉴定	2	必修
稀土矿石的矿物组成及其定量分析	2	必修
稀土矿石中元素赋存状态分析	2	必修
稀土矿物颗粒的粒度测量	2	必修
稀土矿物的单体解理特征分析	2	必修
显微镜、能谱等现代测试仪器鉴定分析稀土矿物实验	8	必修

①实验教学按小班分组测试的教学方式进行。

2.2.2 “化学选矿”课程实验教学大纲

在“化学选矿”课程教学过程中，掌握化学选矿的基本理论、基本方法、工艺过程和典型应用示例。掌握稀土化学提取过程中原料准备、矿石（或物料）分解及化学选矿产品的制取等工艺方法和基本知识，熟悉化学提取的应用实例。

本课程实验教学基本要求应包括：

(1) 掌握化学选矿的任务、特点、内容、过程、原则流程和发展现状。

(2) 掌握氧化焙烧、硫酸化焙烧、氯化焙烧等焙烧的基础理论、方法和焙烧设备。

(3) 掌握化学浸出方法的分类、浸出的基本原理、浸出过程衡量、影响浸出的因素及影响规律，重点掌握浸出药剂和浸出流程以及氯化浸出、热压浸出、氰化浸出等方法。

(4) 掌握固液分离工艺、固液分离流程和洗涤级数的计算，了解重力沉降、过滤分离、离心分离等方法。

(5) 掌握离子交换树脂及交换吸附的化学过程与工艺，熟悉活性炭及其吸附机理，了解离子交换吸附和炭吸附设备。

（6）掌握萃取原理、萃取剂和萃取机理，熟悉影响萃取过程的主要因素及萃取工艺和萃取流程，了解萃取技术新进展。

（7）掌握难溶盐沉淀法、化学沉淀法、电沉淀法等精矿产品的提取方法，了解各方法在净化和生产化学精矿过程时的影响因素。

本课程实验内容与学时分配如表 2-3 所示。

表 2-3 “化学选矿”实验内容与学时分配表①

实验项目名称	实验学时	备 注
化学选矿的任务、内容及发展现状	2	必修
矿物原料焙烧的基本理论、方法及设备	3	必修
矿物原料的浸出分离过程与设备	7	必修
固液分离的工艺方法与设备	2	必修
离子交换与吸附的化学过程与工艺	3	必修
溶剂萃取基本原理、机理及其影响因素	5	必修
化学选矿精矿产品的提取和影响因素	6	必修
化学选矿实例	6	必修

①实验教学按小班研讨方式进行。

2.2.3 “稀土提取技术”课程实验教学大纲

在“稀土提取技术”课程教学过程中，掌握萃取剂萃取稀土的基本原理、离子交换色层法分离稀土元素的原理等基本理论，掌握稀土金属提纯的基本原理，重点掌握金属热还原法制取稀土金属的基本原理；了解稀土元素的概念、物理化学性质、稀土矿物原料的处理方法等基本知识，掌握氧化还原法分离稀土的方法等基本知识，重点掌握稀土分离流程的组合原则、离子交换色层法分离制取稀土元素的工艺条件等基本知识；了解萃取设备的选择、水平搅拌混合澄清槽的操作方法等操作技能，掌握离子交换色层法分离铽镝的工艺流程，重点掌握金属热还原法制取稀土合金以及电传输-区熔联合法提纯稀土金属等操作技能。

课程实验教学基本要求应包括：

（1）掌握稀土元素的性质、理化特征及主要化合物特征等。

（2）掌握稀土矿物原料及其处理方法。

（3）掌握酸性萃取剂和中性萃取剂萃取稀土的基本原理及应用。

（4）掌握离子交换色层法的基本概念及分离稀土元素原理，离子交换色层法分离铽镝的工艺流程等内容。

（5）掌握氧化还原法分离稀土的方法，萃取色层分离与含载体液膜萃取的分离原理，液膜的分类、体系及膜技术在稀土冶金中的应用等内容。

（6）掌握稀土氧化物、无水稀土氯化物以及无水稀土氟化物的制备方法。

（7）掌握稀土氯化物熔盐电解中熔盐电解质的性质与组成，电极过程，工艺实践，电流效率及其影响因素，稀土氧化物-氟化物的熔盐电解的基本原理、工艺实践以及稀土两种熔盐体系电解的比较。

(8) 掌握金属热还原法，如钙热还原法、锂热还原法、镧（铈）热还原法等，制取稀土金属的基本原理；金属热还原法直接制取稀土合金的方法，包括钙还原扩散法制取钐-钴永磁合金、硅热还原法制取铈-钴永磁合金。

(9) 掌握真空蒸馏法、区域熔炼法、电传输法、电精炼法、电传输-区熔联合法提纯稀土金属的基本原理和工艺实践。

本课程实验内容与学时分配如表 2-4 所示。

表 2-4 “稀土提取技术”实验内容与学时分配表①

实验项目名称	实验学时	备 注
稀土元素的性质、理化特征及主要化合物特征	2	必修
稀土矿物原料及其处理方法	3	必修
溶剂萃取法分离稀土元素	3	必修
离子交换色层法分离稀土元素	3	必修
分离稀土的其他方法	3	必修
稀土纯化合物的制备	4	必修
熔盐电解法制取稀土金属和合金	2	必修
还原法制取稀土金属和合金	2	必修
稀土金属的精炼提纯	2	必修

①实验教学按小班研讨方式进行。

2.2.4 研讨式教学内容设计

在课程的研讨式教学内容上，同样围绕着“稀土矿石资源开发”项目驱动开展，既与课程内容相衔接，又是理论课程的深入发展，也要与实验教学有所关联。小班研讨式教学要求按照专题开出：

(1) 岩矿鉴定专题。研讨内容为稀土矿石的矿物组成、形态及赋存状态，采用现代测试技术进行嵌布特征、嵌布关系分析，同时还包括矿物工艺性质、工艺类型及其空间分布规律，并与元素组成和结构的关系。

(2) 浮选专题。研讨内容为稀土矿山实用的浮选理论，浮选药剂的分类、特性及其研究进展，常见的稀土浮选工艺、流程结构、先进的浮选设备以及稀土选矿研究进展，引导“无毒环保”的理念。

(3) 重力选矿专题。研讨内容为我国选矿厂中稀土矿山的重选流程研究进展，包括重力分级、溜槽工艺、摇床工艺以及新型高效细泥选别设备。

(4) 磁选专题。研讨内容为我国内蒙古包钢稀土矿床中的磁铁矿与稀土的磁选分离工艺及研究进展。

(5) 化学选矿专题。研讨内容为稀土矿山采用化学选矿的常用工艺、流程，浸出液的固液分离工艺、萃取工艺、流程结构及药剂研究进展。

(6) 稀土提取技术专题。研讨内容为稀土金属提纯的工艺方法、热还原法制取稀土金属的工艺流程、氧化还原法分离稀土常用方法，及其稀土分离流程的组合原则、离子交换色层法分离制取稀土元素的工艺条件等，同时还包括离子交换色层法分离钍镐等稀土元素的工艺流程以及提纯稀土金属的工艺方法和研究进展。

2.3 实习类实践教学大纲

2.3.1 “认识实习”实践教学大纲

“认识实习”实践教学基本要求应包括：

（1）讲授《选矿概论》，增强学生对稀土矿山生产过程的感性认识。

（2）通过在稀土矿山听取专题报告和安全教育培训，了解矿山生产组织管理体系和安全体系。

（3）通过稀土矿山生产现场参观，了解稀土选矿工艺流程结构、工艺设备、选矿药剂的种类和使用，了解矿山技术经济指标、产品质量要求，形成对矿山建设和选矿厂配置的总体认识。

（4）熟悉认识实习报告的编写要求。

“认识实习”实践内容与学时分配如表2-5所示。

表2-5 “认识实习”实践内容与学时分配表①

实验项目名称	实践天数	备 注
《选矿概论》讲授	3	必修
稀土矿山安全教育	1	必修
稀土矿山选厂参观	3	必修
认识实习报告撰写	1	必修

①集中在1.5周内完成。

2.3.2 “生产实习”实践教学大纲

“生产实习”实践教学基本要求：

（1）通过在稀土矿山听取专题报告和安全教育培训，熟悉矿山生产组织管理体系和安全体系。

（2）通过稀土矿山生产现场参观，熟悉选矿工艺流程结构、工艺设备、选矿药剂的种类和使用，熟悉矿山技术经济指标、产品质量要求。

（3）通过岗位跟班实习，使学生熟悉岗位操作实践，掌握选矿厂生产过程中的设备、工艺和指标的调节方法与步骤，能使学生理论联系实际，培养和提高学生的独立分析、解决问题的能力。

（4）熟悉生产实习报告的编写要求。

“生产实习”实践内容与学时分配如表2-6所示。

表2-6 “生产实习”实践内容与学时分配表①

实验项目名称	实践天数	备 注
稀土矿山安全教育	1	必修
稀土矿山选矿厂参观实习	1	必修

续表 2-6

实验项目名称	实践天数	备 注
稀土矿山岗位跟班实践	10	必修
生产实习报告撰写	2	必修
实习答辩与总结	1	必修

①集中在 3 周内完成。

2.3.3 "毕业实习"实践教学大纲

"毕业实习"实践教学基本要求应包括：

(1) 通过听取稀土矿山专题报告和安全教育培训，熟悉矿山生产组织管理体系和安全体系，培养安全生产观。

(2) 通过稀土矿山生产车间现场参观，掌握选矿工艺流程结构、工艺设备、选矿药剂的种类和使用，掌握矿山技术经济指标、产品质量要求。

(3) 通过车间实习，提出改进或改善工艺流程、工艺设备、技术指标、技术操作条件、生产管理、产品质量、降低产品成本和提高劳动生产率的各种可能途径，收集毕业设计所需各项材料。

(4) 熟悉毕业实习报告的编写要求。

"毕业实习"实践内容与学时分配如表 2-7 所示。

表 2-7 "毕业实习"实践内容与学时分配表①

实验项目名称	实践天数	备 注
稀土矿山安全教育	1	必修
稀土矿山专题报告	1	必修
稀土选厂车间操作实习与资料收集	10	必修
稀土矿山相关工厂参观	1	必修
毕业实习报告撰写	2	必修

①集中在 3 周内完成。

2.4 研究类实践教学大纲

2.4.1 "研究方法实验"实践教学大纲

"研究方法实验"课程实验教学基本要求应包括：

(1) 掌握稀土矿样品的制备方法，掌握稀土矿石堆积角、摩擦角、假比重的测定方法。

(2) 掌握稀土矿石浮选药剂的性质测定，学会对浮选产品进行脱水、烘干、称重、取样和化验。

(3) 掌握稀土矿石 pH 值调整剂、抑制剂、磨矿细度等条件实验方法，掌握捕收剂种类及用量试验，捕收剂、抑制剂析因实验内容。

（4）掌握稀土矿石开路流程结构的确定及其药剂制度的优选，熟悉闭路流程的操作方法。

课程实验内容与学时分配如表 2-8 所示。

表 2-8 “研究方法实验”实践内容与学时分配表①

实验项目名称	实践天数	备 注
稀土矿石试样制备及物理性质测定	2	必修
稀土矿石探索性实验	2	必修
稀土矿石磨矿细度实验	2	必修
稀土矿捕收剂种类及用量实验	2	必修
稀土矿调整剂种类及用量实验	2	必修
稀土矿石开路流程实验	2	必修
稀土矿石闭路流程实验	2	必修
实验报告撰写	2	必修

①集中在 2~3 周内完成。

2.4.2 “毕业论文”实践教学大纲

“毕业论文”实践教学基本内容应包括：

（1）文献综述。了解国内外关于稀土矿石选矿的工艺、设备、药剂的发展现状、发展方向、最新动态和发展趋势。

（2）设备和药剂。掌握稀土矿石化学选矿、重选、磁选、浮选及联合工艺的流程和设备原理，稀土矿石选矿过程中所需的实验室设备和药剂，了解浮选的药剂制度和药剂作用机理。

（3）条件实验。掌握稀土矿石化学提取过程中的浸出剂种类、浸出条件、影响因素、固液分离、稀土萃取等条件实验；掌握重选实验过程中各种重选设备参数的条件实验；掌握磁铁矿型稀土矿石磁选实验过程中磁场强度等各种磁选参数的条件实验；掌握稀土矿石浮选实验过程中磨矿细度、浮选时间、捕收剂种类、捕收剂用量、调整剂种类、调整剂用量、组合捕收剂、组合抑制剂比例等条件实验。

（4）开路实验和闭路实验。在条件实验的基础上，掌握稀土矿石选矿的开路实验及闭路实验。

（5）结果与讨论。掌握稀土矿石实验过程中的条件实验、开路实验、闭路实验结果数据的分析和讨论，对实验过程中出现的问题能进行分析。

（6）撰写毕业论文。严格按照毕业论文的要求，包括毕业论文的格式、中英文摘要、参考文献、小论文等，根据稀土矿石选矿实验的结果，撰写毕业论文。

“毕业论文”实践教学基本要求：

（1）综合运用所学专业的基础理论、基本技能和专业知识，掌握稀土矿选矿流程设计的内容、步骤和方法。

（2）根据稀土矿原矿性质和工艺矿物学特性，掌握稀土矿流程结构的设计原则和方法。

(3) 根据确定的稀土矿流程结构，掌握流程结构中基于化学提取的浸出剂种类、流量、流速、助浸剂种类、矿石粒度、孔隙率等条件实验。

(4) 掌握重选、磁选方法的磨矿细度、浓度、分级粒度、磁场强度等条件实验。

(5) 掌握基于浮选方法的抑制剂、调整剂、捕收剂等药剂种类、用量和浮选时间实验。

(6) 根据确定的稀土矿流程结构和药剂制度，掌握稀土矿石开路流程和闭路流程的实验方法。

"毕业论文"实践内容与学时分配如表 2-9 所示。

表 2-9 "毕业论文"实践内容与学时分配表①

实验项目名称	实践周数	备 注
稀土矿石原矿性质测定	1	必修
稀土矿石工艺矿物学测定	1	必修
稀土矿石流程结构设计实验	1	必修
稀土矿石流程结构条件实验	6	必修
稀土矿石开路和闭路流程实验	1	必修
稀土矿石毕业论文撰写	1	必修
毕业论文答辩	1	必修

①集中在 12 周内完成。

2.5 设计类实践教学大纲

2.5.1 "矿物加工工厂设计"课程教学大纲

"矿物加工工厂设计"课程教学基本要求应包括：

(1) 熟悉稀土矿山选矿厂设计的原则、步骤、内容和方法。

(2) 熟悉和掌握稀土矿山选矿工艺流程的选择和计算、选矿设备的选择和计算、车间的设备配置方案、选矿厂总体布置和设备配备、计算机辅助设计。

(3) 了解辅助设备和设施的选型、选择与计算。

(4) 理解尾矿设施、环境保护、概算和财务评价。

(5) 并对稀土矿分选作业产品结构进行方案比较，对给定的工艺流程进行评价并编写出设计说明书。

"矿物加工工厂设计"课程设计教学基本要求是：

(1) 掌握选矿厂设计的原则、内容和步骤。

(2) 熟练掌握常用工艺流程、工艺设备的选择和计算及车间的设备配置方案。

(3) 理解尾矿设施、环境保护、概算和财务评价。

(4) 了解辅助设备和设施的选择与计算。

本课程设计内容与要求如表 2-10 所示。

表 2-10 “矿物加工工厂设计”课程设计内容与要求①

实践项目名称	实践天数	备注
稀土选厂工艺流程的设计和计算	2	要求绘制： （1）主厂房平面图和数质量矿浆流程图； （2）破碎厂房的平断面图和设备配置图
主要工艺设备的选择和计算	2	
辅助设备与设施的选择与计算	1	
破碎厂房或者主厂房设备配置	3	
设计说明书编写	2	

①集中在 2 周内完成。

2.5.2 “毕业设计”实践教学大纲

“毕业设计”实践教学基本要求是：

（1）综合运用所学专业的基础理论、基本技能和专业知识，掌握稀土矿选矿厂设计的内容、步骤和方法。

（2）根据稀土矿选矿厂日处理量，掌握破碎筛分、磨矿分级、选别流程和脱水流程的选择和计算、主要设备和辅助设备的选型和计算、选矿厂各车间的平断面图的绘制以及设计说明书的编写。

（3）熟悉使用各种参考资料（专业文献、设计手册、国家标准、技术定额等）来独立地、创造性地解决设计中存在的问题。

（4）理解并贯彻我国矿山建设的方针政策和经济体制改革的有关规定，树立政治、经济和技术三者结合的设计观点。

“毕业设计”实践内容与学时分配如表 2-11 所示。

表 2-11 “毕业设计”实践内容与学时分配表①

实验项目名称	实践周数	备注
稀土选厂破碎筛分流程、设备选择和计算	1	必修
稀土选厂磨矿分级流程、设备选择和计算	1	必修
稀土选厂选别流程、设备选择和计算	2	必修
稀土选厂主要辅助设备选择和计算	1	必修
稀土选厂碎磨选别数质量流程图绘制	1	必修
稀土选厂破碎筛分车间平断面图绘制	1	必修
稀土选厂主厂房平断面图绘制	1	必修
稀土选厂脱水车间及全厂的平面图绘制	1	必修
稀土选厂设计说明书的撰写	1	必修
毕业设计答辩	1	必修

①集中在 12 周内完成。

2.6 实践教学体系的考核

2.6.1 “课程实验教学”考核

“课程实验教学”全部纳入了小班研讨教学中。一般将小班分成若干研讨小组/实验小组，选定研讨课题方向，在导师和助教指导下查询资料/实验指导书，寻找课题/实验解决方案。然后制作 PPT 课堂汇报，经质疑、研讨、点评，形成小组研讨成果。小班研讨教学考核权重占 50%。基础理论和基础知识的考核权重也占 50%，通常以试卷形式考评。

为进一步衡量每个小组的贡献度，根据小组共同提交的报告和汇报，确定小组的成果质量，该权重占该部分成绩的 2/3；再根据小组每个成员的过程表现和撰写的心得体会，确定小组每个成员的成绩，该权重占该部分成绩的 1/3。本课程考核权重分配及其考核方式如表 2-12 所示。

表 2-12 含小班研讨的“课程实验教学”考核表

类型	基础理论与基础知识	实验教学与研讨		课堂教学与研讨	
		实验小组成果	个人表现	研讨小组成果	个人表现
权重/%	50	15	10	15	10
考核方式	试卷	实验报告	心得体会和过程表现	研讨 PPT	心得体会和过程表现

2.6.2 “课程设计”考核

“课程设计”考核及成绩评定由三部分组成：

（1）根据课程设计过程中学生分析、解决问题能力的表现，设计方案的合理性、新颖性，设计过程中的独立性、创造性以及设计过程中的工作态度。

（2）根据课程设计的指导思想与方案制定的科学性，设计论据的充分性，设计的创见与突破性，设计说明书的结构、文字表达及书写情况。

（3）根据学生本人对课程设计工作的总体介绍，课程设计说明书的质量，答辩中回答问题的正确程度、设计的合理性。

“课程设计”考核权重分配及其考核方式如表 2-13 所示。

表 2-13 “课程设计”考核表

类型	设计过程中独立性、创造性及工作态度	设计说明书和图纸		答辩过程	
		设计说明书的撰写质量	设计图纸质量	学生讲解	回答问题准确度
权重/%	20	20	20	20	20
考核方式	过程记录和考查	提交设计说明书	提交设计图纸	学生根据说明书和图纸讲解	回答答辩小组问题和心得体会

3 稀土资源开发项目驱动下的实践教学指导书

本章介绍了稀土资源开发项目驱动下各课程实验、实习、研究、设计等实践教学指导书。

3.1 “工艺矿物学”实践教学指导书

3.1.1 稀土矿物的显微镜鉴定

【实验原理】

在可见光中，矿物可分为透明、半透明和不透明三大类，非金属矿物绝大部分为透明矿物。在鉴定和研究透明矿物的过程中，应用最广泛的方法就是晶体光学法，即偏光显微镜研究方法。它是将样品磨成0.03mm厚的薄片，在偏光显微镜下，观察矿物的各种光学性质，从而达到鉴定矿物、研究样品结构构造及工艺加工特征的目的。

【实验要求】

（1）通过对偏光显微镜的学习使用，进一步了解与熟悉显微镜的操作使用。

（2）学习在显微镜下观察、鉴定矿物的结构构造及工艺特征。

（3）掌握不同矿物在显微镜下的光学性质。

【主要仪器及耗材】

实验过程中采用的主要仪器及耗材为偏光显微镜、稀土矿物薄片、记录纸、铅笔等。

【实验内容和步骤】

（1）将选好的目镜插入镜筒，并使其十字丝位于东西、南北方向。

（2）装上物镜和目镜后，轻轻推出上偏光镜和勃氏镜，打开锁光圈，推出聚光镜。目视镜筒内，转动反光镜直至视域最明亮为止。注意对光时不要把反光镜直接对准阳光，因光线太强易使眼睛疲劳。

（3）将观测的矿物薄片置于物台中心，并用薄片夹子将薄片加紧。

（4）从侧面看镜头，转动粗动螺旋，将镜头下降到最低位置，若使用高倍物镜，则需下降到几乎与薄片接触的位置，但需注意不要碰到薄片以免损坏镜头。

（5）从目镜中观察，同时转动粗动螺旋，使镜筒缓慢上升，直至视域内有物像后再转动微动螺旋使之清楚。

（6）观察物像的矿物形态、结构构造等工艺特征，并记录清楚。

【思考题】

（1）绘制轴晶负光性光率体的主要切面，并注明每个切面的半径名称。

（2）当入射光波为偏光，且其振动方向平行于垂直入射光的光率体椭圆切面半径之一时，光波进入晶体后的情况如何？

3.1.2 稀土矿物解理及夹角的测定

【实验原理】

参照“工艺矿物学”教材。稀土矿物具有不同程度的解理，但不同矿物解理的方向、完善程度、组数及解理夹角不同，所以解理是鉴定矿物的重要依据。在磨制薄片时，由于机械力的作用沿解理面的方向形成细缝。在粘矿片的过程中，细缝又被树胶充填。由于矿物的折射率与树胶的折射率不同，光通过时发生折射作用，而使细缝显现出来，所以矿物的解理在薄片中表现为一些平行的细缝，称为解理缝。根据解理的完善程度不同，解理缝表现情况也不同，大致可分为三级。一是极完全解理，解离缝细密而直长，贯穿整个矿物晶粒，如矿石中的黑云母；二是完全解理，解离缝较稀、粗，且不完全连贯，如角闪石；三是不完全解理，解理缝断断续续，有时只能看出解理的大致方向，如橄榄石。解理缝的清晰程度除了与解理的完善程度有关外，还受矿物与树胶的折射率的相对大小控制，二者差越大，解理缝越清晰。

【实验要求】

(1) 掌握稀土矿物的解理的判别。

(2) 熟悉稀土矿物解理性质。

【主要仪器及耗材】

实验过程中采用的主要仪器及耗材为显微镜、稀土矿物标本。

【实验内容和步骤】

(1) 选择垂直于两组解理面的切面。

(2) 转动载物台，使一组解理缝平行十字丝竖丝，如图 3-1（a）所示，记录下载物台的读数 A。

(3) 旋转载物台，使另一组解理缝平行目镜竖丝，如图 3-1（b）所示，记录下载物台的读数 B，两次读数之差即为解理夹角。

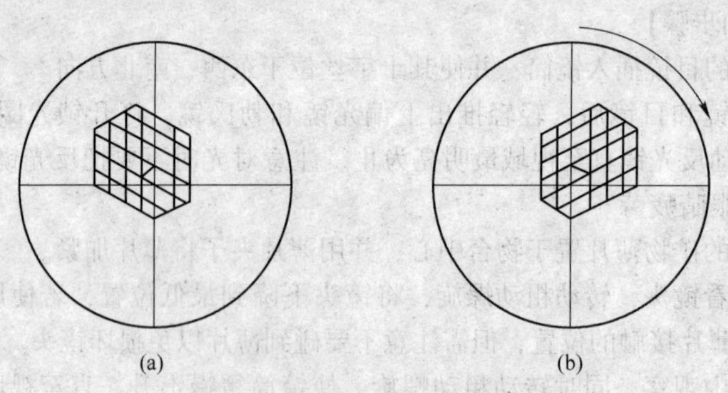

图 3-1 稀土矿物解理夹角的测定
(a) 解理缝平行十字丝竖丝；(b) 解理缝平行目镜竖丝

【思考题】

(1) 何为解理夹角？

(2) 解理缝的宽度除了与解理的性质有关外，还与哪些因素有关？

3.1.3 油浸法测定稀土矿折射率

【实验原理】

参照“工艺矿物学”教材。将测定物质的碎屑浸没在折射率已知的浸油中，比较欲测物质与浸油的折射率，通过一系列浸油的更换，直到矿物与浸油的折射率相等为止，这时浸油的折射率即为预测物质的折射率。当用油浸法测定晶体折射率时，还需要观察晶体的其他光学性质，如晶形、颜色、多色性，延长符号、消光类型和光性符号等。通过油浸法对晶体可以进行全面的观察，现已成为鉴定稀土矿物的一个有效方法。

【实验要求】

(1) 掌握油浸法测定稀土矿物的折射率。

(2) 熟悉油浸法的操作过程。

【主要仪器及耗材】

实验过程中采用的主要仪器及耗材为阿贝折射仪、浸油、稀土矿物标本等。

【实验内容和步骤】

(1) 将浸油滴在阿贝折射仪双棱镜盒内的下棱镜上，合上双棱镜并锁紧棱镜手柄。

(2) 调节反光镜，使视域明亮，旋转棱镜转动手轮，至镜筒出现明暗分界线。

(3) 转动消色棱镜手轮消除色散，至镜筒内出现清晰的黑白界线。再旋转棱镜转动手轮，使黑白线移至十字丝中心。

(4) 在读数镜筒中通过读数线读出浸油折射率，可直接读至小数点后 3 位。测试完毕后，须将棱镜上的浸油擦洗干净。

【思考题】

(1) 新购买或长期未使用的折射仪如何校正？

(2) 浸油薄片如何制备？

3.1.4 X 射线衍射定性稀土物相分析

【实验原理】

X 射线衍射法（XRD）是测定矿石中矿物物相组成和晶体结构的基本方法，实验原理参照“工艺矿物学”教材。

【实验要求】

(1) 掌握 X 射线衍射法定性分析稀土矿物相的方法。

(2) 熟悉稀土物相定性分析过程。

【主要仪器及耗材】

实验过程中采用的主要仪器及耗材为 X 射线衍射仪、稀土矿物试样等。

【实验内容和步骤】

(1) 测量试样的面网间距 d 值和衍射相对强度（I/I_0），如果采用衍射仪法测试，通过试样的连续扫描之后，衍射仪可直接绘制出以 $2a$ 为横坐标、以 I/I_0 为纵坐标的衍射花样，并打印出不同衍射线的 $2a$ 值、d 值及衍射相对强度（I/I_0）等衍射数据。

(2) 从 $2a < 90°$ 范围内选出 3 条强度最高的线，以 d 值递减的顺序排列为 d_1、d_2、d_3，将其余线条的 d 值也按强队递减顺序排列于三强线之后。在数字索引中找出最强线

d_1所在的大组，在这一组中找出同时与次强线 d_2及再次强线 d_3都符合的条目。

(3) 在三强线都符合的某一或某几列条目中再查看第 4、5 线等，直到八强线数据均进行过对照之后，找出最可能的物相及卡片号。

(4) 对比未知项与卡片的全部的 d 值及 I/I_0，若 d 值在误差范围内符合，强度基本符合及可认为定性完成。

【思考题】

(1) 为什么连续 X 射线和 X 射线的非相干散射会给 X 射线衍射分析带来不良的影响，对它们能否加以克服？

(2) 给你一块岩矿试样，请说明用 X 射线衍射方法测定它们的物相需经过哪些过程？

3.1.5 稀土矿石中稀有矿物定量

【实验原理】

稀有金属矿物在稀土矿石中含量很低，可采用人工重砂法进行定量分析。定量前，先将原矿破碎、分级、分选，把需要定量的矿物集中于精矿中，然后将精矿团矿磨制成油浸薄片或砂片，在镜下进行矿物定量，再将定量结果换算成原矿中该矿物的百分含量。实验原理参照“工艺矿物学”教材。

【实验要求】

(1) 掌握稀土矿石中稀有矿物的定量分析。

(2) 熟悉稀有矿物定量分析过程。

【主要仪器及耗材】

实验过程中采用的主要仪器及耗材为显微镜、稀土矿物标本等。

【实验内容和步骤】

(1) 从矿物分离的最终产品中，均匀地挑选待测矿物（条件允许时可采用筛析法）。

(2) 将精矿团矿并磨制成油浸薄片或砂粒光片。

(3) 将磨制好的光片，置于显微镜下查数各种矿物的颗粒数，一般共计查数 1500～2000 个颗粒即可。

(4) 根据查数的各种矿物颗粒数 m_1、m_2、m_3、…、m_n换算成相应的各种矿物百分含量；设各矿物的密度分别为 ρ_1、ρ_2、ρ_3、…、ρ_n，则精矿中颗粒数为 m_1的矿物质量分数为：

$$w_1 = \frac{m_1\rho_1}{m_1\rho_1 + m_2\rho_2 + m_3\rho_3 + \cdots + m_n\rho_n}$$

其他矿物也可以按照同样的方式计算。

(5) 将精矿中矿物的百分含量换算成原矿中相应矿物的质量分数，这个换算只需要精矿产率乘以各种矿物在精矿中的质量分数即可。

【思考题】

(1) 显微镜下如何实施“面测法”、“线测法”和“点测法”，它们都能完成哪些基本量的测量？

(2) 何为嵌布特征，它主要有哪几种分选类型？

3.1.6 稀土矿物单体解离度测定

【实验原理】

选矿工艺加工的矿石，多数情况下都是由 2~3 种，个别的甚至由十几种矿物所组成。这些矿物经过破碎加工后，仅凭外观有限的少数特征，显然是很难准确的辨认。这些矿石的流程产物主要通过反光显微镜测定法进行考查。在镜下，一方面根据光性差别判断矿物的类别，同时查数各种类型颗粒的多少。目的矿物含量极低且又不易鉴别时，就要用预先富集法对产物进行观测，如稀土矿物和稀有金属（钽、铌矿物）、贵金属等。具体实验原理参照“工艺矿物学”教材。

【实验要求】

（1）掌握稀土矿物单体解离度的测定。

（2）熟悉稀土矿物单体解离度的测定方法。

【主要仪器及耗材】

实验过程中采用的主要仪器及耗材为显微镜、稀土矿物标本等。

【实验内容和步骤】

（1）样品制备。首先将流程产物脱泥、烘干，并筛分成选矿筛析通常采用的几个级别。称取各个级别矿样的重量，计算各级别的产率，然后从各筛级中均匀挑取 2 ~5g 样，送交化验室分析各元素的含量。

（2）样品制备齐后可着手在镜下统计、观测。获取单体解离度的镜下统计方式很多，其中比较实用且精度较高的方法为“过尺法”和“数粒法”，过尺法是在视域中安置一把目镜测微尺，拧动载物台上的机械台，使所有的矿物颗粒逐个通过目镜尺，量测所有单体的颗粒总长和各类连生体中目的矿物的总长，即可获得目的矿物的单体解离度。数粒法是观测前，要预先将连生体划分为 3/4、2/4、1/4、1/8 等几种类型，然后再一个视域接着一个视域，连续不重复地查数目的矿物的单体数和各类连生体的颗粒数，并按表 3-1 逐个记录。

表 3-1 稀土矿物单体解离度测定实验记录表

筛级/μm	目的矿物单体数	连生体颗粒数					浸染体颗粒数	脉石单体数	观测颗粒总数
		$\frac{3}{4}$	$\frac{1}{2}$	$\frac{1}{4}$	$\frac{1}{8}$	$\frac{1}{16}$			
+165	$N_{m(p)}$	$N_{l(3/4)}$	$N_{l(1/2)}$	$N_{l(1/4)}$	$N_{l(1/8)}$	$N_{l(1/16)}$	N_{co}	$N_{m(g)}$	N_0
+74									
⋮									
⋮									

（3）粒级单体解离度计算。实体显微镜测定法和反光显微镜测定法中的直接观测法，按上面的表格将观测结果记录下来后，用下列公式计算样品各粒级的单体解离度。

$$N_0 = N_{m(\rho)} + N_{l(3/4)} + N_{l(1/2)} + N_{l(1/4)} + N_{l(1/8)} + N_{l(1/16)} + N_{co} + N_{m(g)}$$

单体解离度：

$$L = \frac{N_{m(\rho)}}{N_{m(\rho)} + \frac{3}{4}N_{l(3/4)} + \frac{1}{2}N_{l(1/2)} + \frac{1}{4}N_{l(1/4)} + \frac{1}{8}N_{l(1/8)} + \frac{1}{16}N_{l(1/16)}}$$

【思考题】

(1) 在影响单体解离度测定误差的各因素中，最难控制的有哪些？

(2) 对矿物解离测定结果进行校正的方法有哪些，各优缺点如何？

3.2 “化学选矿”实践教学指导书

3.2.1 稀土矿石孔隙率的测定

【实验原理】

稀土矿石孔隙率是矿石中孔隙体积占矿石总体积的百分比。稀土矿石中各粒级矿石颗粒集合和排列形成固相骨架，骨架内部形成形状规则不同、大小各异的孔隙，化学浸出渗透过程中浸出液在孔隙间流动，孔隙的不规则排列形成了浸出过程中的渗流路径。矿石孔隙率可由下式计算：

$$\varphi = 1 - \frac{m_s}{FL\rho_s}$$

式中，φ 为稀土矿石孔隙率；m_s 为试样质量；F 为矿体横截面积；L 为矿体高度；ρ_s 为矿石密度。

稀土矿石孔隙度与矿石的矿层高度和横截面积有关,由此可测定计算不同稀土矿石孔隙率。

【实验要求】

(1) 掌握稀土矿石孔隙率的测定方法。

(2) 使用孔隙率计算公式分析不同性质稀土矿石的孔隙率。

(3) 掌握孔隙率测定过程中的注意事项和影响因素。

【主要仪器及耗材】

实验过程中采用的主要仪器及耗材为实验室自制浸出装置（如图 3-2）、电子天平、刻度尺、烧杯、样铲、分样板等。

【实验内容和步骤】

(1) 称取 1000g 矿石均匀给入浸取柱内。

(2) 测量稀土矿石密度。

(3) 测量浸取柱内稀土矿石的高度，以及柱内矿石横截面积。

(4) 根据孔隙率公式，将测定的数据代入公式，计算孔隙率。

【数据处理与分析】

将实验结果如实填写在记录本上。

【实验注意事项】

实验过程中，稀土矿石给入矿柱内需均匀给入，切勿压实或松动浸取柱，以免导致矿石孔隙率发生变化；同时实验结果需多次测定，求取平均值作为最终数据；对于出现特殊情况的数据应检查测定方法是否正确，分析其原因后重新测定。

【思考题】

(1) 何谓孔隙率，孔隙率测定时影响因素有哪些？

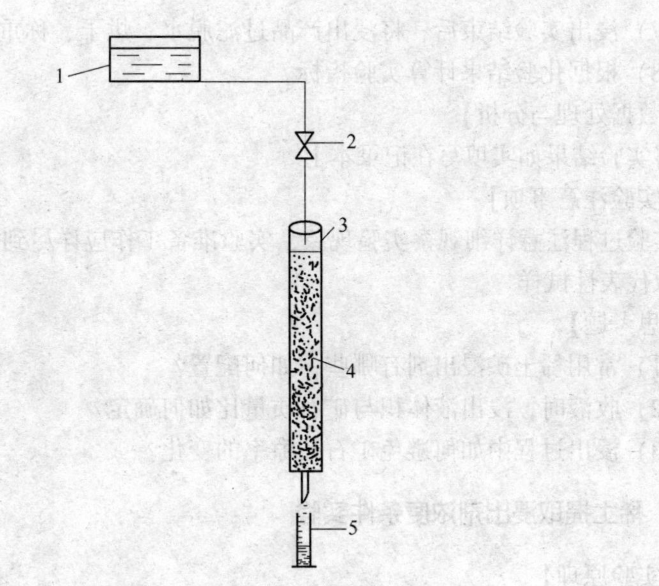

图 3-2 稀土矿石孔隙率测定所用化学浸出装置
1—高位槽；2—截止阀；3—浸取柱；4—稀土矿；5—收液

（2）稀土矿石比重的测定方法有哪些？

3.2.2 稀土提取浸出剂种类条件实验

【实验原理】

参照“化学选矿”和“稀土提取技术”。

【实验要求】

（1）掌握稀土提取常用的浸出剂种类。

（2）掌握浸出剂种类对稀土提取的影响规律。

（3）学会稀土矿石化学提取实验前的准备工作。

（4）学会观察稀土矿石的化学提取现象，熟练对稀土化学浸出产品的固液分离、样品烘干、称重制样、检测化验等环节的工作。

【主要仪器及耗材】

实验过程中采用的主要仪器及耗材为实验室自制稀土浸出装置、电子天平、酸度计、分析天平、普通天平、离心沉淀器、真空过滤机、浮选机、可调定量加液器、多头磁力搅拌器、烘箱、装矿盆、洗瓶、制样工具及各类化学浸出试剂等。

【实验内容和步骤】

（1）按步骤开展实验准备工作，检查设备的性能与正常使用情况，检查实验时各类药剂、器具及人员的配置情况。

（2）称取重量为 1000g 的单元试验样多份，并分别均匀给入相应的浸出柱内。

（3）按拟定的质量浓度配置不同种类的浸出剂。

（4）将各类浸出剂分别均匀装入高位槽中。

（5）打开截止阀，调节可调定量加液器，控制浸出剂流速为拟定的流速。

（6）观察浸出实验现象，收集浸出液。

(7) 浸出实验结束后，将浸出产品过滤脱水、烘干、称重、制样、送检。

(8) 根据化验结果计算实验指标。

【数据处理与分析】

将实验结果如实填写在记录本上。

【实验注意事项】

实验过程注意详细观察实验现象，实验准备工作应详尽到位，送检产品应根据制样步骤采取代表性试样。

【思考题】

(1) 常用稀土矿浸出剂有哪些，如何配置？

(2) 收液时，浸出液体积与矿石质量比如何确定？

(3) 浸出过程中如何避免矿石孔隙率的变化？

3.2.3 稀土提取浸出剂浓度条件实验

【实验原理】

参照“化学选矿”和“稀土提取技术”。

【实验要求】

(1) 掌握稀土提取常用的浸出剂种类。

(2) 掌握浸出剂浓度对稀土提取的影响规律。

(3) 学会稀土矿石化学提取实验前的准备工作。

(4) 学会观察稀土矿石的化学提取现象，熟练对稀土化学浸出产品的固液分离、样品烘干、称重制样、检测化验等环节的工作。

【主要仪器及耗材】

实验过程中采用的主要仪器及耗材为实验室自制稀土浸出装置、电子天平、酸度计、分析天平、普通天平、离心沉淀器、真空过滤机、浮选机、可调定量加液器、多头磁力搅拌器、烘箱、装矿盆、洗瓶、制样工具及各类化学浸出试剂等。

【实验内容和步骤】

(1) 按步骤开展实验准备工作，检查设备的性能与正常使用情况，检查实验时各类药剂、器具及人员的配置情况。

(2) 称取重量为1000g的单元试验样多份，并分别均匀给入浸出柱内。

(3) 按要求配置不同质量浓度的浸出剂。

(4) 将各种浓度的浸出剂分别均匀装入相应的高位槽中。

(5) 打开截止阀，调节可调定量加液器，控制浸出剂流速为拟定的流速。

(6) 观察浸出实验现象，收集浸出液。

(7) 浸出实验结束后，将浸出产品过滤脱水、烘干、称重、制样、送检。

(8) 根据化验结果计算实验指标。

【数据处理与分析】

将实验结果如实填写在记录本上。

【实验注意事项】

实验过程注意详细观察实验现象，实验准备工作应详尽到位，送检产品应根据制样步骤采取代表性试样。

【思考题】

（1）浸出剂浓度过高或过低对稀土化学浸出有何影响？

（2）浸出过程中浸出剂浓度与稀土浸出率有何关系？

3.2.4 稀土提取浸出剂流速条件实验

【实验原理】

参照“化学选矿”和“稀土提取技术”。

【实验要求】

（1）掌握稀土提取常用的浸出剂种类。

（2）掌握浸出剂流速对稀土提取的影响规律。

（3）学会稀土矿石化学提取实验前的准备工作。

（4）学会观察稀土矿石的化学提取现象，熟练对稀土化学浸出产品的固液分离、样品烘干、称重制样、检测化验等环节的工作。

【主要仪器及耗材】

实验过程中采用的主要仪器及耗材为实验室自制稀土浸出装置、电子天平、酸度计、分析天平、普通天平、离心沉淀器、真空过滤机、浮选机、可调定量加液器、多头磁力搅拌器、烘箱、装矿盆、洗瓶、制样工具及各类化学浸出试剂等。

【实验内容和步骤】

（1）按步骤开展实验准备工作，检查设备的性能与正常使用情况，检查实验时各类药剂、器具及人员的配置情况。

（2）称取重量为1000g的单元试验样多份，并分别均匀给入浸出柱内。

（3）按要求配置拟定的质量浓度的浸出剂。

（4）将浸出剂分别均匀装入相应的高位槽中。

（5）打开截止阀，调节可调定量加液器，控制浸出剂流速为不同要求的流速。

（6）观察浸出实验现象，收集浸出液。

（7）浸出实验结束后，将浸出产品过滤脱水、烘干、称重、制样、送检。

（8）根据化验结果计算实验指标。

【数据处理与分析】

将实验结果如实填写在记录本上。

【实验注意事项】

实验过程注意详细观察实验现象，实验准备工作应详尽到位，送检产品应根据制样步骤采取代表性试样。

【思考题】

（1）浸出剂流速对稀土化学浸出过程有何影响？

（2）浸出过程中浸出剂流速与矿体微细颗粒迁移有何关系？

3.2.5 稀土提取浸出剂 pH 条件实验

【实验原理】

参照“化学选矿”和“稀土提取技术”。

【实验要求】

(1) 掌握稀土提取常用的浸出剂种类。

(2) 掌握浸出剂 pH 对稀土提取的影响规律。

(3) 学会稀土矿石化学提取试验前的准备工作。

(4) 学会观察稀土矿石的化学提取现象，熟练对稀土化学浸出产品的固液分离、样品烘干、称重制样、检测化验等环节的工作。

【主要仪器及耗材】

实验过程中采用的主要仪器及耗材为实验室自制稀土浸出装置、电子天平、酸度计、分析天平、普通天平、离心沉淀器、真空过滤机、浮选机、可调定量加液器、多头磁力搅拌器、烘箱、装矿盆、洗瓶、制样工具及各类化学浸出试剂等。

【实验内容和步骤】

(1) 按步骤开展实验准备工作，检查设备的性能与正常使用情况，检查实验时各类药剂、器具及人员的配置情况。

(2) 称取重量为 1000g 的单元试验样多份，并分别均匀给入浸出柱内。

(3) 按要求配置不同 pH 条件的浸出剂。

(4) 将浸出剂分别均匀装入相应的高位槽中。

(5) 打开截止阀，调节可调定量加液器，控制浸出剂流速为拟定的恒定流速。

(6) 观察浸出实验现象，收集浸出液。

(7) 浸出实验结束后，将浸出产品过滤脱水、烘干、称重、制样、送检。

(8) 根据化验结果计算实验指标。

【数据处理与分析】

将实验结果如实填写在记录本上。

【实验注意事项】

实验过程注意详细观察实验现象，实验准备工作应详尽到位，送检产品应根据制样步骤采取代表性试样。

【思考题】

(1) 离子型稀土矿原矿自然 pH 值范围一般是多少。不同 pH 值的浸出剂对稀土浸出过程有何影响?

(2) 不同 pH 值的浸出剂对稀土化学浸出过程的反应有何影响?

3.2.6 稀土提取矿石含水率条件实验

【实验原理】

参照化学选矿和稀土提取技术。

【实验要求】

(1) 掌握稀土化学提取过程的影响因素。

(2) 探索各影响因素对稀土提取的影响规律。

(3) 学会稀土矿石化学提取实验前的准备工作。

(4) 学会观察稀土矿石的化学提取现象，熟练对稀土化学浸出产品的固液分离、样品烘干、称重制样、检测化验等环节的工作。

【主要仪器及耗材】

实验过程中采用的主要仪器及耗材为实验室自制稀土浸出装置、电子天平、酸度计、分析天平、普通天平、离心沉淀器、真空过滤机、浮选机、可调定量加液器、多头磁力搅拌器、烘箱、装矿盆、洗瓶、制样工具及各类化学浸出试剂等。

【实验内容和步骤】

(1) 按步骤开展的准备工作，检查设备的性能与正常使用情况，检查实验时各类药剂、器具及人员的配置情况。

(2) 称取重量为1000g的单元试验样多份，并分别烘干，确保含水率为0。

(3) 取出相应的单元试样，通过在平铺的矿样表面均匀喷洒一定量的蒸馏水，并装入样袋密封避光储存24h，待蒸馏水在矿物颗粒表面充分扩散后开始实验。

(4) 按拟定的质量浓度配置浸出剂。

(5) 将浸出剂分别均匀装入高位槽中。

(6) 打开截止阀，调节可调定量加液器，控制浸出液流速为拟定的恒定流速。

(7) 观察浸出实验现象，收集浸出液。

(8) 浸出实验结束后，将浸出产品过滤脱水、烘干、称重、制样、送检。

(9) 根据化验结果计算实验指标。

【数据处理与分析】

将实验结果如实填写在记录本上。

【实验注意事项】

实验过程注意详细观察实验现象，实验准备工作应详尽到位，送检产品应根据制样步骤采取代表性试样。

【思考题】

(1) 稀土原矿试样一般含水率多少。配置不同含水率的稀土试样需注意的事项有哪些?

(2) 稀土原矿含水率对稀土提取过程有何影响?

3.2.7 稀土提取矿石粒度条件实验

【实验原理】

参照化学选矿和稀土提取技术。

【实验要求】

(1) 掌握稀土化学提取过程的影响因素。

(2) 探索各影响因素对稀土提取的影响规律。

(3) 学会稀土矿石化学提取实验前的准备工作。

(4) 学会观察稀土矿石的化学提取现象，熟练对稀土化学浸出产品的固液分离、样品烘干、称重制样、检测化验等环节的工作。

【主要仪器及耗材】

实验过程中采用的主要仪器及耗材为实验室自制稀土浸出装置、电子天平、酸度计、分析天平、普通天平、离心沉淀器、真空过滤机、浮选机、可调定量加液器、多头磁力搅拌器、烘箱、装矿盆、洗瓶、制样工具及各类化学浸出试剂等。

【实验内容和步骤】

(1) 按步骤开展的准备工作，检查设备的性能与正常使用情况，检查实验时各类药剂、器具及人员的配置情况。

(2) 将稀土原矿试样筛分分级，分成-3.50+2.00mm、-2.00+0.25mm、-0.25+0mm三个自然粒级，每个粒级分别称量单元试样1000g。

(3) 按拟定的质量浓度配置浸出剂。

(4) 将浸出剂分别均匀装入高位槽中。

(5) 打开截止阀，调节可调定量加液器，控制浸出液流速为拟定的恒定流速。

(6) 观察浸出实验现象，收集浸出液。

(7) 浸出实验结束后，将浸出产品过滤脱水、烘干、称重、制样、送检。

(8) 根据化验结果计算实验指标。

【数据处理与分析】

将实验结果如实填写在记录本上。

【实验注意事项】

实验过程注意详细观察实验现象，实验准备工作应详尽到位，送检产品应根据制样步骤采取代表性试样。

【思考题】

(1) 稀土原矿试样粒级分布如何?

(2) 不同粒级的稀土矿石对稀土化学浸取有何影响?

(3) 稀土矿石粒度对其他条件因素是否存在交互影响关系?

3.3 “矿物加工学”实践教学指导书

3.3.1 稀土矿石沉降法水力分析

【实验原理】

颗粒从静止状态沉降，在加速度作用下沉降速度愈来愈大。随之而来的反方向阻力也增加。但是颗粒的有效重力是一定的，于是随着阻力增加沉降的加速度减小，最后阻力达到与有效重力相等时，颗粒运动趋于平衡，沉降速度不再增加而达到最大值。这时的速度称作自由沉降末速。在层流阻力范围内，沉降末速的个别式可由颗粒的有效重力与斯托克斯阻力相等关系导出：

$$v_{\infty} = \frac{d^2(\delta - \rho)}{18\mu}g$$

上式v_{∞}是斯托克斯阻力范围颗粒的沉降末速。在采用cm.g.s单位制时，上式可写成：

$$v_{\infty} = 54.5d^2(\delta - \rho)\mu$$

如介质为水，常温时$\mu=0.01$，$\rho=1g/cm^3$，上式又可简化为：

$$v_{\infty} = 5450d^2(\delta - 1)$$

通常所说的水析法就是根据矿粒在介质中的沉降速度，按上式换算出颗粒粒度。

水析法的基本原理，是利用在固定沉降高度的条件下，逐步缩短沉降时间，由细至粗地逐步将较细物料自试料中淘析出来，从而达到对物料进行粒度分布测定的目地。

沉降时间按下式计算得到：

$$t=\frac{h}{v_{\infty}}$$

【实验要求】

掌握沉降水析法的原理和实际操作及安装连续水析器检查和研究小于74μm选矿细泥产物的粒度组成。

【主要仪器及耗材】

实验过程中采用的主要仪器及耗材有：-0.074mm稀土矿试料50~100g、沉降器1套（包括2000mL烧杯1只、搅拌器1只、杯座支架各1副、虹吸管和乳胶管各1根、弹簧夹1只、秒表1只、铁桶3只、洗瓶1只）、坐标纸、称量天平。

【实验内容和步骤】

（1）先按分离粒度为20μm进行实验，计算其沉降末速v_0。

（2）按图3-3装好水析器。

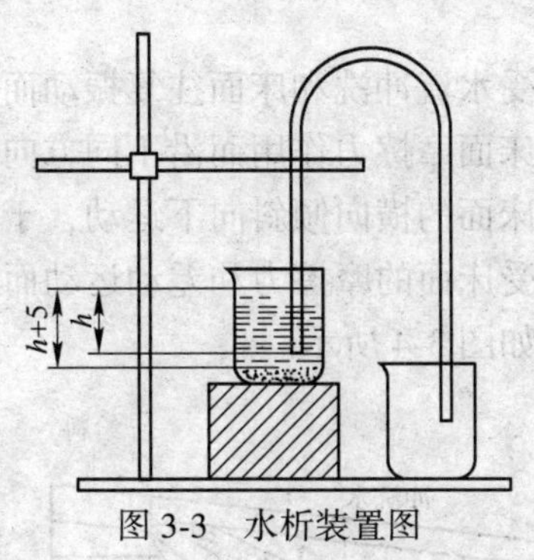

图3-3 水析装置图

（3）将-0.074mm产物置于3000mL烧杯中，并在烧杯中注入适量的清水（与标尺上沿平齐）。

（4）将虹吸管插入液面下一定深度，并令虹吸管下端管口距沉淀物表面约5~8mm。

（5）用搅拌器充分搅拌矿浆，使试料悬浮，停止搅拌后立即用秒表记下沉降时间（按分离粒度20μm的沉降末速v_0和指定沉降距离h计算）。待t秒后打开夹子。吸出h深度的矿浆于容器中。

（6）然后再往烧杯中注入清水至原来高度，充分搅拌t秒后吸出矿液。如此反复操作10~15次，直至搅拌沉淀t秒后，烧杯清澈为止。

（7）将吸出的小于20μm级别过滤。烘干称重（缩分、送化验）。

（8）留在烧杯中的试料按以上步骤操作，但此时的分离粒度规定为40μm。按此计算出v_0后，用v_0和h重新算出20~40μm粒度的沉降时间t_0，吸出20~40μm级别，留在烧杯中的为40~74μm级别。

（9）分别将各级别产物过滤，烘干、称重（缩分送化验）。

【数据处理与分析】

按$\gamma_i(\%)=\dfrac{q_i}{\sum\limits_{n=i}^{j}q_n}\times100\%$算出各粒级的产率，并将数据记入表3-2内。

表 3-2 水析实验记录表

粒级/μm	重量/g	产率/%		品位/%	金属分布率/%	
		本粒级	累计		本粒级	累计
74~40						
40~20						
20~0						
合 计						

【思考题】

(1) 在淘析过程中，矿粒之间彼此团聚对测定有什么影响？

(2) 为什么虹吸管口放置在物料高度 5mm 以上？

3.3.2 稀土矿石摇床分选实验

【实验原理】

矿粒群在床面的条沟内因受水流冲洗和床面往复振动而被松散、分层后的上下层矿粒受到不同大小的水流动压力和床面摩擦力作用而沿不同方向运动，上层轻矿物颗粒受到更大程度的水力冲动，较多地沿床面的横向倾斜向下运动，于是这一侧即被称作尾矿侧，位于床层底部的重矿物颗粒直接受床面的摩擦力和差动运动而推向传动端的对面，该处即称精矿端。矿物在床面上的分布如图 3-4 所示。

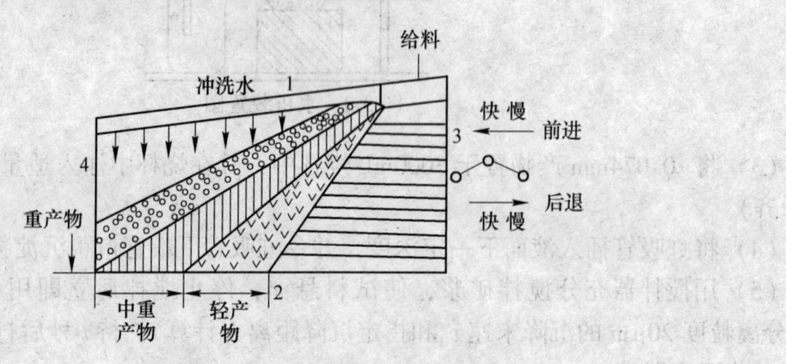

图 3-4 矿物在床面上分布图

【实验要求】

(1) 熟悉实验摇床的构造和操作。

(2) 考察不同比重和粒度的矿粒在摇床上的分布规律。

(3) 了解和掌握摇床选别的工作原理和操作条件。探讨速度、加速度、床面坡度以及补加水等对摇床分层分带的影响。

(4) 测试摇床冲程、冲次、纵坡、横坡、冲洗水量、浓度；测试摇床尖灭角角度、尖灭形式、来复条数目及形状（用断面图标上尺寸及角度）；学会用测振仪、传感器、示波器测试摇床的运动特性。

【主要仪器及耗材】

实验过程中采用的主要仪器及耗材有：-2mm 稀土矿石，倾斜仪、天平、米尺、内卡、秒表、永久磁铁、瓷盘、量筒、水桶、分样铲、毛刷等工具，实验室偏心肘板式摇床1台，可控无级调速装置、示波器、记录仪、传感器1套，扳手2把、铁桶、脸盆数个。

【实验内容和步骤】

（1）学习操作规程，熟悉设备结构，了解调节参数与调节方法；称取试样500g。

（2）先开电源开关，再开灯源开关，最后开示波器。

（3）停止实验时，先关电源开关，停数分钟后待示波器冷后关示波器，最后关电源。

（4）开动摇床，选定工作参数，清扫床面，调节好冲水后确定横冲水流量；将润湿好的矿样在2分钟内均匀的加入给料槽，调整冲水及床面倾角，使物料床面上呈扇形分布，同时调整接料装置，分别接取各产品（精矿、中矿和尾矿）。

（5）观察物料在床面上的运搬分带情况。

（6）观察记录仪记下的位移、速度、加速度曲线形状，并观察此时物料的分带好坏情况。

（7）控制调速箱，变更摇床的冲次，即变更了速度、加速度看此时的曲线形状及分带情况。

（8）用扳手调节摇床冲程，重复上述实验，观察摇床分选效果。

（9）调整床面坡度，观察坡度对摇床分层分带的影响。

（10）关闭补加水，看其床面物料的分带情况，并与不同补加水量时分带情况进行比较。

（11）实验结束后清理实验设备、整理实验场所。

【数据处理与分析】

（1）将实验条件与分选结果数据记录于表3-3。

（2）分析实验条件与分选结果间的关系。

（3）编写实验报告。

表3-3 稀土矿石摇床分选实验综合技术指标表

产品名称	重量/g	产率/%	品位/%	回收率/%
精矿				
中矿				
尾矿				
原矿				

【思考题】

（1）设想隔条的高度沿纵向不变会发生什么现象，为什么？

（2）什么叫水跃现象？

（3）影响摇床分选的主要因素有哪些，如何影响？

3.3.3 稀土矿石螺旋溜槽选矿实验

【实验原理】

溜槽选矿是利用沿斜面流动的水流进行选矿的方法。在溜槽内，不同密度的矿粒在水流的流动动力、矿粒重力（或离心力）、矿粒与槽底间的摩擦力等作用下发生分层，结果使密度大的矿粒集中在下层，以较低的速度沿槽底向前运动，在给矿的同时排出槽外或滞留于槽底，经过一段时间后，间断地排出槽外。密度小的矿粒分布在上层，以较大的速度被水流带走。由此，不同密度的矿粒，在槽内得到了分选。而将一个窄的溜槽绕垂直立轴线弯曲成螺旋状，便构成螺旋选矿机或螺旋溜槽。矿浆自上部给入后，在沿槽流动过程中发生分层。进入底层的重矿物颗粒趋于向槽的内缘运动，轻矿物则在快速的回转运动中被甩向外缘。于是密度不同的矿物即在槽的横向展开了分选带。

【实验要求】

(1) 了解螺旋溜槽的构造、结构参数及实验方式。

(2) 观察液流在槽面上的运动状态。

(3) 考察物料在螺旋溜槽中的分选情况。

【主要仪器及耗材】

实验过程中采用的主要仪器及耗材有：-0.074mm 占 50%细泥矿 4kg、BLLϕ600mm 单头螺旋溜槽、搅拌桶、1/2 砂泵、接矿槽、取样器、天平、秒表、量筒等。

【实验内容和步骤】

(1) 按实验设备连接图示安装连接好所需实验设备，使其构成闭路循环系统。开动砂泵和搅拌桶，给入清水，将实验设备清洗干净并检查连接是否完好。

(2) 将螺旋溜槽上部搅拌桶注满清水，调节给矿阀门，使清水均匀布满整个槽面。仔细观察槽面上水流的流膜厚度分布、水流速度分布等液流的运动特性。

(3) 关掉补加水，撤掉接矿槽，使搅拌桶中清水全部放完，之后，关好上搅拌桶给矿阀门。

(4) 将备好的 4kg 细粒矿物料配成 20%浓度的矿浆，倒入下面给矿搅拌桶，然后打开搅拌桶给矿阀门，将配好的矿浆给入砂浆，让其扬送至上搅拌桶。

(5) 待物料全部进入上搅拌桶后（上搅拌桶必须进行搅拌)，打开其给矿阀门，让矿浆进入螺旋溜槽选别。螺旋溜槽排矿与砂泵之间由接矿器连接，构成闭路循环。

(6) 物料给入螺旋溜槽后，注意观察不同性质的矿粒的运动状况和物料的分选现象，待循环正常后，用取样器分别接取精矿、中矿及尾矿，称重、烘干、制样、送化验。

(7) 实验完毕后，将物料导入另一桶内，然后用清水将全部实验设备冲洗干净，关闭砂泵及搅拌桶。

【数据处理与分析】

(1) 将实验结果进行计算并填入表 3-4。

表 3-4 螺旋溜槽实验数据记录表

项目	重量/g	产率 γ/%	品位 β/%	金属量 $\gamma \cdot \beta$/%	回收率/%
精矿					
中矿					
尾矿					
给矿					

(2) 绘出物料在螺旋溜槽分选过程中品位径向的变化曲线。

(3) 描述水流在螺旋溜槽中的运动状态，物料在分选过程中的运动轨迹。

(4) 为了保证给矿稳定，现需要采取恒压给矿方式。在现有实验装置基础上，你是否能通过做局部改进，达到上述要求，请图示之。

【思考题】

简述影响螺旋溜槽工作的因素。

3.3.4 稀土矿比磁化系数测定

【实验原理】

古依法是一种直接测量比磁化系数的方法。将截面相等的长试料悬挂在天平的一端，使之处于磁场强度均匀且较高的区域，而另一端处于磁场强度较低的区域，试料在磁场中便受到和它的长度方向一致的磁力作用。实验时改变励磁线圈的电流，即改变 H_1 的大小，同时测定试料在磁场中重量的增量，便可按下式计算出矿物比磁化系数χ(cm^3/g)：

$$\chi = \frac{2l\Delta Pg}{\mu_0 PH_1^2}$$

式中 l——试料的长度，cm；

Δp——试料在磁场中与无磁场时所称砝码值之差，g；

g——重力加速度，980cm/s^2；

μ_0——真空磁导率；

P——试料的重量，g；

H_1——螺管线圈中心处的磁场强度，由所对应的激磁电流值查出，A/m。

此外，也能确定比磁化强度 J(Gs/g)：

$$J = \chi H_1 = \frac{2l\Delta Pg}{\mu_0 PH_1}$$

磁性物质在不均匀磁场中受到磁力为

$$F_{磁} = \chi \cdot m \cdot H\mathbf{grad}H$$

式中 χ——比磁化系数，是磁性物质的重要参数；

m——被测试样的质量；

$H\mathbf{grad}H$——比磁力。

如果用已知χ值的标准样品，用磁性分析仪测得 F 和 m，就可标出本合样性分析仪的 $H\mathbf{grad}H$ 值；反之，对待测试样，如果已知 $H\mathbf{grad}H$ 值，只要测得 F 和 m，就可求出待测试样的比磁化系数：

$$\chi = \frac{F_{磁}}{mH\mathbf{grad}H}$$

【实验要求】

(1) 用古依法测定强磁性矿物的比磁化系数。

(2) 掌握磁力天平的使用方法。

(3) 掌握应用 WOE-2 多用磁性分析仪测量弱磁性矿物的比磁化系数的方法。

(4) 掌握 WCE-2 扭力天平的使用方法。

【主要仪器及耗材】

实验过程中采用的主要仪器及耗材有：WOE-2 多用磁性分析仪、WCE-2 晶体管置流稳流器、WCE-2 扭力天平、安培表等。装置如图 3-5、图 3-6 所示。

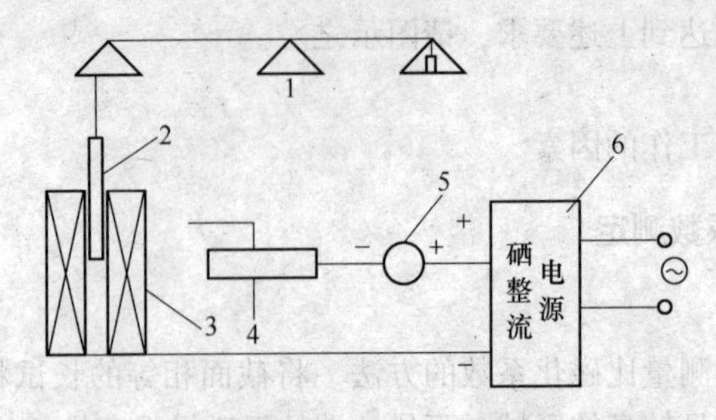

图 3-5 古依法测量比磁化系数设备装置图

1—扭力天平；2—薄壁玻璃管；3—多层螺管线圈；4—滑变电阻器；5—电流表；6—输出可调硒整流电源

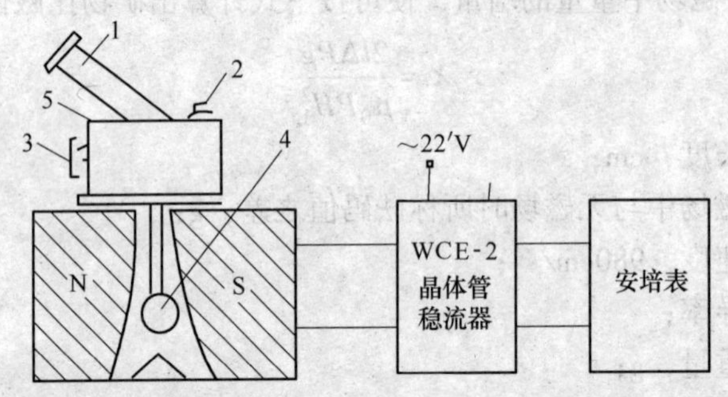

图 3-6 WOE-2 多用磁性分析仪测量比磁化系数的装置图

1—观察镜筒；2—调零旋钮；3—锁紧开关；4—样品盒；5—水平水准仪

【实验内容和步骤】

（1）用古依法测定强磁性矿物的比磁化系数。

1）熟悉设备，按图接好线路，注意电流表的正负不可反接。

2）小心平衡天平。

3）称出并记录空玻璃管重量。

4）将待测试料装入玻璃管内，捣实，使物料长度在 25cm 左右。

5）将装有试料的玻璃管挂在天平的左盘，另一端垂入螺管线圈中，调节线圈的位置，使玻璃管正处于线圈的中心，且玻璃管贴胶布处正处于线圈的顶端。

6）称出玻璃管加试料的重量。

7）选择合适的输出电压挡和合适的电流挡，接通电源，调节滑变电阻器，使电流达到所需要值，称出物料在磁场中重量的增量 ΔP。

8）重复 7)，按表 3-5 中的电流值依次称出所对应的 ΔP。

9）电流与相应的磁场强度值按表 3-5 直接选用。

（2）用 WOE-2 多用磁性分析仪测量弱磁性矿物的比磁化系数。

1）把扭力天平装在多用磁性分析仪上，耐心调好水平，接好稳流器线路。

2）把电流强度调节旋钮逆时针转到尽头（使输出电流为 0），打开稳流器开关，让它预热 5 ~ 10min。

3）放上扭力天平左右盘。在右盘装样品盒，并加适当砝码，打开锁紧开关后，使天平读数在±10格之内。再调节调零旋钮，使天平指0，记下此时空盒的砝码数 M_1。

4）调节电流强度旋钮，电流每增加0.5A，读一次空盒受的磁力 f_1，直到4.5A，测完后马上把电流强度退为0，1~2min后再进行下一步骤。

5）小心取下样品盒（与右盘一起取下以保证不改变样品盒在磁场中位置），装进测量试样，再装到天平支架上，减去适当砝码，使天平读数在±10格内，读出此时基数砝码 M_2 及偏格数（格），则样品质量：

$$m = M_1 - (M_2 \pm 0.1 \times \text{偏格数})$$

6）再调节调零旋钮，使天平重新回0。

在步骤4）同样电流下，测得样品连盒一起受的磁力：

$$f_2 = (M_3 \pm 0.1 \times \text{偏格数}) - M_2$$

则样品的比磁化系数：

$$\chi = \frac{f \cdot g}{m \cdot H\mathbf{grad}H}$$

【数据处理与分析】

按表3-5和表3-6填写并绘出曲线。

表3-5 用古依法测定强磁性矿物的比磁化系数的数据记录表

空试管重：　　g；试料+管重：　　g；
试料净重：　　g；试料长度 l：　　cm

序号	电流/A	磁场强度 H_1/Oe	磁力 ΔP/g	比磁化系数 χ /$cm^3 \cdot g^{-1}$	比磁化强度 J /$Gs \cdot g^{-1}$
1	0.1	20			
2	0.2	25			
3	0.3	50			
4	0.5	100			
5	1.0	250			
6	1.5	450			

表3-6 WOE-2多用磁性分析仪测量弱磁性矿物的比磁化系数的数据记录表

磁性材料名称：　　编号：
空盒砝码数 M_1 =　　mg；基数砝码数 M_2 =　　mg；
样品质量 $m=M_1-(M_2\pm0.1\times$偏格数$)$ =　　mg

励磁电流 I/A	空盒受力 f_1/mg	样品连盒		净磁力	比磁力
		砝码 M_3 /mg	偏格数受力（格）f_2/mg	$f_{磁}=f_2-f_1$ /mg	$H\mathbf{grad}H$ /$A^2 \cdot m^{-3}$

不同励磁电流下的比磁力值，见表3-7。

表 3-7 不同励磁电流下的比磁力值

励磁电流 I/A	0.5	1.0	1.5	2.0	2.5	3.0	3.5	4.0	4.5
比磁力 $H\mathbf{grad}H/A^2 \cdot m^{-3}$	0.71	2.86	6.35	11.5	17.9	24.9	33.4	43.3	53.9

【思考题】

(1) 能否用比较法测定强磁性矿物的磁性，能否用古依法测定弱磁性矿物的磁性，为什么?

(2) 结合本实验第（2）部分内容，分析强磁性矿物的弱磁性矿物在磁性上的特征。

(3) 为什么强磁性矿物比磁化系数会随场强增高而增大?

3.3.5 稀土矿磁性矿物含量测定

【实验原理】

湿式磁选管法用于稀土矿磁性矿物含量测定。混合物料进入磁选管后，因磁选管置于磁场中，物料受磁力和各种机械力的作用，磁性较强的矿粒所受的磁力大于与磁力方向相反的机械力的合力，因而被吸引到管壁内侧的两边，非磁性矿粒不受磁力的作用，随磁选管转动和介质一并流入非磁性产品中，成为尾矿，待矿物分选完毕后，断磁，将管壁内侧的磁性矿物用水冲干净，即为精矿。

【实验要求】

(1) 确定矿石中磁性矿物的磁性大小及其含量。

(2) 了解和掌握磁选管的实验技术。

【主要仪器及耗材】

实验过程中采用的主要仪器及耗材有：+0.2mm 稀土矿粉和-0.074mm 石英矿粉、磁选管（结构如图 3-7 所示）、药物天平、脸盆、塑料桶、烧杯、毛刷、牛角勺、永磁块及白纸等。

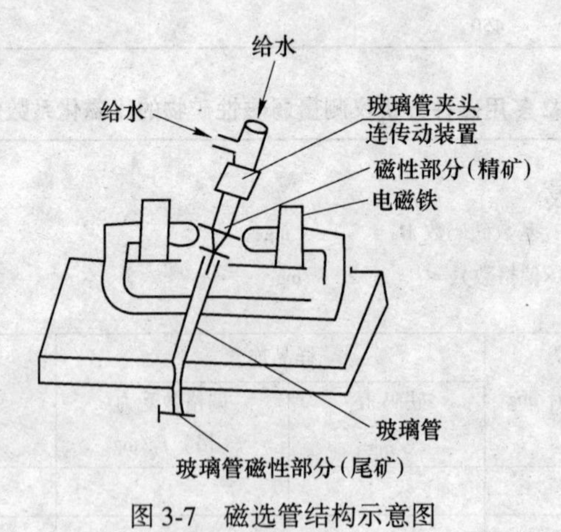

图 3-7 磁选管结构示意图

【实验内容和步骤】

(1) 称样：称取稀土矿粒及石英矿粉各 10g 为一份样，共称 4 份样。

(2) 打开水龙头，往恒压水箱内注水，并保持恒压水箱内的水压恒定。

(3) 将恒压水箱的水注入磁选管内，使磁选管内的水面保持在磁极位置以上4cm处，并保持磁选管内进水量和出水量平衡。

(4) 接通电源开关，并启动磁选管转动。

(5) 启动激磁电源开关，调节激磁电流至一定值，并在排矿端放好接矿容器。

(6) 给矿：取一份试样倒至烧杯中，先用水润湿后再稀释至100~150mL（容积），然后用玻璃棒边搅拌边给矿，给矿应均匀给入，要注意避免矿浆从磁选管上部溢出。

(7) 给矿完毕后，继续给水，直至磁选管内的水清净为止，先切断磁选管转动电源，然后切断进水，使管内水流尽，排出物即为非磁性产品。

(8) 将排矿端容器移开，换上另一个容器，尔后切断激磁电源，并用水冲洗干净管壁内磁性产品。

(9) 按以上步骤，分别调节场强为0.8kOe，0.9kOe，1.0kOe，1.1kOe，做四次分选试验。

(10) 将所得磁性产品分别处理——抽水，烘干，称重，并用0.15mm筛子进行筛选，得到两产品中各自的磁性物和非磁性物，称重，将结果填入记录表3-8中。

表3-8 实验结果记录表

实验场强 /kOe	产品名称		产品重量 /g	产率 /%	品位 /%	$\gamma \cdot \beta$/%	回收率 /%
0.8	磁性物	稀土矿					
		石英					
	非磁性物	稀土矿					
		石英					
	给矿	小计					
0.9	磁性物	稀土矿					
		石英					
	非磁性物	稀土矿					
		石英					
	给矿	小计					
1.0	磁性物	稀土矿					
		石英					
	非磁性物	稀土矿					
		石英					
	给矿	小计					
1.1	磁性物	稀土矿					
		石英					
	非磁性物	稀土矿					
		石英					
	给矿	小计					

【数据处理与分析】

（1）按下列各式分别计算各产品的产率、品位和回收率：

$$\text{产率} = \frac{\text{磁性产品(非磁性产品) 重量}}{\text{稀土矿重量} + \text{石英重量}} \times 100\%$$

$$\text{品位} = \frac{\text{产品中纯稀土矿重量} \times \text{理论品位}}{\text{磁性物(非磁性) 重量}} \times 100\%$$

$$\text{回收率} = \frac{\text{磁性物产率} \times \text{磁性物品位}}{\text{原矿品位} \times 100} \times 100\%$$

（2）绘制出场强对品位和回收率的关系曲线，并分析曲线的准确性。

【思考题】

（1）为什么分选物料和分选条件相同，仅场强不同，分选效果就不同？

（2）通过此实验，你认为磁选管直接影响分选效果有哪些主要因素？

3.3.6 稀土矿高梯度磁选实验

【实验目的】

（1）通过本实验，掌握高梯度磁选的基本原理和操作技能。

（2）了解背景场强对产品回收率的影响。

【实验原理】

料浆从上部给入磁场区内的分选盒，非磁性矿粒随料浆流过介质的缝隙排出，捕集在介质上的磁性矿粒断磁后排出，从而使磁性和非磁性矿粒分离。

【主要仪器及耗材】

（1）设备：电磁感应小型高梯度磁选机、整流器。

（2）用具：分选盒、不锈钢毛（或钢板网）、药物天平、烧杯、脸盆、牛角勺、毛刷。

（3）矿样：稀土矿。

（4）试剂：分散剂（六偏磷酸钠，配制浓度为0.1%）。

【实验内容和步骤】

（1）称取稀土矿矿浆24g为一份样（浓度为43%），共准备4份试样。

（2）分选盒按4%的充填率装置钢毛，然后将分选盒置于磁场中，按要求测定流过分选盒水的流速。

（3）每份试样均按5%的浓度配制成矿浆（从配制5%浓度中留下100mL水作冲洗烧杯之用），每份样加分散剂8mL（浓度0.1%），先用磁力搅拌器搅拌3min后，然后将矿浆倒至调浆筒内，用留下的100mL水洗净烧杯，再启动电动搅拌器，搅拌3min，使矿浆得到充分的分散。

（4）接通电源，调节激磁电流至一定值，排矿端备好盛接非磁性产品容器。

（5）给矿：待给矿完毕后，以500mL水冲洗分选盒后，将非磁性产品容器移开，换上磁性产品容器后，切断直流电源，用500mL水冲洗干净磁性产品。

（6）将磁性产品和非磁性产品分别过滤、烘干、称重并装袋。

(7) 按以上步骤，分别在场强 8kOe，9kOe，10kOe，11kOe，作 4 次分选试验。

【数据处理与分析】

(1) 按表 3-9 要求项目将实验结果进行计算并填入记录表内。

(2) 作出场强与磁性产品回收率的关系曲线（场强为横坐标，磁性产品回收率为纵坐标表）并进行分析。

表 3-9 高梯度磁选实验结果记录表

<table>
<tr><th>实验序号</th><th>磁场强度/Oe</th><th>产品名称</th><th>重量/g</th><th>产率/%</th><th>Fe_2O_3品位/%</th><th>$\gamma \cdot \beta$/%</th><th>回收率/%</th><th>其他条件</th></tr>
<tr><td rowspan="3">1</td><td rowspan="3">8k</td><td>磁性物</td><td></td><td></td><td></td><td></td><td></td><td rowspan="12">l：4%；
c：5%；
v：1cm /s
D：2kg /t</td></tr>
<tr><td>非磁性物</td><td></td><td></td><td></td><td></td><td></td></tr>
<tr><td>给矿</td><td></td><td></td><td></td><td></td><td></td></tr>
<tr><td rowspan="3">2</td><td rowspan="3">9k</td><td>磁性物</td><td></td><td></td><td></td><td></td><td></td></tr>
<tr><td>非磁性物</td><td></td><td></td><td></td><td></td><td></td></tr>
<tr><td>给矿</td><td></td><td></td><td></td><td></td><td></td></tr>
<tr><td rowspan="3">3</td><td rowspan="3">10k</td><td>磁性物</td><td></td><td></td><td></td><td></td><td></td></tr>
<tr><td>非磁性物</td><td></td><td></td><td></td><td></td><td></td></tr>
<tr><td>给矿</td><td></td><td></td><td></td><td></td><td></td></tr>
<tr><td rowspan="3">4</td><td rowspan="3">11k</td><td>磁性物</td><td></td><td></td><td></td><td></td><td></td></tr>
<tr><td>非磁性物</td><td></td><td></td><td></td><td></td><td></td></tr>
<tr><td>给矿</td><td></td><td></td><td></td><td></td><td></td></tr>
</table>

注：l—钢毛充填率；c—矿浆浓度；v—矿浆流速；D—分散剂用量。

【思考题】

(1) 什么叫背景场强？

(2) 钢毛为什么会产生高梯度？

3.3.7 稀土矿物润湿性的测定

【实验目的】

本实验包括稀土矿物润湿接触角和溶液表面张力测定两部分内容。通过测定与计算，了解和掌握：

(1) 不同的矿物具有不同的天然可浮性。

(2) 矿物表面的润湿性是可以调节的。

(3) 从实验认识矿物表面润湿性与可浮性的关系，并通过调节来改变各种矿物表面的润湿性。

(4) 测定接触角和溶液表面张力的实验技术。

【实验原理】

(1) 润湿角测定原理。

本实验测定方法是：分别在洁净的矿物磨光片表面和经过选矿剂处理的矿物磨光片表面上滴上一个水滴，在固-液-气三相界面上，由于表面张力的作用，形成接触角。然后用聚光灯通过显微镜在幕屏上放大成像，用量角器直接量得接触角的大小。

矿物润湿接触角可以通过幕屏上坐标纸和显微镜测微目镜测得气泡与矿物表面接触直径 L 和气泡高度 H 进行。如图 3-8 所示。

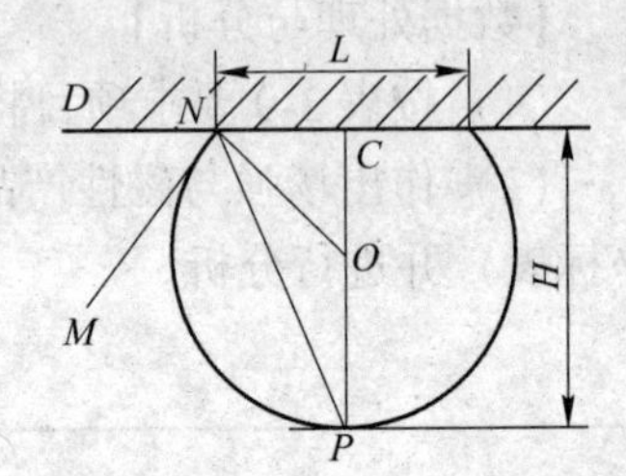

图 3-8　接触角测量计算图

接触角的计算公式为：

$$Q = 2\arctan\frac{L}{2H}$$

（2）溶液表面张力测定原理——最大气泡压力法。

设毛细管的半径为 r 且毛细管刚好浸入液面，则气泡由毛细管中逸出时的最大附加压力为：

$$r' = \frac{r}{2}\Delta h\rho g \qquad \Delta\rho_{\mathrm{m}} = \frac{2r'}{r} = \Delta h\rho g$$

式中　Δh——U 形压力计所显示的液柱高差；

r——U 形压力计内的液体密度；

g——重力加速度。

对于直径一定的毛细管有：

$$r' = \frac{r}{2}\rho g\Delta h = K\Delta h$$

该式是最大泡压法测定表面张力的基本关系式。式中，K 称为仪器常数，其值可用已知表面张力的液体（如水）标定出。

【主要仪器及耗材】

实验主要仪器及耗材：润湿角测定仪（见图 3-9）、最大气泡压力法表面张力测定装置（见图 3-10）、矿物磨光片（如氟碳铈矿、黄铜矿、黄铁矿磨光片等）、药剂（丁黄药、油酸钠、NaOH 等）、工具（各种玻璃器皿）。

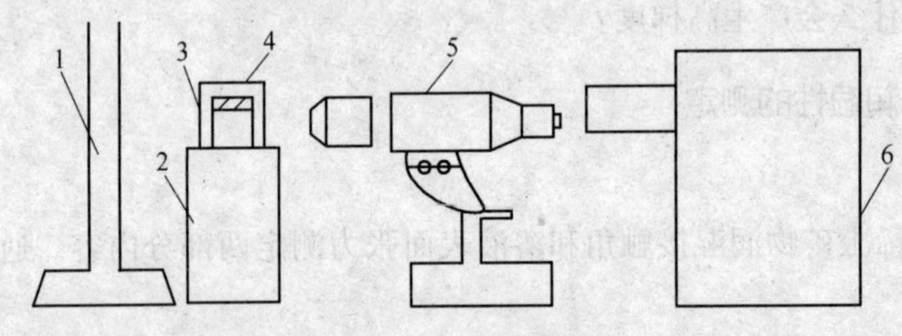

图 3-9　润湿角测量装置

1—幕屏；2—载物台；3—玻璃水槽；4—欲测矿物；5—显微镜；6—光泊系统

【润湿角测定内容和实验步骤】

（1）先用洗液洗涤测定用水槽以除去油垢、污物，然后用自来水及蒸馏水先后充分洗净水槽，并装水到规定刻度。

（2）调整仪器，测定装置如图 3-10 所示。

1）以矿物磨光的一面朝下，架在水槽中的有机玻璃支架上，保持水槽载物台和磨光片水平。

2）接通光源，调到光箱光源——显微镜、目镜在一条直线上，使光线照于待测矿物

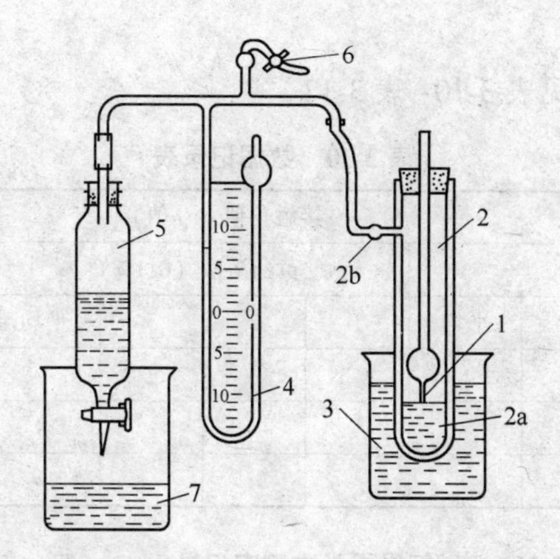

图 3-10 最大气泡压力法测量表面张力装置

1—毛细管；2—有支管的玻璃试管，内装有溶液 2a；支管 2b 与压力计及控压系统相连；
3—恒定 2a 温度的水槽；4—双管压力计；5—滴水减压系统；6—体系压力调整夹子；7—烧杯

的屏幕上的投影轮廓清晰明显。

3）用给泡器自矿物的下表面给予小气泡（各次实验的气泡尺寸应保持相近），同时调整光路使气泡及矿物表面投影清晰。

4）用量角器测出屏幕上所显示投影中的气泡和矿物表面形成的接触角。方法如下：先找出泡沫圆心，连结接触点，再作此连线；或者通过幕屏上坐标纸得到 L 和 H 值，然后求 Q。

5）将水槽中蒸馏水倾倒出，重新加入浓度为 0.1%的油酸钠溶液，然后将氟碳铈矿置于该药液中 10min 后测定其接触角，测出值记录于表 3-9 中（还可以用石英再测一次，便于比较）。

6）用湿绒布摩擦矿物光面（必要时应在毛玻璃上用三氧化铝水冲洗摩擦，或用苯及酒精洗涤以除去表面污垢），然后以清水及蒸馏水冲洗，再置于 1%的重铬酸钾溶液中，照前法测定接触角并记录于表 3-9 中。

【溶液表面张力测定内容和实验步骤】

（1）仪器常数的标定：将毛细管 1 和试管 2 用洗液及蒸馏水洗净，要求玻璃上不挂水珠；在试管 2 中加入少量蒸馏水。装好毛细管，使其尖端刚好与液面相接触；在滴水管 5 内装入清水，缓缓打开其下部止水夹，使其慢慢滴水，由于系统内压力降低，压力计则显示出压力差，毛细管 1 便会逸出气泡；气泡形成时压力差增大，待增大至气泡的曲率半径与毛细管的半径相等时，压力差应为最大；此最大压力差即为 Δh，可由压力计测量出。实验测量出 Δh 和温度，查出相应温度下纯水的表面张力 γ_{H_2O}，便可算出仪器常数 K。

（2）待测溶液的测定：分别将实验开始前配制的丁黄药和油酸钠水溶液倒入试管 2 中，按照如前所述的操作方法进行测量。每换一种溶液都必须将毛细管 1 和试管 2 清洗干净。利用已得到的仪器常数，即可求出各待测溶液在实验温度下的表面张力。

实验过程温度要相对稳定，仪器常数则可认定为恒定。将液-气界面张力值记入表 3-11 中。

【数据处理与分析】

数据处理与分析分别见表 3-10~表 3-12。

表 3-10 数据记录表

矿物	接触角值（Q 值）											
	蒸馏水				黄药溶液（0.1%）				重铬酸钾（1%）			
	1	2	3	平均	1	2	3	平均	1	2	3	平均

表 3-11 液–气界面张力测定记录 T：__ ℃

条件	测定次数	h_1	h_2	$\Delta h = h_1 - h_2$	$\gamma_{LG} = K\Delta h$
蒸馏水	1				
	2				
	3				
	平均				
丁黄药	1				
	2				
	3				
	平均				
油酸钠	1				
	2				
	3				
	平均				

表 3-12 润湿功与附着功的计算 γ_{LG} = __ dyn/cm

磨光片	条件	θ	$W_{SL} = \gamma_{LG}(1+\cos\theta)$	$W_{SG} = \gamma_{LG}(1-\cos\theta)$
氟碳铈矿	与药剂作用前			
氟碳铈矿	与药剂作用后			
石英	与药剂作用前			
石英	与药剂作用后			

【思考题】

(1) 为什么说润湿性接触角是度量矿物可浮性好坏的一个重要物理量？

(2) 怎样解释各种矿物接触角的大小？

(3) 黄药和重铬酸钾为什么能引起方铅矿润湿接触角的变化？

(4) 由实验结果说明不同药剂对方铅矿、石英的润湿及浮选的影响？

(5) 通过实验简述矿物的可浮性是可以调节的。

3.3.8 稀土矿物捕收剂实验

【实验目的】

（1）了解不同类型捕收剂在浮选中的应用；

（2）了解捕收剂分子结构中烃链长度对捕收能力的影响；

（3）掌握纯矿物浮选实验技术。

【实验原理】

捕收剂的主要作用是使目的矿物表面疏水，增加可浮性，使其易于向气泡附着，从而达到目的矿物与脉石矿物的分离。稀土矿浮选常用的捕收剂为脂肪酸类，选择性较好的有烷基羟肟酸、水杨羟肟酸、环烷基羟肟酸、H_{205}（邻羟基萘羟肟酸）等。

【主要仪器及耗材】

主要设备为 XFG 5-35 克型挂槽式浮选机。

配药：油酸、氧化石蜡皂、烷基羟肟酸、水杨羟肟酸等直接用注射器滴入。

矿样：实验所用的矿样为天然纯矿物，有氟碳铈矿、独居石和石英等。

【实验内容和步骤】

（1）首先调整好浮选槽的位置，使叶轮不与槽底和槽壁接触，要调到充气良好，并且在各次实验中保持不变。

（2）称 2g 矿样放入浮选槽，然后往槽中加水至隔板的顶端，开动浮选机搅拌 1min，使矿粒被水润湿，然后按加药顺序加入药剂进行搅拌，搅拌之后插入挡板待泡沫矿化后，计时刮泡。

（3）泡沫产品刮入小瓷盆，然后经过滤、干燥、称重后将数据计算填入表 3-13 中，因为所用的是纯矿物，故矿样不用化验，只要称出精矿和尾矿重量，即可算出回收率。

（4）实验中要注意测定矿浆温度和 pH 值。

（5）实验流程如图 3-11 所示。

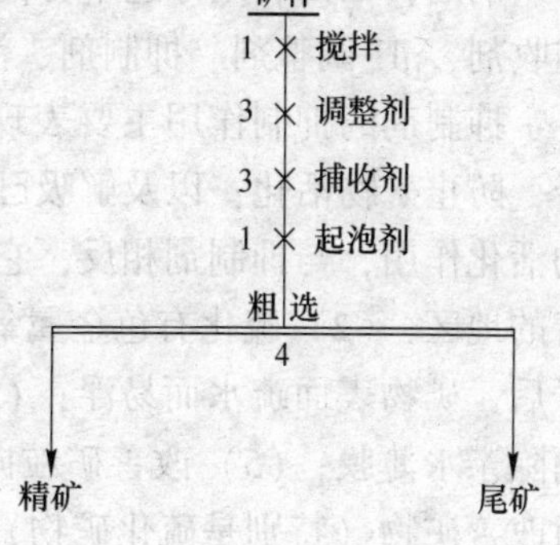

图 3-11 浮选实验流程图

【数据处理与分析】

将实验数据记入表 3-13 中。

表 3-13 稀土矿物捕收剂实验数据记录表

浮选条件	氟碳铈矿	独居石	石英	方解石
试样重量/g	5	5	5	5
捕收剂及用量/$mg \cdot L^{-1}$	氧化石蜡皂/油酸钠/烷基羟肟酸/水杨羟肟酸（15）	氧化石蜡皂/油酸钠/烷基羟肟酸/水杨羟肟酸（15）	胺（15）	氧化石蜡皂/油酸钠/烷基羟肟酸/水杨羟肟酸（15）
气泡剂及用量/$mg \cdot L^{-1}$	2号油（10）	2号油（10）	2号油（10）	2号油（10）
矿浆 pH 值				
矿浆温度/℃				
精矿重量/g				

续表 3-13

浮选条件	氟碳铈矿	独居石	石英	方解石
尾矿重量/g				
合计/g				
精矿回收率/%				
备　注				

【思考题】

(1) 说明不同类型捕收剂在浮选中的应用。

(2) 说明捕收剂分子中烃链长度对捕收能力的影响。

3.3.9 稀土矿物调整剂实验

【实验目的】

(1) 了解抑制剂和活化剂的性能及其在矿物浮选中的应用；

(2) 掌握纯矿物浮选的实验技能。

【实验原理】

浮选是在气-液-固三相界面分选矿物的科学技术。每种矿物，其天然可浮性是有很大差别的，如何利用浮选来分选各种天然可浮性不同的矿物，主要是采用浮选剂（包括捕收剂、pH 调整剂、抑制剂、活化剂等）来改变矿物的可浮性，从而使矿物得到分离。

抑制剂的抑制作用主要表现在阻止捕收剂在矿物表面上吸附，消除矿浆中的活化离子，防止矿物活化；以及解吸已吸附在矿物上的捕收剂，使被浮矿物受到抑制。而活化剂的活化作用，与抑制剂相反，它可以：(1) 增加矿物的活化中心，即增加捕收剂吸附固着的地区；(2) 硫化有色金属氧化矿表面，生成溶解度积很小的硫化薄膜，吸附黄药离子后，矿物表面疏水而易浮；(3) 消除矿浆中有害离子，提高捕收剂的浮选活性；(4) 消除亲水薄膜；(5) 改善矿粒向气泡附着的状态。因此，如何正确使用抑制剂和活化剂，对改善矿物（特别是硫化矿物）浮选行为，提高矿物分选指标等都非常重要。

【主要仪器及耗材】

实验主要仪器及耗材：(1) XFG5-35 克型挂槽式浮选机；(2) 氟碳铈矿纯矿物或含量较多的矿石；(3) 水玻璃、淀粉、栲胶、偏磷酸钠、糊精、木素磺酸铵及相应捕收剂等药剂。

【实验内容和步骤】

(1) 挂槽式浮选机结构及操作

1) 首先用手扳动紧固手轮，放松紧固螺杆后，从机架上取下浮选槽，清洗干净待用。然后称取试样 2g 倒入浮选槽内，用少量水润湿矿物后，把浮选槽装回机架上，用手轻轻转动一下转轴皮带轮，使叶轮不碰槽壁，然后拧紧紧固手轮。

2) 加水到浮选槽内，水的多少以加至浮选槽排矿口水平线以下 5mm 即可。

3) 接通电源，浮选机开始转动，搅拌矿浆。

4) 按图 3-11 所示流程逐一加药到矿浆中，具体加药条件如表 3-14 所示，待全部药剂加完并达到搅拌时间后，将浮选槽插板插入槽内相应位置，准备刮泡。

表 3-14 稀土矿物调整剂实验加药条件安排表 (mg/L)

药剂名称	实验次数及药剂用量				
	1	2	3	4	5
石灰	0	500	1000	1000	1000
硝酸铅	0	0	0	500	1000
GYB+GYR	50	50	50	50	50
2 号油	15	15	15	15	15

注：按浮选槽容积计算出符合表中数据的药剂加入量。

（2）浮选

1）待槽内有矿化泡沫后，用手拿刮板，匀速地将矿化泡沫刮出，盛于一容器中，即为泡沫产品——精矿。

2）刮泡达到规定时间后，断开浮选机电源，取下插板，并冲洗干净。

3）将浮选槽从机架上取下，把槽内矿浆倒入另一个容器中，即槽内产品——尾矿。

4）分别将泡沫产品和槽内产品过滤、烘干、称重，把所得数据记入表 3-15 中。

注意：1）在进行矿浆搅拌、加药搅拌和浮选全过程时，浮选机不要断电；2）浮选槽的插板在矿浆搅拌、加药搅拌时，不能插入浮选槽内，待加完药并达到搅拌时间后，插入插板可刮泡。

表 3-15 浮选实验记录表

编号	浮 选 条 件	泡沫产品重量 /g	槽内产品重量 /g	回收率/%	
				泡沫产品	槽内产品
1	只加 GYB、GYR 和 2 号油				
2	加 CaO 500mg/L、GYB、GYR 和 2 号油				
3	加 CaO 1000mg/L、GYB、GYR 和 2 号油				
4	加 CaO1000mg/L、硝酸铅 500mg/L、黄药和 2 号油				
5	加 CaO1000mg/L、硝酸铅 1000mg/L、黄药和 2 号油				

【数据处理与分析】

根据每次实验结果的泡沫产品和槽内产品重量，按下式计算每次实验的浮选回收率，然后将数据填入表 3-15。

泡沫产品回收率 $\varepsilon_{精} = \dfrac{泡沫产品重量}{泡沫产品重量 + 槽内产品重量} \times 100\%$

槽内产品回收率 $\varepsilon_{尾} = 100\% - 泡沫产品回收率$

【思考题】

（1）加 CaO 浮选时，黄铁矿可浮性有什么变化，为什么？

（2）加 H_2SO_4浮选时，黄铁矿可浮性有什么变化，为什么？

（3）实验结果与理论是否相符，若不相符，原因在何处？

3.3.10 稀土矿物起泡剂性能测定

【实验目的】

(1) 测定起泡剂的性质、浓度与气泡强度、泡沫体积的关系，比较几种起泡剂的性能。

(2) 熟悉起泡剂性能测定的方法。

【实验原理】

起泡剂性能是指起泡剂溶液在一定的充气条件（流量和压力）下，所形成的泡沫层高度和停止充气至泡沫完全破灭的时间（即消泡时间）。消泡时间表征泡沫的稳定性。

【主要仪器及耗材】

实验主要仪器及耗材：

(1) 起泡剂性能测定装置 1 套（图 3-12）、秒表 1 块、玻璃棒 2 根、100mL 烧杯 2 个、100mL 量筒 2 个及 5mL 注射器 2 个。

(2) 起泡剂：松油、丙醇、丁醇、戊醇。

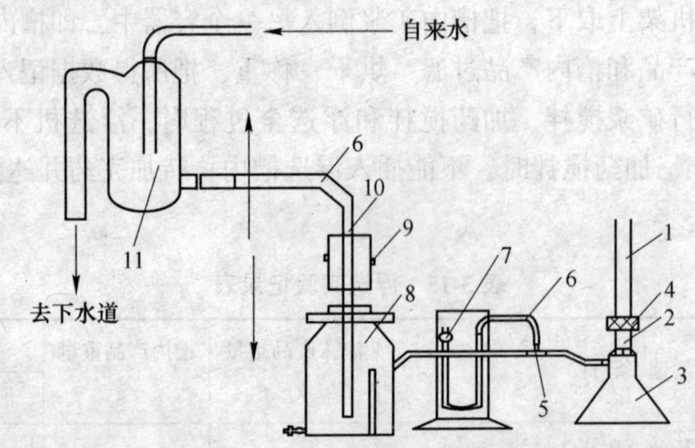

图 3-12 起泡性能测定装置图示

1—泡沫管；2—过滤器；3—烧瓶；4—胶皮环；5—三通管；6—胶皮管；7—气压计；8—瓶；9—阀；10—连接玻璃管；11—压力瓶

【实验内容和步骤】

(1) 用洗液清洗本实验所用泡沫管、烧杯、量筒等，并依图 3-12 所示安装实验设备，配合良好，封好严密。

(2) 将松油配成 5mg/L、10mg/L、20mg/L 的水溶液，并充分搅拌。

(3) 打开自来水管，使压力瓶 11 内保持一定高度的水平面，然后将阀门 9 旋开，使水由压力瓶 11 流入瓶 8（其流量每次实验均应保持恒定），从而把瓶 8 空气排入烧瓶 3，并通过滤器 2 进入泡沫管 1。

(4) 将浓度为 5mg/L 的起泡剂水溶液 50mL 倒入泡沫管 1 中。

(5) 当气压计指出瓶内空气压力到过滤所需的数值时，气泡开始在泡沫管 1 内出现，并积累成泡沫柱；等其高度达稳定时，记录泡沫柱高度，气压计压力、空气量等数值。

已知 $t$min 流入瓶 8 之水量为 Q mL，则其空气量为：$V=Q/t$ mL/min。在比较各种起泡剂性能时，空气量应保持不变。若空气量不易测定则在严格稳定空气压力。

（6）在泡沫柱达稳定高度的同时，同夹子夹紧胶皮管6，并停止给水，用秒表记录泡沫开始破灭到终了所需的时间（即泡沫寿命）。重复三次取平均值记于表3-16中。

（7）用浓度为10mg/L、20mg/L的松油水溶液50mL依上述步骤分别进行实验，并将结果记于表3-16中。

（8）依上步骤用丙醇、丁醇、戊醇各配成20mg/L水溶液分别进行一次实验，并记于表3-15中。

【数据处理与分析】

依表3-16中数据绘出曲线。

表3-16 稀土矿物起泡剂性能测定实验数据记录表

名称	加药量/滴	溶液浓度/$mg \cdot L^{-1}$	泡沫柱高/cm	空气压力/$mL \cdot min^{-1}$	空气量/$mL \cdot min^{-1}$	泡沫寿命/s

【思考题】

（1）浮选时起泡剂有哪些基本要求？

（2）常用的起泡剂有哪几类。实验所用的起泡剂属哪种类型，根据实验结果讨论其特点与差异。

（3）醇类起泡剂与烃链长度有何关系。松油类起泡剂的用量实验说明什么？

3.3.11 稀土矿伴生矿物浮选实验

【实验目的】

（1）熟悉磨矿、浮选及产品处理等项操作技能，初步了解数据处理的知识。

（2）观察实验室内的浮选现象。

（3）验证硫化矿浮选的药剂制度。

【实验原理】

随着工业矿床向贫、细、杂的趋向转移，采用浮选法来处理工业矿床得到日益发展。当前，采用浮选法来处理复杂硫化矿，其最基本的原则流程有：

（1）优先浮选。这一方案适用于较简单易选的矿石，如铜锌硫矿和铅锌硫等。

（2）混合浮选矿石中矿物呈集合体存在，在粗磨条件下，能得到混合精矿和废弃尾矿的矿石，可用此方案。

（3）部分混合浮选适于粗细不均匀嵌布的矿石。

（4）等可浮性浮选。

而对复杂非硫化矿来说，特别是矿物性质相近的矿石，其分选技术主要取决于采用有效的浮选药剂。矿物型稀土矿性质复杂，除主要目的矿物磁铁矿、稀土矿外，还常伴生有萤石、铌铌等有益矿物。从资源综合利用角度，需对其进行选矿回收，其选矿回收需考察的工艺条件主要有：磨矿细度、流程结构、药剂制度等的选择，同时还取决于矿石性质，如矿石中矿物的嵌镶关系，矿物的嵌布粒度、矿物的种类及含量等。

【主要仪器及耗材】

实验主要仪器及耗材：（1）XMQ-67 型 ϕ240mm× 90mm 锥型球磨机；（2）XFD-63 型 1.5 升单槽浮选机；（3）秒表；（4）玻璃器皿具；（5）选矿药剂；（6）实际矿石（-2mm）。

【实验内容和步骤】

（1）磨矿：是浮选前的准备作业，目的是使矿石中的矿物经磨细后得到充分单体解离。

1）磨矿浓度的选择。通常采用的磨矿浓度有 50%、67%和 75%三种，此时的液固比分别为 1∶1、1∶2、1∶3，因而加水量的计算较简单，如果采用其他浓度值，则可按下式计算磨矿水量：

$$L = \frac{1 - c}{c} \times Q$$

式中　L——磨矿时所需添加的水量，mL；

c——要求的磨矿浓度,%；

Q——矿石重量，g。

2）磨矿前，开动磨机空转数分钟，以刷洗磨筒内壁和钢球表面铁锈。空转数分钟后，用操纵杆将磨机向前倾斜 15°~20°，打开左端排矿口塞子，把筒体内污水排出；再打开右端给矿口塞子并取下，用清水冲洗筒体壁和钢球，将铁锈冲净（排出的水清净）和排干筒内积水。

3）把左端排矿口塞子拧紧，按先加水后加矿的顺序把磨矿水和矿石倒入磨筒内，拧紧右端给矿口塞子，扳平磨机。

4）合上磨机电源，按秒表计时。待磨到规定时间后，切断电源，打开左端排矿口塞子排放矿浆，再打开右端给矿口塞子，用清水冲洗塞子端面和磨筒内部，边冲洗边间断通电转动磨机，直至把磨筒内矿浆排干净。（注意，在冲洗磨筒内部矿浆时，一定要严格控制冲洗水量，以矿浆容积不超过浮选槽容积的 80%~85%为宜，否则，矿浆容积过多，浮选槽容纳不下，需将矿浆澄清，抽出部分清液留作浮选补加水用，而不能废弃。）

5）若需继续磨矿，重复第 3）和第 4）步骤。若不需继续磨矿，一定要用清水把磨筒内部充满，以减少磨筒内壁和钢球表面氧化。

（2）药剂的配制与添加

浮选前，应把要添加的药剂数量准备好。水溶性药剂配成水溶液添加。水溶液的浓度，视药剂用量多少来定，一般用量在 200g/t 范围内的药剂，可配成 0.5%~1.0%的浓度，用量大于 200g/t 的药剂，可配成 5%的浓度。添加药剂的数量可按下式进行计算：

$$V = \frac{qQ}{10c}$$

式中　V——添加药剂溶液体积，mL；

q——单位药剂用量，g/t；

Q——实验的矿石重量，kg；

c——所配药剂浓度,%。

非水溶性药剂，如油酸、松醇油和中性油等，采用注射器直接添加，但需预先测定注射器每滴药剂的实际重量。

（3）浮选

1）开机前的设备检查，包括皮带空转，主轴转动是否正常，是否漏油，连接螺丝是否配合，尾矿阀、进气阀是否正常等。

2）测定浮选机的转速。

3）在开动浮选机的情况下（须注意：排矿口必须堵好，进气阀关好），将矿浆加入机内，用细水流将盛器中残矿冲入机内，然后按规定的浮选浓度补加水，但需注意控制槽中水位不宜过高，防止加药和充气矿浆溢出，搅拌 2min 测定矿浆 pH 值及温度。

4）按流程图 3-13 标定的顺序添加药剂，并注意矿浆面颜色的变化。

5）加入起泡剂后半分钟徐徐打开进气阀门，观察泡沫状态及颜色，必要时补加水，使浆面提高到液流口略低处，充气半分钟后刮泡，用搪瓷盘盛接泡沫产品。

6）刮泡频率一般约 30 次/分左右，刮板垂直拿，刮泡时注意力集中，力求速度均匀，深浅一致，勿刮出矿浆，每次实验的刮泡操作应保持由一人完成，中途不可换人。

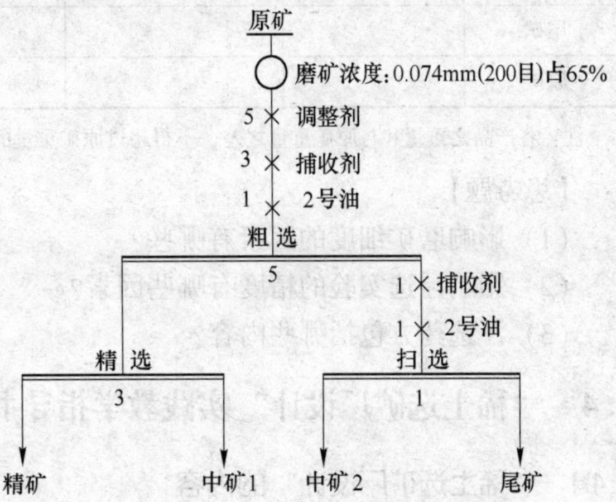

原矿
磨矿浓度：0.074mm(200目)占65%
5 调整剂
3 捕收剂
1 2号油
粗选
5
1 捕收剂
1 2号油
精选
扫选
3
1
精矿
中矿1
中矿2
尾矿

图 3-13 稀土矿伴生矿物浮选流程图

7）随泡沫刮出，水也带出，可随进补加水以保持矿浆浓度，且顺便可将槽壁上黏附矿砂冲下。

8）按浮选时间刮泡完毕后，将刮板上精矿冲洗到精矿盘，并测槽中矿浆 pH 值及温度。

9）按上述类似的步骤分别进行精、扫选。

10）扫选后槽中矿浆即为浮选尾矿。应在开车情况下打开排矿口，然后停车排矿（预先用手端起尾矿盛器使之紧贴排矿口，以免矿浆飞溅造成流失），并清洗槽内矿浆。

11）分别将泡沫产品和槽内产品过滤、贴上标签、烘干、称重，实验条件及结果记入表 3-17、表 3-18 中。然后用四分法或网格法分别取泡沫产品和槽内产品化验样品做化验用。

表 3-17 实验条件一览表

<table>
<tr><td>磨矿浓度/%</td><td colspan="2">磨矿细度(0.074mm 占百分比)/%</td><td colspan="2">磨矿机转速/r·min⁻¹</td><td>浮选浓度/%</td></tr>
<tr><td></td><td colspan="2"></td><td colspan="2"></td><td></td></tr>
<tr><td rowspan="3">浮选机转速/r·min⁻¹</td><td colspan="2">矿浆 pH 值</td><td colspan="2">矿浆温度/℃</td><td rowspan="2">室温
/℃</td></tr>
<tr><td>始</td><td>末</td><td>始</td><td>末</td></tr>
<tr><td></td><td></td><td></td><td></td><td></td></tr>
</table>

【数据处理与分析】

分别按下式计算出各产品的回收率：

$$\varepsilon_{精} = \frac{\gamma_{精}\beta_{精}}{\gamma_{精}\beta_{精} + \gamma_{尾}\beta_{尾}} \times 100\%$$

$$\varepsilon_{尾} = \frac{\gamma_{尾}\beta_{尾}}{\gamma_{精}\beta_{精} + \gamma_{尾}\beta_{尾}} \times 100\%$$

式中，ε 为产率回收率,%；γ 为产品产率,%；β 为产品品位,%。

表 3-18 浮选结果记录表

产品名称	重量/g	产率 γ/%	品位 β/%	产率×品位 ($\gamma\times\beta$) /%	回收率 ε/%
精矿					
尾矿					
原矿					

注：各产品之重量和与原矿重量之差，不得超过原矿重量的±1%，若超过±1%，该实验得重做。

【思考题】

(1) 影响磨矿细度的因素有哪些?

(2) 影响浮选实验的精度有哪些因素?

(3) 浮选药方包括哪些内容?

3.4 “稀土选矿厂设计”实践教学指导书

3.4.1 “稀土选矿厂设计”的内容

选矿厂设计是检验大学生掌握知识的程度、分析问题和解决问题基本能力的一份综合试卷，要求学生运用所学的专业知识，结合现场的工艺流程，做一个稀土矿选厂的初步设计。

设计的主要内容有选矿厂破碎车间、磨浮车间及脱水车间的设计及流程的改进。具体要求为：根据稀土选矿厂日处理量进行破碎筛分，磨矿分级，选别流程和脱水流程的选择和计算，主要设备和辅助设备的选型和计算，选矿厂各车间的平断面图的绘制以及设计说明书的编写。所要绘制的图纸有破碎筛分数质量流程图、磨浮流程数质量和矿浆流程图、粗碎车间平断面图、中细碎车间平断面图、细筛车间平断面图、主厂房平断面图、脱水车间平断面图和全厂的平面图。整个选矿厂设计下来，学生既收集了设计的资料，又能把所收集的资料与所学的知识相结合起来，在沟通交流、动手能力和独立创新方面都等到了锻炼，综合素质得到了提高。

根据稀土选矿厂日处理量、设计任务和指定的原始资料和条件，进行破碎筛分、磨矿分级、选别流程和脱水流程的选择和计算、主要设备和辅助设备的选型和计算、选矿厂各车间的平断面图的绘制以及设计说明书的编写，稀土选矿厂设计应包括：

(1) 对设计用原始资料进行全面分析，了解稀土矿石原矿性质，根据已制定的工艺流程，选矿方法及入选上下限，进行资料的整理、综合和校正。

(2) 稀土选矿工艺流程的选择与计算。

(3) 流程中选矿设备的选择和计算。

（4）辅助设备的选择与计算。

（5）矿仓的选择与计算。

（6）药剂制度。

（7）尾矿业务。

（8）绘制图纸。主要是稀土选矿厂设备配置图、厂房布置图和设备平断面图：

1）破碎筛分数质量流程图。

2）磨浮流程数质量和矿浆流程图。

3）粗碎车间平断面图。

4）中细碎车间平断面图。

5）细筛车间平断面图。

6）主厂房平断面图。

7）脱水车间平断面图。

8）全厂的平面图。

（9）编制设计说明书。说明书主要章节包括如下：

1）绪论。

2）设计任务。

3）原矿资料特征及分析。

4）工艺流程的选择与计算。

5）对工艺流程的评述。

6）主要工艺设备的选择和计算。

7）破碎、磨矿、重选、磁选、脱水车间设备布置及说明。

8）结束语。

3.4.2 稀土选矿厂设计计算的步骤

3.4.2.1 确定选矿厂各车间的工作制度和生产能力

稀土选矿厂破碎手选工段、重选工段、精矿脱水工段、原次生细泥车间、浮选工段的工作制度，包括每年设备运转天数、每日工作班数、每班运转小时数、设备年作业率。

（1）破碎车间：与采矿工作制度一致。

（2）磨矿车间：一般连续工作，三班制，每班8小时。

（3）精矿脱水车间：一般与主厂房一致，若精矿量较少的情况，也可以采用间断工作制度。

（4）生产能力：稀土选厂处理量指各车间年、日、小时处理量；主厂房年或日处理原矿量就是选矿厂规模；有色金属选矿厂，常用日处理原矿量表示选矿厂规模，黑色金属选矿厂，常用年处理原矿量来表示选厂规模。稀土选矿的重选厂用日处理合格原矿量表示其规模，浮选厂用日处理给矿量表示选矿厂规模。

3.4.2.2 破碎流程的选择与计算

A 破碎的任务

（1）为磨矿准备合格的给矿粒度。

(2) 为粗粒矿选别准备最佳入选粒度。

(3) 为高品位矿生产合格产品。

B 制定破碎流程的依据

(1) 原矿最大块度。

(2) 最终产品细度。

(3) 原矿和各破碎产物的粒度特性。

(4) 原矿的物理性质、含水量、含泥量。

C 破碎流程的选择与论证

根据稀土原矿含水量、硬度，设计稀土选矿厂规模，确定是否设置预先筛分，用以控制破碎产物的最终粒度，同时又防止了有用矿物的过粉碎，确定破碎段数的合理性，预先筛分、检查筛分设计是否合理，破碎流程选择解决的五个问题。

a 解决破碎段的确定

破碎比范围（10~140）；总破碎比即使到最小值 10，一段破碎流程也不能实现；最大的总破碎比 140 时，只能采用三段破碎流程；常用的破碎流程是两段或者三段。

b 预先筛分的必要性

预先筛分目的：筛出给矿中的细粒物料，防止矿石过粉碎，减少破碎机的负荷，提高设备的处理量。含水含泥量大的矿石，采用原先筛分有利于减少破碎机的堵塞；给矿中含有细粒物料，预先筛分有利；中细碎前预先筛分有利。

c 检查筛分的必要性

检查筛分目的：控制破碎产物粒度和充分发挥细碎机的生产能力。小于排矿口宽度的产物，预先筛分有利，大于排矿口宽度的产物，检查筛分有利。最大相对粒度（Z_{max}）：破碎机排矿产物中最大粒度与排矿口宽度之比。大于排矿口宽度的过大颗粒含量 β(%)。一般在最后一段破碎设置检查筛分，控制最终产物粒度，前面各段破碎不设置检查筛分。

d 洗矿的必要性

含泥量大，水分高的矿石、氧化矿要设置洗矿作业：含水量大于 5%要洗矿作业；含泥量大于 5%~8%要洗矿；有需要预先富集的矿石，预选前设置洗矿。

e 手选的必要性

废石混入率高的矿石，原矿品位降低，不能直接入选，必须通过手选提高原矿品位和获得部分合格产品，手选的必要性视不同矿山和矿石而定。

D 破碎流程的计算

破碎流程计算的内容：破碎产物和筛分产物的产量（Q）和产率（γ），如果破碎流程中有洗矿、重选、磁选时还要计算各产物的品位和回收率。

破碎流程计算的目的：为选择破碎、筛分及辅助设备提供依据。

破碎流程计算的原理：各产物的重量或产率平衡原理（进入作业的重量或产率等于改作业排除的重量或产率）。不考虑破碎过程中机械损失和其他流失。

破碎流程计算所需的原始资料包括：所设计稀土选厂破碎车间的处理能力、原矿粒度特性曲线、各段破碎机产物的粒度特性曲线、原矿最大粒度和破碎最终产物粒度、原矿的物理性质（可碎性、含水量、含泥量）、各段筛分作业的筛孔尺寸和筛分效率。根据设计已知原矿最大粒度、破碎最终产物粒度、矿石的松散密度、工作制度等条件，确定是否有手选和洗矿作业，分别计算日小时处理量、破碎比、各段破碎产物的最大粒度、各段破碎机排矿口宽度、粗、中。细碎的产率和产量。

破碎流程的计算步骤：

(1) 计算破碎车间处理量。

(2) 计算总破碎比。

(3) 初步拟定破碎流程。

(4) 计算各段破碎比。

(5) 计算各段破碎产物的最大粒度。

(6) 计算各段破碎机的排矿口宽度。

(7) 确定各段筛子的筛孔尺寸和筛分效率。

(8) 计算各产物的产率和重量。

(9) 绘制破碎数量流程图。

破碎流程计算注意破碎流程计算时必须结合设备选择和计算同时进行，原因：

(1) 在计算破碎流程时，需要所选破碎机的破碎产物粒度特性曲线和最大相对粒度 Z_{max}。所以，在破碎流程计算之前，首先要确定破碎机的类型，如粗碎可用旋回和颚式；中碎可用标准型和中型；细碎可用短头型、中型和对辊等。

(2) 根据各段已确定的排矿口宽度计算破碎机的生产能力和负荷系数（一般为60%~100%）时，可能会出现各段破碎机的负荷不平衡，即某段负荷系数太高，某段负荷系数又太低。所以必须要进行各段负荷系数的调整，使各段负荷系数基本接近。

3.4.2.3 磨矿流程的选择与计算

磨矿的任务：实现矿物单体解离；提供适合的入选粒度。

常见的磨矿流程：磨矿基本作业由磨矿和分级两作业构成，有一段磨矿和两段磨矿，分级有预先分级、检查分级和控制分级。

磨矿流程选择主要解决的四个问题：

(1) 磨矿段的确定。磨矿粒度在 0.15mm 以上的、磨矿细度不超过-0.074mm 72%的采用一段磨矿。磨矿粒度在 0.15mm 以下的、磨矿细度超过-0.074mm 72%的采用两段磨矿。两段磨矿中，各段磨矿细度的分配，两段磨机容积的配比均应合适，使两段磨机的负荷基本平衡，从而提高磨矿效率，达到磨矿处理能力最大。

(2) 预先分级的必要性。预先分级目的：预先分出给矿中已经合格的粒度，从而提高磨矿机的生产能力，或者预先分出矿泥、有害的杂质。一般给矿中合格的粒级含量不小于 14%~15%，其最大粒度不大于 6~7mm。

(3) 检查分级的必要性。检查分级目的：为了保证溢流粒度合格，同时及时地将粗砂返到磨矿机，形成合适的返砂量，从而提高磨矿效率，减少矿石过粉碎现象，在任何情况下，检查分级在磨矿流程中，是非常必要和有利的。

(4) 控制分级的必要性。控制分级是用在一段磨矿检查分级溢流之后或者阶段选别尾矿之后的作业，不是在任何情况下都采用。较粗粒级的溢流经选别后，其尾矿再经过控制分级得到更细的溢流产物供下一阶段选别。总之，磨矿流程设计中，主要取决于所要求的磨矿细度及给矿粒度、有用矿物堪布特性、泥化程度、阶段选别的必要性及选厂规模对选择都有影响。

磨矿流程计算的原理：各产物的重量或产率平衡原理（进入作业的重量或产率等于该作业排除的重量或产率）。根据各作业物料平衡关系，计算出各产物的重量（Q）和产率（γ），以供磨矿和分级设备进行选择与计算。同时为矿浆流程计算提供基础资料。

磨矿流程计算所需的原始资料包括：所磨矿车间的处理量；要求的磨矿细度，磨矿细度为实验单位推荐的最佳磨矿细度；最合适的循环负荷；两段磨矿机容积之比值；磨矿机给矿、分级溢流和分级返砂中计算级别的含量（磨矿机给矿中计算级别的含量和分级溢流中计算级别的含量），所谓计算级别，就是参与磨矿流程计算的某一级别，设计中，通常以 0.074mm 粒级作为计算级别；两段磨矿机单位生产能力之比值 K。

各种磨矿流程的计算：

(1) 带有检查分级的一段磨矿。

(2) 带有控制分级的一段磨矿流程。

(3) 两段一闭路磨矿流程（一段开路）。

(4) 两段全闭路磨矿流程。

3.4.2.4 选别流程的计算与设计

(1) 选别流程的选择。影响选别流程的主要因素有有用矿物的嵌布特征、矿石的泥化程度、矿物的可浮性、有用矿物的种类和选矿厂的生产能力。稀土矿选别流程分为磁选段、重选段和浮选段。磁选、重选段主要是由磁选机、螺旋溜槽和摇床等相结合，浮选段主要是稀土浮选作业。

(2) 选别流程的计算。计算内容：产率（γ）、重量（Q）、金属量（P）、品位（β）、（作业）回收率（E、ε）、富集比（i）、选矿比（K）。

计算原理：物料平衡原理和金属量平衡原理，不考虑选矿过程中机械损失和其他流失。

原始指标数的分配：从流程计算的可能性来看，原始指标数可以采用流程中的任何指标，即 Q、γ、β、p、ε、E、i、P，但为了计算方便，实际上最常用的是 γ、β、ε、E、给矿量 Q。

原始指标数的分配原则：

(1) 所选的原始指标，应该是生产中最稳定、影响最大且必须控制的指标。

(2) 脱泥、水力分级作业，在流程中只有粒度的变化，没有品位的变化，所以不能按金属量平衡来算，可以通过筛析的品位来算。

(3) 不能同时采用 γ、β、ε 作为原始指标。

(4) 一般不选 γ、β、ε 的组合作为原始指标。

(5) 单金属（A、品位；B、精矿品位与回收率）。

(6) 多金属，以一种金属为主计算出产率，再反算其他金属的选矿指标。

(7) 实验流程的内部结构，可以做某些局部修改。

选别流程计算的步骤：

(1) 原始指标数计算和分配。

(2) 计算各产物的产率。

(3) 计算各产物的产量。

(4) 计算各产物的回收率和品位。

(5) 绘制选别数值量流程图。

3.4.2.5 矿浆流程的计算

A 计算的内容和原理

计算内容：磨矿和选别流程中各作业或各产物的水量 W_n、补加水量 L_n、浓度 C_n、矿浆体积 V_n 和单位耗水量 W_g。

计算原理：水量平衡原理。进入某作业的水量之和，等于该作业排出的水量之和；进入某作业的矿浆量（即体积）之和，等于该作业排出的矿浆量之和。在计算中，不考虑机械损失或其他流失。

B 计算所需的原始指标

矿浆流程计算需要一定的原始指标，原始指标应取在操作过程中最稳定、且必须加以控制的指标。这些指标，可以分为以下两类：

(1) 必须保证的浓度（按重量计）。所谓必须保证的浓度，就是指对一些作业和产物来说，为了生产正常进行，具有一个必须保证的浓度，如磨矿作业、浮选精选作业以及机械分级机溢流和水力旋流器溢流等。所有这些浓度，均要求在生产过程中予以保证。因此，在矿浆流程计算时，应预先确定其浓度为原始指标。

(2) 不可调节的浓度。所谓不可调节的浓度，就是指在选别流程中，有些产物浓度通常是不可调节的，如原矿水分、分级机返砂浓度、浮选精、扫选精矿浓度以及重选、磁选精矿浓度。尽管这些作业的补加水量有变化，但对其精矿浓度影响很小，计算时，也应作为原始指标。

计算时原始指标数确定应注意，由于条件不同，同类产物的浓度也有很大差别。在确定时要考虑以下因素：

(1) 密度大的矿石，其浓度应大些。

(2) 块状和粒状（粒度粗的）的矿石，其浓度应大些。

(3) 品位高而易浮的矿石，其浓度应大些。

(4) 洗矿用水，应根据矿石的可洗性决定。

(5) 扫选作业和所有选别作业的尾矿浓度，不能作为原始指标；

(6) 精选作业浓度应依精选次数增加而适当降低，精选精矿浓度应依精选次数增加而适当提高。

C 矿浆流程计算的步骤

(1) 确定最合适的各作业和各产物的浓度（c_n）、各作业补加水的单位定额。

(2) 根据浓度，计算出液固比（R_n）。

(3) 根据液固比求出各作业、各产物的水量（W_n）。

(4) 按各作业水量平衡方程式，算出各作业的补加水量 L_n。

(5) 计算各作业的矿浆体积 V_n。

(6) 计算选矿厂总排出水量 $\sum W_K$（含最终精矿 $\sum W_k$、尾矿 $\sum W_x$、溢流 $\sum W_t$）。

(7) 计算出选矿厂工艺过程耗水量 $\sum L$（即补加总水量）。

(8) 上述计算只考虑工艺过程用水量，还要增加洗地板、冲洗设备、冷却设备等用水，一般为工艺过程耗水量的10%~15%，按下式计算选矿厂总耗水量$\sum L_0$：

$$\sum L_0 = (1.10 \sim 1.15) \sum L$$

（9）绘制矿浆数质量流程图。

3.4.2.6 破碎设备的选择与计算

A 粗碎设备的选择与计算

颚式破碎机应用范围较广，大、中、小型选矿厂均可选用。优点：构造简单、重量轻、价格低廉、便于维修和运输、外形高度小、需要厂房高度较小，在工艺方面，其工作可靠、调节排矿口方便、破碎潮湿矿石及含黏土较多的矿石时不易堵塞。缺点：衬板易磨损，处理量比旋回破碎机低，产品粒度不均匀且过大块较多，并要求均匀给矿，需设置给矿设备。

旋回破碎机是一种破碎能力较高的设备，主要用于大中型选矿厂。优点：处理量大，在同样给矿口和排矿口宽度下，处理量是颚式破碎机的2.5~3.0倍；电耗较少；破碎腔衬板磨损均匀，产品粒度均匀；规格900mm以上的旋回破碎机可挤满给矿，不需给矿设备。缺点：设备构造较复杂、设备重量大、要求有坚固的基础、机体高、需要较高的厂房。

粗碎设备的计算：

（1）确定原始指标：日处理能力，矿石比重，矿石硬度，原矿最大粒度，破碎最终产物粒度，水分等。

（2）根据D_{max}确定破碎机最小给矿口宽度B。

（3）根据计算公式计算预选破碎机的生产能力。

B 中细碎设备的选择与计算

破碎硬矿石和中硬矿石的中、细碎设备一般选用圆锥破碎机；中碎选用标准型；细碎选用短头型；中小型选矿厂采用两段破碎流程时，第二段可选用中型圆锥破碎机。为与小型粗碎颚式破碎机能力配套，可选用复摆细碎型颚式破碎机。此外旋盘式破碎机、深腔颚式破碎机、反击式破碎机、辊式破碎机也有其适用场合。如易碎性矿石可选用对辊或反击式或锤式破碎机。

（1）根据计算公式计算中细碎破碎机的生产能力。

（2）需要破碎机台数的计算。

3.4.2.7 筛分设备的选择与计算

A 筛分设备选择时主要考虑的因素

（1）被筛物料的特性。如筛分物料的粒度、筛下粒级的含量、物料的形状、密度、物料含水量和黏土含量等。

（2）筛分机的结构参数。如筛分机运动形式、振幅、振频、筛分机筛面倾角、筛网面积、筛网层数、筛孔形状和尺寸、筛孔面积率。

（3）筛分的工艺要求。生产能力、筛分效率和筛分方法。

B 筛分设备的选择

固定筛适用于大块物料的筛分。固定筛有格筛和条筛两种类型。格筛用于原矿粗碎矿仓的上部，用作控制矿石粒度，一般为水平安装。条筛用粗碎和中碎的预先筛分，倾斜安装，倾斜角一般为40°~50°。固定筛多用于+50mm物料的筛分。优点：结构简单，不需要动力，价格便宜。其缺点是：筛孔易堵塞，条筛需要高差大，筛分效率低，一般为50%~60%。

惯性振动筛：形式有座式和吊式、单层筛和双层筛。因此，惯性振动筛仅适于处理中、细粒物料，且要求均匀给矿。

自定中心振动筛：用于大、中型选矿厂的中、细粒物料的筛分。它的优点是构造简单，操作调整方便；筛面振动强烈，物料不易堵塞筛孔；筛分效率高，一般在85%以上。

重型振动筛：结构坚固，能承受较大的冲击负荷，适于筛分密度大、大块度矿石，筛分物料尺寸可达400mm。该机可代替易堵塞的条筛，作为中碎前的预先筛分，亦可作为大块矿石的洗矿设备，如果采用两层筛网，既可起到洗矿作用，减少粉矿对破碎作业的影响，又可筛出最终产物，提高破碎机的生产能力。

圆振动筛：有轻型和重型、座式和吊式之分。该筛结构新颖，强度高，耐疲劳，寿命长，维修简单，振动参数合理，噪音小，筛分效率高。可用于各种粒度物料的筛分。

直线振动筛：运动轨迹是直线，筛面倾角，而取决于振动的方向角。该筛结构紧凑，强度高，耐疲劳，使用寿命长，维修方便，可靠性好。振动参数合理，振动平稳，噪音小，筛面各点运动轨迹相同，有利于物料的筛分、脱水、脱泥、脱介质。作为分级时，分级效率高于螺旋分级机。

C 筛分设备的计算

在工程设计中，常用生产能力反算振动筛总几何面积。其计算步骤为：

(1) 计算给入振动筛的总矿量 Q。

(2) 以 Q 求所需筛分总面积 F。

(3) 选择振动筛型号，得其几何筛分面积。

(4) 以 F 除以设备的几何筛分面积，得设备台数。

(5) 计算振动筛的负荷率。

需要注意的是，双层筛的生产能力可按上层筛计算，需要的几何面积可按下层筛计算，然后取其大值选择筛分机。

3.4.2.8 *磨矿分级设备的选择与计算*

A 磨矿设备的分类与选择

棒磨机主要用于需要选择性磨矿的场合，尤其是稀土矿石的磁选、重选过程中。

球磨机有格子型和溢流型两种，格子型处理量大，适合于粗磨，溢流型处理量小，适合于细磨。

自磨机和砾磨机主要用于自磨流程中。

B 磨矿设备生产能力计算

磨矿设备生产能力的计算：容积法和功耗法。具体计算公式参照《考选矿设计手册》和《选矿厂设计》。

(1) q 值磨矿机的单位生产力的计算。

(2) 磨矿机生产能力的计算。

(3) 磨矿机台数的计算。

(4) 再磨矿机生产能力的计算。

(5) 两段磨矿机生产能力的计算。

(6) 自磨机生产能力的计算。

C　分级设备的选择

螺旋分级机：主要用于选矿厂磨矿回路中的预先分级和检查分级，也可做洗矿和脱泥使用。优点：设备构造简单、工作可靠、操作方便；在闭路磨矿回路中能与磨机自流连接；与水力旋流器相比，电耗较低。缺点：分级效率较低，设备笨重，占地面积大，受设备规格和生产能力限制一般不能与3.6m以上规格的球磨机构成闭路。螺旋分级机分为高堰式和沉没式。高堰式分级机适用于粗粒分级，溢流最大粒度一般为0.4~0.15mm；沉没式分级机适用于细粒分级，溢流最大粒度一般在0.2mm以下。

水力旋流器：水力旋流器可单独用于磨矿回路的分级作业，也可与机械分级机联合作控制分级，还常用于选矿厂的脱泥、脱水作业以及用作离心选矿的重选设备——重介质水力旋流器。水力旋流器在分级细粒物料时，分级效率比螺旋分级机高。它结构简单，造价低，生产能力大，占地面积小，设备本身无运动部件，容易维护，但若采用砂泵给矿时，需较大的功率。水力旋流器可单独用于磨矿回路的分级作业，也可与机械分级机联合作控制分级。水力旋流器在分级细粒物料时，分级效率比螺旋分级机高；处理量大，溢流粒度较粗时，选大规格的旋流器，处理量小，溢流粒度较细时，选小规格的旋流器，处理量大，溢流粒度很细时，选小规格的旋流器组。

细筛：是最近发展起来用做细粒物料分级的设备（固定细筛、振动细筛和旋流器细筛）。

D　分级设备的计算

螺旋分级机生产能力计算：

(1) 溢流中固体重量计的处理量，求出螺旋直径。

(2) 求出螺旋直径后，还要验算按返砂中固体重量计的处理量是否满足设计要求，否则改变螺旋转数或磨矿机循环负荷 C。

水力旋流器的生产能力的计算：

(1) 初步确定水力旋流器直径 D。

(2) 计算给矿口直径、溢流口直径和沉砂口直径。

(3) 初步确定给矿压力 P。

(4) 验证溢流粒度。

(5) 计算水力旋流器的处理量。

(6) 计算水力旋流器所需台数。

3.4.2.9　选别设备的选择与计算

A　摇床的选择与计算

摇床是选别细粒物料应用最广的重选设备。

按床面来复条形状、尺寸分为粗砂摇床（2~0.074mm）、细砂摇床（0.5~0.074mm）、矿泥摇床（0.074~0.02mm）。摇床种类较多，常用的有云锡摇床、6-S摇床、CC-2摇床、弹簧摇床、云锡六层矿泥摇床、悬挂多层（三层、四层）摇床。

选别粒度为2~0.2mm，在我国稀土选厂应用的摇床有：云锡摇床、弹簧摇床等。根据处理矿石粒度大小有：粗砂摇床、细砂摇床、矿泥摇床，弹簧摇床具有：窗头结构简单，容易制造，设备重量轻，易损件少，不漏油，故障少，运转平稳可靠，维护方便，选别精矿回收率高等优点。缺点：单位生产能力小，占用厂房面积较大。

摇床的生产能力可根据现场的数据来设计，最终确定粗选段、精选段和原次生矿泥摇床的单位生产能力、给矿粒度、来复条形状、冲程、冲次、坡度、洗涤水量、粗选台数、扫选台数。

B 浮选机的选择与计算

浮选机选择时的要求：

(1) 对于密度大的粗粒矿石，应采用高浓度的浮选方法，选用强机械搅拌式浮选机。

(2) 浮选氧化矿时，宜采用高强度搅拌，低充气量的浮选机。

(3) 对于易产生黏性泡沫的矿石，宜选用高充气量浮选机。

(4) 精选作业目的在于提高精矿产品的品位，泡沫层应该薄一些，不宜选用大充气量浮选机。

(5) 浮选机规格必须与选矿厂规模相适应，大型选厂应采用大型浮选机。

(6) 为使矿物得到充分的选别，必须保证矿浆在浮选槽内有一定的停留时间，否则会出现短路现象（所谓短路就是矿物通过浮选机的时间小于浮选时间）。

浮选机的计算：

(1) 通常根据选矿实验结果，再参照类似矿石选矿生产实际确定浮选时间，实验的浮选时间比工业生产的浮选时间短些，设计中应考虑修正系数 K_t。

(2) 如果设计的浮选机充气量与实验用浮选机充气量不同，应适当调整。

(3) 浮选矿浆体积的计算。

(4) 浮选机槽数的计算。有两种计算方法：一种是先计算后分系列，即先计算粗选、扫选和精选等各作业的矿浆体积和浮选机槽数，然后根据磨矿系列再分成若干浮选系列；一种是先分系列后计算，即根据磨矿系列先分成若干浮选系列，然后再分别计算各浮选系列粗选、扫选、精选等各作业的矿浆体积和浮选机槽数。

各作业浮选机槽数确定以后，要考虑浮选系列数；浮选系列数最好与磨矿系列数一致，两者系列数相同，便于技术考查和操作管理，有利于各系列浮选机轮换检修；各系列的粗、扫选作业槽数各自不应少于4槽，以免矿浆产生“短路”现象；两种方法无利弊之分，而且步骤完全一样。

(5) 搅拌槽的计算。计算公式与浮选矿浆体积的计算类似，乘以搅拌时间。搅拌槽分为药剂搅拌槽和矿浆搅拌槽，矿浆搅拌槽分压入式和提升式两种，提升式除了具有搅拌作用还有提升矿浆的作用。

3.4.2.10 脱水设备的选择与计算

A 脱水设备的选择

脱水流程：一般采用浓缩和过滤两段脱水作业，或浓缩—过滤—干燥三段脱水作业，其常用设备为浓缩机、过滤机和干燥机。

浓缩机：中心传动式（NZ）、周边传动式（NG）、高效浓缩机。浓缩机由中心传动装置驱动传动轴、刮臂等旋转，刮臂上的刮板将污泥由池边逐渐刮至池中心的泥坑中，通过排泥管排出池外；刮臂上固定有搅拌栅条，旋转时提供絮状污泥的沉淀空间，加速污泥的下沉，提高浓缩效果。

过滤机：真空过滤机和压滤机两大类。真空过滤机又分为筒型过滤机（内滤机、外滤机）、圆盘过滤机和平面过滤机。

陶瓷过滤机：设备运行可靠，生产效率高，是最理想的固体—液态分离设备。陶瓷过滤机的工作原理不同于传统的过滤机，它是利用陶瓷板上的毛细管作用，依靠自然力量，产生巨大的效果，应用范围较广。

内滤式过滤机：适于过滤密度较大、粒度较粗或者磁团聚现象严重的细粒物料，例如过滤磁铁精矿。

外滤式真空过滤机：适于过滤要求水分低、密度小的细粒有色金属和非金属精矿产品。

圆盘式过滤机：特点是过滤面积大、占地面积小，但是滤饼含水率高。

干燥机：圆筒干燥机、电热干燥箱、电热螺旋干燥机、干燥坑等。

B 脱水设备的计算

（1）按溢流中最大颗粒的沉降速度计算单位面积生产能力。

（2）过滤机台数的计算。

3.4.2.11 辅助设备的选择与计算

A 给矿机的选择与计算

板式给矿机：是破碎厂房粗碎机常用的给矿设备。重型板式给矿机最大粒度达1500mm，中型板式给矿机最大给矿粒度为350～400mm，轻型板式给矿机给矿粒度小于160mm。

摆式给矿机：是一种运输机械的辅助设备，它适用于短距离、按一定量输送小块而比重较大的物料，广泛应用于磨矿矿仓下的排矿，其给矿粒度在0～50mm，属于间歇式给矿。

槽式给矿机：是一种运输机械的辅助设备，它适用于短距离、按一定量输送中等粒度而比重较大的物料。适于0～250mm的中等粒度矿石的给矿，最大给矿粒度可达450mm。

圆盘给矿机：构造简单，圆盘做旋转运动，将物料从料口转递给到圆盘上，圆盘做旋转运动，将物料从料口转递到输送机上，出料量的多少可以在料口处用调正套的活动套加以调正。适于20mm以下的磨矿矿仓下的排矿。

电磁振动给矿机：用于把块状、颗粒状及粉状物料从贮料仓或漏斗中均匀连续或定量地给到受料装置中去。电磁振动给料机是一种新型的给料设备。调节方便，给矿均匀，适于粒度范围较广（0.3～500mm）。

板式给矿机、摆式给矿机、槽式给矿机、圆盘给矿机和电磁振动给矿机生产能力的计算参考《选矿设计手册》和《选矿厂设计》。

B 皮带运输机的选择与计算

根据工艺要求，胶带运输机要计算的内容很多，主要包括工艺参数计算（如带宽、带速、功率、张力等）和几何参数计算（如胶带长度及安装参数）。

计算所用原始数据：

(1) 运输能力 Q (t/h)。

(2) 物料性质（即粒度、松散密度、动堆积角、湿度、温度、黏性、磨损性）。

(3) 工作条件（即给卸料点数目和位置、装卸方式等）。

(4) 运输机的布置形式（即水平、倾斜、凸弧、凹弧和凸凹混合等5种形式）。

计算步骤：

(1) 胶带宽度的计算。

(2) 传动滚筒轴功率简易计算。

(3) 电动机功率计算。

(4) 输送带最大张力简易计算。

C 砂泵的选择和计算

砂泵的选型：根据所输送矿浆的性质（物料粒度、密度、矿浆浓度、硬度、黏度和矿浆的磨蚀性等）来确定砂泵的类型，然后根据输送的矿浆量、扬程和管道损失选定砂泵的规格。

砂泵的特性曲线：在特定的转速下，一般以流量 Q 为横坐标，用扬程 H、功率 N、效率 η 和允许吸上真空度 H_s 为纵坐标，绘 Q-H、Q-N、Q-η、Q-H_s 曲线。

砂泵的计算：

(1) 计算砂泵出口管直径。计算出的砂泵出口管径往往不是标准管径。当选用管径比计算管径小时，则流速较大，水头损失和管壁磨损增大；当选用管径比计算管径大时，则会产生局部沉淀。为了使管道流畅，在确定标准出口管径后，必须对矿浆临界流速按公式进行验算，且不得小于规定的压力管内矿浆最小流速。

(2) 计算砂泵扬送矿浆所需的总扬程。由于砂泵的性能曲线是以清水表示的，因此，应将砂泵扬送矿浆的总扬程折合。

(3) 计算砂泵所需功率。包括泵的轴功率和电动机功率。

(4) 砂泵性能调节。当泵的扬程、扬量不能满足设计要求时，可通过改变泵的转数（或出口管径）进行调节，但调节范围不能超过产品样本给定的允许范围。

D 起重机的选择和计算

起重设备的选择：选矿厂检修起重设备的选择与被检修设备的类型、规格、数量、配置条件和对检修工作的要求等因素有关。

主要根据：被检修设备的最大件或难以拆卸的最大部件重量来决定其形式和台数。

起重设备的选择必须满足的三个条件：

(1) 起重设备的起重量。

(2) 起重设备的服务范围。

(3) 起重设备的起吊高度。

起重设备的服务范围和安装高度的确定：

(1) 厂房地面至轨道顶的高度 (h)。

(2) 地面至屋架下旋凸出结构件底部的高度 (H)。

(3) 起重设备跨度 (L_k) 等于厂房跨度 (L) 减去 $2t$。

(4) 起重机服务区间的宽度（L_0）。

E 电磁除铁器装置的选取

在采矿过程中，经常由于采矿设备的损坏，将丢弃的零部件代入选别厂。由于粗碎装置的排矿口较大，受损比较小，但是中细碎的设备排矿口比较小，所以要防止大块的坚硬铁质品进入设备，通常在通往中碎的皮带走廊配置了一台电磁除铁器，以达到设计的要求。

3.4.2.12 *矿仓的选择与计算*

矿仓作用：调节矿山与选矿厂、选矿厂与冶炼厂以及选矿厂内部的生产平衡，保证整个系统的正常运行，提高设备作业率。

A 矿仓的类型

(1) 按结构：地下式、半地下式、地面式、高架式、抓斗式和斜坡式。

(2) 按几何形状：方形、矩形、槽形和圆形。

(3) 按用途：原矿储矿仓、原矿受矿仓、分配矿仓、磨矿矿仓和精矿矿仓。

B 矿仓的选择

(1) 贮矿仓或矿堆。当选矿厂距矿山较远或运输系统为解决采选间的生产平衡，则考虑在粗碎作业前设置较大的贮矿设施（含矿仓和矿堆），但由于原矿粒度大，投资多，生产费用高，设计中很少采用。

(2) 原矿贮矿仓。为解决原矿运输和选矿厂之间的生产衔接而设置。矿仓的形式应根据粗碎设备的形式、规格、原矿运输及卸矿的形式、地形条件等因素选定。

(3) 中间矿仓。常用于大型选矿厂，设置于粗、中碎之间或细碎之前。

(4) 缓冲及分配矿仓。它主要为解决相邻作业的均衡生产问题。

(5) 磨矿矿仓。调节破碎与磨矿作业制度的差别，并兼有对各磨矿系列分配矿石的作用。

(6) 精矿矿仓。为解决选矿厂精矿贮存和外运而设置的矿仓。

C 矿仓有效容积的计算

重点对方形矿仓、底三面倾斜矩形矿仓、圆形矿仓有效容积进行计算。在计算长、宽时应注意矿石的安息角。

3.4.2.13 *稀土选矿厂设计注意事项*

(1) 计算选稀土工艺流程，首先将各作业产品的产率（γ,%）全部计算出来并检查是否平衡。然后再计算产量和其他工艺指标，最终进行水量流程的计算。

(2) 对原矿综合时如产量（Q），水量（W），液固比（R）补加清水量（L）及矿浆量（V）等，要求小数后两位有效数字。

(3) 计算选稀土作业采用近似公式法进行计算。

(4) 按照跳汰工艺流程顺序进行各作业的数量，质量和水量的计算，并列出各作业计算所得数据的汇总表，编制出选稀土产品最终平衡表和水量平衡表。

(5) 根据流程计算结果，对主要设备进行选型与台数的计算。并按作业顺序将主要设备选择列入表格，对主要车间辅助设备必要的宽度、高度以及需保证的空间，应按规定或计算、查表获得，以备在布置时需用。

(6) 为了初步掌握设备和车间布置方法，以及工艺制图的要求，可参考有关制图规定和图册或相似车间布置图，在方格图纸上绘出主要平面和剖面草图，定出中心位置及设备间距（包括与建筑物距离）。然后按制图规定绘制正式图。

3.4.3 稀土选矿厂设计总体布置与设备配置

3.4.3.1 总体布置

稀土选矿厂总体布置：根据选矿厂建筑群体的组成内容和使用性能要求，结合地形条件和工艺流程，综合研究建筑物、构筑物以及各项设施之间的平面和空间关系，正确处理厂房布置、交通运输、管线综合、绿化等问题，达到充分利用地形、节约土地，使建筑群的组成和设施融为统一的有机整体，并与周围环境及其他建筑群体相协调。

稀土选矿厂总体布置的原则和一般规定：

(1) 总体布置必须贯彻有关方针、政策。

(2) 总体布置应符合所在地的地区规划要求。

(3) 总平面布置须进行多方案比较。

(4) 充分注重选矿厂工业场地的竖向布置。

(5) 管线综合布置合理。

(6) 满足交通运输要求。

(7) 合理进行绿化布置，加强环境保护。

(8) 合理考虑发展和预留，扩建用地。

总体布置必须处理好局部与整体、工业与农业、生产与生活、设计与施工、近期与远期的关系。

总平面组成及厂房布置要求：

(1) 主要工业场地。应布置选矿厂的主要生产厂房和辅助生产厂房，主要生产厂房包括破碎厂房，主厂房、脱水厂房、胶带运输机通廊、转运站等建筑物；辅助生产厂房指维修站、实验室、化验室、技术检查站、备品备件及材料仓库等。

(2) 辅助工业场地。供电、供水、机修、污水处理等。

(3) 居住场地。生活福利设施、职工住宅、公用食堂、浴室、医务所、学校、文娱场所及行政办公室等。

稀土选矿厂厂房布置方案：

厂房布置方案：按厂房的外形（即厂房配置的平面和剖面形式），在满足工艺流程要求、地形特点、施工技术条件下的布置方法。

厂房布置方案分山坡式和平地式两种。

(1) 山坡式布置：实现选矿厂工艺流程自流较经济，如破碎厂房的地形坡度25°，主厂房的地形坡度为15°左右。

(2) 平地式布置：对地形坡度无严格要求，但为解决厂区排水问题，其厂区自然坡度为4°~5°。

稀土选矿厂厂房建筑形式：

(1) 多层式厂房。对于地形坡度小于6°的平地和大于25°的陡坡地形，适合建多层式厂房。

（2）单层阶梯式厂房。在10°~25°的山坡上，按工艺流程的顺序，由高至低将厂房布置在几个台阶上。

（3）混合式厂房。设计中最常用的布置形式，一般将主要设备按单层阶梯式布置，返回物料量小的作业布置在多层式厂房内。

3.4.3.2 车间设备配置

设备配置的基本原则：

（1）设备配置必须满足选矿工艺流程要求。

（2）确保工艺流程基本自流。

（3）对同一作业的多台同型号、同规格的设备或机组，尽可能配置在厂房内同一标高。

（4）配置时，除考虑其他专业设施留出必要的平面和空间位置外，力求配置紧凑。

（5）随着选矿厂自动化程度的提高和计算机在选矿过程中的应用，协同相关专业考虑局部集中控制或中央集中控制。

设备配置方法：厂内设备配置，实际上是按机组进行的（特别是破碎厂房）。

机组：即把两个以上的设备（包括标准设备中的工艺设备、辅助设备和非标准设备中的部件及构筑物等）配置在一起，并通过自流或短距离运输机联结所形成的机械组合。

两机组配置在同一厂房的基本条件是：

（1）在确保物料流动畅通的前提下，厂房的长宽尺寸能布置在平整的场地内。

（2）选用运输机械连接两个机组后，厂房的空间利用系数合理，能节省建筑面积。

（3）两个机组配置在同一厂房后，其检修设备起重量大致相同，可节省检修吊车。

两个机组能否设置在同一厂房，考虑以下因素：

（1）机组本身的高差和重叠后的高度以及连接它们之间的水平距离等是否可能和合理。

（2）选用中间运输设备使用技术条件的可能性（如提升角度等）。

（3）两个机组同设一厂房后，建筑面积、空间利用系数及结构等是否符合建筑规范。

（4）同时必须结合场地考虑能否布置下一厂房。

（5）在一厂房内共用检修设备的经济性、操作维修是否方便，以及共用排污设施的可能性等方面加以比较。

选矿厂的设备机组主要有：粗碎、中碎及细碎设备机组、筛分设备机组、磨矿分级设备机组和过滤设备机组等。

3.4.3.3 厂房的设备配置

A 破碎厂房的设备配置

常用破碎流程有两段开路、两段一闭路、三段开路和三段一闭路。每种流程可根据场地、设备类型、规格和数量，给、排矿方式，矿仓位置、形式以及筛分与破碎设备是共厂房或分厂房等可配置成若干方案。根据厂址地形坡度归纳为3种方案：

（1）横向配置方案：物料流动线平行地形等高线。

（2）纵向配置方案：物料流动线垂直地形等高线。

(3) 混合配置方案：横向配置与纵向配置并用。

破碎车间设备配置的要点：

(1) 开路破碎宜采用方案 (2)，闭路破碎宜采用方案 (1) 和 (3)。

(2) 破碎、筛分等主要设备，应采用单系列配置；对大、中型选矿厂的破碎、筛分机组，宜分别单独设置厂房；破碎流程中如有洗矿及重介质选别等作业，亦单独设置厂房。

(3) 破碎机等大型设备宜配置在坚实地基上，以减少基建投资。

(4) 细碎机和筛分机台数超过2台时，应设置分配矿仓，确保给料均匀。

(5) 中、细碎机前应设置除铁装置，以保证中、细碎机的工作安全。

(6) 连接破碎、筛分机组的胶带运输机通廊，应采用封闭式结构。

(7) 破碎厂的露天矿堆及石灰堆场，应设在厂区最大风频的下风向，并与主要生产厂房保持一定距离。否则必须采取有效的防尘措施。

B 主厂房的设备配置

主厂房由于选矿厂磨矿设备与选别设备在生产操作上联系较多，所以这些设备应配置在同一厂房内，成为整个选矿厂的主要部分，故有主厂房之称。

在主厂房的设备配置中，磨矿矿仓、磨矿分级、选别以及联结三者的辅助设备和设施必须同时结合考虑。

按厂房布置的地形，分为平地式和山坡式两种配置方案。

磨矿设备多配置在单层厂房内，选别设备可配置在单层或多层厂房内。

由于磨矿分级设备是重型设备，选别设备是轻型设备，所以两者多配置在不同跨度的厂房内，以便采用不同起重的吊车和厂房结构，以及保证矿浆自流。

设备配置方案：

(1) 纵向配置。磨机中心线与厂房纵向定位线互相垂直的配置。厂房纵向定位线：标注厂房或车间跨度的柱子中心线。

这种配置是闭路磨矿常用的最佳方案。优点：配置整齐、操作和看管方便。即将第2段磨矿机组与第1段磨矿机组配置在同一个台阶上（即同一个跨度内），以便共用检修吊车和检修场地。一段磨矿的分级机溢流用砂泵扬至第2段磨矿的分级机或旋流器给矿口。

(2) 横向配置。磨矿机中心线与厂房纵向定位线互相平行的配置。它具有厂房跨度小的优点，但操作、管理上不及纵向配置方便，且厂房空间利用系数也低。

主厂房设备配置的要点：

(1) 大、中、小型选矿厂，一般都采用纵向配置方案。

(2) 磨矿厂房长度尽量与选别厂房长度基本一致。

(3) 多段磨矿的磨矿机，可以配置在同一跨度，也可以配置在不同的跨度。

(4) 多系列磨矿要注意设备配置的同一性。

(5) 吊车起重量的选择按起重设备选择严格进行。

(6) 磨矿厂房的地面应有5°~10°的坡度，保证符合环境要求。

(7) 钢球仓库应该设在检修场地的附近，并结合地形考虑运输方便。

(8) 注意磨矿车间跨度、高度的节省，节约磨矿车间的面积和空间。

浮选厂房的设备配置方案：

(1) 横向配置：每列浮选机槽内矿浆流动线与厂房纵向定位线互相平行的配置。这种配置是浮选厂房常用方案，陡坡地形更为常用。

当采用机械搅拌式浮选机时，大部分浮选机可配置在一个或几个台阶上。若用充气机械搅拌式浮选机时，在同一地面标高上，每个作业浮选机之间应留有 300~600mm 的自流高差，浮选机操作平台的高差也随之相应地变化。

(2) 纵向配置：每列浮选机槽内矿浆流动线与厂房纵向定位线互相垂直的配置。这种配置是平地、或地形坡度小、或浮选机规格小的常用方案。若流程复杂、返回点多、中矿返回量大时，则厂内横向交错管道多、生产操作不方便；或地形坡度大（即陡坡），则土石方量大、基建费高。所以，纵向配置在选矿厂不常用。

浮选厂房设备配置的要点：

(1) 为使矿浆流量符合浮选机允许的通过量，需要划分浮选系列，并与磨矿系列合理地进行组合，常见的是一对一，即一台磨矿机与一个浮选系列组合，有利于操作、考查和检修。

(2) 每排浮选机的槽子数或总长度力求相等，当每排浮选机前设有搅拌槽时，其总长度（包括搅拌槽）应尽量相等。

(3) 浮选回路力争自流，回路变动应具灵活性。

(4) 浮选回路中必须采用砂泵扬送时，应使泵的扬量、扬程最小。

(5) 浮选机配置应便于操作及维修。双排配置的浮选机泡沫槽应相向对称；三排配置的浮选机，靠柱子一排浮选机泡沫槽不宜面向柱子；泡沫槽距操作台的高度，一般为 600~800mm，最小不得低于 300mm；泡沫槽宽度一般为 100~500mm；泡沫槽始端的坡点宜低于浮选机泡沫溢流堰 50mm 以上。

(6) 浮选厂房内必须保证照明条件和检修吊车，以便操作人员观察泡沫情况和维修方便。

(7) 浮选厂房内必须考虑给药设施位置。

(8) 浮选机操作平台应设有排水孔洞，或制成格栅式盖板。地面应有 3°~5°的坡度以便冲洗地面。

(9) 取样系统数应与生产流程相适应，在设置取样点的地方应留有足够的高差。

C 脱水厂房设备配置

脱水厂房设备配置方案：

(1) 浓缩机和过滤机配置在厂房内，并与主厂房连为一体。

这种配置方案，浓缩机的直径不要超过 15m，否则影响厂房跨度过大而显得很不合理。它适用于精矿产量较少的中、小型选矿厂，或贵金属与稀有金属选矿厂，尤其是在高寒地区更具有防冻的优点。

(2) 浓缩机配置在露天，过滤机与精矿仓按单层阶梯式配置在厂房内。主要特点是，浓缩机底流可自流到过滤机，过滤机的滤饼可直接卸入精矿仓。生产作业线短、操作方便、配置紧凑，多见于中、小型有色金属选矿厂。当地形条件不能满足自流时，浓缩机底流用砂泵扬送至配置在楼上的过滤机，滤饼直接卸入精矿仓，真空泵、压风机等布置在楼下。后者多用于精矿量较大的大中型选矿厂。

(3) 干燥机配置方案有两种：一种是干燥机与过滤机配置在同一厂房内，过滤机安装在楼上，干燥机安装在楼下，干燥后的精矿用胶带运输机转运至精矿仓；一种是干燥机安装在独立两层厂房的楼上，精矿仓设置在楼下，干燥后的精矿直接卸入精矿仓。

脱水厂房设备配置的要点：

(1) 浓缩机位置应与主厂房精矿排出管位置相适应，最好紧接主厂房，运输管道最短、能自流。

(2) 过滤机前应设置调节闸阀或缓冲槽，以保证给矿均匀稳定。

(3) 对两段脱水流程，滤饼最好直接卸入精矿仓；对三段脱水流程，滤饼最好直接卸入干燥机。

(4) 干燥厂房内应留有通风、收尘、干燥产品堆存的场地，还必须加强通风防尘和收尘措施。

(5) 精矿仓与精矿包装场地应与装车方式结合考虑，尽量减少二次运输。

(6) 精矿出厂前应设置计量设备及相关的取样检测仪表。地中衡、电子秤、取样机等设备，应按操作过程选定设置位置。

(7) 对价格昂贵的精矿，设计中应考虑较完善的回收系统。浓缩机溢流应设置回收细粒精矿的沉淀池；过滤机地面的排污应与滤液返回设施合并；收尘系统排出气体不允许含有过量精矿粉。

(8) 积极推广应用自动压滤机、陶瓷过滤机等新设备，以便节省能耗，降低滤饼水分。

D 通道和操作平台

选矿厂通道分为主要通道、操作通道和维修通道。

(1) 主要通道：供人员通行，小件搬运，宽度1.5~2.0m。

(2) 操作通道：为操作人员经常性流动、观察使用，0.9~1.2m。

(3) 维修通道：专供设备局部维修用，宽度0.6~0.9m。

通道和操作平台设置要点：

(1) 厂房主要大门及通道位置设于检修场地一端，门宽应大于设备及运输车辆最大外形尺寸的400~500mm。

(2) 当设备比较大不经常更换时，不设专用大门，在墙上预留安装洞，洞宽最好与柱间尺寸相同，洞高大于拖车运组装件最高点400~500mm，设备安装完毕后再封闭。

(3) 为解决多层建筑中设备或零部件的运输，各层楼板应留有必要的安装孔，开孔尺寸应大于设备及零部件外形尺寸的400~500mm。

(4) 对利用率较高的安装孔周围应设置安全栏杆；栏杆可设计成活动式，利用率低的安装孔应设置活动盖板，以利于生产安全和厂房采暖。

(5) 安装临时起重设备的地方，应留有足够的高度和面积，厂房结构应有足够强度，以满足安装临时起重设备的需要。

(6) 选矿厂各层操作平台的设置，应以设备操作、检修、维护时拆卸安装方便为原则。当同一位置或同机组需要设置几层操作平台时，层间净高高度一般不应小于2m。

(7) 上层平台不可妨碍下层设备的操作和吊装检修。

(8) 平台的面积大小和形状应满足生产操作和检修，临时放置必要的检修部件及工具所需的面积。

通道和操作平台尺寸注意：

(1) 通道坡度6°~12°时应设防滑条，12°以上应设踏步。

(2) 设置的通道、平台、通廊其下弦的净高应大于2m。

(3) 平台高出地面500mm，以上时应设栏杆，栏杆高度为1.0~0.8m。

(4) 通道、操作台与地面之间应设钢梯，梯子角度以45°为宜，经常有人通行及携带重物处楼梯角度应小于40°，不经常通行的可大于45°。

(5) 胶带运输机通廊尺寸按表设置。

E 稀土选矿厂房的建筑要求

单层厂房结构的支承方式基本上分为承重墙结构和骨架结构两类。当厂房的跨度、高度及吊车荷载很小时，可采用承重墙结构，此外多采用骨架承重结构。骨架结构由柱子、梁、屋架等组成，以承受厂房的各种荷载，此种厂房中的墙体只起围护和分隔作用。厂房承重结构由横向骨架和纵向联系构件组成。

横向骨架包括屋面大梁（或屋架）、柱子及柱基础，它承受屋顶、天窗、外墙及吊车等荷载；纵向联系构件包括大型屋面板（檩条）、联系梁、吊车梁等，可以保证横向骨架的稳定性，并将作用在山墙上的风力或吊车纵向制动力传给柱子。组成骨架的柱子、柱基础、屋架、吊车梁等是厂房承重的主要构件，关系到整个厂房的坚固、耐久及安全。骨架结构按材料可分为砖石混合结构、钢筋混凝土结构和钢结构。

砖石混合结构是由砖柱和钢筋混凝土屋架或屋面大梁组成，也可用砖柱和木屋架或轻钢屋架，此种结构简单，但承重能力及抗震性能较差，仅适于吊车吨位不超过5t，跨度不大于15m的小选厂厂房；装配式钢筋混凝土结构，坚固耐久，承重能力较大，可预制装配，比钢结构节省钢材，节约木材，工业建筑中广泛采用，但其自重大，纵向刚度较差，传力受力也不尽合理，抗震不如钢结构。

钢结构厂房主要承重构件全由钢材作成，这种结构抗震性好，施工方便，比钢筋混凝土构件轻便，多用于吊车荷载重、高温、振动大的生产厂房，但钢结构易锈蚀，耐火性能较差（易弯失稳），使用时应采取相应地防护措施。

网柱：在厂房中为支承屋顶和吊车，需设柱子，柱子在平面图上排列所形成的网格称柱网。柱子纵向定位线之间的距离称跨度，柱子横向定位轴线之间的距离称柱距。柱网的选择，就是选择厂房跨度和柱距。

厂房定位轴线和建筑模数协调标准：

厂房定位轴线是划分厂房主要承重构件和确定承重构件相互位置的基准线，是施工放线和设备定位的依据。为了方便，将平行厂房轴向的定位轴线称为纵向定位轴线，在厂房建筑平面图中由下向上顺次按Ⓐ、Ⓑ、Ⓒ等英文字母编号；将垂直厂房轴向的定位轴线称横向定位轴线，在厂房建筑平面图中由左向右顺次按①、②、③等进行编号。根据我国《厂房建筑模数协调标准》（GBJ 6—1986）规定要求厂房建筑的平面和竖向协调模数的基数值均应取扩大模数3M。

单层厂房的跨度、柱距和柱顶标高的建筑模数跨度在18m以下（含18m）时，应采用扩大模数30M数列，18m以上应采用扩大模数60M数列；柱距应采用扩大模数60M数列。有吊车（含悬挂吊车）和无吊车的厂房由室内地面至柱顶的高度和至支承吊车梁的牛腿面的高度均应为扩大模数3M数列。

3.5 “研究方法实验”实践教学指导书

3.5.1 稀土矿石试样的制备及物理性质测定

【实验原理】

参照矿石可选性研究中的试样加工制备及试样工艺性质的测定。

【实验要求】

(1) 掌握稀土矿石试样的制备方法。

(2) 使用试样最小必须量公式 $Q = kd^2$ 制定稀土矿石缩分流程，确定单份试样的粒度重量要求。

(3) 掌握稀土矿石堆积角、摩擦角、假比重、含水量的测定方法。

【主要仪器及耗材】

实验过程中采用的主要仪器及耗材为实验室型颚式破碎机、对辊式破碎机、振动筛、铁锹、天平、罗盘、铁板、木板、水泥板、样板等取样工具。

【实验内容和步骤】

(1) 制定稀土矿石的缩分流程，确定出试样的最小必须量。

(2) 根据缩分流程，将稀土矿石破碎、筛分成满足需要的诸多单份试样，以供化学分析、岩矿鉴定及单元试样项目使用。

(3) 根据堆积角测定方法，测定稀土矿石的堆积角。

(4) 根据摩擦角测定方法，测定稀土矿石的摩擦角。

(5) 根据假比重测定方法，测定稀土矿石的假比重。

(6) 根据矿石含水量的测定方法，测定稀土矿石的含水量。

【数据处理与分析】

将实验结果如实填写在记录本上。

【实验注意事项】

实验过程中，稀土矿石的各工艺性质应多次测定，最后取平均值作为最终数据；对于出现特殊情况的数据应检查测定方法是否正确，分析其原因后重新测定。

【思考题】

(1) 何谓摩擦角、堆积角及假比重，如何测定？

(2) 如何编制试样缩分流程，试样加工操作包括哪几道工序？

3.5.2 稀土矿石探索性实验

【实验原理】

参照矿石可选性研究中的浮选实验。

【实验要求】

(1) 掌握稀土矿石磨矿曲线的绘制。

(2) 掌握油类药剂添加量的计算。

(3) 学会稀土矿石浮选实验前的准备工作。

(4) 学会观察稀土矿石的浮选现象，熟练对稀土浮选产品进行脱水、烘干、称重、制样、化验等环节的工作。

【主要仪器及耗材】

实验过程中采用的主要仪器及耗材为实验室小型球磨机、0.074mm 标准泰勒筛、分析天平、普通天平、浮选机、过滤机、烘箱、装矿盆、洗瓶及制样工具等。

【实验内容和步骤】

(1) 进行不同时间的稀土矿石磨矿实验，得到的磨矿产品采用 0.074mm 标准筛筛分；根据磨矿筛分实验结果绘制稀土矿石磨矿曲线（稀土矿石磨矿细度与磨矿时间的关系曲线）。

(2) 测定一滴油类药剂（如 2 号油）的重量。

(3) 按步骤开展浮选实验的准备工作，检查设备的性能与正常使用情况，检查实验时各类药剂、器具及人员的配置情况。

(4) 采用稀土矿石常用捕收剂（氧化石蜡皂等）浮选稀土矿物，观察浮选现象及实验过程，分析各类现象的原因。

(5) 将浮选产品过滤脱水、烘干、称重、制样、送检。

(6) 根据化验结果计算实验指标。

【数据处理与分析】

将实验结果如实填写在记录本上。

【实验注意事项】

实验过程注意详细观察实验现象，实验准备工作应详尽到位，送检产品应根据制样步骤采取代表性试样。

【思考题】

(1) 为什么要做稀土矿石磨矿曲线实验？

(2) 实验室球磨机的操作步骤和注意事项是什么？

(3) 稀土矿石磨矿时，矿石、水、药的添加顺序如何？

(4) 预先探索性实验的目的是什么？

3.5.3 稀土矿石磨矿细度实验

【实验原理】

参照矿石可选性研究中的浮选实验。

【实验要求】

(1) 掌握稀土矿物大部分单体解离所需的粒度要求。

(2) 根据实验结果确定稀土矿石的最佳磨矿细度。

【主要仪器及耗材】

实验过程中采用的主要仪器及耗材为实验室小型球磨机、0.074mm 标准泰勒筛、分析天平、普通天平、浮选机、过滤机、烘箱、装矿盆、洗瓶及制样工具等。

【实验内容和步骤】

(1) 取 4 份单元实验样，开展稀土矿石磨矿细度实验研究。

(2) 固定捕收剂种类及用量、调整剂种类及用量、起泡剂用量、浮选时间等其他条件，根据稀土矿物嵌布粒度拟定磨矿细度条件。

（3）将拟定的磨矿细度条件分别开展浮选实验，比较实验结果，确定最佳磨矿细度。

【数据处理与分析】

将实验结果如实填写在表3-19中。

表3-19 稀土矿石磨矿细度条件实验结果 （%）

实验条件	试样编号	样品名称	产率	REO品位	REO回收率
		精 矿			
		尾 矿			
		原 矿			

【实验注意事项】

实验过程中，磨矿细度的预先选择应根据稀土矿物嵌布粒度结果拟定。

【思考题】

（1）以磨矿时间为横坐标，稀土精矿品位、回收率为纵坐标，如何绘制磨矿细度条件实验结果曲线？

（2）根据磨矿细度条件实验曲线图对实验结果进行分析。

3.5.4 稀土矿捕收剂种类及用量实验

【实验原理】

参照矿石可选性研究中的浮选实验。

【实验要求】

（1）确定捕收剂的种类及合适的用量，包括组合捕收剂。

（2）学会观察泡沫随捕收剂种类和用量的改变而引起的变化，如泡沫颜色、虚实、矿物上浮量、矿化效果及黏稠性等。

【主要仪器及耗材】

实验过程中采用的主要仪器及耗材为实验室小型球磨机、天平、浮选机、过滤机、烘箱、装矿盆、洗瓶及制样工具等。

【实验内容和步骤】

（1）拟定种类及用量条件。

（2）根据拟定的条件数量，取相同数量的单元实验样开展捕收剂种类及用量条件实验研究。

（3）根据磨矿细度条件实验确定的最佳磨矿细度，固定各实验的磨矿细度、调整剂种类及用量、起泡剂用量、浮选时间等其他条件，改变捕收剂的种类及用量，考察各实验结果及现象。

（4）比较实验结果，确定最佳的捕收剂种类及用量。

【数据处理与分析】

将实验结果如实填写在下表3-20中。

【实验注意事项】

实验过程中，捕收剂种类可根据探索性实验结果和同类稀土矿山使用情况拟定。

表 3-20 捕收剂种类及用量条件实验结果 (%)

实验条件	试样编号	样品名称	产率	REO 品位	REO 回收率
		精 矿			
		尾 矿			
		原 矿			

【思考题】

(1) 稀土矿石浮选条件实验包括哪些项目?

(2) 本次实验的捕收剂作用机理是什么?

3.5.5 稀土矿调整剂种类及用量实验

【实验原理】

参照矿石可选性研究中的浮选实验。

【实验要求】

(1) 确定稀土矿调整剂的种类及合适的用量，包括组合抑制剂、矿浆 pH 值等。

(2) 学会观察泡沫随矿浆 pH 值、抑制剂种类及用量的改变而引起的变化，如泡沫颜色、虚实、矿物上浮量、矿化效果及黏稠性等。

【主要仪器及耗材】

实验过程中采用的主要仪器及耗材为实验室小型球磨机、天平、浮选机、过滤机、烘箱、装矿盆、洗瓶及制样工具等。

【实验内容和步骤】

(1) 拟定调整剂的种类及用量条件。

(2) 根据拟定的条件数量，取相同数量的单元实验样开展调整剂种类及用量条件实验研究。

(3) 根据磨矿细度条件实验确定的最佳磨矿细度，捕收剂种类实验确定的捕收剂种类和用量，固定各实验的磨矿细度、捕收剂种类及用量、起泡剂用量、浮选时间等其他条件，改变调整剂的种类及用量，考察各实验结果及现象。

(4) 比较实验结果，确定最佳的捕收剂种类及用量。

【数据处理与分析】

将实验结果如实填写在表 3-21 中。

表 3-21 稀土矿石调整剂种类及用量条件实验结果 (%)

实验条件	试样编号	样品名称	产率	REO 品位	REO 回收率
		精 矿			
		尾 矿			
		原 矿			

【实验注意事项】

实验过程中，调整剂种类可根据探索性实验结果和同类稀土矿山使用情况拟定。

【思考题】

(1) 状态矿石浮选常用的调整剂有哪些?

(2) 各调整剂的作用机理是什么?

3.5.6 稀土矿石开路流程实验

【实验原理】

参照矿石可选性研究中的浮选实验。

【实验要求】

(1) 确立稀土矿物浮选的内部流程结构，即确立精选的次数以及作业条件，对中矿性质进行考查，为浮选流程的拟立和闭路实验提供依据。

(2) 通过实验了解中矿性质及中矿处理方法。

【主要仪器及耗材】

实验过程中采用的主要仪器及耗材为实验室小型球磨机、天平、浮选机、过滤机、烘箱、装矿盆、洗瓶及制样工具等。

【实验内容和步骤】

(1) 取代表性稀土矿实验样 1 份。

(2) 根据前述的条件实验确定的最佳磨矿细度、捕收剂种类及用量、调整剂种类及用量、浮选时间、起泡剂用量等条件，固定各条件因素不变，开展全流程实验，包括精选、扫选作业。

(3) 根据实验结果，分析实验指标，包括稀土精矿、中矿和尾矿。

【数据处理与分析】

将实验结果如实填写在表 3-22 中。

表 3-22 稀土矿石开路流程实验结果 (%)

实验条件	试样编号	样品名称	产率	REO 品位	REO 回收率
		精 矿			
		中矿 1			
		中矿 2			
		⋮			
		中矿 n			
		尾 矿			
		原 矿			

【实验注意事项】

实验过程中，详细观察各作业浮选现象，分析各产品的实验指标，考察研究中矿的处理方法。

【思考题】

(1) 稀土矿石浮选中矿的处理方法有哪些?

(2) 稀土矿石浮选中矿与其他有色金属（如铜矿石）浮选中矿性质有何异同?

3.5.7 稀土矿石闭路流程实验

【实验原理】

参照矿石可选性研究中的浮选实验。

【实验要求】

(1) 确立稀土矿石浮选中矿返回的地点和作业，考察其他对浮选指标的影响。

(2) 调整因中矿返回引起药剂用量变化，校核所拟定的浮选流程，确立可能达到浮选指标。

(3) 明确闭路实验的具体做法，观察中矿返回对浮选过程产生的变化。

(4) 掌握稀土矿石浮选过程的平衡标志和闭路流程最终指标的计算方法。

【主要仪器及耗材】

实验过程中采用的主要仪器及耗材为实验室小型球磨机、天平、浮选机、过滤机、烘箱、装矿盆、洗瓶及制样工具等。

【实验内容和步骤】

(1) 取代表性稀土矿实验样 5~10 份。

(2) 根据开路流程实验所确定的条件和中矿返回地点与方式，固定各条件因素不变，开展全闭路流程实验。

(3) 从第二批实验样实验开始，根据实验现象调整捕收剂、调整剂等药剂用量，观察中矿返回对流程的影响。

(4) 根据稀土矿石浮选过程的平衡标志，确定闭路实验的数量。

(5) 待闭路实验流程平衡后，将获得的全部产品脱水、烘干、称重、制样、送检化验。

(6) 根据化验结果，计算浮选闭路实验指标，考核闭路实验结果。

【数据处理与分析】

将实验结果如实填写在表 3-23 中。

表 3-23 稀土矿石闭路流程实验结果 (%)

实验条件	试样编号	样品名称	产率	REO 品位	REO 回收率
		稀土精矿 1			
		稀土尾矿 1			
		稀土精矿 2			
		稀土尾矿 2			
		⋮			
		稀土精矿 n			
		稀土尾矿 n			
		中矿 1			
		⋮			
		中矿 n			

【实验注意事项】

实验过程中，详细观察各作业浮选现象，根据现象及时调整捕收剂、调整剂的用量。

【思考题】

(1) 闭路流程最终指标有几种确立方法?

(2) 闭路实验操作应注意哪些问题?

(3) 闭路实验达平衡的标志是什么?

3.5.8 实验报告撰写

【参考内容】

参照矿石可选性研究中的报告编写内容。

【撰写要求】

(1) 梳理稀土矿石浮选各实验内容及结果。

(2) 如实填写实验过程现象和数据。

(3) 按组讨论分析实验结果。

(4) 正确回答各实验思考题。

【主要仪器及耗材】

撰写过程中采用的主要仪器及耗材为铅笔、橡皮、坐标纸、尺具、水笔等。

【报告撰写内容和步骤】

(1) 编写实验要求和仪器、工具等。

(2) 编写实验方案、实验流程等。

(3) 如实填写实验过程和实验现象。

(4) 根据实验结果表，正确填写实验结果。

(5) 编写对实验结果的分析。

(6) 回答实验思考题。

3.6 “认识实习”实践教学指导书

3.6.1 “认识实习”的目的与要求

“认识实习”是矿物加工专业本科生的必修专业实践课程，也是矿物加工工程专业学生进行专业学习之间，对本专业的特点和学科性质形成初步印象的重要实践课。通过认识实习，使学生对矿物加工工程专业在生产实践中的作用、选矿工艺方法、工艺设备产生基本感性认识，形成对选矿厂的整体概念认识。

“认识实习”的任务是初步认识选矿厂的工艺过程、主要设备和辅助设备的结构、性能和工作原理；了解这些设备的使用及操作情况。具体要求有如下几项：

(1) 结合“选矿概论”教学，增强对矿物加工工程专业及其生产过程的感性认识。

(2) 通过专题报告、生产现场参观，了解矿山生产组织管理体系。

(3) 了解选矿工艺流程结构、工艺设备、选矿药剂的种类和使用。

(4) 了解矿山技术经济指标、产品质量要求等，形成对矿山建设和选矿厂配制的总体认识。

（5）进行现场安全教育，培养安全意识。

（6）编写认识实习报告。

3.6.2　“认识实习”内容安排与要求

3.6.2.1　选矿厂概况

了解：

（1）选矿厂的地理位置、交通状况。

（2）矿山发展沿革，当前生产规模，企业职工人数、职工组成、管理模式。

（3）矿山的地质水文资料、气象条件、矿石类型、矿产的化学组成及矿物组成、嵌布特性，原矿物理性质（粒度、湿度、真密度、堆密度、硬度、安息角等）。

（4）选矿厂选矿工艺的历时沿革，重点了解目前选厂原则流程，回收金属种类、主要技术经济指标。

（5）精矿用户、用户对精矿质量的要求。

（6）选矿尾矿处理方式，环保问题。

以上内容采用请现场技术人员做技术报告的形式进行。

3.6.2.2　入厂实习

按照工段了解和熟悉。

A　破碎筛分工段

（1）了解粗碎、中碎、细碎各破碎段的主要设备的规格和型号、主要操作参数，初步了解各段破碎设备的结构特点和工作原理。

（2）了解各主要破碎设备之间的连接方式，筛分设备的规格和型号、主要操作参数。

（3）了解选厂破碎筛分工艺流程特点，并绘制破碎筛分工艺流程图。

B　磨矿工段

（1）了解球磨机、分级机的型号、操作参数以及相互之间的配置关系。

（2）了解现厂磨矿工艺条件，包括磨矿浓度、分级浓度、磨机处理能力、磨矿细度。

（3）了解选厂磨矿流程特点，绘制磨矿工艺流程图。

C　选别工段

（1）结合现场，对选矿厂基本选别方法、选别工艺流程初步形成感性认识。

（2）了解选别主要设备的规格、用途、工作原理以及主要操作参数。

（3）对浮选厂，了解使用的药剂种类、名称、药剂制度、各药剂的用途和添加系统。

（4）绘制磨矿选别工艺流程图。

D　产品处理

（1）了解精矿脱水系统及工艺流程。

（2）了解浓缩机、过滤机、真空泵、空压机、砂泵的数量、规格和型号，浓缩机及过滤机单位面积生产能力以及各设备的工作原理。

（3）了解精矿的贮存和运输方式。

（4）了解滤布及其他零件的使用期限，脱水车间的控制及自动排液装置。

（5）了解选矿生产组织和生产控制系统，生产技术指标检测的手段和设备，检测目的和意义。

3.6.3 实习注意事项

学生在认识实习过程中应听从实习教师的指导，严格遵守实习单位的一切规章制度，特别要遵守实习单位的安全生产操作规程。实习过程中时刻坚持安全第一的思想。

(1) 进生产车间实习应穿工作服，戴安全帽，穿胶鞋或运动鞋。不能穿拖鞋、高跟鞋。女同学应将头发放在安全帽里面。

(2) 学生跟班实习时应勤看、多问，严禁私自动手操作设备开关、按钮等。

(3) 尽量不要靠近高速运转的设备部件，尤其不要站在该部件运转的同一平面内。

(4) 严禁在危险场所停留。

(5) 严禁高空抛落物体。

(6) 严禁跨越皮带运输机。

(7) 车间内实习时，注意力一定要集中，严禁嬉戏打闹。

(8) 实习期间应以组为单位分组实习，不允许单独进入生产现场。

(9) 遇有突发事故，坚持自救的原则，并在第一时间通知教师处理。

(10) 实习期间不得擅自离开实习单位外出，如有特殊情况，严格履行请假销假制度。

3.6.4 实习成果和成绩评定

学生在实习期间应每天记实习日记，按时完成实习报告及教师布置的个人作业，实习过程遇到疑难问题，及时向教师反映寻求解决。实习报告应包括以下几方面的内容：

(1) 前言：实习的目的、意义、任务和要求。

(2) 概况：对实习单位的简单介绍

(3) 工艺系统（重点）：分系统论述。工艺过程介绍（附工艺流程图），工艺流程特点及合理性评述；系统设备组成，主要相关设备及辅助设备的结构、性能、工作原理；主要设备的生产使用及操作情况（附操作规程）。

(4) 合理化建议：深入分析，发现问题，解决问题，对生产单位的生产、经营和管理提出一项或几项合理化建议。

(5) 结束语：实习收获、感想，对今后学习专业课的指导意义。

根据现场考查、实习日记和实习报告情况按“优、良、中、及格、不及格”五级分制综合评定认识实习成绩。成绩不及格者自行联系补实习，否则不能毕业。

3.7 “生产实习”实践教学指导书

3.7.1 “生产实习”的目的与要求

(1) 通过实习对学生进行与专业有关的生产劳动训练，学习生产实践知识，增强学生的劳动观点，培养进行生产实践的技能。

(2) 在生产劳动、生产技术教育和查询阅读选厂资料中，使学生理论联系实际，深入了解生产现场的工艺流程、技术指标、生产设备及技术操作条件、产品质量、生产成本、劳动生产率等有关管理生产和技术的情况。发现存在问题，提出自己见解，以培养和提高学生的独立分析、解决问题的能力。

(3) 通过专题报告、现场参观、了解矿山的生产组织系统，达到对全矿山和选矿厂全面了解。

(4) 进行安全教育，了解选厂各种生产措施及规章制度，保证实习安全，获得生产安全技术知识，培养安全生产观点。

(5) 编写实习报告，进行实习考核；使学生受到编写工程技术报告和进行生产实践的全面训练。

3.7.2 “生产实习”内容安排与要求

生产实习安排在有关矿山及选矿厂，具体内容安排与要求如下。

3.7.2.1 了解矿区及选厂概况

(1) 地理位置、交通状况，矿区气象；温差、平均温度；雨量、气候、冰冻期、洪水情况；土壤允许负荷、冻结程度、地下水位、基岩情况、地震情况。

(2) 矿床、原矿性质，矿床成因和工业类型、围岩特性、矿石类型。原矿矿物组成，有用矿物嵌布特性，化学组成，多元素分析，物相分析，光谱分析及试金分析，粒度，真比重，假比重，硬度，水分含量，含泥量，安息角和摩擦角，可溶性盐类。

(3) 选厂供矿情况：采矿方法，开采时期原矿品位变化情况。服务年限，供矿制度，运输方法，每日供矿时间和供矿量。

(4) 选厂工艺流程演变情况及其原因和效果，现有工艺流程及技术指标，主要生产设备，技术操作条件，选厂改建扩建情况。

(5) 选厂尾砂处理：排放、运输、堆放方法、尾砂水中有毒物质的含量及处理方法。

(6) 选矿供水水源、水质和供电情况。

(7) 厂产品种类、质量、数量、成本；用户对产品质量（品位杂质、水分、粒度）的要求；产品销售价格。

3.7.2.2 碎矿车间

(1) 工作制度和劳动组织。

(2) 碎矿流程及技术指标：碎矿设备的型号及技术规格；润滑系统组成；给排矿口宽度、给矿粒度和排矿粒度；实际生产能力；闭路破碎的循环负荷。

(3) 筛分机：筛子的形式、技术规格；安装坡度及使用情况；实际生产能力和筛分效率。

(4) 破碎设备的连锁控制和保险设施。

(5) 破碎筛分作业的防尘设施。

(6) 碎矿工段存在的主要问题，解决的可能途径；改善破碎流程和作业指标，操作条件和设备配制的合理化建议。

3.7.2.3 磨矿工段

(1) 工作制度及劳动组织。

(2) 磨矿流程及技术指标。

(3) 磨矿分级设备：磨机形式，润滑系统，衬板质量及其消耗量（每磨1t矿石衬板耗量）；球介质、装入量、充填系数，装球尺寸及补加制度。装球设施。给矿粒度和磨矿最终产品细度。磨矿浓度，给矿重量计算。按新生-0.074mm粒级重量计算的磨矿效率；第一段闭路磨矿和第二段磨矿的循环负荷。

(4) 分级机：机型，技术规格，安装坡度，溢流浓度，细度，生产能力，分级效率。

(5) 水力旋流器的规格，结构参数对分级的影响，工艺参数（压力、浓度、给矿量）对分级的影响，稳定给矿压力措施，生产能力及分级效率。

(6) 磨矿工段供水、供电情况，磨1t合格产品的电耗，磨矿工段存在的主要问题，解决的途径，改善磨矿流程及技术指标，设备技术操作条件的途径。

3.7.2.4 浮选工段

(1) 流程—数量流程及矿浆流程。

(2) 主要设备：调浆槽，浮选机形式，技术规格。

(3) 浮选浓度：pH值，各浮选作业泡沫浓度，每日处理每吨矿物所需浮选机容积：$m^3/(d \cdot t)$ 的计算及浮选时间，最终精、尾矿浓度，化学分析及粒度分析。

(4) 浮选中矿性质及其处理。

(5) 浮选药剂和加药设施：药剂种类、配制、加药点及方式，用药量，加药机型号规格。

(6) 浮选工段供水供电。

(7) 本工段存在主要问题和解决途径。改善流程、技术指标、浮选设备及操作条件的途径。

(8) 浮选车间的产品分类及工艺特点。本作业采用的新工艺。

3.7.2.5 重选作业

(1) 重选工段任务，生产流程，设备联系图。

(2) 所使用的各种重选机械的型号，规格，操作参数。

(3) 摇床在重选中起的作用，使用经验及存在问题，改进措施，本厂有否可能使用跳汰机、圆锥选矿机、溜槽等。

(4) 离心选矿机的结构原理，操作参数及使用情况。

(5) 分级机使用情况：水力分级机、旋流器、筛分机等，在重选中起的作用在本厂使用情况，存在问题及设备未使用的原因及改进措施。

3.7.2.6 磁选作业

(1) 本厂所使用的磁选设备的规格型号及操作技术参数。

(2) 各种磁选设备在本厂的使用情况：用于什么作业，采取的技术参数，处理量、进、排矿浆浓度，操作经验和存在问题的改进措施。

(3) 作业中入选矿物，磁性产物及非磁性产物的品位检测方法，本厂有哪些磁性产品及产品质量。

(4) 本厂的磁选工艺作业应采用那种磁选设备为好，原因何在。

(5) 磁选工艺在本厂的地位和作用。应如何重视如此工艺。

(6) 磁选的粒度，浓度及冲洗水量的调节，设备的检测及维护。

3.7.2.7 精矿处理

（1）精矿的品种，精矿车间的工作制度和劳动组织。

（2）精矿的脱水流程。

（3）浓缩机、过滤机、干燥机、真空泵、压风机、滤液桶（气水分离器）、陈尘器的规格型号及操作参数。

（4）浓缩机的给矿浓度和给矿的沉降实验情况，浓缩机的排矿浓度、溢流中的固体含量，单位面积的处理能力。溢流的化学分析，是否加絮凝剂，有无消泡的问题。

（5）过滤机工作时间的真宽度，风压，滤饼的水分，过滤机的单位面积生产能力。

（6）精矿的贮存和装运设备，用户对产品的要求。

（7）精矿车间的供水、供电情况。

（8）本工段存在主要问题，改善设备及技术操作的建议。

3.7.2.8 选厂生产过程的取样，检查，控制，统计和金属平衡

（1）取样。检查和控制的项目及目的，全厂取样点的布置。

（2）取样设备，取样时间，样品加工处理方法，化验对样品的要求。检验项目：品位，粒度，水分，比重，矿物分析，安息角，摩擦角及沉降实验。

（3）生产统计资料：年处理量（t/a）；产品质量：电耗（kWh/t）。水耗（m^3/t），各种药耗（g/t），碎矿衬板耗量（kg/t），磨机衬板耗量（kg/t），球耗（kg/t），机械损耗，滤布耗量（m^2/t），润滑油耗量（kg/t），磨机利用系数，劳动生产率。

（4）金属平衡：选矿金属平衡和产品平衡的编制，找出不平衡的原因，工艺平衡与产品平衡不符合的原因，解决办法。

3.7.2.9 专题报告及实习参观

（1）选矿技术报告：矿床地质概况，原矿性质，选矿工艺流程，选矿工艺设备，配置技术操作情况，选厂管理技术监控及检测，浮选药剂制度，选厂新工艺，生产控制技术经验，产品情况，用户要求，选矿全部工艺指标。

（2）矿山建设及经营管理报告；矿史，厂史，矿山地理位置。交通气象水文资料，矿产资料，储量，矿物性质，开采情况，存在问题，发展前景，矿山，选矿的经营管理，资产情况，预计建成后的水平。产值及赢利情况，生产管理人员配置，组织系统，经营销售情况。

（3）安全教育报告。

（4）实习参观：参观附属选厂。如参观尾矿设施，参观采场，顺路参观冶炼及用矿（选厂产品）单位。

3.7.3 实习注意事项

学生在认识实习过程中应听从实习教师的指导，严格遵守实习单位的一切规章制度，特别要遵守实习单位的安全生产操作规程。实习过程中时刻坚持安全第一的思想。

实习注意具体事项详见3.6节相关内容。

3.7.4 上交成果和成绩评定

上交成果和成绩评定也详见3.6节相关内容。

3.8 “毕业实习”实践教学指导书

3.8.1 “毕业实习”的目的与要求

（1）在选矿厂对学生进行生产劳动训练和生产实践，以增强学生的劳动观点和实践观点。

（2）通过生产劳动、生产技术教育、资料阅读和实际研究生产问题的方法，使学生理论联系实际、深入研究所在选矿厂的工艺流程及其他技术指标和工艺设备及其技术操作条件，进而研究改善工艺流程、工艺设备、技术指标、技术操作条件、生产管理、产品质量、降低产品成本和提高劳动生产率的各种可能途径，以巩固、充实、提高学生所学知识和培养学生独立分析问题和解决问题的能力。

（3）通过专题报告，生产参观和了解矿山的生产组织系统，以达到对全矿山和选矿厂有较全面的了解。

（4）通过安全教育和研究选矿厂的各种安全技术措施，以获取安全技术知识和培养安全生产的观。

（5）收集毕业设计的材料。

3.8.2 “毕业实习”内容安排与要求

3.8.2.1 建厂地区和选矿厂的概况

（1）矿山和选矿厂的地理位置、交通状况。

（2）矿区气象资料、最高温度、最低温度、年平均温度、雨季和雨量、冰冻期，洪水水位。

（3）厂区工程地质资料：土垠土壤允许负荷和冻结深度，地下水水位，基岩情况，地震情况。

（4）矿床和原矿性质。矿床的成因和工业类型，矿石的工业类型，围岩特性。原矿性质，包括矿物组成和有用矿物的嵌布特性；化学组成：化学多元素分析，物相分析，光谱分析，试金分析；物理特性：粒度，真比重和假比重，硬度，水分含量，含泥量，安息角和摩擦角；可溶性盐类。

（5）选矿厂供矿情况。采矿方法：开采时期原矿品位的变化情况，服务年限。供矿制度，运输方法，每日供矿时间和供矿量。

（6）选矿工艺流程演变的原因和效果，现有的工艺流程技术指标，选矿工艺设备及其技术操作条件改革的情况。

（7）选矿厂的改建和扩建情况，选矿厂新建、改建和扩建的设计说明书和图纸。

（8）选矿厂尾砂处理、尾矿排放、运输和推荐方法，尾矿水中有毒物的含量和处理办法。

（9）选矿厂的供水和供电情况，供水水源、水质、最大水量、最小水量和平均水量、供电电源、电压和电量。

（10）产品的产品销售情况，产品种类和质量、数量、产品成本和销售价格、产品用户和地址，用户对产品质量的要求（品位、杂质、水分、粒度）。

3.8.2.2 破碎车间

(1) 破碎车间的工作制度和劳动组织。

(2) 破碎流程及技术指标，破碎流程考察报告。

(3) 破碎筛分设备。破碎机：形式和技术规格；润滑系统；排矿口宽度、给矿粒度、排矿粒度、实际生产能力；破碎机给矿和破碎产品的筛分分析；闭路破碎的循环负荷；破碎机给矿的水分含量和含泥量。筛分机：形式和技术规格、安装强度及其使用情况；筛分机的实际生产能力和筛分效率；给矿机的形式和技术规格及其使用情况；各条皮带运输机的形式和技术规格，拉紧装置和制动装置、安装坡度、运送物料的粒度、水分、含泥量和安息角；金属探测器和除铁器的形式和技术规格及其使用情况。

(4) 破碎车间检修起重机的形式和技术规格及其使用情况。

(5) 破碎车间设备的连锁控制。

(6) 破碎车间的建筑物和构筑物：破碎厂房的结构、高度、跨度和长度、地形坡度、检修场地尺寸（面积）、检修台、检修孔的结构和尺寸、门、窗的位置和尺寸；筛分转运站的结构、形式和主要尺寸；不同地点操作平台的结构和尺寸（面积），提升孔位置、用途和尺寸；原矿仓的形式、结构、尺寸、几何容积和有效容积，各面仓壁的倾角和两面仓壁交线的倾角。

(7) 破碎车间的保安、防火和工业卫生技术措施：通道、孔道、栈桥、梯子、栏杆和设备护罩的设置，主要尺寸及其使用情况；破碎车间的通风设施，人工通风设施的形式和技术规格，自然通风措施；破碎车间的照明设施，人工照明的灯型、排列形式如距离、自然照明、壁窗、天窗的位置、形式和尺寸；破碎车间的排水、排污设施、污水、污砂池的位置和尺寸（容积），污水、污砂泵的形式和技术规格，污水、污砂沟的位置、尺寸和坡度；破碎车间经常发生的或重大的生产事故、设备事故、人身事故或其他事故产生的原因和处理办法。

(8) 破碎车间的供水、供电概况：供水点、水压和供水管网；供电电压，破碎 1t 矿石的单位耗电量。

(9) 破碎车间设备配置的特点：粗、中、细碎是集中配置在一个厂房内，或是分散配置在不同的厂房内，是重叠式配置，或是阶梯式，混合式配置，返矿皮带运输机是垂直于高等线配置或是平行于高等线配置。粗、中、细破碎和筛分机是直线式配置或曲尺式配置等。

(10) 破碎车间存在的主要问题和解决这些问题的可能途径：改善破碎流程及其技术指标，改善破碎设备及其技术操作条件和改善破碎车间设备配置的可能途径。

3.8.2.3 磨选车间（主厂房）

(1) 磨选车间的工作制度和劳动组织。

(2) 磨矿工段。磨矿流程及其技术指标，磨矿流程考察报告；磨矿分级设备中磨矿机的形式和技术规格、润滑系统、衬板的质量，每磨 1t 矿石衬板的消耗量、球的质量，装入量，充填系数，装球尺寸和比例、球的补加制度，装球设施，每磨 1t 矿石球的耗量；排矿溜槽的坡度；给矿粒度的磨矿最终产品粒度（细度），磨矿浓度、磨矿机按给矿重量计算和按新生成-0.074mm 粒级重量计算单位容积生产能力，磨矿机按给矿重量计算和按新生成-0.074mm 粒级重量计算的磨矿效率，第一段闭路磨矿容积分配关系和单位容积生产能力分配关系，第一段闭路磨矿循环和第二段闭路磨矿循环的循环负荷。分级机的形式和技术规格；安装坡度和返砂槽坡度；分级机的溢流浓度和溢流细度，分级机按溢流中固体重量计算的生产能力和按返砂中固体重量计算的生产能力，分级效率。水力旋流器的规格；结构参数（圆柱体的直径和高度，溢流管的直径和插入深度，给矿口和排砂管的直径、锥角），对分级的影响；工艺参数（给矿压力、给矿浓度和给矿量等）对分级的影响，稳定给矿压力的措施；溢流中最大粒度、溢流中的分离粒度、溢流中-0.074mm 粒级含量三者之间的关系；旋流器生产能力和分级效率。磨矿工段各条皮带运输机的形式、规格、安装坡度、运送物料的粒度水分，含泥量和安息角。自动计量皮带秤或电子秤的形式，规格及其使用情况。磨矿工段检修起重机的形式、技术规格及其使用情况。磨矿工段的建筑物和构筑物：磨矿厂房的结构、高度、跨度、长度、地形坡度。检修场地尺寸(面积)，检修台的结构和尺寸，门和窗的位置及尺寸；磨矿分级操作平台的结构和尺寸(面积)；细矿仓的形式、尺寸、结构、几何容积和有效容积，贮存矿量，各面仓壁的倾角和两面仓壁交线的倾角；事故放矿和检修放矿用砂池的位置、尺寸（容积）。磨矿工段供水、供电概况，供水点，水压和供水管网，供电电压、配电板的位置和开关型号、磨碎一吨矿石（得合格产品）的单位耗电量。磨矿工段设备配置的特点、球磨分级机组是垂直于等高线配置，或是平行于等高线配置，第一段磨矿机和第二段磨矿机是集中配置在一个台阶上，或是分散配置在不同的台阶上等等。磨矿工段存在的主要问题和解决这些问题的可能途径，改善磨矿流程及其技术指标，改善磨矿设备及其技术操作条件和改善磨矿工段配置的可能途径。

(3) 浮选工段。熟悉浮选流程的特点、数质量流程和矿浆流程，浮选流程考察报告；一个浮选系统的主要设备：搅拌槽、浮选机和砂泵的形式和技术规格；各浮选作业的浮选时间、浓度、pH 值、浮选时间的计算，各浮选作业泡沫精矿的浓度，浮选机容积定额(即每日每吨矿石所需得浮选机容积，$m^3/d \cdot t$）的计算，浮选最终精矿和最终尾矿的浓度、化学分析、筛分分析；浮选中矿的性质：品位、粒度、浓度、酸碱度，中矿中有用矿物的单体解离情况和连生体的连生情况，中矿量、中矿处理、单独处理，或顺序返回，或集中返回地点；浮选药剂和加药设施、浮选药剂的种类、配制、加药地点、加药方式、加药量、加药设备的形式和技术规格；浮选工段检修起重机的形式和技术规格及其使用情况；浮选工段的建筑物和构筑物，包括浮选工段和选别工段（包括浮选和磁选等），厂房的结构、高度、跨度、长度、地形坡度、检修场地尺寸（面积），门和窗的位置及尺寸，药剂室的位置、结构、高度、宽度和长度；浮选操作平台和药剂室操作平台的结构和尺寸；浮选工段的砂泵间或砂泵池的位置及尺寸、事故放砂池和检修放砂池的位置和尺寸(容积)；浮选工段的供水和供电概况，供水点、水压、供电管网，泡沫冲洗水消耗量；浮选工段设备配置的特点：浮选机组是垂直于等高线配置，或是平行于等高线配置，阶段浮选的浮选作业是集中配置或是分散配置等等；浮选工段存在的主要问题和解决这些问题的可能途径，改善浮选流程及其技术指标，改善浮选设备及其技术操作条件和改善设备配置的可能途径。

(4) 磁选工段。熟悉磁选流程及其技术指标、磁选流程的考察报告；磁选机和磁力脱水槽的形式和技术规格；磁选机的磁场强度、磁选机的生产能力；预磁和脱磁设备的型号和规格及其使用情况；磁选给矿的粒度、浓度和冲洗水量的调节；磁选的精矿品位，精矿水分、浮选药剂对磁选的影响和脱药措施；磁选工段的检修设施；磁选工段的设备配置；磁选工段存在的主要问题和解决这些问题的可能途径，改善磁选流程及其技术指标，改善磁选设备及其技术操作条件和改善设备配置的可能途径。

3.8.2.4 精矿处理车间

熟悉：

(1) 精矿处理车间的工作制度和劳动组织。

(2) 精矿脱水流程和脱水流程考查。

(3) 浓缩机、过滤机、干燥机、真空泵、压风机、滤液桶（气水分离器）、除尘器。

(4) 浓缩机的给矿浓度和给矿的沉降实验，浓缩机的排矿浓度，浓缩机溢流中的固体含量，溢流的化学分析和水析，凝聚剂对浓缩沉淀的影响，浓缩机单位面积的生产能力。

(5) 过滤机工作时的真空度和风压、滤饼和水分、过滤机单位面积的生产能力。

(6) 干燥炉的形式及只要尺寸，干燥温度和燃料单位消耗量，干燥产品运输设备的形式和规格，干燥产品的水分。

(7) 最终精矿的贮存和装运工具（汽车、火车、矿斗车）。

(8) 精矿过滤工段，干燥工段和贮运工段的检修起重机或装载起重机的形式和技术规格。

(9) 精矿处理车间的建筑物和构筑物，包括过滤工段、干燥工段、贮运工段的厂房结构，高度，跨度或宽度，长度，地坪坡度，检修场地尺寸（面积），门、窗的位置和尺寸，操作平台的结构和尺寸（面积）；精矿仓的形式、尺寸、结构、几何容积和有效容积，各面仓壁的倾角和两面仓壁交线的倾角；浓缩机的溢流沉淀池，事故放矿和检修放矿砂池，污砂池的位置、结构和尺寸（容积），溢流澄清水池（回水池）的位置，结构和尺寸（容积）；过滤机的溢流池和滤液池，事故放矿和检修放矿砂池，污砂池的位置、结构和尺寸（容积），干燥工段和贮运工段污砂池的位置、结构和尺寸（容积）。

(10) 处理车间各工段的供水、供电概况。

(11) 精矿处理车间各工段的设备配置。

(12) 精矿处理车间存在的主要问题和解决这些问题的可能途径，改善精矿处理流程及其技术指标，改善精矿设备及其技术操作条件和改善精矿处理各工段设备配置的可能途径。

3.8.2.5 选矿厂生产过程的取样、检查、控制、统计和金属平衡

(1) 选矿厂取样、检查和控制的项目及目的，全厂取样点的布置、取样设备，取样时间间隔，样品加工处理过程和方法，送实验室的各种样品要求（筛分、分析、矿物分析、水分、真比重和假比重、安息角和摩擦角测定等等），送化验室的样品要求（重量、粒度、水分）。

(2) 选矿厂生产统计的主要资料，如各年处理矿量（t/a）；各年各种精矿产品的品位；各年每处理一吨原矿的年平均单位耗电量（kWh/t），耗水量（m^3/t），各种药剂的耗药量（g/t），破碎衬板耗量（kg/t），磨矿衬板耗量（kg/t），球耗量（kg/t），浮选叶轮耗量（kg/t），滤布耗量（m^2/t），润滑油脂耗量（kg/t）；各年球磨机的利用系数（按新

生-0.074mm 粒级重量计算或按给矿重量计算，$t/m^3 \cdot h$)；各年选矿厂的全员劳动生产率和按生产工人计算的劳动生产率。

(3) 选矿厂金属平衡，熟悉选矿厂工艺金属平衡和商品平衡编制的目的和方法；选矿厂工艺金属量不平衡的原因，商品金属量不平衡的原因，工艺平衡和商品平衡不符合的原因，解决的方法。

3.8.2.6 专题报告和生产参观

(1) 实习期间根据具体情况，可聘请厂矿有关人员作下列报告，如各种教育报告：矿史、厂史；选矿厂保安和保密报告；选矿报告，选矿厂矿床地质概况和原矿性质、选矿工艺流程的演变，选矿工艺设备、设备配置和技术操作条件方面重大的改革，合理化建议，选矿实验研究工作简介；采矿报告，在参观采矿时进行。矿山和地质勘探报告，在参观地质勘探时进行；邀请工人、技术人员、其他有关人员进行专题座谈，以解决专门问题。

(2) 实习期间根据具体情况，可组织学生进行下列参观，如尾矿工段，了解尾矿处理措施（尾矿坝、尾矿沉淀池、水井和排水涵道、排洪沟、输送管道、排卸方式、加压泵站、事故放矿池及其设施、尾矿中有毒物含量和处理方法，尾矿水回收泵站、尾矿设施的看管和维修)；采矿场，主要了解供矿情况和供给矿石性质；地质勘探，主要了解矿床的成因、工业类型、围岩特性和矿石的工业类型及矿石性质；冶炼厂，了解选冶关系和用户对产品的质量要求和其他要求；发电站、变电站、配电所，了解供电情况；水泵站，了解供水情况及设备；机修间、机修厂、电修间的设备配置等。

3.8.3 注意事项

学生在毕业实习过程中应听从实习教师的指导，严格遵守实习单位的一切规章制度，特别要遵守实习单位的安全生产操作规程。实习过程中时刻坚持安全第一的思想。

实习注意具体事项详见 3.6 节相关内容。

3.8.4 上交成果和成绩评定

上交成果和成绩评定也详见 3.6 节相关内容。

3.9 “毕业设计”实践教学指导书

3.9.1 “毕业设计”目的

“毕业设计”基本目的有：

(1) 综合运用所学的基础理论、基本技能和专业知识。

(2) 基本掌握选矿厂设计的内容、步骤和方法。

(3) 根据选矿厂日处理量进行破碎筛分、磨矿分级、选别流程和脱水流程的选择和计算、主要设备和辅助设备的选型和计算、选矿厂各车间的平断面图的绘制以及设计说明书的编写。

(4) 进一步培养撰写和使用各种参考资料（专业文献、设计手册、国家标准、技术定额等）能力及独立地、创造性地解决实际问题的能力。

（5）较好地理解并贯彻我国矿山建设的方针政策和经济体制改革的有关规定，树立政治、经济和技术三者结合的设计观点。

所要绘制的图纸有：

（1）破碎筛分数质量流程图。

（2）磨浮流程数质量和矿浆流程图。

（3）粗碎车间平断面图。

（4）中细碎车间平断面图。

（5）细筛车间平断面图。

（6）主厂房平断面图。

（7）脱水车间平断面图。

（8）全厂的平面图。

通过“毕业设计”，全面提高学生的选矿设计、计算、绘图和写作能力以及培养学生学会使用参考书籍、国家标准、技术定额、指标和价格等资料的能力，培养学生具有全面解决矿物加工问题的能力。

3.9.2　“毕业设计”一般规定

（1）“毕业设计”题目，由指导教师分别为每个学生制定，经教研室审批，在进行设计前发给学生。发给学生的毕业设计题目及专题应根据所设计的课题性质条件制定。非经指导教师允许及教研室的审批，不准在设计过程中对题目进行任何更改。

（2）毕业设计的答疑，应该安排时间表，使学生知道答疑的时间和地点，有利于设计工作的正常进行，指导教师的答疑主要应放在引导和启发学生如何正确地、创造性地解决设计中的问题，同时必须防止学生过分依赖教师而不独立思考，为此要求学生：

1）请求答疑前必须准备好问题，并携带有关设计资料和图纸。

2）对主要方案的选择和技术决定，在任何情况下，不得向教师要答案，在答疑时，必须阐明自己的意见和设计依据，然后提出疑难，否则教师可以拒绝答疑。

3）设计中主要方案和技术决定，必须经过指导教师答疑并得到同意后，方能进行详细的设计和计算。

4）设计者意见和指导教师意见不一致时，若设计者的把握时也可以不采纳指导教师的意见，但必须经过深入细致考虑，虚心研究指导教师意见后再作决定，以免发生严重错误和重大返工。

5）除根据答疑时间表请求答疑外，必要时可以请求指导教师作临时性的答疑。

6）必须接受指导教师的检查，检查前要事先做好准备。

（3）《毕业设计指导书》是“毕业设计”的基本文件，是帮助学生更好地完成毕业设计的工具，为此要求设计开始时，系统学习，并在指导教师指导下制定设计进度计划，在设计期间严格执行，以保证完成设计任务。

（4）设计说明书应用钢笔端正书写（或打印），文字叙述力求简单、通顺明确、说明书内应包括设计内容的简述，技术经济指标汇总，主要方法或设备的选择和计算。毕业设计中曾进行过实验研究或技术调查，则应将这些内容加以描述，列入说明书中的每一典型计算应该完整，同类型的计算可将最终结果列于表内。除文字及计算外，说明书还应包括系统图、草图、图表、表格及其他必须说明的材料。一般性问题的讨论和从某些文献摘录引证不宜过多占设计说明书篇幅。说明书应按出版要求，附上目录、图纸一览表及参考文献，书中的页、图、表应分别统一编号。

3.9.3 “毕业设计”计算步骤

“毕业设计”计算过程与步骤参照本书3.4.2节进行。

3.10 “毕业论文”实践教学指导书

3.10.1 “毕业论文”的目的和类型

“毕业论文”是矿物加工专业的实践教学环节。

（1）主要目的：是巩固加深基础理论和基本技能；培养学生综合应用所学知识和技能分析和解决实际问题、独立开展科学研究的能力。

（2）“毕业论文”类型：实验研究类、软件工程类。

3.10.2 “毕业论文”的要求

“毕业论文”是结合理论及生产实际所提出的问题，查阅文献，拟定研究方法和技术路线，构建实验装置，运用基本理论和实验研究方法安排实验，处理实验数据，得出实验研究结果，撰写毕业论文。

具体要求按照不同类型分为两类。

3.10.2.1 实验研究类

（1）进行实验前的准备工作，查阅相关资料。

（2）制定实验方案。

（3）设计实验系统。

（4）进行实验研究。

（5）实验数据分析与处理。

（6）编写研究报告。

3.10.2.2 软件工程类

（1）按照软件工程的方法，进行项目调查、用户需求分析和项目可行性分析。

（2）设计软件开发方案。

（3）学习项目管理方法，绘制网络图。

（4）进行程序编码。

（5）进行程序调试、运行。

（6）编写项目研究报告和用户使用说明书。

3.10.3 “毕业论文”原则

（1）应按照给定的毕业论文任务书和毕业论文大纲要求，在指导教师指导下独立完成任务。

（2）应按照国家标准、技术规范，参阅有关资料进行实验研究。

（3）应结合企业生产实际状况，采用先进技术，力求符合生产实际，使之在技术上先进而可行，在经济上节约而合理。

3.10.4 “毕业论文”任务及深度

“毕业论文”任务及深度的考虑，着眼于全面培养学生素质、培养实际动手能力，应尽量涵盖毕业论文要求，同时应考虑时间问题，尽量简化过程。

3.10.4.1 实验研究类

（1）围绕所选课题广泛收集资料，查阅各种文献资料，详细了解所选课题的国内外研究现状，写出详细的文献综述。

（2）在文献综述的基础上，提出自己的实验方案。

（3）准备必要的实验仪器设备，开展实验研究；讨论实验结果，得出主要结论。

3.10.4.2 软件工程类

结合专业特点，完成相对独立的一块软件系统或子系统的设计，能够独立运行，实际应用，功能齐全；有可实际运行的示例程序。

3.10.5 “毕业论文”时间安排

“毕业论文”时间具体安排如表 3-24 所示。

表 3-24 “毕业论文”时间安排表

周次	实验研究类	软件工程类
1~4	资料收集、方案制定	
5~10	开展实验研究	编程
11	数据处理，编写实验毕业论文	程序调试、编写说明书
12	毕业论文答辩	

3.10.6 实验研究论文

论文是结合科研工作进行的研究论文，主要是科研实验研究论文，科研工作可以一人或多人合作完成，其论文内容应该各有侧重。研究工作包括实验装置的调试、仪器仪表的使用、实验数据的采集及整理等，字数应在 1.5 万~2.0 万字。按照学位论文的形式编写，毕业论文应该主要包括如下内容：

（1）绪论。

（2）文献综述。

了解国内外关于稀土矿石选矿的工艺、设备、药剂的发展现状、发展方向、最新动态和发展趋势；介绍了稀土矿的选矿技术的现状，对其浮选的捕收剂、调整剂及选矿工艺的现状和进展进行了详细的评述，并对稀土矿选矿的研究方向进行了展望。

对矿物型稀土资源选矿药剂和工艺研究现状进行了详细的评述。在总结稀土回收存在主要问题的基础上，提出了稀土选矿工艺改进的建议，进而对稀土选矿的研究方向进行了展望。

（3）实验系统及实验设计。

掌握稀土矿石重选、磁选和浮选设备的工作原理，稀土矿石选矿过程中所需的实验室设备和药剂，了解浮选的药剂制度和药剂作用机理；

（4）实验内容。

掌握稀土矿石重选实验过程中各种重选设备参数的条件实验；掌握稀土矿石高梯度磁选实验过程中磁场强度等各种磁选参数的条件实验；掌握稀土矿石浮选实验过程中磨矿细度、浮选时间、捕收剂种类、捕收剂用量、调整剂种类、调整剂用量、组合捕收剂、组合抑制剂比例等条件实验；在条件实验的基础上，掌握稀土矿石选矿的开路实验及闭路实验；

（5）数据分析及结果。

掌握稀土矿石实验过程中的条件实验、开路实验、闭路实验结果数据的分析和讨论，对实验过程中出现的问题能进行分析；根据实验结果的算术平均值对问题作对比下结论。

（6）结论。

实验过程中所得到的主要数据、结果和结论，包括采用什么样的磨矿细度、浮选时间、捕收剂种类和用量、调整剂的种类和用量、磁场强度、摇床的冲程和冲次、开路实验和闭路实验的实验条件和药剂制度等，还有最佳工艺流程得到的选矿指标等。

（7）参考文献。

应该列出稀土选矿方面的参考文献，而且英文文献应该占到三分之一。

论文要求条例清楚，层次分明、文笔流畅、论据充分，说理严密、富有逻辑。

3.10.7 软件工程类

软件开发应分为：软件技术研究报告、软件使用说明书、软件相关技术文件。软件研究报告应按照学位论文的形式编写：

（1）绪论。

（2）文献综述。

（3）技术选择及框架设计。

（4）软件系统设计。

（5）关键技术研究。

（6）系统运行情况。

（7）结论。

（8）参考文献。

软件使用说明书：说明软件的安装、各部分的操作方法等；软件相关技术文件包括详细的数据库的结构、各种技术参数等。

4 稀土资源开发项目驱动实践教学案例

本章以离子型稀土资源开发项目为例，详细介绍了稀土矿资源开发项目驱动下研究方法教学案例、稀土化验分析检测方法等实例。

4.1 离子型稀土矿研究方法教学案例

4.1.1 矿石性质

本研究试样来源于江西省赣州市龙南县足洞，地理坐标为海拔 336m、经度 114°8′29″、纬度 24°8′18″，所采样品均是在未经开采的稀土矿床断面上凿岩截取，自山顶到山底每个床面平均分布 40 个采样点进行采掘，同时合理避开了腐殖层干扰。所采样品立即封装保存，保留样品原有的工艺性质和理化性质。根据检测分析和实验研究需要，分别对样品进行了加工处理和测试，其原矿化学多元素分析结果见表 4-1，稀土配分与半分子量测定见表 4-2，试样 XRD 测试结果见图 4-1。

表 4-1 矿石化学多元素分析结果 (%)

元素	REO	SiO_2	Al_2O_3	MgO	CaO	TFe	K_2O	Na_2O
含量	0.078	68.38	17.41	0.35	0.41	0.89	4.13	1.97

表 4-2 稀土配分与半分子量分析结果

元 素	La_2O_3	CeO_2	Pr_6O_{11}	Nd_2O_4	Sm_2O_3	Eu_2O_3	Gd_2O_3	Tb_4O_7
配分含量/%	3.44	0.12	1.84	8.08	5.24	0.74	7.66	1.39
半分子量 MW_j	162.91	172.12	170.24	168.24	174.36	175.96	181.25	186.93
摩尔数 n_j	0.02112	0.00070	0.01081	0.04802	0.03005	0.00421	0.04223	0.00744
f_j	0.02904	0.00096	0.01486	0.06604	0.04132	0.00578	0.05811	0.01023
元 素	Dy_2O_3	Ho_2O_3	Er_2O_3	Tm_2O_3	Yb_2O_3	Lu_2O_3	Y_2O_3	
配分含量/%	9.05	1.48	4.45	0.60	3.58	0.54	51.79	
半分子量 MW_j	186.50	188.93	191.26	192.93	197.04	198.97	112.91	
摩尔数 n_j	0.04853	0.00783	0.02327	0.0031	0.01817	0.00271	0.4587	
f_j	0.06673	0.01077	0.03199	0.00428	0.02498	0.00373	0.63074	

研究发现，因矿床沉积过程遭受较大程度的侵蚀、风化和搬运，造成试样泥化程度偏高。原矿主要由 SiO_2、Al_2O_3、K_2O 等化合物组成，且主要赋存于长石、石英、高岭石、埃洛石和伊利石矿物中；稀土元素以离子相形态产出，稀土 REO 总量为 0.065%，其中

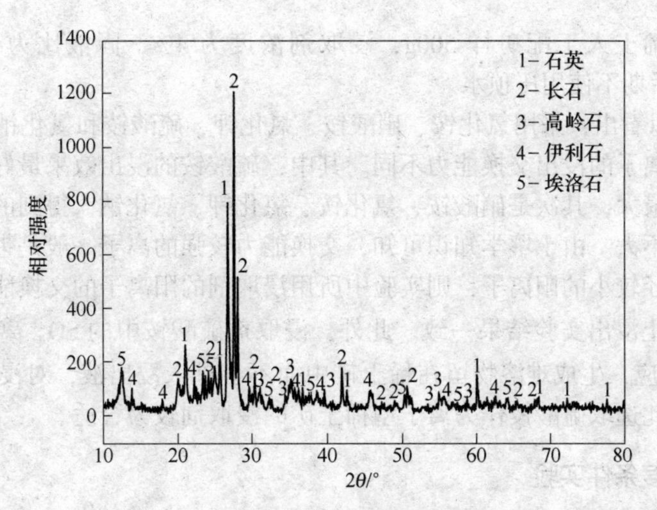

图 4-1 稀土原矿试样 XRD 衍射分析结果

Y_2O_3配分含量为 51.79%，Eu_2O_3的配分含量 0.74%，属于南方地区典型的高钇中铕重型离子稀土矿。

为此，以龙南矿区的离子型稀土矿样为研究对象，采用电解质溶液为浸取剂，利用实验室柱浸装置，对离子型稀土矿进行了化学浸出回收。主要考察了浸出剂种类、浸取剂浓度、浸取剂流速、浸取剂溶液 pH 值、压顶水用量、原矿含水率、原矿粒度、矿层高度等条件对离子型稀土矿化学提取过程的影响，最后以最佳工艺条件优化浸出过程工艺参数，提高浸出效果，实现离子型稀土矿的化学提取。

4.1.2 浸出剂种类条件实验

不同浸出剂离子的扩散速度和离子交换能力不同，对稀土离子的交换性能影响也不相同，在浓度适当时，均能有效地浸出离子型稀土矿中的离子相稀土。考虑到浸出剂中电解质交换能力与经济效益等因素，因此本实验选用氯化铵、硝酸铵、氯化钾、硫酸铵、氯化钠作稀土浸取剂，分别考察其对稀土浸出过程的影响，实验结果如图 4-2 所示。

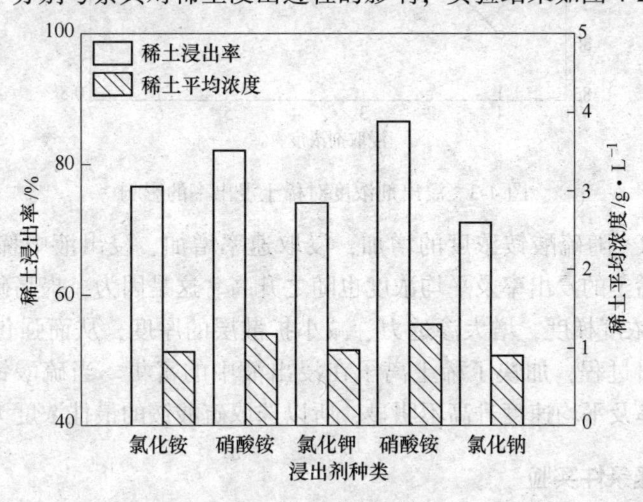

图 4-2 浸出剂种类对稀土浸出率的影响

实验条件：稀土人工配矿样 500g，浸取剂浓度为 4%，固液比为 1：0.8，流速为 3mL/min，浸出后期不使用压顶水。

从图 4-2 可以看出，采用氯化铵、硝酸铵、氯化钾、硫酸铵和氯化钠，均能浸出稀土离子，但对稀土离子的浸出交换能力不同。其中，硫酸铵的浸出效果最好，稀土浓度的峰值最高，浸出率最大，其次是硝酸铵、氯化铵、氯化钾、氯化钠，得到的浸出液中稀土的平均浓度则相差不大。由土壤学知识可知，交换能力较强的离子一般是带电荷较多的高价阳离子和水化半径较小的阳离子，则实验中所用浸取剂的阳离子的交换能力顺序为 $NH_4^+ > K^+ > Na^+$，与稀土浸出实验结果一致。此外，浸取剂硫酸铵中的 SO_4^{2-} 离子能与稀土矿中的 Ca^{2+} 和 Pb^{2+} 反应，生成难溶物留在稀土矿中而不会进入浸出液，对浸出液的净化起到一定的作用，因此选取硫酸铵作为离子型稀土矿的浸取剂较为合适。

4.1.3 浸出剂浓度条件实验

采用硫酸铵作为浸取剂，用 NH_4^+ 将被吸附在黏土矿物上的稀土阳离子代换解析下来。阳离子代换作用受质量作用定律支配，代换力很弱的离子，若其浓度很大，也可代换出代换力很强但在溶液中浓度较小的离子。虽然 NH_4^+ 的代换能力比 RE^{3+} 弱，但可以用提高硫酸铵浓度（即提高 NH_4^+ 的浓度）的方法来控制 RE^{3+} 与 NH_4^+ 的代换方向。本实验考察了不同浸取剂浓度对稀土浸出过程的影响。实验条件：稀土人工配矿样 500g，浸取剂液固比为 0.8：1，流速为 3 mL/min，浸出后期不用压顶水。实验结果如图 4-3 所示。

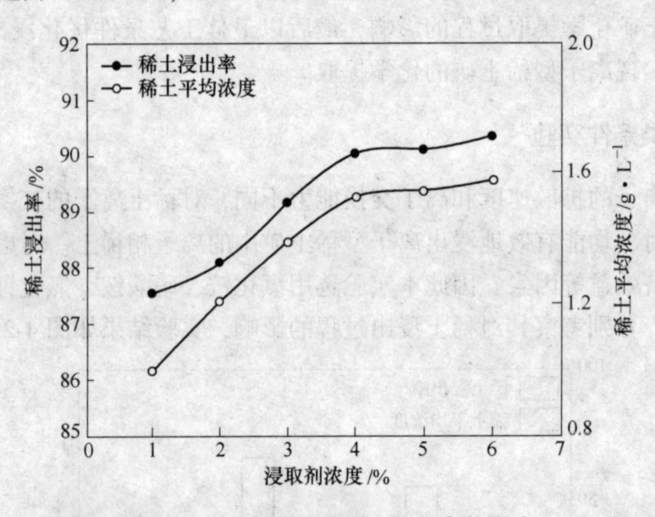

图 4-3　浸出剂浓度对稀土浸出率的影响

由图 4-3 可知，随硫酸铵浓度的增加，浸取速率增加，浸出液中稀土的浓度峰值变高，拖尾变短，稀土的浸出率及平均浓度也随之升高。这是因为，提高硫酸铵的浓度，可大大提高 NH_4^+ 的浓度梯度，增大渗透力、减小扩散层的厚度，从而强化了扩散过程的推动力，强化了浸出过程，加快了稀土离子在浸出液中的富集。当硫酸铵的浓度超过 4% 后，稀土的浸出率及平均速度升高不明显，所以选取硫酸铵的最佳浓度为 4%。

4.1.4 浸出剂流速条件实验

在浸出过程中，浸取剂的流速对稀土浸出率有较大影响，表现在：若浸取剂流速过慢，被交换淋洗下来的稀土离子不能及时进入浸出液却被再吸附，降低稀土的浸出效率，同时使稀土浸出周期延长，不利于现场生产；若浸取剂流速过快，浸出剂便无法与矿物颗粒进行充分接触，不能有效与稀土离子进行交换，且易导致沟流现象的发生，降低稀土浸出效率，因此需通过实验来确定浸取剂流速对离子型稀土矿浸出过程的影响。

实验条件：稀土人工配矿样 500g；浸取剂硫酸铵的浓度为 4%（自然 pH 值为 5.8），液固比为 0.8∶1，浸出后期不用压顶水。实验结果如图 4-4 所示。

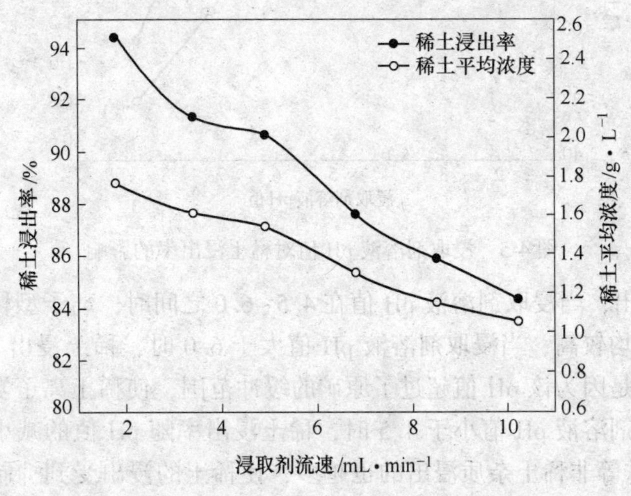

图 4-4 浸出剂流速对稀土浸出率的影响

随浸取剂流速的增加，稀土的浓度峰值有逐渐下降的趋势，但稀土的浸出曲线基本不变，稀土的浸出率及平均浓度逐渐降低。实验过程中还发现，当浸取剂流速过快时，在浸出柱的稀土矿上方会发生积液现象，即形成一定高度的水柱，且流速越大，水柱越高。这是由于浸出剂在稀土矿中的扩散速度是一定的，若流速过快，使其在矿粒间的流速远大于其在矿粒内的扩散速度，如此浸取剂便不能及时从稀土矿中扩散出去，故而形成一个液柱。此液柱的形成导致浸取剂无法与稀土矿进行充分接触，不但降低了稀土的浸出效率，不利于稀土矿的浸出，而且还加大了浸取剂的消耗。另外，虽然低流速下稀土的浸出率及平均浓度均较高，但浸出时间太长。综合考虑，选取离子型稀土矿的浸取剂流速为 5mL/min。

4.1.5 浸出剂溶液 pH 值条件实验

由于 H^+ 也可将离子型稀土矿中的稀土离子交换下来，因此浸取剂溶液的 pH 值对稀土矿的浸出影响较大。此外，离子型稀土矿一般呈弱酸性，在浸取过程中有部分 H^+ 与 NH_4^+ 发生离子交换反应，这一副反应使浸出液的 pH 值略小于浸取剂溶液的 pH 值，约在 4.5~5.5 之间，表现出稀土矿对不同酸碱性的浸取剂具有一定的缓冲能力。在这个 pH 值范围内，可抑制浸出液中的稀土离子发生水解反应生成稀土氢氧化物沉淀，使稀土离子稳定存在于浸出液中。采用不同 pH 值的硫酸铵溶液浸出稀土，考察 pH 值对稀土浸出过程的影响，不同 pH 值的硫酸铵溶液用硫酸和氨水进行调节。实验条件：稀土人工配矿样 500g；浸取剂硫酸铵的浓度为 4%（自然 pH 值 5.8），流速为 5mL/min，液固比为 0.8∶1，浸出后期不用压顶水。实验结果如图 4-5 所示。

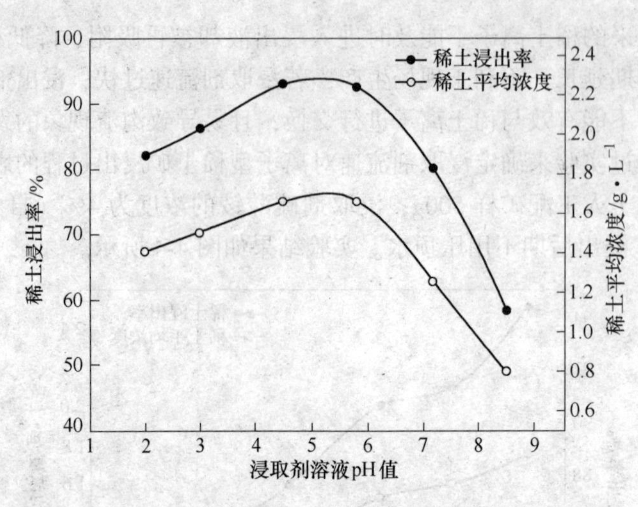

图 4-5 浸取剂溶液 pH 值对稀土浸出率的影响

由图 4-5 可看出，当浸取剂溶液 pH 值在 4.5~6.0 之间时，离子型稀土矿的稀土浓度峰值及稀土浸出率均较高，当浸取剂溶液 pH 值大于 6.0 时，稀土浸出率随 pH 值的增加明显降低，这可能是因为该 pH 值超过了原矿的缓冲范围，使稀土离子发生水解，稀土浸出率下降；当浸取剂溶液 pH 值小于 4.5 时，稀土浸出率随 pH 值的减小而降低，可能是 pH 值越低，铝、铁等非稀土杂质浸出的也越多，使稀土的浸出受到抑制。因此，离子型稀土矿的浸出浸取剂溶液的 pH 值选择在 4.5~6.0 之间，在此范围内，浸取剂溶液中不需加酸或加碱调节 pH 值就能直接使用。

4.1.6 原矿含水率条件实验

离子型稀土矿中含有大量的黏土矿物，具有很强的吸水性，矿石含水率的高低会直接影响到浸取剂在矿粒表面扩散的浓度以及稀土的浸出过程。因此，本次实验主要考察了不同的含水率对离子型稀土矿稀土浸出过程的影响。原矿的自然含水率是 5%左右，经低温烘了 3 天的干矿含水率为 0，含水率为 10%、15%、20%的稀土矿则分别通过在平铺的矿样表面均匀喷上一定量的蒸馏水，并装入密闭性良好的样袋中密封避光储存 3 天，待蒸馏水在矿物颗粒表面充分扩散、均一后再进行实验。

实验条件：稀土人工配矿样 500g；浸取剂硫酸铵浓度为 4%（自然 pH 值为 5.8），流速为 5mL/min，液固比为 0.8∶1，原矿含水率变。实验结果如图 4-6 所示。

由图 4-6 可以看出，原矿含水率越高，稀土的峰值浓度越低，浸出曲线越宽，拖尾现象越明显，浸出效率越低。含水率为 0 的稀土矿最先达到稀土峰值浓度且最高；当原矿含水率为 5%时，虽然其稀土峰值浓度较 0 的低，但稀土浸出率和平均浓度都较前者高；当含水率大于 5%时，随含水率的增加，稀土浸出率及浓度下降较快。这主要是由于原矿含水率过低时，黏土矿物吸收浸取剂溶液后变膨胀，导致毛细管作用受阻，不通畅，影响了浸取剂在稀土矿粒间的扩散；含水率过高时，浸取剂溶液在矿粒表面的浓度被稀释，降低了其对稀土的交换能力，使最初浸出的稀土浓度较低，当不断加入的浸取剂溶液将黏土矿物中的吸附水排出后，稀土离子开始大量被交换，导致稀土峰值浓度迟滞，拖尾现象严重，且过高的含水率易使矿石粘成糊状，同样也会使毛细管作用受阻，甚至将毛细管堵

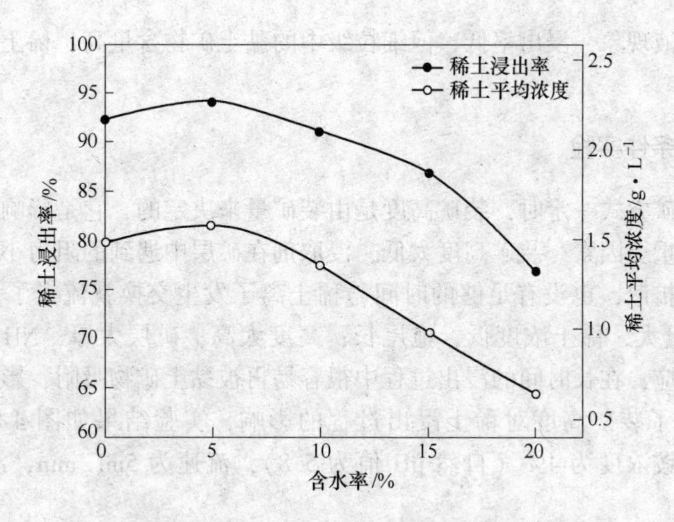

图 4-6 原矿含水率对稀土浸出率的影响

塞。因此，原矿含水率过高或过低都不利于稀土的浸出。

4.1.7 原矿粒度条件实验

离子型稀土矿经采、挖、运，粒度大小很不均匀，极易发生粒度偏析，且不同粒级的渗透性及稀土含量相差较大，因此，有必要通过实验来确定各粒级对离子型稀土矿稀土浸出过程的影响。将稀土原矿筛分分为+2.00mm、(-2.00+0.25)mm、-0.25mm 三个自然粒级，每个粒级以及未筛分的全粒级各称取 500g 进行原矿粒度条件实验，实验结果如图 4-7 所示。实验条件为：浸取剂硫酸铵浓度为 4%（自然 pH 值为 5.8），流速为 5mL/min，浸取剂液固比为0.8∶1。

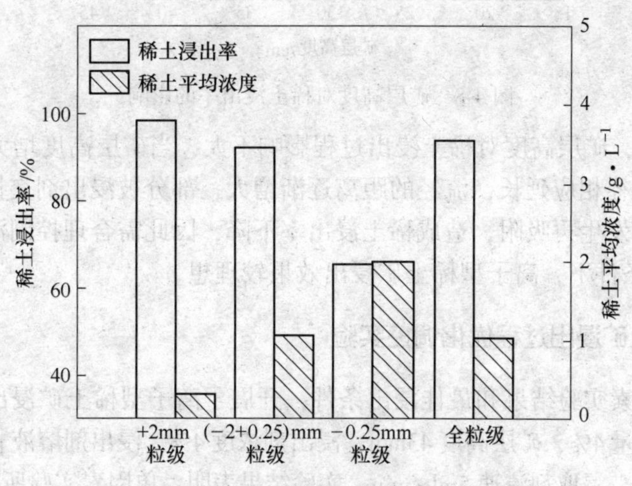

图 4-7 不同粒级对稀土浸出率的影响

由图 4-7 可知，不同粒级的稀土浸出率差异较大，矿石粒越大，浸出率越高，但稀土平均浓度越低，峰值浓度越小。这主要是因为，粒级越粗，浸取剂溶液在稀土矿中的渗透力越强，毛细管通畅，浸出效果好，浸出率越高，但是粒级越粗，稀土分布率越低，因而稀土浓度低；而浸取剂溶液在细粒级（-0.025mm）中的渗透性较差，毛细作用受阻，不通畅，易发生积液现象，浸出率低，但细粒级中的黏土矿物含量高，稀土分布率大，浸出的稀土浓度高。

4.1.8 矿层高度条件实验

浸出柱及装矿方式一定时，装矿高度是由装矿量来决定的，它是影响矿石渗透性和稀土浸出率的一个重要因素。装矿高度太低，浸取剂在矿层中遇到的阻力小，渗透率快，还来不及向矿粒内扩散，也没有足够的时间与稀土离子发生交换就流走了，导致浸出液体积大,浸取剂耗量大，稀土浓度低，拖尾长；高度太高，矿层太厚，NH_4^+ 与稀土离子进行了多次交换反应，在长时间的浸出过程中很容易再被黏土矿物吸附，影响浸出效率。因此，本实验考察了装矿高度对稀土浸出过程的影响，实验结果如图 4-8 所示。实验条件：浸取剂硫酸铵浓度为 4%（自然 pH 值为 5.8），流速为 5mL/min，浸取剂液固比为 0.8∶1。

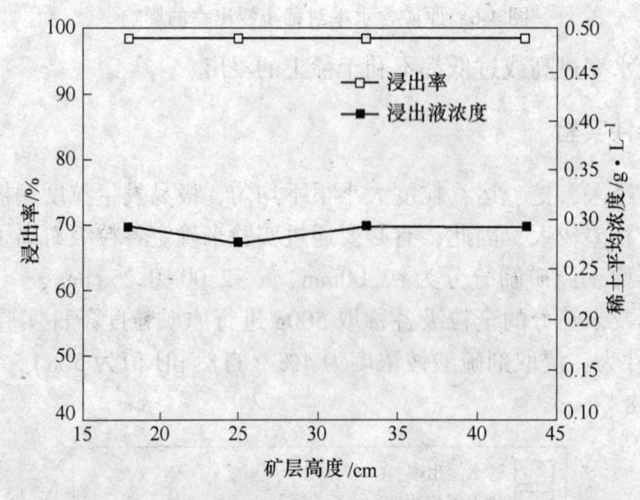

图 4-8 矿层高度对稀土浸出率的影响

由图 4-8 可知，矿层高度对稀土浸出过程影响不大，当矿层高度增大时，浸出剂在浸出过程中的运动路径相应延长，流经的距离逐渐增大，部分被浸出剂交换出的稀土离子与矿体中的载体矿物发生再吸附，造成稀土浸出率下降，因此需合理控制浸出矿层高度，在不高于 150mm 的条件下，离子型稀土矿浸出效果较理想。

4.1.9 离子型稀土矿浸出过程优化调控实验

利用上述单因素实验结果和最佳浸出条件，开展了离子型稀土矿浸出过程调控实验研究，确定原矿含水量 4%、矿层高度 43mm，浸出剂浓度 4%，浸出剂溶液 pH 值为 5.0，浸取过程固液比 1∶0.8，浸取剂流速 5mL/min。实验结果表明，单因素实验所确定的工艺条件稳定可行，综合调控实验可获得稀土浸出率为 92.87%，浸出液中稀土平均浓度为 1.73g/L。

为进一步研究离子型稀土矿与浸出剂电解质离子交换效果，将稀土原矿与离子型稀土矿浸出过程调控实验获得的浸渣分别进行红外光谱测试，测试结果如图 4-9 所示。

将稀土原矿与浸出后浸渣的红外光谱图对比发现，浸渣在波长为 1401.6cm^{-1} 处出现了一个新的吸收峰，该特征峰为 NH_4^+ 的伸缩振动吸收峰。由此表明离子型稀土矿中的稀

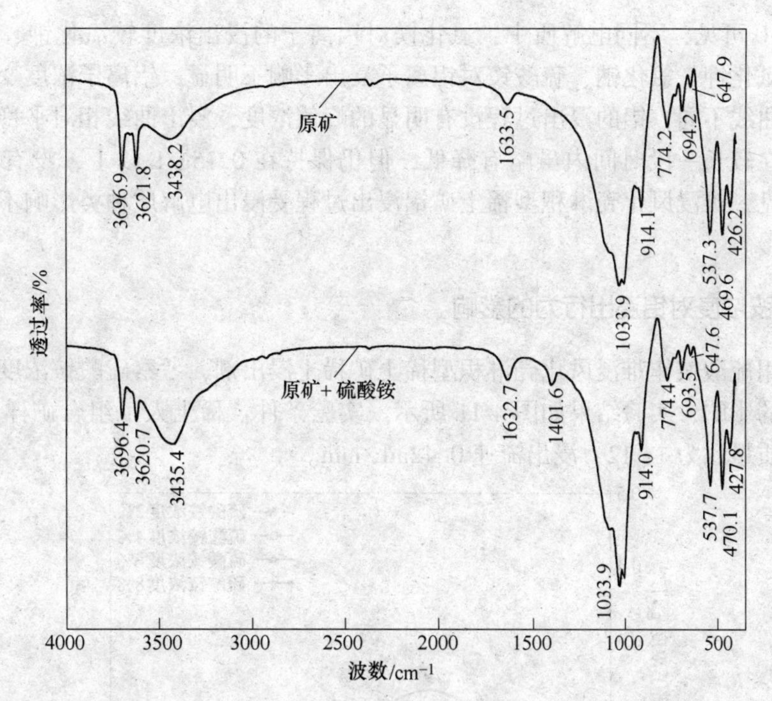

图 4-9 稀土原矿与溶浸后的浸渣进行红外光谱测试

土离子与浸出剂中的电解质 NH_4^+ 发生了离子交换反应，稀土离子被交换浸出，而阳离子电解质 NH_4^+ 则保留在浸渣中，整个浸出过程未生成其他新的物质，只进行了离子交换反应，未改变稀土矿石原有的晶型结构。

4.1.10 不同电解质离子对铝浸出行为的影响

不同电解质离子对稀土离子的交换性能影响较大，本实验以氯化钾、氯化钠、硫酸铵、氯化镁作稀土浸出剂，分别考察 K^+、Na^+、NH_4^+、Mg^{2+} 对浸出液中铝离子浓度的影响，实验结果如图 4-10 所示。实验条件：稀土人工组合矿样 300g，浸出剂浓度 4%，收液体积与矿石质量比为 1∶12，浸出流速 0.42mL/min。

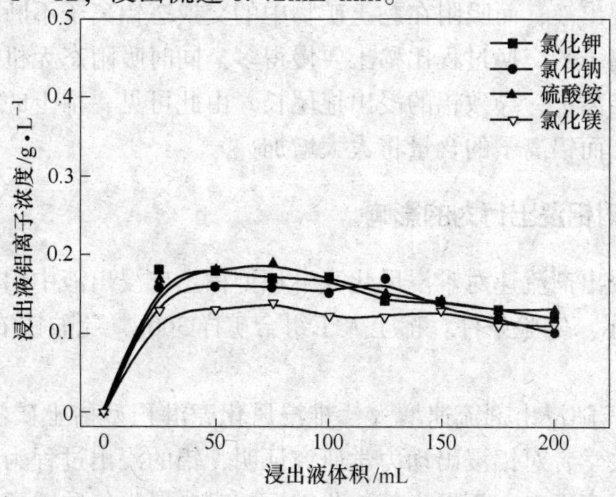

图 4-10 不同电解质种类条件下难浸风化壳淋积型稀土矿铝浸出曲线

由图 4-10 可见，不同电解质中，氯化镁对铝离子的浸出浓度较氯化钾、氯化钠、硫酸铵更低，氯化钾、氯化钠、硫酸铵对铝离子浸出影响不明显，铝离子浓度变化较小；与稀土的浸出曲线不同，铝的浸出过程没有明显的峰值浓度，浸出曲线相对平稳，浸出液中铝离子浓度在较长一段时间内虽略有降低，但仍保持在 0. 15g/L 以上，没有明显浸出终点。因此可见，难浸风化壳淋积型稀土矿铝浸出过程受浸出电解质种类影响不明显，铝的浸出速度较慢。

4.1.11 硫酸铵浓度对铝浸出行为的影响

实验采用硫酸铵作难浸风化壳淋积型稀土矿稀土浸出剂，考察硫酸铵浓度对浸出液中铝离子浓度的影响，实验结果如图 4-11 所示。实验条件：稀土人工组合矿样 300g，收液体积与矿石质量比为 1：12，浸出流速 0. 42mL/min。

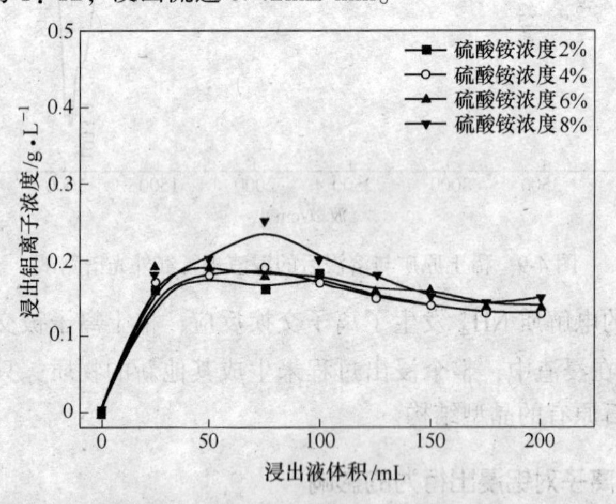

图 4-11 不同硫酸铵浓度条件下难浸风化壳淋积型稀土矿铝浸出曲线

由图 4-11 可见，难浸风化壳淋积型稀土矿浸出液中铝离子浓度随硫酸铵浓度的增加略有升高，但铝浓度升高不明显，浸出液中铝的初始浓度与后续浓度差值较小，铝的浸出浓度曲线呈直线延伸。这可能与矿物中铝的赋存状态有关，稀土矿中游离铝离子最先被浸出溶液淋洗出进入浸出液，而吸附在黏土矿物中的交换态铝离子不断与铵离子交换进入浸出液，铵离子与铝离子的交换过程比稀土要慢得多，同时吸附态无机羟基铝可能在一定程度上转化为交换态铝离子，导致铝的浸出拖尾长。由此可见，稀土的浸出时间越长，浸出液中稀土浓度越低，而铝离子的含量将大大增加。

4.1.12 浸出剂流速对铝浸出行为的影响

实验考察不同浸出剂流速对难浸风化壳淋积型稀土矿浸出液中铝离子浓度的影响，实验结果如图 4-12 所示。实验条件：稀土人工组合矿样 300g，硫酸铵浓度 4%，收液体积与矿石质量比为 1∶12。

由图 4-12 可见，随浸出剂流速增大，难浸风化壳淋积型稀土矿浸出液铝离子浓度无明显变化。根据有关学者对铝浸出动力学研究证明，铝的浸出过程为离子交换化学反应动力学控制，在浸出温度不变，不发生其他化学反应时，浸出传质因素对铝浸出过程影响较

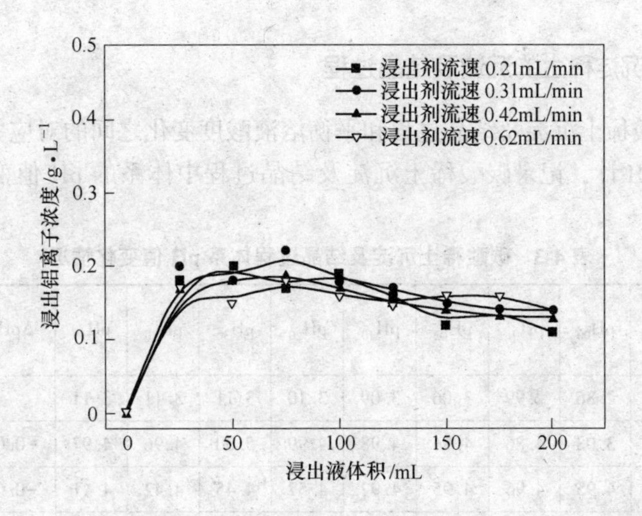

图 4-12 不同浸出剂流速条件下难浸风化壳淋积型稀土矿铝浸出曲线

小，因此浸出液中铝的浓度受浸出流速影响较小。

4.1.13 浸出剂 pH 值对铝浸出行为的影响

浸出剂 pH 值对稀土的浸出行为具有明显的影响，本实验考察浸出剂 pH 值对浸出液中铝浓度的影响。实验条件：稀土人工组合矿样 300g，硫酸铵浓度 4%，收液体积与矿石质量比为 1：12，不同 pH 值的硫酸铵溶液采用硫酸或者氨水进行调节，浸出剂 pH 值对难浸风化壳淋积型稀土矿浸出液中铝离子浓度的影响如图 4-13 所示。

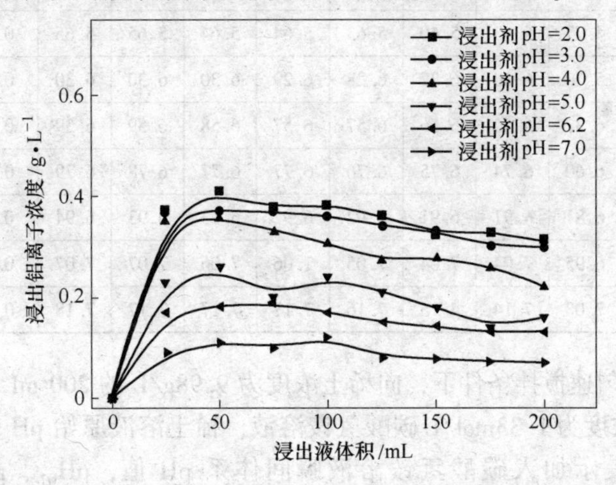

图 4-13 不同浸出剂 pH 值条件下难浸风化壳淋积型稀土矿铝浸出曲线

由图 4-13 可见，浸出剂 pH 值对浸出液中铝离子浓度影响明显，随浸出剂 pH 值的降低，浸出液中铝离子浓度升高，当浸出剂 pH 值小于 4 时，浸出液中铝的溶出量明显增加，铝离子平均浓度高达 0. 30g/L 以上，可能原因是浸出 pH 值低，促进吸附态无机羟基铝向交换态铝的转化过程，加快铝的溶出。当浸出剂 pH 值较高时，促进了铝离子水解铝的溶出受到抑制，但同时过高的浸出 pH 值也将导致稀土水解，稀土浸出率降低。因此，浸出 pH 值对难浸风化壳淋积型稀土矿稀土与铝的浸出行为均有较大影响。

4.1.14　碳酸氢铵沉淀稀土的沉淀及结晶过程

为了考察碳酸稀土沉淀及结晶过程和平衡溶液酸度变化之间的对应关系，本实验采用 pHS-3C 型数显 pH 计，记录碳酸稀土沉淀及结晶过程中体系的 pH 值变化情况，实验结果如表 4-3 所示。

表 4-3　碳酸稀土沉淀及结晶过程体系 pH 值变化情况

$[NH_4HCO_3]$/$[RE^{3+}]$（摩尔比）	pH_{00}	pH_{01}	pH_{02}	pH_{10}	pH_{20}	pH_{30}	pH_{40}	pH_{50}	ΔpH_1	ΔpH_2	ΔpH_3
0.315	2.86	2.99	3.06	3.09	3.10	3.11	3.11	3.11			
0.630	3.08	4.86	4.94	4.98	4.99	5.00	4.96	4.97	−0.03	1.92	−0.04
0.945	4.95	4.96	4.95	4.92	4.57	4.45	4.42	4.41	−0.02	0.01	−0.55
1.260	4.39	4.76	4.76	4.66	4.42	4.40	4.39	4.40	−0.02	0.37	−0.37
1.575	4.39	4.74	4.76	4.66	4.43	4.41	4.41	4.41	−0.01	0.37	−0.35
1.890	4.40	4.75	4.76	4.64	4.45	4.43	4.43	4.43	−0.01	0.36	−0.33
2.205	4.42	4.78	4.79	4.62	4.47	4.46	4.46	4.46	−0.01	0.37	−0.33
2.520	4.45	4.82	4.83	4.65	4.51	4.50	4.50	4.50	−0.01	0.38	−0.33
2.835	4.49	4.87	4.86	4.67	4.55	4.55	4.55	4.55	−0.01	0.38	−0.32
3.150	4.54	4.94	4.93	4.75	4.63	4.62	4.62	4.62	−0.01	0.40	−0.32
3.465	4.65	5.01	5.05	4.91	4.75	4.74	4.74	4.74	0.03	0.36	−0.31
3.780	4.77	5.43	5.60	5.63	5.64	5.64	5.65	5.65	0.03	0.88	
4.095	5.70	6.20	6.27	6.28	6.29	6.30	6.30	6.30	0.05	0.60	
4.410	6.32	6.52	6.56	6.57	6.57	6.58	6.59	6.59	0.02	0.27	
4.725	6.60	6.74	6.75	6.76	6.77	6.77	6.78	6.79	0.01	0.19	
5.040	6.81	6.91	6.91	6.92	6.92	6.93	6.93	6.94	0.02	0.13	
5.355	6.95	7.04	7.04	7.05	7.06	7.06	7.07	7.07	0.01	0.12	
5.670	7.08	7.14	7.15	7.16	7.17	7.17	7.17	7.18	0.01	0.10	

实验条件：在匀速搅拌条件下，向稀土浓度为 9.98g/L 的 200 mL 氯化镧溶液中每隔 5min 加入 3.4mL 浓度为 1.33mol/L 碳酸氢铵溶液，稀土溶液原始 pH 值为 2.76，温度为常温。表中 pH_{00} 表示加入碳酸氢铵溶液瞬间体系 pH 值，pH_{01}、pH_{02}、pH_{10}、pH_{20}、pH_{30}、pH_{40}、pH_{50} 分别表示加入碳酸氢铵溶液后 10s、20s、1min、2min、3min、4min、5min 时体系的瞬时 pH 值，同时定义 $\Delta pH_1^n = pH_{00}^n - pH_{50}^{n-1}$ 表示沉淀过程对体系 pH 值的影响程度；$\Delta pH_2^n = pH_{max}^n - pH_{00}^n$ 表示每段加料后 pH 值上升的最大幅度；$\Delta pH_3^n = pH_{max}^n - pH_{min}^n$ 表示陈化过程中体系 pH 值的下降幅度，式中 pH_{max}^n、pH_{min}^n 分别表示为每次加完碳酸氢铵溶液后体系 pH 值下降阶段的最大值和最小值，负号表示 pH 值的下降。

从表 4-3 可知，向氯化镧溶液中加入碳酸氢铵，首先与稀土溶液中的剩余游离酸发生中和反应，放出 CO_2，体系 pH 值快速上升，其反应方程式见式（4-1）；当游离酸中和完后，碳酸氢铵就开始与稀土镧离子发生沉淀反应，快速形成碳酸镧无定形絮状沉淀，在 $[NH_4HCO_3]/[RE^{3+}]$（摩尔比）为 3.465 之前，ΔpH_1 全部为负值，说明体系 pH 值下降，即沉淀过程中有氢离子放出，其反应方程式见式（4-2）；放出的氢离子可迅速与碳酸氢铵及新生成的碳酸稀土反应使体系 pH 值上升，其可能的反应方程式为式（4-1）和式（4-3）。

$$NH_4HCO_3+HCl \xlongequal{} NH_4Cl+CO_2\uparrow+H_2O \tag{4-1}$$

$$LaCl_3+xNH_4HCO_3 \xlongequal{} LaCl_{3-2x}(CO_3)_x\downarrow+xNH_4Cl+xHCl \tag{4-2}$$

$$LaCl_{3-2x}(CO_3)_x+2xHCl \xlongequal{} LaCl_3+xCO_2\uparrow+xH_2O \tag{4-3}$$

从表 4-3 还可知，在 $[NH_4HCO_3]/[RE^{3+}]$（摩尔比）为 3.465~3.780 之间有一个突变阶段，说明此时稀土离子被沉淀完全。当 $[NH_4HCO_3]/[RE^{3+}]$（摩尔比）小于 3.465 时，每次加完碳酸氢铵后，体系 pH 值都会从最低点快速上升到一个极大值，然后又发生快速下降，当每段加料沉淀反应完成之后，若无其他化学反应发生，则陈化过程中体系 pH 值是受碳酸氢根电离平衡控制，碳酸体系 φ-pH 图见图 4-14。

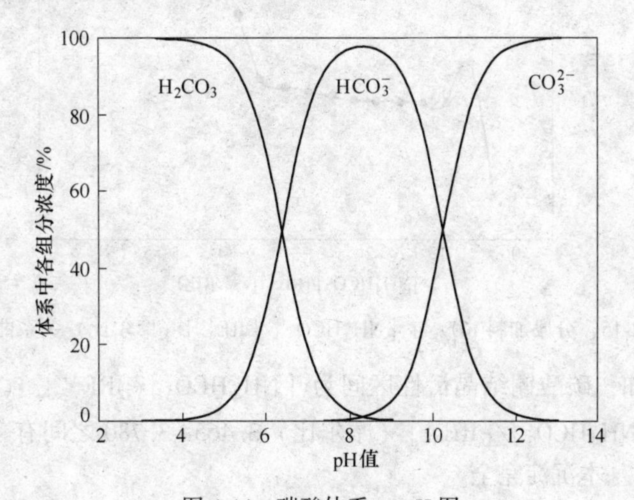

图 4-14 碳酸体系 φ-pH 图

由图 4-14 可知，在体系 pH 值小于 8 时，主要以 HCO_3^- 和 H_2CO_3 形式存在，由于 H_2CO_3 稳定性较差，会释放出 CO_2 气体而使体系 pH 值缓慢上升；但从表 4-3 中发现，在 $[NH_4HCO_3]/[RE^{3+}]$（摩尔比）为 0.630 之后，每次加入碳酸氢铵溶液之后，体系 pH 值总是先下降后快速升高，然后快速下降；碳酸稀土结晶过程中体系的 pH 值下降，说明该过程中有某种特定的反应进行，而且所进行的反应需要消耗体系中的 HCO_3^-，同时会释放出 H+，只有这样才能导致体系 pH 值的下降。同时从表 4-3 还可知，从 $[NH_4HCO_3]/[RE^{3+}]$（摩尔比）为 1.260 开始，后面每个加料段的 ΔpH_3 值基本一致，都为 0.33 左右，这是由于每次加入的碳酸氢铵量是一致的，所以每次新生成的无定形絮状沉淀量也是一致的，即 ΔpH_3 值与每次加入的碳酸氢铵量或每次新生成的沉淀量或碳酸稀土的结晶量成正比关系，从而证明体系 pH 值下降是由无定形絮状沉淀向晶型沉淀转化所引起的，而且该过程是一个有 HCO_3^- 参加并释放 H^+ 的碳酸稀土结晶过程。因此，碳酸稀土结晶过程中体系的 pH 值下降可用来评价碳酸稀土结晶特征。

4.1.15 加料方式对稀土沉淀及结晶过程的影响

4.1.15.1 分段加料对稀土沉淀及结晶过程的影响

本实验主要考察不同加料方式对碳酸稀土沉淀及结晶过程的影响，首先考察了分段加料方式对碳酸稀土沉淀及结晶过程的影响。在匀速搅拌条件下，向稀土浓度为 9.98g/L 的 200mL 氯化镧溶液中每隔 5min 加入 3.4mL 浓度为 1.33mol/L 碳酸氢铵溶液，稀土溶液原始 pH 值为 2.77，温度为常温。从表 4-3 可知，碳酸镧的晶态化时间较短，一般只需 3~4 分钟，所以采用 pH_{50}对［NH_4HCO_3］/［RE^{3+}］（摩尔比）作图也可以评价碳酸稀土的结晶特征，实验结果如图 4-15 所示。

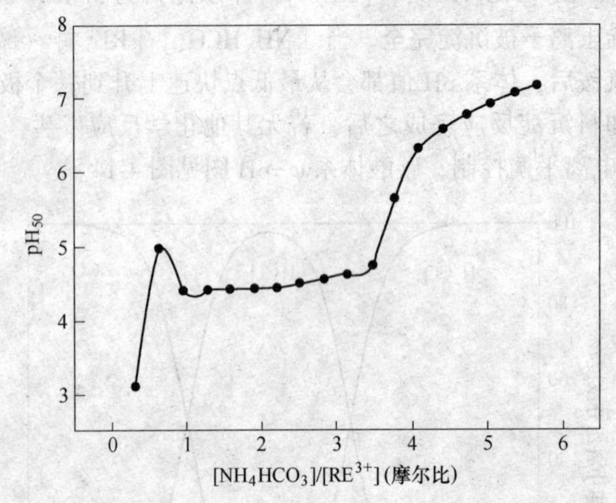

图 4-15 分段加料 pH_{50}与［NH_4HCO_3］/［RE^{3+}］（摩尔比）关系曲线

从图 4-15 可知，碳酸镧结晶活性区间为［NH_4HCO_3］/［RE^{3+}］（摩尔比）0.630~3.465 之间，在［NH_4HCO_3］/［RE^{3+}］（摩尔比）3.465~3.780 之间有一个突变阶段，说明此时稀土离子已基本沉淀完全。

4.1.15.2 一次加料对稀土沉淀及结晶过程的影响

本实验主要考察了一次加料方式对碳酸稀土沉淀及结晶过程的影响，同时为了考察采用一次加料方式时稀土沉淀完全所需碳酸氢铵的用量，考察了不同［NH_4HCO_3］/［RE^{3+}］（摩尔比）对稀土沉淀率的影响。

分别取五份稀土浓度为 9.95g/L 的 200mL 氯化镧溶液，在匀速搅拌条件下采用一次性加入碳酸氢铵溶液的方式，分别考察了［NH_4HCO_3］/［RE^{3+}］（摩尔比）为 2∶1、3∶1、3.5∶1、4∶1、5∶1 等对稀土沉淀及结晶过程的影响，记录陈化过程中体系 pH 值变化情况，其陈化过程中体系 pH 值与陈化时间的关系曲线如图 4-16 所示，不同［NH_4HCO_3］/［RE^{3+}］（摩尔比）对稀土沉淀率的关系曲线如图 4-17 所示。

从图 4-16 可知，当［NH_4HCO_3］/［RE^{3+}］（摩尔比）小于 4.0 时，陈化过程中体系 pH 值会出现明显下降，说明碳酸镧易于在低［NH_4HCO_3］/［RE^{3+}］（摩尔比）下实现快速结晶；当［NH_4HCO_3］/［RE^{3+}］（摩尔比）大于 4.0 之后，体系 pH 值一直上升，说明在高［NH_4HCO_3］/［RE^{3+}］（摩尔比）条件下难以实现结晶转化，属结晶惰性区间。所以

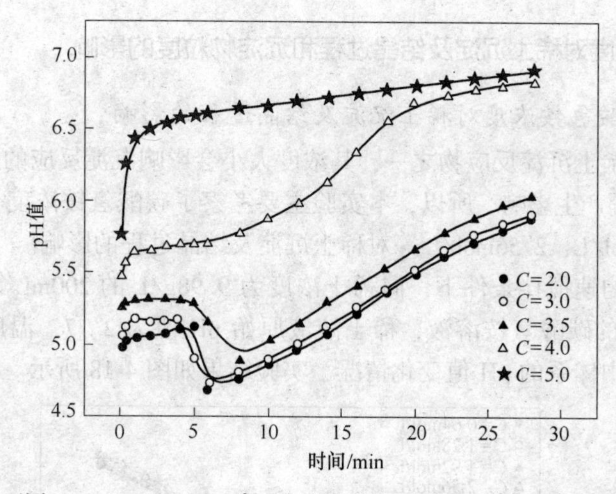

图 4-16 不同［NH_4HCO_3］/［RE^{3+}］（摩尔比）下体系 pH 与陈化时间关系曲线

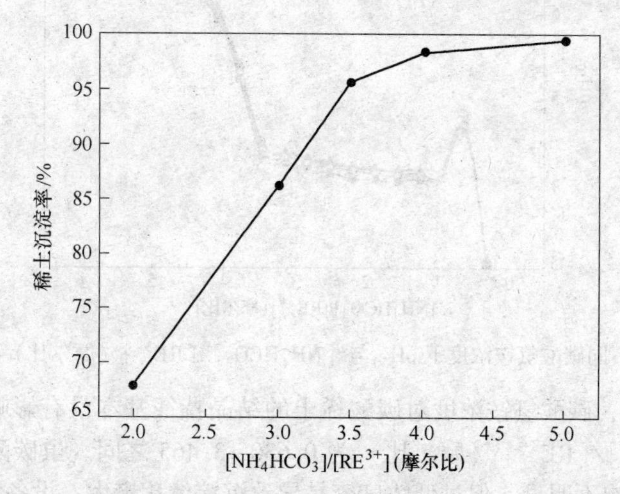

图 4-17 ［NH_4HCO_3］/［RE^{3+}］（摩尔比）对稀土沉淀率的关系曲线

碳酸镧结晶活性位于低［NH_4HCO_3］/［RE^{3+}］（摩尔比）区，且小于 4.0 时可在短时间内完成结晶过程。

从图 4-17 可知，随［NH_4HCO_3］/［RE^{3+}］（摩尔比）的增大，稀土沉淀率逐渐升高，当［NH_4HCO_3］/［RE^{3+}］（摩尔比）为 3.5 时，沉淀率达 95.0%以上，当［NH_4HCO_3］/［RE^{3+}］（摩尔比）大于 4.0 时，稀土沉淀率虽可达 99.0%以上；但从图 4-16 可知，在高［NH_4HCO_3］/［RE^{3+}］（摩尔比）条件下碳酸镧为结晶惰性区，结晶速度明显变慢，这可说明晶型碳酸稀土的自发生成一般都是在稀土离子快沉淀完全而没有沉淀完全时发生的。所以，在实际工业应用中［NH_4HCO_3］/［RE^{3+}］（摩尔比）应控制在 3.5 左右，但［NH_4HCO_3］/［RE^{3+}］（摩尔比）不能太小，否则会影响稀土的沉淀率。

对比分段加料和一次加料结果可知，对于轻型碳酸稀土无论采用分段加料还是一次加料，都可以确定碳酸稀土的结晶特征，但相对来说采用分段加料时，能更容易准确地确定碳酸稀土的结晶活性、晶态化时间及稀土沉淀完全所需碳酸氢铵的用量，所以后续实验确定采用分段加料进行实验。

4.1.16 碳酸氢铵浓度对稀土沉淀及结晶过程和沉淀物粒度的影响

4.1.16.1 碳酸氢铵浓度对稀土沉淀及结晶过程的影响

碳酸氢铵作为稀土沉淀反应物之一，其浓度大小会影响沉淀反应的速度，从而对碳酸稀土沉淀及结晶过程产生影响。所以，本实验主要考察了碳酸氢铵浓度分别为 0.64mol/L、1.28mol/L、1.92mol/L、2.56mol/L 等对稀土沉淀及结晶过程的影响。

实验条件：在匀速搅拌条件下，向稀土浓度为 9.98g/L 的 200mL 氯化镧溶液中每隔 5min 加入不同浓度的碳酸氢铵溶液，稀土溶液原始 pH 值为 2.77，温度为常温。记录稀土沉淀及结晶过程中体系的 pH 值变化情况，实验结果如图 4-18 所示。

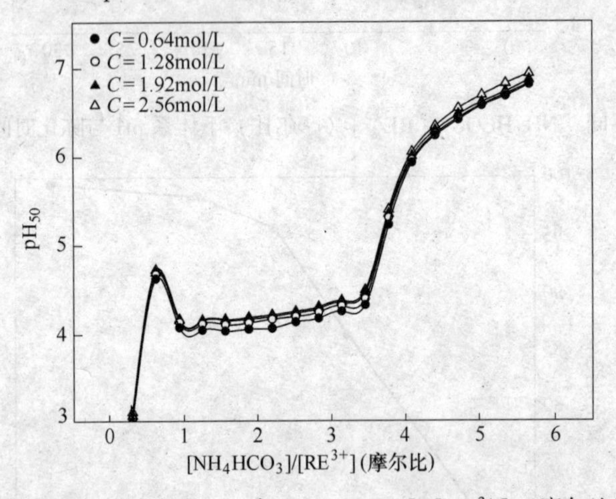

图 4-18 不同碳酸氢铵浓度下 pH_{50} 与 $[NH_4HCO_3]/[RE^{3+}]$（摩尔比）关系曲线

从图 4-18 可知，碳酸氢铵浓度对碳酸稀土的结晶特征基本没有影响，其活性区间基本都在 $[NH_4HCO_3]/[RE^{3+}]$（摩尔比）为 0.630~3.465 之间。虽碳酸氢铵浓度对稀土沉淀及结晶过程影响不明显，但过低浓度容易导致沉淀体积庞大，设备负荷重等问题；但碳酸氢铵浓度也不能太高，尤其是不能直接加入固态碳酸氢铵，这样容易造成沉淀过程中局部过碱，从而不利于晶型碳酸稀土析出。因此后续实验碳酸氢铵浓度确定为 1.92mol/L 较为合适。

4.1.16.2 碳酸氢铵浓度对沉淀物粒度的影响

为进一步考察碳酸氢铵浓度对碳酸稀土沉淀及结晶过程的影响，又从沉淀物的粒度角度出发，采用激光粒度分析仪对其进行了粒度分析。待碳酸稀土沉淀及结晶反应结束后，分别将沉淀物陈化 10min，取样进行粒度分析，以 D_{50} 为衡量指标，即沉淀物的平均粒度，分析结果如图 4-19 所示。

从图 4-19 可知，不同碳酸氢铵浓度条件下得到的沉淀物粒度基本相同，这也可说明碳酸氢铵浓度对碳酸稀土的沉淀及结晶过程基本没有影响，不会影响碳酸稀土的粒度特征。

4.1.17 搅拌对稀土沉淀及结晶过程和沉淀物外观形貌的影响

4.1.17.1 搅拌对稀土沉淀及结晶过程的影响

在化学反应中，当扩散速度是反应速度的主要制约因素时，可以通过搅拌来促进化学

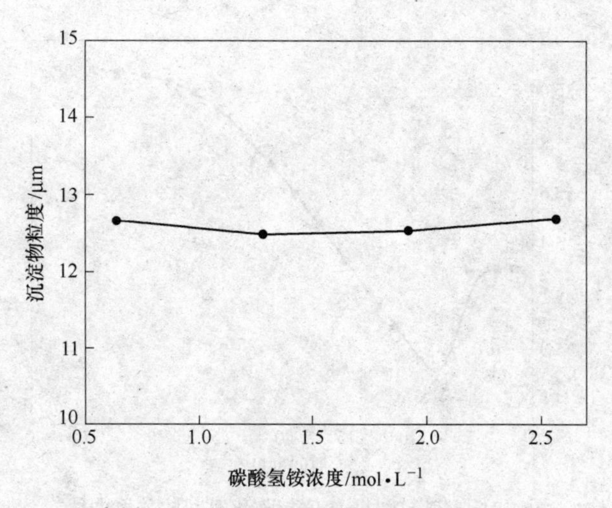

图 4-19 不同碳酸氢铵浓度下沉淀物粒度

反应的进行。结晶过程中也常通过控制搅拌条件，控制沉淀物的形状及粒度。所以，本实验主要考察了有搅拌作用和无搅拌作用两种情况对碳酸稀土沉淀及结晶过程的影响。

由前面实验可知，碳酸镧在低［NH_4HCO_3］/［RE^{3+}］（摩尔比）条件下易结晶，在高［NH_4HCO_3］/［RE^{3+}］（摩尔比）区为结晶惰性区，所以本实验只考察在低［NH_4HCO_3］/［RE^{3+}］（摩尔比）（即为 3.5∶1）条件下，在有搅拌和无搅拌两种情况下，根据陈化过程中体系 pH 值变化、沉淀体积变化及沉淀物形貌，考察搅拌条件对稀土沉淀及结晶过程的影响。本次实验固定氯化镧溶液体积 200mL，稀土浓度为 9.50g/L，采用一次加料方式，分别考察有搅拌和无搅拌两种作用对稀土沉淀及结晶过程的影响，记录陈化过程中 pH 值及沉淀体积变化情况，其 pH 值、沉淀体积与陈化时间的关系曲线如图 4-20 和图 4-21 所示。

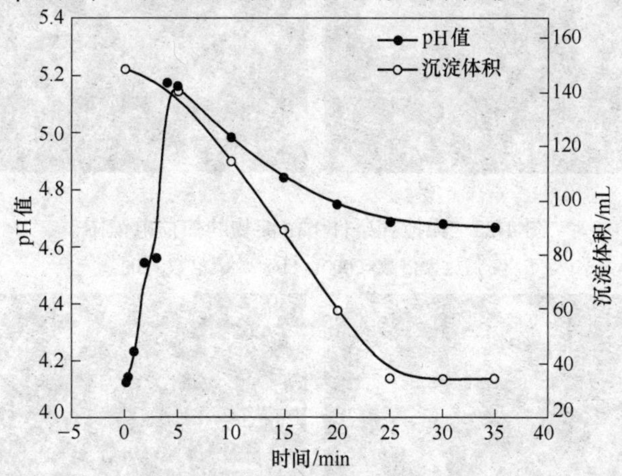

图 4-20 无搅拌时 pH 值、沉淀体积与陈化时间的关系曲线

从图 4-20 和图 4-21 可知，搅拌条件对稀土的沉淀及结晶过程有明显的影响。若陈化过程中无搅拌作用时，随体系 pH 值下降，沉淀体积也逐渐在下降，当 pH 值下降到最小值时，沉淀物的体积也下降到最低点；由于在有搅拌作用情况下，沉淀体积变化情况不易观察，所以本实验在有搅拌时未作沉淀体积与陈化时间的关系曲线，但对比图 4-20 和图 4-21 发现，无搅拌时体系的 pH 值下降幅度更大，说明碳酸稀土沉淀结晶效果更好。

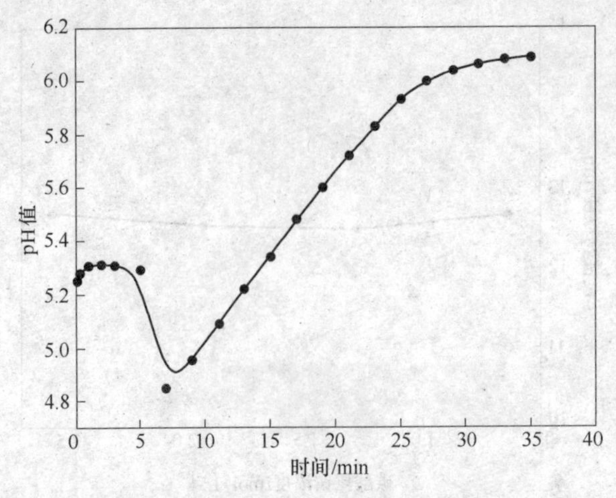

图 4-21　有搅拌时 pH 值与陈化时间的关系曲线

4.1.17.2　搅拌对沉淀物外观形貌的影响

搅拌对沉淀物的物理性质，特别是对其外观形貌、粒度有着显著影响。所以，本实验又结合 SEM 和粒度分析仪对沉淀物的形貌及粒度进行了表征，分析有无搅拌作用对碳酸稀土沉淀及结晶过程的影响。图 4-22 和 4-23 分别为搅拌和不搅拌两种情况下沉淀物的扫描电镜图。

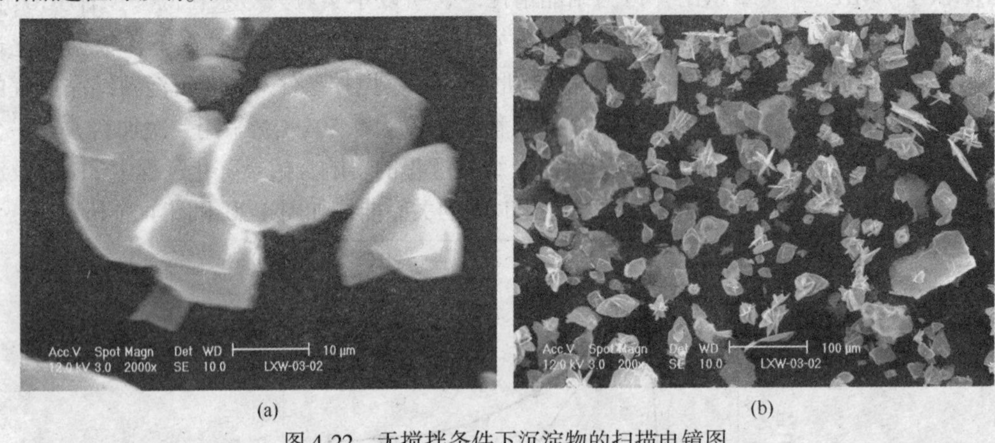

(a)　　　　(b)

图 4-22　无搅拌条件下沉淀物的扫描电镜图
（a）放大倍数×2000；（b）放大倍数×200

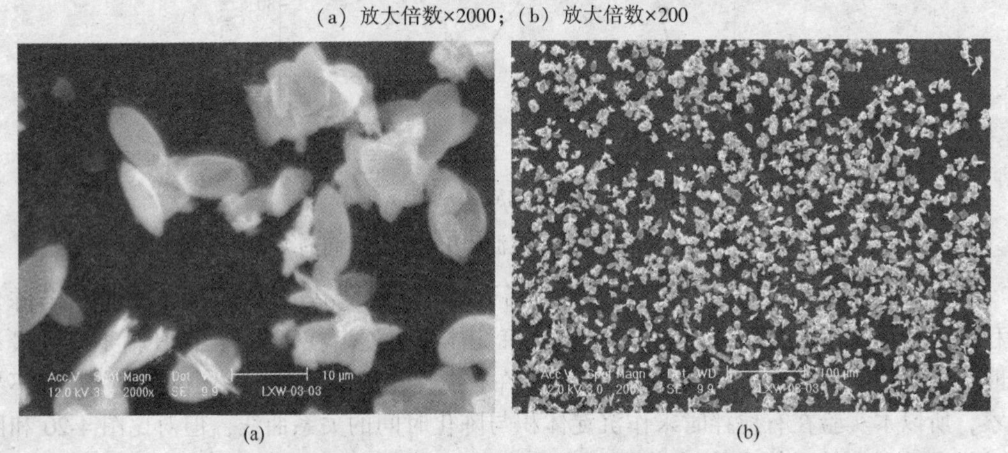

(a)　　　　(b)

图 4-23　有搅拌条件下沉淀物的扫描电镜图
（a）放大倍数×2000；（b）放大倍数×200

从图 4-22 可知，在低［NH_4HCO_3］/［RE^{3+}］（摩尔比）无搅拌条件下得到的沉淀物为片状晶型颗粒，其沉淀粒度约为 12.65μm；从图 4-23 可知，当有搅拌时得到的是螺旋花瓣状晶型颗粒，其沉淀粒度约为 8.16μm。对比扫描电镜图发现，无搅拌作用时获得的沉淀物颗粒更大，其原因可能是在低［NH_4HCO_3］/［RE^{3+}］(摩尔比）时碳酸镧的结晶速度很快，短时间内完成了结晶转化过程，所以快速形成层状堆积的片状晶体。当有搅拌时，这种层状晶体很容易解离，并快速二次成核，增大了体系的混乱度及晶体表面电位，从而造成沉淀物颗粒变小。

4.1.18 稀土溶液原始 pH 值对稀土沉淀及结晶过程和沉淀物粒度的影响

4.1.18.1 稀土溶液原始 pH 值对稀土沉淀及结晶过程的影响

由于不同物质的赋存形式都可能与体系的 pH 值有关，所以有必要考察稀土溶液原始 pH 值对稀土沉淀及结晶过程的影响，从而确定碳酸稀土沉淀及结晶过程的最佳 pH 值。在匀速搅拌条件下采用分段加料方式，向稀土浓度为 9.47g/L 的 200mL 氯化镧溶液中每隔 5min 分别加入 2.3mL 浓度为 1.92mol/L 碳酸氢铵溶液，分别考察氯化镧溶液原始 pH 值为 1.95、2.52、3.03、4.01、5.04 等对稀土沉淀及结晶过程的影响，温度为常温。记录碳酸稀土沉淀及结晶过程的 pH 值变化情况，其 pH_{50} 与［NH_4HCO_3］/［RE^{3+}］(摩尔比）的关系曲线如图 4-24 所示。

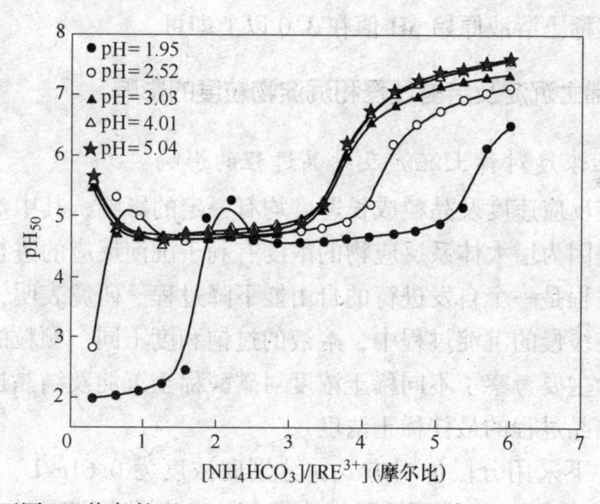

图 4-24 不同 pH 值条件下 pH_{50} 与［NH_4HCO_3］/［RE^{3+}］（摩尔比）关系曲线

从图 4-24 可知，当稀土溶液中有游离酸时，碳酸氢铵溶液首先与体系中的游离酸反应，因此体系的 pH 值会随碳酸氢铵的不断加入而逐渐上升，并伴有 CO_2 放出。当体系中剩余盐酸被中和完全后，继续加入碳酸氢铵就与稀土离子反应生成稀土碳酸盐沉淀。随体系酸度的逐渐增加，稀土沉淀完全所需的碳酸氢铵用量也逐渐增加，当体系 pH 值大于 3.0 之后，碳酸氢铵的消耗量基本相同。但从图中发现，不同 pH 值条件下碳酸镧的结晶活性大小基本相同，当体系 pH 值为 1.95 时，其结晶区域为 2.261~5.491，当 pH 值为 2.52 时，其结晶区域为 0.945~4.095，当 pH 值大于 3.00 时，其结晶区域基本都在 0.630~3.465 之间，其结晶活性区间宽度基本不变。由此得出结论，稀土溶液原始 pH 值对碳酸稀土的结晶过程基本没有影响，基本不会影响其结晶特征及结晶速度，只是碳酸氢铵的用量不同。

4.1.18.2 稀土溶液原始pH值对沉淀物粒度的影响

为进一步考察稀土溶液原始pH值对碳酸稀土的沉淀及结晶过程的影响，又从沉淀物的粒度角度出发，采用激光粒度分析仪对其进行了粒度分析。待碳酸稀土沉淀及结晶反应结束后，分别将沉淀物陈化10min，取样进行粒度分析，以D_{50}为衡量指标，即沉淀物的平均粒度，分析结果如图4-25所示。

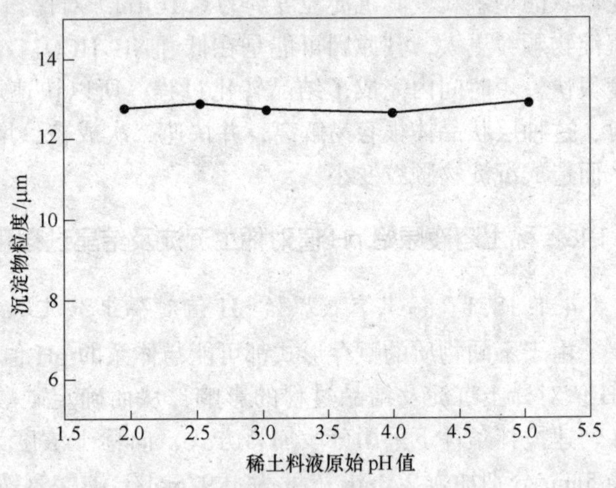

图4-25 不同pH值条件下沉淀物的粒度

从图4-25可知，稀土溶液原始pH值对沉淀物的粒度基本没有影响，其粒度都约为12.80μm。虽然稀土溶液原始pH值对稀土的沉淀及结晶过程没有影响，不会影响碳酸稀土的结晶速度及结晶特征，但会直接影响碳酸氢铵的用量，随体系pH值下降，碳酸氢铵用量逐渐增加。所以，稀土溶液的原始pH值不能太小，后续实验确定稀土溶液原始pH值在3.0以上即可。

4.1.19 稀土浓度对稀土沉淀及结晶过程和沉淀物粒度的影响

4.1.19.1 稀土浓度对稀土沉淀及结晶过程的影响

稀土浓度对沉淀反应速度及晶粒成长速度均有一定的影响，其中对沉淀物的生成速度影响更为明显，这是因为增大体系反应物的浓度有利于沉淀反应的进行。在过饱和溶液体系下，晶体的成长过程是一个自发进行的自由能下降过程。研究表明，晶粒大小与反应物初始浓度有关，即在缓慢的沉淀过程中，溶液的过饱和度不同，颗粒的生成速度和粒度都不同。所以，本实验主要考察了不同稀土浓度对碳酸稀土沉淀及结晶过程的影响，从而确定碳酸稀土沉淀及结晶过程的最佳稀土浓度。

在匀速搅拌条件下采用分段加料方式，分别向浓度为0.61g/L、1.19g/L、4.75g/L、9.52g/L、12.21g/L、15.54g/L等不同稀土浓度200mL氯化镧溶液中每隔5min分别加入浓度1.92mol/L碳酸氢铵溶液，稀土溶液原始pH值为3.03，温度为常温。记录碳酸稀土沉淀及结晶过程的pH值变化情况，其pH_{50}与［NH_4HCO_3］/［RE^{3+}］（摩尔比）的关系曲线如图4-26所示。

从图4-26可知，当稀土浓度为0.61g/L时，基本看不到沉淀结晶过程中pH值下降趋势，说明在该稀土浓度下沉淀结晶速度较慢；随稀土浓度增加，结晶速度逐渐加快，可从pH_{50}与［NH_4HCO_3］/［RE^{3+}］(摩尔比）关系曲线中发现有明显的下限区间，当稀土浓度在1.19~9.52g/L范围内，碳酸镧结晶活性区间都在［NH_4HCO_3］/［RE^{3+}］(摩尔比）0.630~3.465之间，且在短时间内完成了结晶转化过程；当稀土浓度继续增大至12.21g/L时，pH_{50}与［NH_4HCO_3］/［RE^{3+}］(摩尔比）的关系曲线中仍会出现下限区间，但下限区

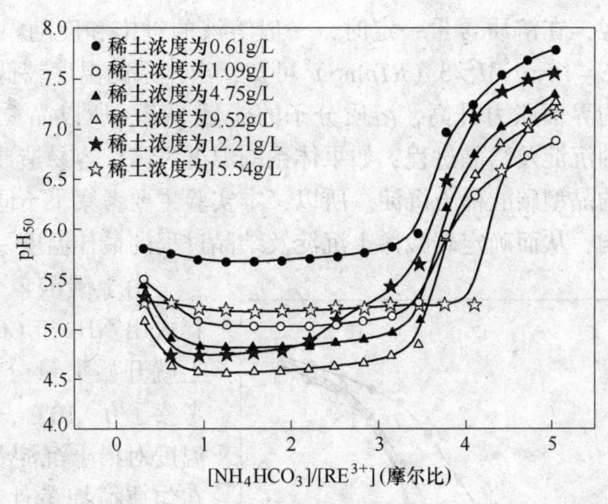

图 4-26 不同稀土浓度下 pH_{50} 与 [NH_4HCO_3]/[RE^{3+}]（摩尔比）关系曲线

间仅为 0.630~2.520 之间，结晶活性区间明显变窄，继续增加稀土浓度至 15.45g/L 时，曲线中就不会出现下限区间，说明稀土浓度过高时会阻碍碳酸稀土沉淀的结晶过程，稀土浓度过高造成碳酸稀土结晶活性区间变窄，不利于晶体的晶型转化。由上所述，稀土浓度为 1.0~10.0g/L 左右较为适宜。

4.1.19.2 稀土浓度对沉淀物粒度的影响

为进一步考察稀土浓度对碳酸稀土的沉淀及结晶过程的影响，又从沉淀物的粒度角度出发，采用粒度分析仪对其进行了粒度分析。待碳酸稀土沉淀及结晶反应结束后，分别将沉淀物陈化 10min，取样进行粒度分析，以 D_{50} 为衡量指标，即沉淀物的平均粒度，分析结果如图 4-27 所示。

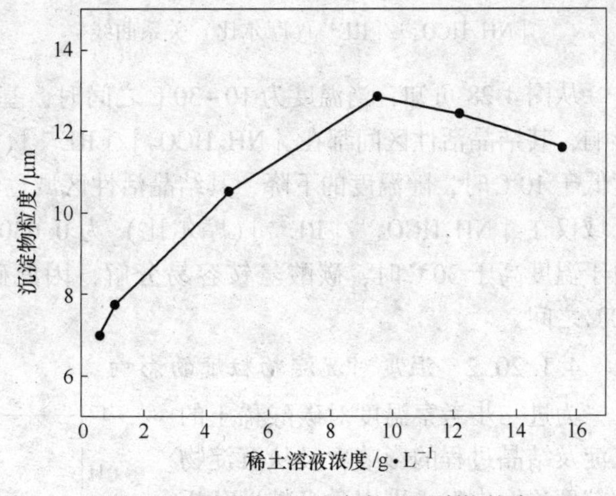

图 4-27 不同稀土浓度条件下沉淀物粒度

从图 4-27 可知，稀土浓度对沉淀物的粒度有较大影响，随稀土浓度增加，沉淀物的颗粒逐渐变大，当稀土浓度为 9.52g/L 时，其颗粒为 12.84μm，继续增加稀土浓度，其颗粒反而变小，这也可说明稀土浓度过高反而会降低碳酸稀土的结晶速度，阻碍结晶转化过程。因此充分说明了稀土浓度过高或过低都会对晶型沉淀的形成不利。

4.1.20 温度对稀土沉淀及结晶过程和沉淀物粒度的影响

4.1.20.1 温度对稀土沉淀及结晶过程的影响

温度是影响稀土沉淀及结晶过程的主要因素之一，从化学动力学角度上说，温度是影响化学反应速度快慢的主要因素，提高温度可以加快化学反应的进行；从溶液的过饱和度和温度的关系上来说，在溶质含量一定时，一般溶液的过饱和度随温度的升高而逐渐下降，由 Kelvin 公式 $E=16\pi\sigma^3M^2/3\ (RT\rho\ln S)^2$ 可知，当体系的温度较低时，此时溶液的过饱和度很大，体系的界面张力升高，溶质分子的能量下降，所以晶粒的生成速度非常缓慢，从而影响稀土的沉淀及结晶过程；如果体系的温度过高，容易造成体系中分子动能过大，难以形成稳定的晶型碳酸稀土沉淀。所以，本实验主要考察了不同温度对碳酸稀土沉淀及结晶过程的影响，从而确定碳酸稀土沉淀及结晶过程的最佳温度。

由于碳酸氢铵受热易分解，易释放出 NH_3 和 CO_2，一般在 35℃以上就开始大量分解。所以本实验只考察了 0、10℃、20℃及 30℃等不同温度对稀土沉淀及结晶过程的影响。在匀速搅拌条件下采用分段加料方式，分别向四份稀土浓度为 4.75g/L 的 200mL 氯化镧溶液中每隔 5min 加入浓度 1.92mol/L 碳酸氢铵溶液 1.2mL，稀土溶液原始 pH 值为 3.02，记录碳酸稀土沉淀及结晶过程的 pH 值变化情况，其 pH_{50} 与 $[NH_4HCO_3]/[RE^{3+}]$（摩尔比）的关系曲线如图 4-28 所示。

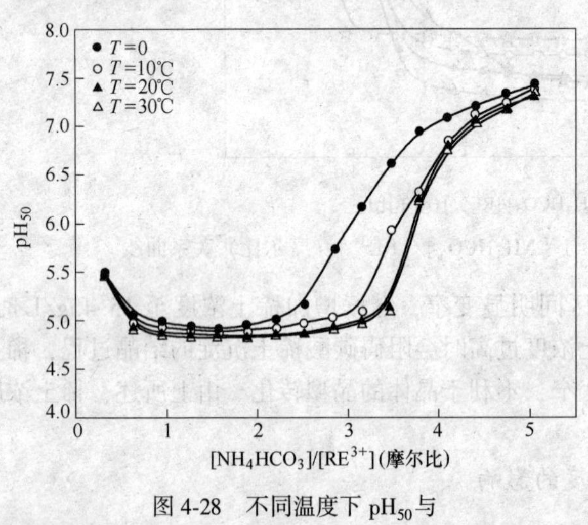

图 4-28 不同温度下 pH_{50} 与 $[NH_4HCO_3]/[RE^{3+}]$（摩尔比）关系曲线

从图 4-28 可知，当温度为 10~30℃之间时，基本对碳酸稀土的结晶过程没有多大的影响，其结晶活性区间都在 $[NH_4HCO_3]/[RE^{3+}]$（摩尔比）为 0.630~3.465 之间；当温度低于 10℃时，随温度的下降，其结晶活性区域逐渐变小，当温度为 0℃时，其结晶活性区域仅在 $[NH_4HCO_3]/[RE^{3+}]$（摩尔比）为 0.630~2.520 之间，其结晶性能明显变差。由于温度高于 30℃时，碳酸氢铵容易分解，因此碳酸稀土结晶的最佳温度范围为 10~30℃之间。

4.1.20.2 温度对沉淀物粒度的影响

为进一步考察温度对碳酸稀土的沉淀及结晶过程的影响，又从沉淀物的粒度角度出发，采用激光粒度分析仪对其进行了粒度分析，结果如图 4-29 所示。

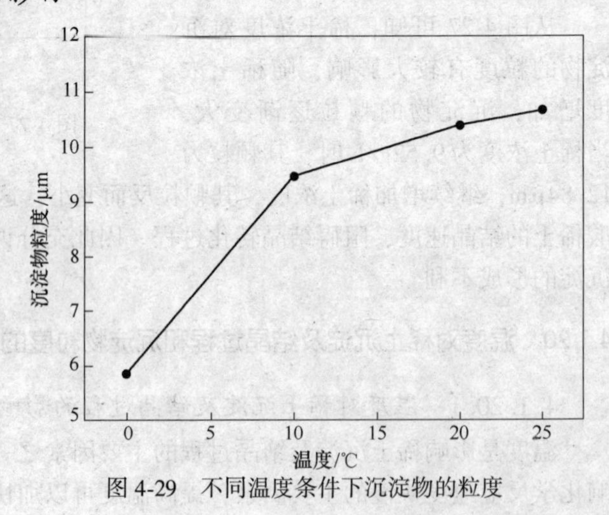

图 4-29 不同温度条件下沉淀物的粒度

从图 4-29 可知，温度对沉淀物的粒度有明显的影响，随温度的降低，沉淀物颗粒逐渐变小，当温度小于 10℃时，其颗粒约为 5.84μm，当温度为 10~30℃左右时，其粒度随温度变化不明显。从沉淀物粒度角度也可说明碳酸稀土结晶的最佳温度范围为 10~30℃。

4.1.21 陈化时间对碳酸稀土结晶过程、外观形貌和粒度的影响

4.1.21.1 陈化时间对碳酸稀土结晶过程的影响

当往稀土溶液中加入碳酸氢铵溶液之后，会瞬间形成体积庞大的无定形絮状沉淀，絮状沉淀经过一定时间的放置后会逐渐向晶体转化，沉淀物体积逐渐减少，沉淀颗粒逐渐长大，该过程称为晶态化过程，无定形絮状沉淀完全转化为晶型沉淀所需要的时间称为晶态化时间。同时 Ostwald 从热力学理论角度认为，在一定粒度范围内非均匀分散的沉淀体系是不稳定的，在陈化过程中由于小颗粒具有较大的溶解度，体系中的小颗粒会逐渐溶解，大颗粒会逐渐长大。所以，陈化时间是影响碳酸稀土结晶过程及沉淀物特征的主要因素之一，本实验主要考察了不同陈化时间对碳酸稀土沉淀及结晶过程的影响，从而确定最佳的陈化时间。

固定氯化镧溶液的体积 200mL，稀土浓度为 4.77g/L，稀土溶液原始 pH 值为 3.01，温度为常温，在无搅拌作用下采用一次加料方式快速加入 12.5mL 浓度为 1.92mol/L 碳酸氢铵溶液，$[NH_4HCO_3]/[RE^{3+}]$(摩尔比)为 3.5∶1，记录陈化过程中体系 pH 值及沉淀体积变化，并通过体系的 pH 值及沉淀体积的变化情况分析陈化时间对碳酸稀土结晶过程的影响，其 pH 值、沉淀体积与陈化时间的关系曲线如图 4-30 所示。

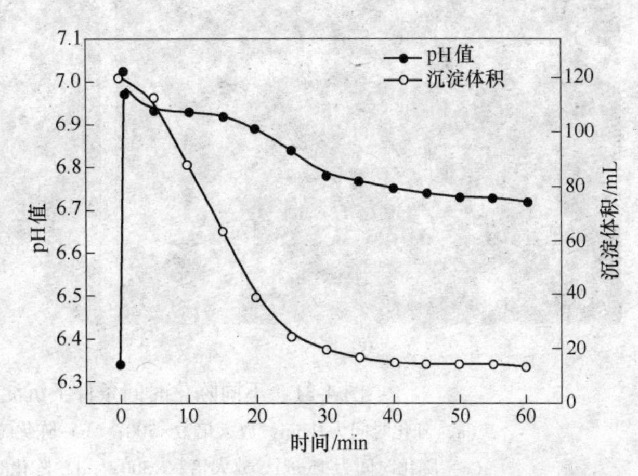

图 4-30 陈化过程中 pH 值、沉淀体积与陈化时间的关系曲线

从图 4-30 可知，往稀土溶液中加入碳酸氢铵溶液的瞬间，体系的 pH 值快速升高，但随陈化过程的进行，可以明显的观察到体系 pH 值的下降；同时还可发现，体系 pH 值的下降和沉淀体积的减少是同步的，说明在陈化过程中无定形絮状沉淀已开始逐渐向晶型沉淀转化；当陈化时间达到 40min 时，体系 pH 值下降至最低点，此时沉淀物的体积也基本下降到最低点，说明当陈化时间达到 40min 之后，无定形絮状沉淀已基本全部完成了结晶转化，即碳酸镧的晶态化时间为 40min 左右。

4.1.21.2 陈化时间对沉淀物外观形貌及粒度的影响

为进一步考察陈化时间对碳酸稀土结晶过程的影响，实验结合 SEM 和粒度分析仪对不同陈化时间所得的沉淀物的形貌及粒度进行了表征。不同陈化时间沉淀物的扫描电镜图如图 4-31 所示，沉淀物粒度分析结果如图 4-32 所示。

从图 4-31 可知，陈化时间的长短对沉淀物的形貌有着明显的影响。当陈化时间为 0 时，沉淀物基本为细小颗粒，其晶粒还没有成长，但随陈化时间的增加，沉淀物中小颗粒逐渐减少，大颗粒逐渐变多，这可说明陈化过程即是晶型沉淀逐渐成长的过程。当陈化时

图 4-31　不同陈化时间条件下沉淀物扫描电镜图

（a）陈化时间为 0min，放大倍数×500；（b）陈化时间为 5min，放大倍数×500；
（c）陈化时间为 15min，放大倍数×500；（d）陈化时间为 40min，放大倍数×500

间为 40min 之后，晶粒基本已经成长完全，在图 4-31（d）中基本观察不到有细小颗粒存在，所以，碳酸稀土最佳的陈化时间为 40min。

从沉淀物的粒度分析结果也可发现，随陈化时间的延长，沉淀物的颗粒不断变大，当陈化时间为 40min 之后，沉淀颗粒不再继续变大。说明碳酸镧完成结晶化过程所需的时间大约在 40min 左右，所以后续试验确定陈化时间为 40min。

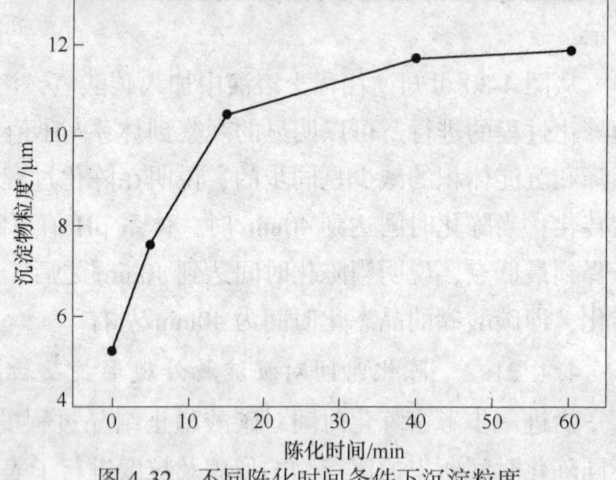

图 4-32　不同陈化时间条件下沉淀粒度

4.1.22　杂质离子对稀土沉淀及结晶过程的影响

目前离子型稀土矿山主要以硫酸铵作浸取剂，所得稀土浸取液中一般都含有大量

Al^{3+}、Fe^{3+}、Ca^{2+}、Mg^{2+}及重金属离子等杂质离子。对于碳铵沉淀稀土工艺而言，这些杂质离子的存在不仅会增加碳酸氢铵的消耗量及降低稀土产品的质量，而且也有可能对碳酸稀土的结晶过程造成不利影响。所以，有必要考察杂质离子对碳酸稀土沉淀及结晶过程的影响情况，但在这之前，首先得查明不同杂质离子 Ca^{2+}、Mg^{2+}、Al^{3+}、Fe^{3+}等与稀土的共沉淀的行为。

分别用蒸馏水配制 4 份金属离子浓度为 100mg/L 的氯化钙、氯化镁、氯化铝及氯化铁溶液，当往无稀土离子存在的 4 份溶液中分别加入碳酸氢铵，Al^{3+}和 Fe^{3+}可以与碳酸氢铵快速形成沉淀，而 Ca^{2+}和 Mg^{2+}则在长时间陈化之后都不会形成沉淀，说明 Ca^{2+}、Mg^{2+}等杂质离子是以吸附的形式进入沉淀物，并通过多次洗涤可除去这部分杂质；而 Al^{3+}、Fe^{3+}则是通过与碳酸氢铵形成絮状氢氧化铝、氢氧化铁沉淀的形式进入沉淀物，采用洗涤的方法无法有效除去该部分杂质。由此可得出结论，影响碳酸稀土的结晶过程及稀土产品质量的杂质离子主要是 Al^{3+}和 Fe^{3+}。所以，后续试验将对 Al^{3+}、Fe^{3+}对碳酸稀土沉淀及结晶过程的影响作详细研究，主要考察 Al^{3+}的存在及含量，Fe^{3+}的存在及含量等对碳酸稀土沉淀及结晶过程的影响。

4.1.22.1 铝离子含量对稀土沉淀及结晶过程沉淀物外观形貌和沉淀物粒度的影响

A 铝离子含量对稀土沉淀及结晶过程的影响

从上面实验结果可知，碳铵沉淀稀土工艺中杂质铝是通过形成絮状氢氧化铝沉淀进入沉淀物中的，同时铝离子又是稀土浸取液中最主要的杂质离子，因此有必要查明铝离子的存在是否会对碳酸稀土的沉淀及结晶过程造成不利影响。本实验通过外加铝离子的方式，考察了 Al^{3+}的存在及其含量对碳酸稀土沉淀及结晶过程的影响。

实验条件：取 5 份稀土浓度为 4.73g/L 的 200mL 稀土溶液，稀土溶液原始 pH 值为 3.04，通过外加铝离子方式，分别使稀土溶液中的铝离子含量为 25mg/L、50mg/L、100mg/L、200mg/L 及 400mg/L，在匀速搅拌条件下采用分段加料的方式，每隔 5min 向稀土溶液中加入 1.2mL 浓度为 1.92mol/L 碳酸氢铵溶液，温度为常温。记录碳酸稀土沉淀及结晶过程体系的 pH 值变化情况，其结果如图 4-33 所示。

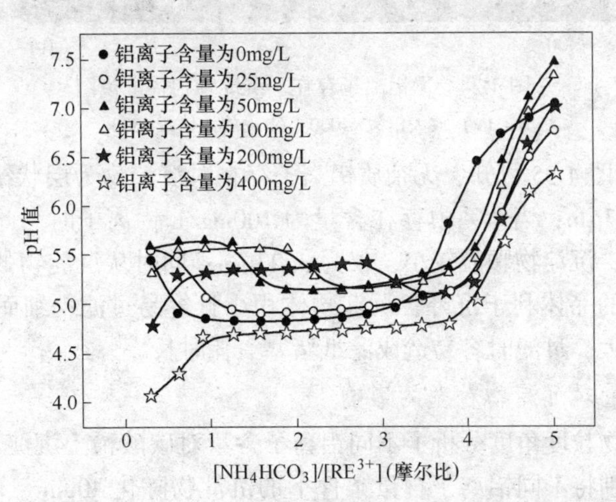

图 4-33 不同铝离子含量时 pH_{50}与 $[NH_4HCO_3]/[RE^{3+}]$(摩尔比) 关系曲线

从图 4-33 可知，当无铝离子存在时，在 $[NH_4HCO_3]/[RE^{3+}]$(摩尔比) 为 3.780 时 ΔpH_2值就出现突变点，说明此时稀土已经沉淀完全；当体系存在铝离子时，随体系中铝离子含量增加，碳酸氢铵的用量逐渐增加。

从图中还可发现，铝离子的存在不仅会增加碳酸氢铵的用量，而且对碳酸镧的沉淀及结晶过程也会造成较大影响。当无铝离子存在时，碳酸镧结晶活性区间为 $[NH_4HCO_3]/[RE^{3+}]$(摩尔比) 0.630~3.465 之间，在 $[NH_4HCO_3]/[RE^{3+}]$(摩尔比) 为 3.465 之前，每次加入碳酸氢铵的瞬间，都能观察到体系的 pH 值瞬间下降，并且在 10s 左右的短时间内上升至极大值，然后 pH 值开始逐渐下降，这是由无定形絮状沉淀向晶型沉淀转化所引起的。但当体系存在铝离子时，随铝离子含量增加，碳酸镧的结晶活性区间逐渐变窄，当体系铝离子含量高于 200mg/L 之后，体系 pH 值不再出现下降，而是一直上升，表现为沉淀体积逐渐增大，沉降速度明显降低。所以，铝离子的存在会阻碍碳酸稀土的结晶转化过程，且随其含量增加，碳酸镧的结晶活性逐渐降低，其晶态化时间逐渐延长。

B 有无铝离子存在对沉淀物外观形貌的影响

从沉淀物的外观形貌角度出发，分别对无铝离子存在（0mg/L）和有铝离子（100mg/L）存在两种情况下所得的沉淀物进行电镜扫描分析。从而进一步说明铝离子的存在对碳酸稀土结晶过程有着明显的影响，其扫描电镜图分别如图 4-34 和图 4-35 所示。

(a)

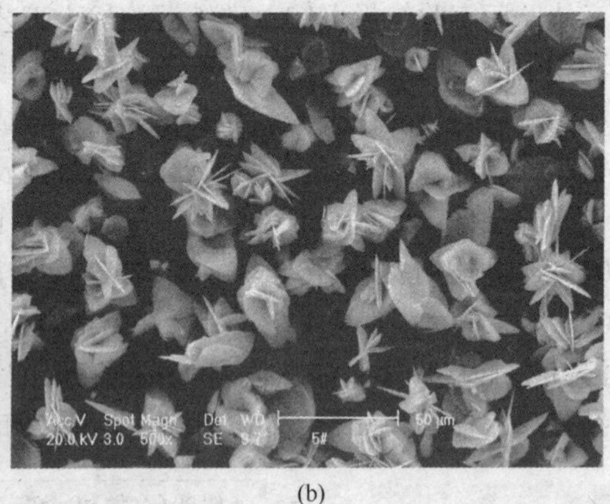

(b)

图 4-34 无铝离子存在下沉淀物扫描电镜图

(a) 放大倍数×4000；(b) 放大倍数×500

对比图 4-34 和图 4-35 可知，无杂质铝离子存在时沉淀物为层状结构，短而粗，其颗粒较大，约为 11.67μm；当体系中存在含量为 100mg/L 铝离子时，此时所得的沉淀物呈针状结构，长而细，沉淀物颗粒较小，仅为 3.23μm；同时从沉淀物的沉降和过滤情况中也可发现，短而粗的晶体利于沉降，沉淀物体积小且容易过滤；细而长的晶体不利于沉降，沉淀物体积庞大，过滤时容易造成滤纸堵塞，耗时长。

C 铝离子含量对沉淀物粒度的影响

同时又从沉淀物粒度角度分析了不同铝离子含量对碳酸稀土沉淀及结晶过程的影响。待反应结束后，分别将不同铝离子含量条件下的沉淀物陈化 40min，取样进行粒度分析，图 4-36 为不同铝离子含量条件下沉淀物粒度分析结果。

从图 4-36 可知，杂质铝离子含量对沉淀物的粒度有较大影响，随铝离子含量增加，

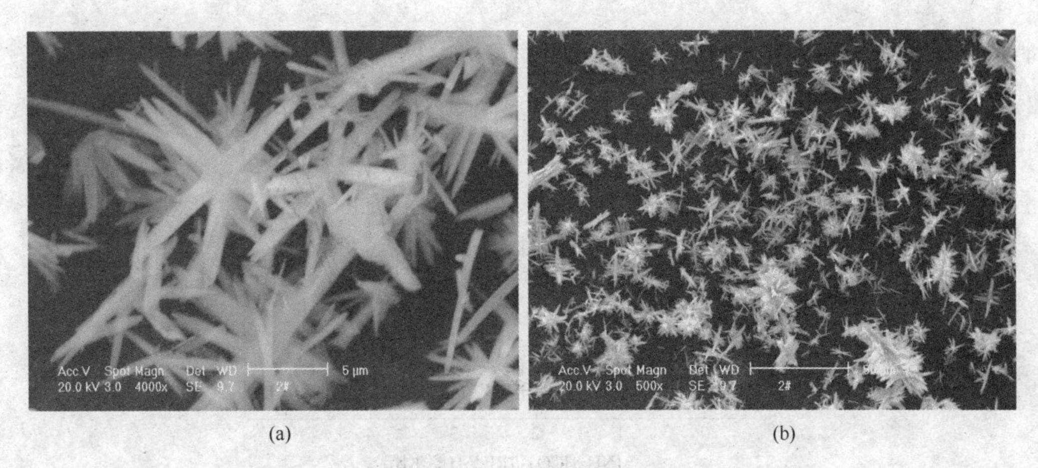

(a) (b)

图 4-35 有铝离子（100mg/L）存在下沉淀物扫描电镜图
（a）放大倍数×4000；（b）放大倍数×500

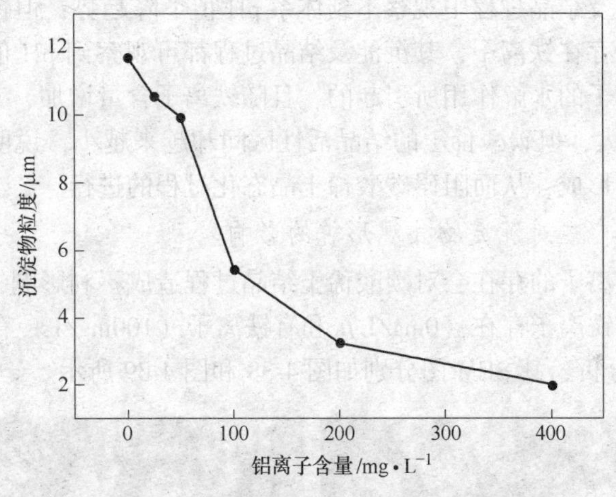

图 4-36 不同铝离子含量条件下沉淀物粒度

沉淀物颗粒逐渐变小，说明铝离子的存在阻碍了碳酸稀土结晶化反应的进行，且随铝离子含量增加，碳酸稀土完成晶型转化所需的时间就越长。

4.1.22.2 铁离子含量对稀土沉淀及结晶过程、沉淀物外观形貌的影响和沉淀物粒度的影响

A 铁离子含量对稀土沉淀及结晶过程的影响

Fe^{3+}也是稀土浸取液中主要杂质元素之一，也有可能造成碳酸稀土结晶困难。因此本实验主要考察了铁离子含量对碳酸稀土沉淀及结晶过程的影响。分别取 4 份稀土浓度为 4.76g/L 的 200mL 氯化镧溶液，稀土溶液原始 pH 值为 3.04，通过外加铁离子方式，分别使稀土溶液中铁离子含量为 0、50mg/L、100mg/L 及 200mg/L，在匀速搅拌条件下采用分段加料的方式，每隔 5min 向稀土溶液中加入 1.2mL 浓度为 1.92mol/L 碳酸氢铵溶液，温度为常温。记录碳酸稀土沉淀及结晶过程体系的 pH 值变化情况，其结果如图 4-37 所示。

对比图 4-37 和图 4-33 可知，铁离子与铝离子对碳酸稀土沉淀及结晶过程的影响作用有所不同，相同点是都会增加碳酸氢铵的消耗量；不同点是当体系含有较高含量铝离子

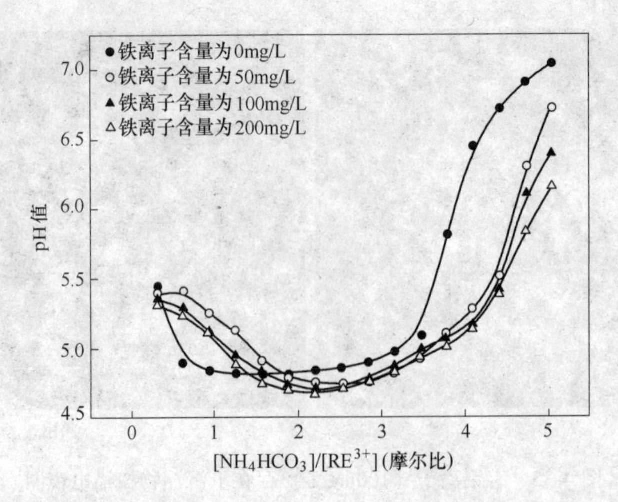

图 4-37　不同铁离子含量时 pH_{50}与［NH_4HCO_3］/［RE^{3+}］(摩尔比）关系曲线

时，在碳酸稀土沉淀及结晶过程中观察不到体系 pH 值下降趋势；但铁离子的影响作用则不同，不管体系是否存在铁离子，其沉淀及结晶过程都可观察到 pH 值先下降后逐渐上升的现象，这是由铁离子的水解作用所引起的，且随铁离子含量增加，其水解作用越强，体系 pH 值下降幅度越大，但碳酸稀土的结晶活性区间却越来越小，说明铁离子的存在也会阻碍碳酸稀土沉淀的形成，从而阻碍碳酸稀土晶态化过程的进行。

B　有无铁离子存在对沉淀物外观形貌的影响

为进一步说明铁离子的存在会对碳酸稀土结晶过程造成不利影响，以沉淀物的外观形貌为依据，分别对无铁离子存在（0mg/L）和有铁离子（100mg/L）存在两种情况下所得的沉淀物进行 SEM 分析，其 SEM 图分别如图 4-38 和图 4-39 所示。

(a)　(b)

图 4-38　无铁离子存在沉淀物扫描电镜

（a）放大倍数×1000；（b）放大倍数×500

对比图 4-38 和图 4-39 可知，无铁离子存在时沉淀物为层状结构，即短又粗，分布均匀，且细小晶粒少；当体系中存在含量为 100mg/L 的铁离子时，此时所得的沉淀物呈薄片状结构，细晶粒相对较多，颗粒更小。这也可说明铁离子的存在阻碍了碳酸稀土沉淀的

图 4-39 有铁离子（100mg/L）存在沉淀物扫描电镜

（a）放大倍数×1000；（b）放大倍数×500

结晶转化，降低了碳酸稀土结晶速度。

C 铁离子含量对沉淀物粒度的影响

同时又从沉淀物粒度角度分析了不同铁离子含量对碳酸稀土沉淀及结晶过程的影响。待反应结束后，分别将不同铁离子含量条件下的沉淀物陈化 40min，取样进行粒度分析，图 4-40 为不同铁离子含量条件下沉淀物粒度分析结果。

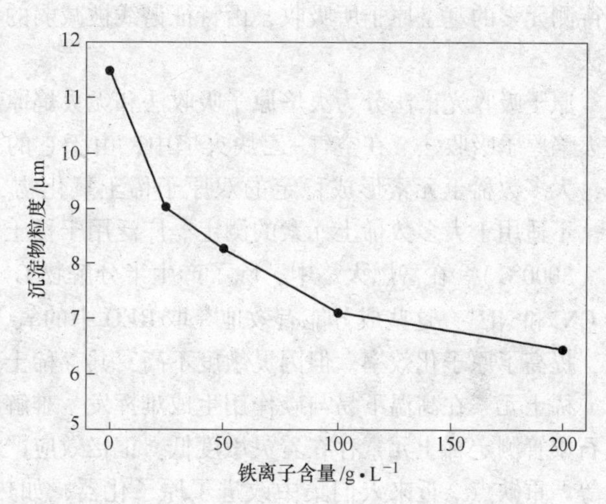

图 4-40 不同铁离子含量条件下沉淀物粒度

从图 4-40 可知，稀土溶液中杂质铁离子的含量也对沉淀物的粒度有明显的影响，随铁离子含量增加，沉淀物颗粒逐渐变小，说明铁离子的存在也会阻碍碳酸稀土结晶化反应的进行，降低了碳酸稀土的结晶速度，延长了晶态化时间。

4.2 稀土分析检测方法

4.2.1 概述

本章节主要介绍稀土成品、原辅材料、中间控制分析检验的实际操作，对每个分析项目介绍了分析对象、分析方法、试验药剂与仪器以及注意事项等。

4.2.1.1 化学分析

化学分析包括重量法、容量法和分光光度法。化学分析在生产过程及产品检验中得到广泛的应用。

（1）重量法：草酸盐重量法作为一个经典方法，长期用于常量稀土总量测定。该法分离干扰元素干净，准确度高，作为精确分析及标准分析方法被推荐。另外，稀土的常量水分和灼减量的测定也采用重量法。

（2）容量分析法：容量分析用于测定常量稀土总量、铈量以及冶炼过程中所用原材料（盐酸、硫酸等）的分析。包括络合滴定法（EDTA 滴定稀土总量）、氧化还原滴定法（硫酸亚铁铵法测铈量）、酸碱滴定法（盐酸、硫酸等浓度的分析）。

（3）分光光度法：分光光度法用于稀土中微量杂质的测定，如硅、磷、氯根、硫酸根等这些非金属元素。

4.2.1.2　原子吸收光谱分析

在稀土冶金分析中，常采用空气-乙炔、氧化亚氮-乙炔火焰测定非稀土杂质，在组成适当火焰中，由于大多数元素都是定量被解离为原子蒸气，所以采用原子吸收法可进行定量测定。

原子吸收光谱法是 20 世纪 50 年代中期问世的一种新型仪器分析方法，灵敏度高、检出限低、选择性好、准确度好、操作简便。

原子吸收分析是基于从光源发射出的待测元素的特征谱线，通过试样蒸气时，被蒸气中待测元素的基态原子所吸收，由特征谱线被减弱的程度，来测定试样中待测元素含量的方法。

原子吸收光谱法分为火焰原子吸收法和无火焰原子吸收法，在稀土分析中应用较多的是火焰原子吸收法。在空气-乙炔火焰中，由于它的火焰温度较低（2300℃）。除铕和镱外，大多数稀土元素形成稳定的双原子稀土氧化物（REO）。所以在火焰中原子浓度极低，不适用于大多数稀土元素的测定。广泛用于稀土元素分析的是高强氧化亚氮-乙炔火焰（3000℃）。在富燃火焰中，除了产生半分解物 C^+、CO^+、CH^+外，还有强还原性的成分 CN^+和 NH^+，这些成分能有效地夺取 REO 中的氧，有利于稀土在火焰中以原子状态存在，提高了原子化效率。但因灵敏度不高，共存稀土元素之间尚需校正，应用受到限制。

稀土元素在高温下易与碳作用生成难挥发、难解离的碳化物，所以在无火焰法中用普通石墨管测定稀土元素存在着灵敏度低、记忆效应严重、原子化温度高和石墨管使用寿命短等严重缺点。近来人们集中改进了原子化器，如热解涂层石墨管、难熔碳化涂层石墨管、衬钽石墨管、钽热解石墨管等，这些为各种物料中痕量稀土的测定开辟了新的途径。

原子吸收分析相对化学分析及发射光谱分析来说，是一种干扰较少的检测技术。原子吸收检测中的干扰可分为 4 种类型：物理干扰、化学干扰、电离干扰和光谱干扰。明确了干扰的性质，便可以采取适当的措施，消除和校正所存在的干扰。

A　物理干扰

物理干扰是由于试样和参比物不同的物理性质，如黏度、表面张力、密度等，以及试样在转移、蒸发和原子化过程中的物理性质的变化而引起的原子吸收强度变化的效应。它是非选择性干扰。消除物理干扰的主要方法是配制与被测试样相似组成的标准样品。在不知道试样组成和无法匹配试样时，可以采用标准加入法或稀释法来减小和消除物理干扰。

B　化学干扰

原子吸收中最普遍的干扰是化学干扰。化学干扰是一种选择性干扰，它是由于液相或气相中被测元素的原子与干扰物质组分之间形成热力学更稳定的化合物，从而影响被测元素化合物的解离及其原子化。例如在盐酸介质中测定 Ca^{2+}、Mg^{2+}时，若存在 PO_4^{3-}，在较高温度时形成磷酸盐或焦磷酸盐，它们之间的键很强，具有高熔点、难挥发、难解离等特点。即使能够分解，还会形成 CaO、MgO 等。这些化合物的解离要比氯化物困难很多，致使测定结果偏低。

通常可以来用几种方法来克服或抑制化学干扰，如采用化学分离，使高温火焰，在试液（及标液）中添加一种释放剂，加入保护剂，使用基体改进剂等。在以上这些方法中，有时可以单独使用一种方法，有时需要几种方法联用。

化学分离干扰物质，可以使用离子交换、沉淀分离的方法以及萃取分离法。前两种方法实验过程中过于复杂、冗长，抵消了原子吸收分析简便快速的特点，在实际使用中并不多见。萃取分离干扰物质的方法是原子吸收分析中经常使用的。

高温火焰具有更高的能量，会使在较低温度火焰中稳定的化合物解离。例如在乙炔-空气火焰中测定 Ca^{2+}时，存在 PO_4^{3-}、SO_4^{2-} 会有显著的干扰，但是如果改用了乙炔-氧化亚氮高强火焰，这种干扰就被消除了。

当一些元素生成热稳定或难解离的化合物时，可以加入一种试剂，它优先与干扰组分反应，把待测元素释放出来，使之有利于原子化，从而消除干扰。例如，磷酸根的存在对钙的测定有严重干扰，当加入 $LaCl_3$后干扰就被消除。这是因为：

$$2CaCl_2 + 2H_3PO_4 \longrightarrow Ca_2P_2O_7 + 4HCl + H_2O$$

$$CaCl_2 + H_3PO_4 + LaCl_3 \longrightarrow LaPO_4 + 3HCl + CaCl_2$$

但是当加入过多的释放剂时，由于释放剂形成某种难熔的化合物，起到包裹作用，会使吸收信号下降。所以在选择释放剂时，既要考虑置换反应中热化学的有利条件。又要考虑质量作用定律，还要避免包裹作用的发生。

加入保护剂也是一种消除干扰的有效方法。保护剂共有三种类型。

（1）保护剂可以与被测元素形成稳定的配合物，特别是形成多环螯合物。它把被测元素保护起来，防止干扰物质与它作用。例如当在磷酸根体系中测定 Ca^{2+}时，会发生严重干扰，如果加入保护剂 EDTA 则可以消除干扰。这是因为 Ca^{2+}与 EDTA 可以在碱性、中性或不太强的酸性溶液中形成一个很稳定的配合物。而且它是一个配阴离子，由于静电互斥作用，使得 PO_4^{3-} 不能与 Ca^{2+}接近，于是可以防止 PO_4^{3-} 的干扰。

（2）保护剂可以与干扰元素生成稳定的化合物，把被测元素孤立起来，于是避免了干扰。例如 8-羟基喹啉可以抑制铝对镁的干扰，因为 8-羟基喹啉与铝形成了螯合物 $Al[(C_9H_6)N]_3$，把干扰物控制起来，减少了铝的干扰作用。

（3）当在被测溶液中加入保护剂后，它既与被测元素，又与干扰成分形成稳定的配合物，把它们二者都控制起来，于是消除了干扰。例如 Al^{3+}对 Mg^{2+}干扰也可以通过加入 EDTA 进行消除，因为 EDTA 对 Mg^{2+}和 Al^{3+}都起螯合作用，于是避免了干扰。

在石墨炉原子吸收法中，加入基体改进剂可以提高被测物质的灰化温度或降低其原子化温度以消除干扰。

C 电离干扰

当火焰温度较高，能提供足够的能量使原子电离而形成离子时，就会发生电离干扰。电离干扰主要发生在电离势较低的元素上，如碱金属和部分碱土金属。因为这些元素被离解成基态原子之后，在火焰中还可以继续电离为正离子和自由电子。这样就会使基态原子数减少，降低吸光度，导致灵敏度降低。通常可以采用加入更低电离电位的碱金属盐抑制此种干扰，例如在测定钡时，适量加入钾盐可以消除钡的电离干扰。

D 光谱干扰

光谱干扰是由于分析元素吸收线与其他吸收线或辐射不能完全分离所引起的干扰，包括在光谱通带内多于一条吸收线、谱线重叠、光谱通带内存在非吸收线、分子吸收、光散射等。其中分子吸收和光散射是形成光谱背景的主要因素。

(1) 光谱通带内多于一条吸收线。对于理想的原子吸收分析，在光谱通带内光源只产生一条可供吸收的发射线，但是许多光源在光谱通带内产生多重发射，而且每一条发射谱线的强度不一样。这种情况可能来自空心阴极灯被测元素本身，也可能来自于杂质以及空心阴极灯所充气体，要消除这种干扰可以通过提高光源发射强度，减小狭缝宽度来实现。

(2) 谱线重叠。许多元素的吸收线有相互重叠或十分接近的情况。这时，当测定样品中含有两种谱线重叠的元素时，无论是测定哪一种元素，另外一种元素都产生干扰。当两元素的吸收线波长相差 0.3Å（1Å=0.1nm），则认为重叠干扰十分严重。当干扰元素的重叠吸收线是非灵敏线，则认为干扰并不明显，可以忽略。当干扰元素的重叠吸收线是灵敏线时，可以选用被测元素的其他无干扰的分析线进行测定或预先分离干扰元素。

(3) 光谱通带内存在非吸收线。在光谱通带内，存在非吸收谱线，非吸收线亦被检测，产生一个背景信号。消除这种干扰的方法是减小狭缝，使光谱通带小到可以分开这种干扰。

(4) 分子吸收。分子吸收是指在原子化过程中生成的气体分子、氧化物以及盐类分子对辐射的吸收。分子光谱分为连续光谱，若在火焰（石墨炉）原子化时，产生的背景使分子吸收测定结果偏高。

(5) 光散射。光散射是指在原子化过程中产生的固体微粒对光产生散射，使散射的光偏离光路而不为检测器所检测，导致吸光度值偏高，消除光散射的主要方法是进行背景校正。背景校正的方法有：用邻近非共振线校正法、连续光源校正法、塞曼效应校正法和自吸收效应校正法。消除背景吸收最简单的方法是配制一个组成与试样溶液完全相同、只是不含待测元素的空白溶液，以此溶液调零即可消除背景吸收。近年来许多仪器都是带有氘灯自动扣除背景的校正装置，能自动扣除背景，比较方便可靠。

4.2.1.3 等离子体发射光谱分析及气体元素的仪器分析

A 等离子体发射光谱分析

稀土元素成分分析在稀土冶金过程控制及产品纯度鉴定方面具有重要意义。由于稀土元素的外层电子结构大致相同，它们的物理化学性质相似，很难用一般的化学分析方法进行单一稀土元素的测定。大多采用物理的分析方法或化学与物理相结合的方法。其中最常用的是等离子体发射光谱法。

电感耦合高频等离子体原子发射光谱分析（ICP-AES）是一种以 ICP 作为原子化器和激发光源的一种原子发射分析，它能同时测定多种元素，检出限低，操作简便，自动化程度高，分析速度快，分析成本低，分析灵敏度和准确度高，干扰少。所以等离子体发射光谱法是稀土元素分析的一种重要手段。

ICP是气体电离而形成的。为了形成等离子体必须具备高频电磁场、工作气体（通常用纯氩气）及等离子体炬管。当氩气流经等离子体炬管时，高频电源感应产生的电磁场使氩气电离，形成有电子、离子和原子组成的导电气体。气体的涡流区温度高达10000K左右，成为试样原子化和激发发光的热源。ICP形成后的外观类似燃烧的火焰，故称ICP焰炬。由高频电磁场感应产生的环形涡流区是能源输入的区域，强度最高，温度可以达到10000K以上，发出耀眼的白光。中心通道是试样气溶胶流过和发射光谱的区域，它具有原子化和激发所需的适宜温度，通常约为4000~6000K。尾焰是等离于体上部强度较低的区域。作为发射光谱光源的等离子体，通常分成3个区域：预热区（PHZ）、初始辐射区（IRZ）及标准分析区（NAZ）。预热区在ICP炬焰的最下端，试样气溶胶的入口处，该区只有几毫米高，试样气溶胶与高温等离子体在该区相遇，除去溶剂，接着固体熔融蒸发，然后蒸气进一步转变为原子。初始辐射区延伸到高频负载线圈以上6~12mm，这取决于等离子体运行参数，该区比PHZ区温度高，有足够能量将PHZ中形成的原子激发到较高能级，得到较强的原子发射线。标准分析区从IRZ区的顶部延伸到负载线圈上约20mm，其高度仍取决于等离子体操作参数。

ICP作为发射光谱分析的激发光源以来，被人们广泛应用。它的特点如下：

（1）试样在等离子体通道内受热温度高，原子化较完全，试样得到有效激发，灵敏度高，检测限低。

（2）稳定性好，光电法测谱线信号相对偏差可达1%，实践表明3%~5%是容易达到的。

（3）基体影响小，化学干扰和电容干扰均较低，在许多场合可用纯水配制标准溶液或几种基体不同的试样用同一套标准溶液作分析。

（4）线性动态范围宽，工作曲线直线范围可达5~6个数量级。

（5）可同时测定试样的主量、少量和微量成分。

（6）不存在电极沾污问题，不用有毒或可燃气体。

B 高频-红外吸收法、脉冲-红外吸收法及热导法

稀土元素是典型的金属元素，其活泼性仅次于碱金属与碱土金属。稀土金属及其合金具有吸收大量气体的能力，与氧、氮、硫等有很强的亲和力。通常用高频-红外法测定金属及其合金中的碳硫，用脉冲-红外法及热导法进行氧氮联合测定。

4.2.2 常用标准溶液的配制及标定

4.2.2.1 氢氧化钠标准溶液的配制及标定

【配制】

称取40g氢氧化钠于500mL烧杯中，以水溶解，加0.5g硫酸钠，用冷沸水稀释至10000mL，静置使沉淀完全，再加1.4g氯化钡摇匀，静置数日，取清液备用，此溶液浓度约为0.1mol/L。

【标定】

准确称取105~110℃烘至恒重的基准物质邻苯二甲酸氢钾0.5~0.6g，加25mL水溶解（不溶时可加热），再加0.2%酚酞指示剂2滴，用氢氧化钠溶液滴定至由无色变为微红色，0.5min不退即为终点。

计算：

$$M_{NaOH} = \frac{W \times 1000}{EV_{NaOH}}$$

式中 W——邻苯二甲酸氢钾的质量，g；

E——邻苯二甲酸的摩尔质量，204.2g/mol；

V_{NaOH}——滴定消耗氢氧化钠的体积，mL。

【注意事项】

(1) 分析过程中，根据不同试样氢氧化钠浓度要作适当调整。

(2) 配制各种浓度溶液的计算公式：

$$M = \frac{m/40}{V}$$

式中 m——称取氢氧化钠质量，g；

V——欲配制溶液的体积，L；

40——氢氧化钠的摩尔质量，g/mol。

(3) 邻苯二甲酸氢钾易精制，无吸湿性，当量大，是标定碱溶液的较好的基准物质。

(4) 邻苯二甲酸氢钾与 NaOH 反应生成物为强碱弱酸盐，所以等当点时溶液显碱性。酚酞是这一滴定的适宜指示剂。

4.2.2.2 盐酸标准溶液的配制及标定

【配制】

称取 42mL 浓盐酸，用冷沸水稀释至 5000mL，摇匀，此溶液浓度约为 0.1mol/L。

【标定】

准确称取 270~300℃烘至恒重的基准碳酸钠 0.15~0.2g，以 25mL 蒸馏水溶解，加 0.1%甲基橙指示剂 1~2 滴，用盐酸溶液滴定至由黄色变为橙色。

计算：

$$M_{HCl} = \frac{W}{V_{HCl}A/2000}$$

式中 A——碳酸钠的摩尔质量，g/mol；

V_{HCl}——滴定消耗盐酸的体积，mL；

W——称取无水碳酸钠的质量，g。

【注意事项】

(1) 浓盐酸中 HCl 易挥发，配置时应适当多取一些。

(2) 配制各种浓度溶液的计算公式：

$$M_2 = \frac{M_1 V_1}{V_2}$$

式中 M_2——欲配制溶液的摩尔浓度，mol/L；

V_2——欲配制溶液的体积，mL；

M_1——浓盐酸的摩尔浓度（约 12mol/L），mol/L；

V_1——量取浓盐酸的体积，mL。

(3) 标定不同浓度的盐酸，无水碳酸钠的量要做适当增减。

（4）用来标定 HCl 溶液的碳酸钠应该是基准的无水碳酸钠试剂。由于碳酸钠易吸湿，使用前应放在坩埚中于 270~300℃烘至恒重，然后置于干燥器中冷却备用。

（5）等当点 pH 值为 3.9，可选用甲基橙或甲基红作指示剂。选用甲基橙-靛蓝二磺酸钠混合指示剂更好，其变色点接近等当点，颜色变化也很明显。

（6）用甲基橙或甲基红作指示剂，以 HCl 溶液滴定 Na_2CO_3至终点时，应加热煮沸2~3min 赶出 CO_2，等溶液冷却后再继续滴定。

4.2.2.3 EDTA 标准溶液的配制及标定

【配制】

称取 75gEDTA 溶于 800mL 温水中，必要时可加热。然后用水稀释至 1000mL（必要时过滤），溶液的浓度约为 0.02mol/L。

【标定】

准确移取 0.02mol/L 锌标准溶液 15~20mL 4 份于 250mL 锥形瓶中，加 0.2%二甲酚橙指示剂 4 滴，加 pH=5.5 的六亚甲基四胺缓冲溶液 10mL，用 EDTA 溶液滴定至由玫瑰红色到亮黄色为终点。EDTA 的摩尔浓度为：

$$M = \frac{M_{Zn} V_{Zn}}{V_{EDTA}}$$

式中 M_{Zn}——锌标准溶液的摩尔浓度，mol/L；

V_{Zn}——移取锌标准溶液的体积，mL；

V_{EDTA}——滴定消耗 EDTA 的体积，mL。

【注意事项】

（1）锌标准溶液的配制：基准锌粒（99.99%）。

先用（1+1）HCl 洗去表面的氧化物，然后用水洗去 HCl，再用丙酮清洗，待丙酮气味散去后，于 110℃烘数分钟备用。

准确称取锌粒 1.3076g 于 250mL 烧杯中，加入（1+1）HCl20mL 溶解，待全部溶清后，转移至经校正过的 1000mL 容量瓶中，用水稀释至刻度摇匀，此溶液溶度为 Zn^{2+} 0.02mol/L。

（2）配制各种浓度 EDTA 的计算公式：

$$M_{EDTA} = \frac{m/372.26}{V}$$

式中 m——称取乙二胺四乙酸二钠质量，g；

V——欲配制溶液的体积，L；

372.26——乙二胺四乙酸二钠的摩尔质量，g/mol。

（3）标定高浓度的 EDTA，锌标准溶液的浓度也要配高。

（4）EDTA 标准溶液在使用一段时间后，作一次检查性的标定（一般标定周期为一个月）。

4.2.2.4 硫酸亚铁铵标准溶液的配制及标定

【配制】

称硫酸亚铁铵 1960.7g 溶于 5%的硫酸溶液中，过滤后用 5%的硫酸稀释至 10000mL。此溶液约为 0.5mol/L。使用时用 5%的硫酸稀释成所需浓度后标定。

【标定】（以 0.04mol/L 硫酸亚铁铵为例）

准确移取硫酸亚铁铵溶液 20mL4 份于 250mL 锥形瓶中，加硫磷混酸（700mLH_2O+150mLH_2SO_4+150mLH_3PO_4）10mL，加水到 100mL，加二苯胺磺酸钠指示剂 4 滴，用重铬酸钾 0.0067mol/L 标准溶液滴定至蓝紫色不退为终点。硫酸亚铁铵的摩尔浓度 $M_{(NH_4)_2 \cdot Fe(SO_4)_2 \cdot 6H_2O}$ 按下式计算：

$$M_{(NH_4)_2 \cdot Fe(SO_4)_2 \cdot 6H_2O} = \frac{6M_{K_2Cr_2O_7} V_{K_2Cr_2O_7}}{V_{(NH_4)_2 \cdot Fe(SO_4)_2 \cdot 6H_2O}}$$

式中 $M_{K_2Cr_2O_7}$——重铬酸钾的摩尔浓度，mol/L；

$V_{K_2Cr_2O_7}$——滴定消耗重铬酸钾的体积，mL；

$V_{(NH_4)_2 \cdot Fe(SO_4)_2 \cdot 6H_2O}$——移取硫酸亚铁铵溶液的体积，mL。

【注意事项】

（1）重铬酸钾标准溶液的配制：准确称取 105～110℃ 烘 2h 的 $K_2Cr_2O_7$ 基准试剂 3.9224g 于 250mL 烧杯中，加蒸馏水溶解，待全部溶清后转移到经校正过的 2000mL 容量瓶中，以水稀释至刻度，摇匀，此溶液为 $K_2Cr_2O_7$ 0.00667mol/L。

（2）硫酸亚铁铵标准溶液放一段时间后浓度会下降，所以需经常标定（标定周期为冬天 10 天 1 次，夏天 7 天 1 次）。

（3）配制各种浓度硫酸亚铁铵的计算公式：

$$M_{(NH_4)_2 \cdot Fe(SO_4)_2 \cdot 6H_2O} = \frac{m/392.14}{V}$$

式中 m——称取硫酸亚铁铵质量，g；

V——欲配制溶液的体积，L；

392.14——硫酸亚铁铵的摩尔质量，g/mol。

（4）标定不同浓度的硫酸亚铁铵溶液，重铬酸钾标准溶液的浓度也要做适当调整。

4.2.2.5 重铬酸钾标准溶液的配制及标定

【配制】

称 8.8g 重铬酸钾，用水溶解，过滤，稀释至 5000mL，此溶液浓度约为 0.0060mol/L。

【标定】

称取预先经 180℃ 烘 2h 的三氧化二铁（光谱纯）0.05719g 于 250mL 锥形瓶中，加盐酸（1+1）10mL，加热溶解，同时不断滴加二氯化锡溶液，待样品全部溶解后，再加 1 滴二氯化锡，取下流水冷却，加入饱和氯化汞 10mL，摇匀，加入硫磷混酸 10mL，加水 60～70mL，加二苯胺磺酸钠 4 滴，用重铬酸钾溶液滴定至蓝紫色为终点。重铬酸钾浓度按下式计算：

$$M_{K_2Cr_2O_7} = \frac{W \times 1000}{V_{K_2Cr_2O_7} A \times 6}$$

式中 W——三氧化二铁的质量，g；

$V_{K_2Cr_2O_7}$——消耗重铬酸钾的体积，mL；

A——三氧化二铁的摩尔质量，g/mol。

【注意事项】

（1）若有新标定好的硫酸亚铁铵标准溶液，也可用于标定本溶液。

（2）所需试剂同精矿中全铁的测定。

（3）重铬酸钾溶液非常稳定，长时间保存浓度也不改变。

【思考题】

（1）什么是标准溶液，有几种配制方法？

（2）标定标准溶液的方法有哪几种？

（3）什么是基准物，基准物应具备哪些条件？

（4）怎样配制不含 CO_2 的 NaOH 溶液？

（5）用纯 Na_2CO_3 标定 HCl 溶液时，为何不选用酚酞而用甲基橙作指示剂？为什么在近终点时加热赶除 CO_2？

（6）金属离子和 EDTA 形成的络合物在结构上有什么特点？为什么 EDTA 标准溶液的浓度通常用物质的量浓度表示？

（7）配制硫酸亚铁铵标准溶液，加入硫酸的作用是什么？

4.2.3 稀土精矿分析

4.2.3.1 稀土总量的测定（硫酸亚铁铵容量法）

【适用范围】

本法适用于稀土原矿、精矿、浸渣中 0.5%~40%的二氧化铈的测定。根据所测精矿的配分，用二氧化铈的百分含量来反算稀土总量。

【方法提要】

试样以磷酸溶解，高氯酸将铈氧化成四价，在 5%硫酸酸度下，以苯代邻氨基苯甲酸为指示剂，用硫酸亚铁铵滴定。锰的干扰可在滴定前加亚砷酸钠-亚硝酸钠消除，尿素用来消除过量的还原剂。

【试剂】

（1）磷酸，相对密度 1.69。

（2）高氯酸，相对密度 1.67。

（3）硫酸，5%。

（4）苯代邻氨基苯甲酸，0.2%，称取 0.2g 苯代邻氨基苯甲酸，溶于 100mL0.2%的碳酸钠溶液中。

（5）亚砷酸钠-亚硝酸钠溶液，称取 2g 亚砷酸钠用水溶解，加入 1g 亚硝酸钠，溶解后过滤于 1000mL 容量瓶中，稀释至刻度，摇匀。

（6）硫酸亚铁铵标准溶液，0.02mol/L。

（7）尿素，20%水溶液，用时配制。

【操作步骤】

准确称取 0.2g 经 105℃烘干 2h 的试样于 250mL 锥形瓶中，加 10mL 磷酸、2mL 高氯酸，放于电炉上加热，经常摇动，使试样全溶，并至高氯酸烟冒尽，液面趋于平静，且有少许磷酸烟冒出，取下，稍冷，加 80mL、5%硫酸，流水冷却至室温，加尿素 2~4mL，滴加亚砷酸钠-亚硝酸钠溶液至红色的三价锰颜色消失，并过量 0.5mL，加 1~2 滴苯代邻氨基苯甲酸溶液，用硫酸亚铁铵溶液滴定至溶液由紫红色变为黄绿色即为终点。

计算：

$$CeO_2\% = \frac{VM \times 172.12}{m \times 1000} \times 100\%$$

式中 m——试样量，g；

V——滴定时消耗硫酸亚铁铵标准溶液的体积，mL；

M——硫酸铁铵的摩尔浓度，mol/L；

172.12——二氧化铈的摩尔质量，g/mol。

$$TREO\% = CeO_2 \times 2 \quad 或 \quad TREO\% = \frac{CeO_2}{CeO_2/TREO} \times 100\%$$

【注意事项】

(1) 高氯酸冒烟至小气泡刚冒尽就取下，如果时间过长，将会结底，实验失败。

(2) 为防止溶样时结底，可适当多加一些磷酸，如磷酸加 15~20mL。

(3) 冒烟后，稍冷，即加 5%硫酸。

(4) 以本法测得二氧化铈百分含量乘以 2，来作为稀土总量的快速测定法，得到稀土总量的结果。由于稀土矿中铈量占矿中稀土总量约 50%，故铈量乘以 2，即得精矿的稀土总量。为了更加精确需要测出铈在精矿总稀土中的实际含量，通过铈的实际含量来计算稀土总量。稀土配分的测定在后面等离子体发射光谱仪分析中讲。

(5) 高氯酸氧化一定要充分，否则结果偏低。

(6) 标准溶液的浓度要根据样品中铈量的高低作适当的调整。

【允许差】

分析结果差值应不大于表 4-4 所列允许差。

表 4-4 允许差表 (%)

以 CeO_2 计	允许差	以 CeO_2 计	允许差
0.5~5	0.2	>20~40	0.5
>5.0~20	0.3		

【思考题】

(1) 在定铈法测定稀土含量时，高氯酸起的作用是什么？

(2) 为什么锰会对测定有影响？加亚砷酸钠-亚硝酸钠消除锰干扰的原理是什么？

4.2.3.2 稀土精矿中全铁的测定（磷酸溶样、重铬酸钾容量法）

【适用范围】

本法适用于铁精矿、稀土精矿、浸渣等中间产品 1%~30%铁含量的分析。

【方法提要】

试样以磷酸分解，盐酸提取，以二氯化锡将 Fe^{3+} 还原为 Fe^{2+}，用氯化汞氧化过量的二氯化锡。以二苯胺磺酸钠为指示剂，用重铬酸钾标准溶液滴定。

【试剂】

(1) 磷酸，相对密度 1.69。

(2) 盐酸，1+1。

（3）二氯化锡溶液，10%，称取 10g 二氯化锡溶于 20mL 热盐酸中，用水稀释至 100mL。

（4）氯化汞，饱和溶液。

（5）硫酸，1+1。

（6）二苯胺磺酸钠指示剂，0.5%水溶液。

（7）重铬酸钾标准溶液，0.003mol/L 或 0.01mol/L。

（8）硫磷混酸，在 700mL 水中加 150mL 硫酸、150mL 磷酸。

【操作步骤】

准确称取试样 0.2~0.3g 于 250mL 锥形瓶中，用水冲洗瓶壁，加 10mL 磷酸，于电炉上加热，不时摇动，至试样全部分解，液面平静无小气泡。取下，稍冷在不断摇动，加入 20mL 盐酸（1+1），趁热滴加二氯化锡还原至黄色刚消失并过量 2 滴。流水冷却至室温，加 10mL 饱和氯化汞溶液，摇匀，用水稀释至 100mL，加 5~10mL 硫酸（1+1），4 滴二苯胺磺酸钠指示剂，用重铬酸钾标准溶液滴定至出现稳定的蓝紫色即为终点。

计算：

$$Fe\% = \frac{VM \times 55.845 \times 6}{m \times 1000} \times 100\%$$

式中 V——滴定消耗重铬酸钾标准溶液的体积，mL；

M——重铬酸钾标准溶液的摩尔浓度，mol/L；

m——试样量，g；

55.845——铁的摩尔质量，g/mol。

【注意事项】

（1）溶样时温度不宜过高，且经常摇动，防止焦磷酸盐结底。

（2）由于磷酸中含少量铁，应带空白实验消除其影响。

（3）滴加 $SnCl_2$ 溶液不应过量太多，否则当加入 $HgCl_2$ 时会生成大量 Hg_2Cl_2 及少量 Hg。

$$Sn^{2+} + 2HgCl_2 \longrightarrow Sn^{4+} + Hg_2Cl_2 \downarrow + 2Cl^-$$

$$Sn^{2+} + Hg_2Cl_2 \longrightarrow Sn^{4+} + Hg \downarrow + 2Cl^-$$

大量的 Hg_2Cl_2 及 Hg 都会显著地被 $K_2Cr_2O_7$ 氧化，使分析结果偏高。若发现有灰黑色 Hg 生成，应重新溶解样品，另行测定。

（4）$HgCl_2$ 应一次迅速加入，以防止慢加 $HgCl_2$ 的过程中 $SnCl_2$ 将其还原为 Hg。正常现象是生成 Hg_2Cl_2 白色丝光状沉淀。

（5）Fe^{3+} 被 $SnCl_2$ 还原成 Fe^{2+} 后，应及时冷却，以防止空气将 Fe^{2+} 氧化成 Fe^{3+}，使结果偏低。

（6）硫酸是增加溶液的酸度。磷酸是使带色的 Fe^{3+} 与之结合成为无色的络离子 $[Fe(HPO_4)_2]^-$ 或 $[Fe(PO_4)_2]^{3-}$，消除黄色对终点观察的干扰；同时由于 Fe^{3+} 形成络离子降低了 Fe^{3+}/Fe^{2+} 的电位，从而使滴定突跃开始部分变低，滴定突跃范围增大，防止指示剂在滴定突跃前变色。

（7）溶液试样可直接取样，加 20mL 盐酸（1+1），加热还原。滴定前加入 10mL 硫磷混酸代替 5mL 硫酸。

【允许差】

分析结果差值应不大于表 4-5 所列的允许差。

表 4-5 允许差表 （%）

含铁量	允许差	含铁量	允许差
1.00~10.00	0.15	>20.00~30.00	0.30
>10.00~20.00	0.25		

【思考题】

（1）全铁的测定属于何种滴定分析法，写出整个过程的反应式。

（2）在本测定方法中，加入饱和氯化汞的作用是什么？

（3）重铬酸钾法测定铁时，为什么要加入硫磷混酸？

4.2.3.3 稀土精矿中吸附水的测定（重量法）

【适用范围】

本法适用于精矿中 0.20%~15.00%吸附水的测定。

【方法提要】

试样于 105℃烘至恒重，以此测定吸附水量。

【操作步骤】

称取试样 5~15g 于已恒重的称量瓶中，将试样铺平，在 105~110℃烘箱中烘 2h，取出放入干燥器中冷却至室温，立即称量。重复操作，直至恒重。

计算：

$$H_2O\% = \frac{m_1 - m_2}{m} \times 100\%$$

式中 m——试样量，g；

m_1——烘前称量瓶与试样重，g；

m_2——烘至恒重后称量瓶与试样重，g。

【注意事项】

（1）称量瓶最好用扁平的。

（2）烘箱温度应以温度计测量为准。

（3）称量时防止沾污其他物质，以免影响结果。

【允许差】

分析结果应不大于表 4-6 所列允许差。

表 4-6 允许差表 （%）

水分量	允许差	水分量	允许差
0.20~1.00	0.05	>5.00~15.00	0.25
>1.00~5.00	0.15		

【思考题】

（1）测精矿中的水分若烘箱设定温度与温度计测量有偏差时，应该怎么办？

（2）做称量分析应该注意哪些问题？

4.2.3.4 稀土精矿中磷的测定（硫酸肼还原、钼蓝光度法）

【适用范围】

本法适用于稀土矿石中0.5%～20%五氧化二磷量的测定。

【方法提要】

试样以碱分解，浸出后盐酸酸化，分取部分试液，在0.5mol/L硫酸介质中，磷与钼酸铵被硫酸肼还原成磷钼蓝，进行比色测定。

【试剂与仪器】

（1）氢氧化钠、过氧化氢。

（2）盐酸，相对密度1.19。

（3）硫酸，相对密度1.84，4mol/L。

（4）氨水，1+1。

（5）过氧化氢，30%。

（6）对硝基酚，1%水溶液。

（7）钼酸铵-硫酸溶液，称2.5g钼酸铵溶于50～60mL水中，加入28mL浓硫酸，用水稀释至100mL。

（8）显色剂，使用前取25mL钼酸铵-硫酸溶液，加入到10～15mL硫酸肼水溶液，用水稀释至100mL。

（9）五氧化二磷标准溶液，称取优级纯磷酸二氢钾（经105℃烘干2h）0.1918g溶于水中，加入2mL盐酸，移入500mL容量瓶中，用水稀释至刻度，摇匀。此溶液每毫升含0.2mg五氧化二磷。使用时分取稀释为每毫升含20μg五氧化二磷。

（10）721分光光度计。

【操作步骤】

准确称取0.2～0.5g试样于盛有4g氢氧化钠（预先烘去水分）的刚玉坩埚中，加3～4g过氧化氢，混匀，于700℃马弗炉中熔融。稍冷却，放入到300mL烧杯中，用温水浸取，洗出坩埚，熔融物用30～35mL浓盐酸酸化，加3～4滴过氧化氢，煮沸，使溶液清亮，冷至室温，移至250mL容量瓶中，用水稀释至刻度摇匀。

移取1～10mL试液（视含量高低而异）于50mL容量瓶中，加一滴对硝基酚指示剂，用氨水调至黄色，再滴加硫酸（4mol/L）至黄色消失，并过量一滴。加现配制的显色剂20mL，用水稀释至刻度，摇匀。在沸水浴中加热7～10min，取下用流水冷却至室温。于721分光光度计、波长680nm，用2cm或3cm比色皿，已试样空白做参比，测量吸光度。由工作曲线查得五氧化二磷的含量。

工作曲线的绘制：取10μg、20μg、30μg、40μg、50μg、60μg、…、180μg的五氧化二磷标准溶液于一系列50mL容量瓶中，加1滴对硝基酚指示剂，以下同试样操作。以试剂空白为参比，测量吸光度。然后以吸光度与五氧化二磷含量做工作曲线。

计算：

$$P_2O_5 = \frac{m_1 \times 10^{-6}}{mV_1/V} \times 100\%$$

式中 m——试样量，g；

V——试样液总体积，mL；

V_1——分取试液的体积，mL；

m_1——从工作曲线中查得的五氧化二磷微克数，μg。

【注意事项】

（1）本法也适用于水浸渣、水浸液等试样中的五氧化二磷的测定。溶液样可直接调酸度显色。但如含硝酸，必须加高氯酸冒烟除去，如有有机物，应加硝酸、高氯酸破坏有机物后测定。

（2）显色液中铁量大于 4mg 时，必须增加硫酸肼的用量。

（3）硫酸肼需新配置，并贮于棕色瓶中，放于阴凉避光处。显色剂需用前配制。

（4）显色时煮沸温度不宜过高，时间不宜过长，以避免磷钼酸被破坏或引起体积变化。

（5）发现空白值高时，应另选试剂或用二次蒸馏水。

【允许差】

分析结果差值应不大于表 4-7 所列的允许差。

表 4-7 允许差表 （%）

五氧化二磷的含量	允许差	五氧化二磷的含量	允许差
0.50~1.00	0.05	>7.00~14.00	0.35
>1.00~3.00	0.12	>14.00~20.00	0.50
>3.00~7.00	0.25		

4.2.3.5 稀土精矿中钾、钠的测定（原子吸收分光光度法）

【适用范围】

本法适用于稀土精矿中 0.05%~5%钾、钠的测定。

【方法提要】

试样用氢氟酸、硝酸、高氯酸分解，在盐酸介质中已氯化铯作为电力缓冲剂，用原子吸收分光光度计进行测定，在波长 766.5nm 和 589.0nm 处，用空气-乙炔火焰、工作曲线法分别进行钾、钠的测定。

【试剂与仪器】

（1）硝酸，相对密度 1.42，优级纯。

（2）盐酸，相对密度 1.19，优级纯。

（3）氢氟酸，相对密度 1.14。

（4）高氯酸，相对密度 1.67。

（5）氯化铯溶液，优级纯氯化铯配制成 0.4%的水溶液。

（6）钾标准溶液，称取预先在 400~500℃ 烧灼过 1.5h 的氯化钾（基准试剂）0.4797g，溶于 50mL 水中，移入 250mL 容量瓶中，用水稀释至刻度，摇匀后转入干燥的塑料瓶中贮存。此溶液为 1mg/mL 钾。准确移取 10mL 上述溶液于 1000mL 容量瓶中，用水稀释至刻度，摇匀后转入干燥的塑料瓶中，此溶液为 10μg/mL 钾。

（7）钠标准溶液，称取预先在 400~500℃ 烧灼过 1.5h 的氯化钠（基准试剂）

0.6355g，溶于50mL水中，移入250mL容量瓶中，用水稀释至刻度，摇匀后转入干燥的塑料瓶中贮存。此溶液为1mg/mL钾。准确移取10mL上述溶液于1000mL容量瓶中，用水稀释至刻度，摇匀后转入干燥的塑料瓶中，此溶液为10μg/mL钠。

（8）AA320型原子吸收分光光度计，配有空气-乙炔燃烧器，钾、钠空心阴极灯，工作条件见表4-8。

表4-8 AA320型原子吸收分光光度计工作条件表

元素	波长/nm	狭缝/nm	灯电流/mA	空气流量/$L \cdot min^{-1}$	乙炔流量/$L \cdot min^{-1}$	燃烧器高度/mm
钾	766.5	1.4	4~8	5.0	0.8~1.0	5~6
钠	589.0	0.2	4~8	5.0	0.8~1.1	5~6

【操作步骤】

称取0.1000~0.5000g（视含量而定）试样于至于黄金皿中，加入10mL硝酸、3mL氢氟酸、5mL高氯酸，置于电炉上加热，试样分解后，继续加热至高氯酸烟冒尽，冷却后加入5mL盐酸（1+1）及少量水，加热使盐类溶解。冷却后移入100mL容量瓶，加入10mL氯化铯溶液，用高纯水稀释到刻度并摇匀。待测定，随同样品做空白试验。使用空气-乙炔火焰于原子吸收分光光度计766.5nm、589.0nm处，按仪器工作条件，以水调零，测量试液的吸光度及浓度。

工作曲线的绘制：在一系列50mL容量瓶中分别加入0、1.00mL、2.00mL、3.00mL、4.00mL钾标准溶液（10μg/mL），加入5.0mL氯化铯溶液，加入2.5mL盐酸，用高纯水稀释至刻度，摇匀；于一系列50mL容量瓶中分别加入0、1.00mL、2.00mL、3.00mL、4.00mL钠标准溶液（10μg/mL），加入5.0mL氯化铯溶液，加入2.5mL盐酸，用高纯水稀释至刻度，摇匀。连同试样溶液、空白溶液一起按仪器工作条件进行测定。测定时将上述标准溶液浓度0、0.2μg/mL、0.4μg/mL、0.6μg/mL、0.8μg/mL分别输入计算机，可直接测出标准曲线，在进行样品测量，可以测出样品浓度（μg/mL）。

计算：

$$K(Na)\% = \frac{(c - c_0)d \times 10^{-6}}{m/V}$$

式中 c——测得被测溶液中钾（钠）的浓度，μg/mL；

c_0——测得空白溶液中钾（钠）的浓度，μg/mL；

d——稀释倍数；

m——称样量，g；

V——试样液总体积，mL。

【注意事项】

（1）钾、钠含量高时，可分取适量体积稀释，测定条件同工作曲线。

（2）溶液浑浊时，需过滤后测定。

（3）也可以以浓度为横坐标、吸光度为纵坐标，绘制工作曲线，根据测得样品的吸光度在工作曲线上查出浓度。

【允许差】

分析结果差值应不大于表4-9所列的允许差。

表 4-9　允许差表　(%)

钾（钠）含量	允许差	钾（钠）含量	允许差
0.050~0.15	0.010	>1.40~2.40	0.12
>0.15~0.50	0.040	>2.40~5.00	0.20
>0.50~1.40	0.080		

4.2.3.6　稀土精矿中钙、镁的测定（原子吸收分光光度法）

【适用范围】

本法适用于稀土精矿中氧化钙 0.050%~5.00%、氧化镁 0.050%~2.00%的测定。

【方法提要】

样品经碳酸钠-过氧化钠熔融，使钙、镁转化为碳酸盐。熔融物用盐酸提取，加入 EDTA 及氯化锶，以消除共存离子的干扰。样品在 5%的盐酸介质中，于原子吸收分光光度计上用空气-乙炔火焰测定钙、镁的吸光度及浓度，采用标准加入法测定钙、镁的含量。

【试剂与仪器】

（1）硝酸，相对密度 1.42，优级纯。

（2）盐酸，相对密度 1.19，优级纯。

（3）氢氟酸，相对密度 1.14。

（4）高氯酸；相对密度 1.67。

（5）无水碳酸钠、过氧化钠。

（6）EDTA，4%水溶液。

（7）氯化锶，10%水溶液。

（8）氧化钙标准溶液　称取 110℃烘干至恒重的碳酸钙（光谱纯）0.4462g 于 250mL 烧杯中，加入 20mL 水，逐滴加入盐酸至完全溶解，再过量 10mL，煮沸驱尽 CO_2，冷却至室温，移入 250mL 容量瓶中，用二次蒸馏水稀释至刻度，摇匀。此溶液浓度为 1mg/mL 氧化钙。准确移取 50mL 上述溶液于 2000mL 容量瓶中，加入 100mL 盐酸，以二次蒸馏水稀释至刻度，摇匀；此溶液浓度为 25μg/mL 氧化钙。

（9）氧化镁标准溶液　预先称取 800℃烘干至恒重的氧化镁（高纯）0.2500g 于 250mL 烧杯中，加少许水及 5mL 盐酸，加热至完全溶解，冷却至室温，移入 250mL 容量瓶中，用二次蒸馏水稀释至刻度，摇匀。此溶液浓度为 1mg/mL 氧化镁。准确移取 5mL 上述溶液于 1000mL 容量瓶中，加入 50mL 盐酸，以二次蒸馏水稀释至刻度，摇匀。此溶液浓度为 5μg/mL 氧化镁。

（10）AA320 型原子吸收分光光度计，配有钙、镁空心阴极灯及空气-乙炔燃烧器，工作条件见表 4-10。

表 4-10　AA320 型原子吸收分光光度计工作条件表

元素	波长/nm	狭缝/nm	灯电流/mA	空气流量/$L \cdot min^{-1}$	乙炔流量/$L \cdot min^{-1}$	燃烧器高度/mm
Ca	422.7	0.7	5~10	5.0	0.9~1.1	5~6
Mg	285.2	0.7	2~4	5.0	0.9~1.1	5~6

【操作步骤】

称取0.1000g于镍坩埚中，加3.0g无水碳酸钠、1.5g过氧化钠，混匀，于700℃马弗炉中熔融7~10min取出，冷却，至于250mL烧杯中，加热水50mL，加热提取盐类，洗出坩埚，再以盐酸酸化，待反应停止后再过量5mL盐酸，加热至清，冷却至室温，移入100mL容量瓶中，加入EDTA及氯化锶，采用标准加入法测定。

标准加入：分取适量溶液（视含量而定）于4个25mL容量瓶中，分别加入钙标准溶液（含氧化钙25μg/mL）0、1.00mL、2.00mL、3.00mL、5.00mL；加入镁标准溶液（含氧化镁5μg/mL）0、1.00mL、2.00mL、3.00mL，加入EDTA2.5mL，氯化锶1mL，盐酸（1+1）2.5mL，用二次蒸馏水稀释至刻度，摇匀。于原子吸收分光光度计422.7nm和285.2nm处测量其吸光度及浓度，用外推法求出钙、镁的含量。

将氧化钙加入标准浓度0、1.00μg/mL、3.00μg/mL、5.00μg/mL分别输入计算机，选择标准加入方式测定，计算机直接测出待测溶液的浓度。将氧化镁加入标准溶液浓度0、0.20μg/mL、0.40μg/mL、0.60μg/mL分别输入计算机，选择标准加入方式测定，计算机直接测出待测液氧化镁的浓度。

计算：

$$\mathrm{CaO(MgO)\%} = \frac{cd \times 10^{-6}}{m/V} \times 100\%$$

式中 c——测得被测溶液中氧化钙（氧化镁）的浓度，μg/mL；

d——稀释倍数；

m——称样量，g；

V——试样液总体积，mL。

【注意事项】

若含量高时，需分取测定。

【允许差】

分析结果差值应不大于表4-11所列的允许差。

表4-11 允许差表 （%）

氧化钙含量	允许差	氧化镁含量	允许差
0.050~0.15	0.010	0.050~0.15	0.010
>0.15~0.50	0.040	>0.15~0.50	0.040
>0.50~1.40	0.080	>0.50~1.00	0.080
>1.40~2.40	0.12	>1.00~2.00	0.12
>2.40~5.00	0.20		

4.2.3.7 稀土精矿中钡、锶的测定（原子吸收分光光度法）

【适用范围】

本法适用于稀土精矿中1.0%~20.0%钡及0.10%~2.00%锶的测定。

【方法提要】

样品经碳酸钠-过氧化钠熔融，使钡、锶转化为碳酸盐。熔融物用硝酸提取，加入硝酸钙消除共存离子的干扰。在硝酸酸介质中，于原子吸收分光光度计上用空气-乙炔火焰，采用直线回归法测定钡、锶的浓度。

【试剂与仪器】

(1) 硝酸，相对密度 1.42，优级纯。

(2) 过氧化钠。

(3) 无水碳酸钠。

(4) 硝酸钙溶液，称取分析纯氧化钙 52.5g，加入 20mL 硝酸，加热溶解，冷却后移入容量瓶中，用二次蒸馏水稀释至刻度并摇匀，此溶液浓度为每毫升含钙 75mg。

(5) 硝酸钠，20%水溶液。

(6) 钡标准溶液，称取 110℃烘干 1h 并在干燥器中冷却至室温的基准碳酸钡 1.7964g 于 250mL 烧杯中，加入少量水，加 15mL 硝酸，溶解后移入 250mL 容量瓶中，用二次蒸馏水稀释至刻度，摇匀，此溶液浓度为每毫升含 5mg 钡。

(7) 锶标准溶液，称取 110℃烘干 1h 并在干燥器中冷却至室温的光谱纯碳酸锶 0.4212g 于 250mL 烧杯中，加入少量水，加 15mL 硝酸，加热溶解，冷却至室温，移入 250mL 容量瓶中，用二次蒸馏水稀释至刻度，摇匀，此溶液浓度为每毫升含 1mg 锶；准确移取 10mL 上述溶液于 100mL 容量瓶中，加入 5mL 硝酸，用二次蒸馏水稀释至刻度，摇匀，此溶液浓度为每毫升含 100μg 锶。

(8) AA320 型原子吸收分光光度计，配有钙、镁空心阴极灯及空气-乙炔燃烧器，工作条件见表 4-12。

表 4-12 AA320 型原子吸收分光光度计工作条件表

元素	波长/nm	狭缝/nm	灯电流/mA	空气流量/L · min^{-1}	乙炔流量/L · min^{-1}	燃烧器高度/mm
Ba	553.5	0.2	8~15	5.0	1.0~1.2	5~6
Sr	460.7	0.2	6~12	5.0	1.0~1.2	5~6

【操作步骤】

称取试样 0.2000~0.5000g 于镍坩埚中，加 3.0g 无水碳酸钠、1.5g 过氧化钠，与试样混匀，于 800℃马弗炉中熔融 7~10min 取出冷却后，用热水提取洗出坩埚，然后缓缓加入硝酸酸化，煮沸至清，硝酸不可过量太多。若不清则加几滴过氧化氢助溶。冷却后移入 100mL 容量瓶中，加入 10mL 硝酸钙溶液，用二次蒸馏水稀释至刻度，摇匀，待测定。

Ba(Sr) 浓度的测定：于一系列 100mL 容量瓶中分别加入钡标准溶液（含钡 5mg/mL）0、2.00mL、4.00mL、6.00mL、8.00mL、10.00mL；加入锶标准溶液（含锶 100μg/mL）0、1.00mL、2.00mL、3.00mL、4.00mL、5.00mL，加入硝酸钠溶液 40mL，硝酸钙溶液 10mL，硝酸 5mL，用二次蒸馏水稀释至刻度并摇匀。按照仪器工作条件首先利用直线回归法测出 Ba（Sr）的工作曲线，然后测定试液中 Ba(Sr) 的浓度。

计算：

$$\mathrm{Ba(Sr)}\% = \frac{cd \times 10^{-6}}{m/V} \times 100\%$$

式中 c——测得被测溶液中 Ba(Sr) 的浓度，μg/mL；

d——稀释倍数；

m——称样量，g；

V——试样液总体积，mL。

【注意事项】

（1）对于钡以非硫酸盐形式存在的试样，可直接用硝酸、氢氟酸、高氯酸溶解。

（2）若含量高时，可稀释适当倍数。

（3）基体盐分高时，容易堵塞雾化器，实验过程中应注意。

【允许差】

分析结果差值应不大于表 4-13 所列的允许差。

表 4-13 允许差表 （%）

钡量	允许差	锶量	允许差
1.0~5.0	0.20	0.10~1.0	0.05
>5.0~10.0	0.30	>1.0~2.0	0.10
>10.0~15.0	0.40		
>15.0~20.0	0.50		

【思考题】

（1）原子吸收分光光度计有哪几部分组成？

（2）在原子吸收光度法中为什么要用待测元素的空心阴灯极作为光源。可否用氘灯或钨灯代替，为什么？

（3）试述在进行原子吸收分析时，仪器最佳条件的选择对实际测量的意义。

（4）原子吸收光谱法中有哪些干扰因素，如何消除？

4.2.3.8 稀土精矿总量的测定（草酸盐重量法）

【适用范围】

本法适用于 20%~70%稀土精矿中稀土氧化物总量的测定。

【方法提要】

试样经碱熔、水浸、过滤，除去硅、铝、氟等元素及大量的钠盐。沉淀以盐酸溶解后氟化，使稀土、钍与磷酸根、铁、锰、钛、铌、钽、镍等元素分离。然后氨水分离钙、镁、钡，高氯酸脱水除硅，过滤后草酸盐沉淀稀土，灼烧、称重。用光度法测定氧化稀土中的钍量并扣除，计算稀土氧化物总量。

【试剂和仪器】

（1）氢氧化钠，固体，2%洗液；过氧化钠；氯化铵。

（2）硝酸，相对密度 1.42；高氯酸，相对密度 1.67；氢氟酸，相对密度 1.14。

（3）氢氟酸-盐酸洗液，5mL 氢氟酸和 5mL 盐酸，加水稀释至 500mL；草酸溶液，5%；1%洗液。

（4）氨水，1+1；过氧化氢，30%；氯化铵溶液，2%，用氨水调 pH 为 10；盐酸，相对密度 1.19；1+1；1+4；2+98；0.225mol/L。

（5）间甲酚紫指示剂，0.1%，乙醇溶液；抗坏血酸。

（6）酒石酸溶液，5%。

（7）对硝基酚指示剂，1%。

（8）一氯醋酸-氨水缓冲液，称取 87g 一氯醋酸溶于 200mL 水中，用氨水（1+1）调节至 pH＝1.7（用酸度计测量）。

（9）偶氮胂Ⅰ，0.2%水溶液；721 分光光度计；马弗炉；酸度计。

（10）二氧化钍标准溶液 称取硝酸钍结晶若干克以水溶解，在 10%盐酸酸度时用草酸沉淀钍，定量滤纸过滤，用含有草酸的 10%盐酸洗涤，沉淀于 600～650℃马弗炉中灼烧 1h，使其转成二氧化钍。冷却后，称取 0.2500g 二氧化钍于 150mL 烧杯中，加 20mL 浓盐酸及 0.2g 氟化铵，微热溶解，加 5mL 高氯酸，在电热板上蒸发至冒烟，取下稍冷却后，加 10mL 盐酸（1+1）及少量水，加热浸取，冷却后，移入 500mL 容量瓶中，用水稀释到刻度，摇匀。此液每毫升含二氧化钍 0.5mg。准确移取此液 10mL 于 500mL 容量瓶中，用 1%盐酸稀释至刻度，摇匀。此液为 $ThO_2$10μg/mL。

【操作步骤】

用差减法称取越 0.3g（准确至 0.0001g）试样于预先盛有 3g 氢氧化钠（事先烘去水分）的镍坩埚中，加入约 3g 过氧化钠，加盖，先在电炉上烘烤，然后放入 750℃马弗炉中熔融，取出，冷却。将坩埚置于 400mL 烧杯中，加 150mL 温水，加热浸取，待剧烈作用停止后，洗出坩埚和盖，将溶液煮沸 2min，取下，冷至室温。用慢速滤纸过滤，以氢氧化钠洗液洗烧杯 2～3 次，洗沉淀 5～6 次。

将沉淀连同滤纸放入原烧杯中，加 20mL 浓盐酸及 10～15 滴过氧化氢，将滤纸搅碎，加热溶解沉淀。溶液及纸浆移入 250mL 塑料杯中，加热水稀至约 100mL，在不断搅拌下加入 15mL 氢氟酸，在 60℃水浴保温 30～40min。每隔 10min 搅拌一次，取下冷到室温，用慢速滤纸过滤，以氢氟酸-盐酸洗液洗涤烧杯 2～3 次，洗涤沉淀 8～10 次（用小块滤纸擦净塑料杯内壁放入沉淀中），用水洗沉淀 2 次。

将沉淀连同滤纸放入原玻璃烧杯中，加 25mL 硝酸及 5mL 高氯酸，盖上表面皿，加热破坏滤纸和沉淀溶解。待剧烈作用停止后继续加热冒烟并蒸至体积约为 2～3mL，取下，放冷。加约 4mL 盐酸（1+1）及 2～3 滴过氧化氢，低温加热溶解。加 150mL 温水和 2g 氯化铵，加热至沸，取下，用氨水（1+1）中和至氢氧化物沉淀析出。加 15～20 滴过氧化氢，并过量加 20mL 氨水（1+1），加热至沸，取下，冷却至室温。此时溶液 pH>9。用慢速滤纸过滤，用 pH＝10 的氯化铵溶液洗涤烧杯 2～3 次，洗沉淀 7～8 次。

将沉淀连同滤纸放入原烧杯中，加 25mL 硝酸和 5mL 高氯酸，加热破坏滤纸、溶解沉淀。待剧烈作用停止后，继续加热冒烟，并蒸发至体积约 2mL，取下，稍冷。加 30mL 热水溶解盐类，用中速滤纸过滤，用盐酸（2+98）洗烧杯 2～3 次，洗沉淀 7～8 次。滤液过滤到 300mL 烧杯中。

滤液加水至 80mL，加热至沸，加 4 滴间甲酚紫指示剂，取下。加 100mL 热的 5%草酸溶液，用氨水（1+1）调节 pH 至约 1.8，溶液由深粉色变为浅粉色。在电热板上保温 2h，取下，静止 4h 或过夜，用慢速滤纸过滤。用 1%草酸洗液洗烧杯 3～5 次，用小块滤纸擦净烧杯，放入沉淀中，洗沉淀 8～10 次。

将沉淀连同滤纸置于以恒重的铂金坩埚中，灰化，置于 850℃马弗炉中灼烧 40min，取出，放入干燥器中冷却 30min，称重，重复操作直至恒重。

将稀土氧化物置于 50mL 烧杯中，用水湿润，加 2～4mL 盐酸及 5～10 滴过氧化氢，低温加热溶解，取下，冷至室温。溶液移入50mL容量瓶中，用水稀释至刻度，摇匀。移取5mL溶液于25mL容量瓶中，加20~30mg抗坏血酸、1.0mL酒石酸溶液、1滴对硝基酚指示剂，滴加氨水（1+1）至溶液呈黄色，再滴加盐酸（1+4）至黄色刚消失，加2mL盐酸（0.225mol/L）、2.5mL一氯醋酸-氨水缓冲液，摇匀。加2.0mL偶氮胂Ⅰ溶液，稀释至刻度，摇匀。在721分光光度计上，波长590nm，3cm比色皿，以试剂空白做参比，测量吸光度。从工作曲线求得二氧化钍之含量，乘以分取倍数为二氧化钍之质量。

二氧化钍工作曲线的绘制：移取0、1.00mL、2.00mL、3.00mL、4.00mL、5.00mL钍标准溶液于一系列25mL容量瓶中，加20~30mg抗坏血酸，以下同分析步骤显色操作，以吸光度对钍含量绘制工作曲线。

计算：

$$\text{TREO\%} = \frac{m_2 - m_1 - m_3 - m_4}{m} \times 100\%$$

式中 m_1——铂金坩埚重，g；
m_2——沉淀加坩埚重，g；
m_3——二氧化钍重，g；
m_4——随同试样空白重，g；
m——试样重，g。

【注意事项】

（1）本法为国际分析方法，可用作商检、仲裁分析。

（2）由于试样粒度较细，称样时易沾污表皿，故以差减法称样。

（3）浸出坩埚时，可加少量盐酸擦洗，避免稀土损失。

（4）氢氧化物沉淀冷过滤，是为防止稀土损失。

（5）分析时称取两份试样进行平行测定，取其平均值。

【允许差】

分析结果差值应不大于表4-14所列的允许差。

表4-14 允许差表 （%）

稀土氧化物总量	允许差	稀土氧化物总量	允许差
>20~35	0.50	>50	0.80
>35~50	0.60		

【思考题】

（1）草酸盐重量法测定稀土总量，氨水沉淀稀土前要加入氯化铵，这是为什么？

（2）草酸沉淀稀土后要进行保温和放置过夜，目的是什么？

（3）在沉淀重量法中应选择形成什么样的沉淀？什么叫沉淀式，什么叫称量式，各有什么要求？写出本测定法的沉淀式和称量式。

（4）沉淀混有杂质的原因是什么，怎样防止？

4.2.3.9 稀土精矿配分的测定（等离子体发射光谱法）

【使用范围】

本法适用于包头稀土精矿中8个稀土元素（镧、铈、镨、钕、钐、铕、钆、钇）的测定。

测定元素及范围见表 4-15。

表 4-15 等离子体发射光谱法测定的元素及范围 (%)

元 素	测定范围	元 素	测定范围
La_2O_3	25±5	CeO_2	48±5
Pr_6O_{11}	4~7	Nd_2O_3	15±2
Sm_2O_3	1~1.5	Eu_2O_3	0.2~0.5
Gd_2O_3	0.2~0.5	Y_2O_3	0.2~0.5

【方法提要】

试样以硝酸、高氯酸溶解，在稀盐酸介质中，直接以氩等离子体光源激发，进行光谱测定。

【试剂与仪器】

（1）盐酸，1+1；硝酸，1+1；高氯酸，相对密度 1.67。

（2）过氧化氢，30%；氩气，>99.99%。

（3）氧化钇标准溶液，称取 0.1000g 经 900℃灼烧 1h 的氧化钇（>99.99%），置于 100mL 烧杯中，加 10mL 盐酸（1+1），低温加热溶清后冷却至室温，溶液移入 100mL 容量瓶中，用水稀释至刻度，摇匀，此溶液 1mL 含 1mg 氧化钇。

（4）氧化钆标准溶液，称取 0.1000g 经 900℃灼烧 1h 的氧化钆（>99.99%），置于 100mL 烧杯中，加 10mL 盐酸（1+1），低温加热溶清后冷却至室温，溶液移入 100mL 容量瓶中，用水稀释至刻度，摇匀。此溶液 1mL 含 1mg 氧化钆。

（5）氧化铕标准溶液　称取 0.1000g 经 900℃灼烧 1h 的氧化铕（>99.99%），置于 100mL 烧杯中，加 10mL 盐酸（1+1），低温加热溶清后冷却至室温，溶液移入 100mL 容量瓶中，用水稀释至刻度，摇匀，此溶液 1mL 含 1mg 氧化铕。

（6）氧化钐标准溶液，称取 1.0000g 经 900℃灼烧 1h 的氧化钐（>99.99%），置于 200mL 烧杯中，加 10mL 盐酸（1+1），低温加热溶清后冷却至室温，溶液移入 100mL 容量瓶中，用水稀释至刻度，摇匀。此溶液 1mL 含 10mg 氧化钐。

（7）氧化钕，>99.99%，900℃灼烧 1h；氧化镨，>99.99%，900℃灼烧 1h。

（8）氧化铈，>99.99%，900℃灼烧 1h。

（9）氧化镧，>99.99%，900℃灼烧 1h。

（10）ICPS-7500 计算机控制顺序扫描单色仪，倒数线色散率不大于 0.26nm/mm。氩等离子体光源，使用功率 1.2kW。

【工作条件】

氩气流量：冷却气流量 14L/min，等离子气流量 1.2L/min，载气流量 0.7L/min，清洗气流量 3.5L/min。观测高度为线圈上方 15mm。雾化器提升量 1mL/min，水冲洗时间 10s，样品冲洗时间 40s。

【标准溶液的配制】

（1）母液的配制：准确称取 1.3500g 氧化镧于 200mL 烧杯中，加 10mL 盐酸（1+1），低温加热溶清后冷却至室温；准确称取 2.5000g 氧化铈于 200mL 烧杯中，加 20mL 硝酸（1+1）、10mL 过氧化氢，低温加热溶清并赶尽过氧化氢，冷却至室温；准确称取 0.2750g 氧化镨于 200mL 烧杯中，加 10mL 盐酸（1+1），低温加热溶清后冷却至室温；准确称取 0.7750g 氧化钕于 200mL 烧杯中，加 10mL 盐酸（1+1），低温加热溶清后冷却至室温。将上述 4 种溶液全部移入 500mL 容量瓶中。并且准确移取 6mL、10mg/mL 氧化钐、10mL、1mg/mL 氧化铕、20mL、1mg/mL 氧化钆、10mL、1mg/mL 氧化钇于上述容量瓶中，以水稀释至刻度，摇匀。

母液成分见表 4-16。

表 4-16 母液成分表 （μg/mL）

La_2O_3	CeO_2	Pr_6O_{11}	Nd_2O_3	Sm_2O_3	Eu_2O_3	Gd_2O_3	Y_2O_3
2700	5000	550	1550	120	20	40	20

（2）测氧用标准溶液的配制：准确移取 20.00mL 母液于 200mL 容量瓶中，加入 20mL 盐酸（1+1），以水稀释至刻度，摇匀，制得标样 1；准确移取 10.00mL 母液于 200mL 容量瓶中，加入 20mL 盐酸（1+1），以水稀释至刻度，摇匀，制得标样 2；准确移取 20.00mL 标样 1 于 200mL 容量瓶中，加入盐酸（1+1），以水稀释至刻度，摇匀，制得标样 3。

标准样品成分见表 4-17。

表 4-17 标准样品成分表 （μg/mL）

标样	La_2O_3	CeO_2	Pr_6O_{11}	Nd_2O_3	Sm_2O_3	Eu_2O_3	Gd_2O_3	Y_2O_3
1	270	500	55	155	12	2	4	2
2	135	250	27.5	77.5	6	1	2	1
3	27	50	5.5	15.5	1.2	0.22	0.4	0.2

【操作步骤】

（1）分析试液的制备，准确称取 0.2000g 试样置于 100mL 烧杯中，加入 10mL 硝酸（1+1）、5mL 高氯酸，加热溶解清亮并蒸至近干，取下稍冷，加 10mL 盐酸（1+1）及 3~4 滴过氧化氢提取盐类，并赶尽过氧化氢，取下冷却。移入 100mL 容量瓶中，用水稀释至刻度，摇匀待测。

（2）仪器操作（略）。

（3）测定，将标准溶液各元素的浓度输入计算机，各元素分析线输入计算机。按照模式一（峰值搜索方式）测定 La_2O_3、CeO_2、Pr_6O_{11}、Nd_2O_3、Gd_2O_3、Y_2O_3；按照模式三（波长固定方式）测定 Sm_2O_3 和 Eu_2O_3。根据标准溶液和分析试液的强度值，由计算机计算，校正并输出各元素的浓度。

各元素分析线见表 4-18。

表 4-18 各元素分析线表 (nm)

元 素	分析线	元 素	分析线
La	33.749	Sm	446.734
Ce	413.765	Eu	272.778
Pr	422.533	Gd	310.051
Nd	445.157	Y	324.228

计算 8 个稀土元素的配分量：

$$c_i = \frac{W_i}{\sum W_j \div 99.8\%} \times 100\%$$

式中 c_i——待测稀土元素的氧化物配分量，%；

W_i——待测稀土元素氧化物的浓度，μg/mL；

$\sum W_j$——各稀土元素氧化物的浓度之和，μg/mL；

99.8%——8 个稀土元素占总稀土的量，其他稀土按 0.2%计。

【注意事项】

（1）称取试样量要根据精矿的稀土总量确定，保持测定试样液 TREO 浓度 1mg/mL。

（2）本法也适用于混合碳酸稀土及混合氯化稀土配分的测定。

（3）测钐和铕时先用混标进行寻峰，混标为含 12μg/mL 氧化钐和 2μg/mL 氧化铕的 5%盐酸溶液。

【允许差】

分析结果差值应不大于表 4-19 所列的允许差。

表 4-19 允许差表 (%)

元 素	允许差	元 素	允许差
La_2O_3	0.60	Sm_2O_3	0.15
CeO_2	0.70	Eu_2O_3	0.05
Pr_6O_{11}	0.30	Gd_2O_3	0.05
Nd_2O_3	0.40	Y_2O_3	0.05

4.2.4 稀土冶金中间控制分析

4.2.4.1 焙烧矿的检验

A 稀土总量的测定（硫酸亚铁铵容量法）

【适用范围】

本法适用于焙烧矿稀土总量的测定。

【方法提要】

测定焙烧矿的总铈量，将铈量乘以 2 即得稀土总量。

【试剂】

（1）磷酸，相对密度 1.69。

（2）高氯酸，相对密度 1.67。

（3）硫酸，5%。

（4）尿素，20%。

（5）苯代邻氨基苯甲酸，0.2%。

（6）亚砷酸钠-亚硝酸钠溶液。

（7）硫酸亚铁铵标准溶液，0.01mol/L。

【操作步骤】

将焙烧矿试样用研钵捣碎，研匀。准确称取 0.2g 试样于 250mL 锥形瓶中，加入 10mL 磷酸、2mL 高氯酸，在电炉上加热，冒烟至液面平静，并有少许磷酸盐冒起。取下，稍冷，加 80mL5%的硫酸，流水冷却到室温。加 2~4mL 尿素，滴加亚砷酸钠-亚硝酸钠至锰的红色消失，并过量 0.5mL；加 2~3 滴苯代邻氨基苯甲酸，用硫酸亚铁铵标准溶液滴定至溶液突变为黄绿色为终点。

计算：

$$\mathrm{TREO}\% = \frac{MV \times 172.12 \times 2}{m \times 1000} \times 100\%$$

式中 V——滴定消耗硫酸亚铁铵标准溶液体积，mL；

M——硫酸亚铁铵标准溶液的摩尔浓度，mol/L；

m——称取试样量，g；

172.12——二氧化铈的摩尔质量，g/mol；

2——矿石中铈量变为稀土总量的系数。

【注意事项】

同精矿中稀土总量的测定（定铈法）。

【允许差】

分析结果差值应不大于表 4-20 所列的允许差。

表 4-20 允许差表 （%）

稀土总量	允许差
>25.00~35.00	0.30

B 分解率的测定（硫酸亚铁铵容量法）

【适用范围】

本法适用于焙烧矿分解率的测定。

【方法提要】

焙烧矿中稀土硫酸盐是易溶于水的，因此加水提取过滤后，取全部滤液进行氧化还原滴定，分析浸出液中的铈含量；同时称取焙烧矿样，测定总铈含量。浸出液的铈量比总铈量即得分解率。

【试剂】

同焙烧矿稀土总量测定所用试剂。

【操作步骤】

称 0. 2g 试样于 50mL 烧杯中，加入 10mL 水，用玻璃棒充分搅动 5min，过滤于 250mL 锥形瓶中，洗涤烧杯和沉淀共 3 次，弃滤纸和沉淀，往滤液中加入磷酸 10mL、高氯酸 2mL，以下操作同焙烧矿中稀土总量的测定。另称一份 0. 2g 试样于 250mL 锥形瓶中，加磷酸 10mL、高氯酸 2mL。测定总铈量。

计算：

$$分解率 = \frac{V_2 m_1}{V_1 m_2} \times 100\%$$

式中　m_1——测总铈量称取试样量，g；

m_2——测浸出液铈量称取试样量，g；

V_1——测总铈量消耗标准溶液的体积，mL；

V_2——测浸出液铈量消耗标准溶液的体积，mL。

【注意事项】

称取 2 份试样量要尽量一致。

【允许差】

分析结果差值应不大于表 4-21 所列的允许差。

表 4-21　允许差表　　（%）

分解率	允许差
>93. 00	0. 60

【思考题】

（1）做焙烧矿分解率时为什么不能用热水浸出或加热浸出？

（2）氧化还原滴定指示剂可分为几种类型，本法中用的指示剂属于哪一种？

4. 2. 4. 2　混合碳酸稀土的检验

A　稀土总量的测定（EDTA 容量法）

【适用范围】

本法适用于碳酸稀土 20%～60%稀土总量的测定。

【方法提要】

试样用盐酸溶解，在 pH = 5. 5 酸度下，以二甲酚橙为指示剂，用乙二胺四乙酸二钠（EDTA）标准溶液滴定。

【试剂】

（1）盐酸，1+1。

（2）二甲酚橙，0. 2%水溶液。

（3）抗坏血酸。

（4）六亚甲基四胺缓冲溶液，称取 200g 六亚甲基四胺于 500mL 烧杯中，加 200mL 水溶解，加入 70mL 盐酸，混匀，用水稀释于 1000mL。

（5）乙二胺四乙酸二钠标准溶液，0. 02mol/L。

【操作步骤】

用差减法称取试样 2g 于 250mL 的烧杯中，缓缓加入 10mL 的 HCl（1+1），溶解到清亮（不清亮时加 2~3 滴过氧化氢，加热煮沸到过氧化氢全部分解），冷却后移入 100mL 容量瓶中，以水稀释至刻度，摇匀。分取 5mL 于 150mL 锥形瓶中，加少许抗坏血酸，以水稀释到 30mL，加 2~3 滴二甲酚橙，加六亚甲基四胺到溶液呈紫红色，用 EDTA 标准溶液滴定至溶液突变为黄色。

计算：

$$\text{TREO\%} = \frac{MV \times 169.25}{m \times 1000 \times 5/100} \times 100\%$$

式中 V——滴定消耗 EDTA 标准溶液体积，mL；

M——EDTA 标准溶液的摩尔浓度，mol/L；

m——称取试样量，g；

169.25——稀土矿混合稀土氧化物的平均摩尔质量，g/mol。

【注意事项】

(1) 碳酸稀土水分易挥发，称取样品要迅速。

(2) 铝的干扰可加乙酰丙酮掩蔽。

【允许差】

分析结果差值应不大于表 4-22 所列的允许差。

表 4-22 允许差表 (%)

稀土总量	允许差	稀土总量	允许差
20.00~40.00	0.40	>40.00~60.00	0.50

【思考题】

(1) 写出 EDTA 的化学名称和结构式。为什么它能与金属离子形成稳定的络合物?

(2) EDTA 滴定法测稀土总量，加入六亚甲基四胺缓冲溶液的作用是什么。为什么控制 pH 在 5.5 左右?

B 硫酸根的测定（硫酸钡比浊法）

【适用范围】

本法适用于混合碳酸稀土中 1%~3%硫酸根的测定。

【方法提要】

在酸性溶液中，在稳定剂存在下，硫酸根与 Ba^{2+} 生成均匀的胶粒浑浊于溶液内，用比浊法测定。

【试剂】

(1) 氯化钡，25%水溶液。

(2) 稳定剂，称取 15g 氯化钠溶于 60mL 水中，加 6mL 盐酸、10mL 甘油和 20mL、95%乙醇，混匀。

(3) 盐酸，1+1。

(4) 硫酸根标准溶液，称取在 105~110℃烘干 2h 的硫酸钾（基准试剂）0.0907g 于 100mL 烧杯中，加水溶解后，移入 1000mL 容量瓶中，用水稀释至刻度，摇匀。此液每毫升含 50μg 的硫酸根。

(5) 723 分光光度计。

【操作步骤】

用差减法称取 0.5～1g 试样于 250mL 烧杯中，加入盐酸（1+1）10mL 溶解至清亮（不清亮时加几滴过氧化氢加热到清亮）。冷却后移入 100mL 容量瓶中，以水稀释至刻度摇匀，分取上述试液 0.5～1mL 于 25mL 比色管中，加入 2.5mL 稳定剂，强力振摇 20 下，使其混匀，加入 2mL、25%氯化钡溶液，以水稀释至刻度，以均匀的速度和一定的强度振摇 1min，放置 5min，在 723 分光光度计，波长 420nm（或 430nm）处，2cm 比色皿，以试剂空白作参比进行比浊测量，从工作曲线求得硫酸根含量。

工作曲线的绘制：

准确移取硫酸根标准溶液 0、50μg、100μg、150μg、200μg、250μg 于一系列 25mL 比色管中，加 2.5mL 稳定剂，以下同试样操作。

计算：

$$SO_4^{2-}\% = \frac{m_1 V \times 10^{-6}}{m V_1} \times 100\%$$

式中 m——试样重，g；

m_1——从工作曲线上求得的硫酸根质量，μg；

V——试液总体积，mL；

V_1——分取试液的体积，mL。

【注意事项】

(1) 每次测定带工作曲线，振摇时间、强度与试样操作尽量一致。

(2) 视硫酸根含量高低、称样量和分取试液体积做适当调整，所测样品吸光度不可超出线性。

【允许差】

分析结果差值应不大于表 4-23 所列的允许差。

表 4-23 允许差表 （%）

硫酸根量	允许差	硫酸根量	允许差
1.0～2.0	0.10	>2.0～3.0	0.15

【思考题】

(1) 在测量硫酸根的过程中，若样品吸光度超出线性范围该怎么办？

(2) 在形成硫酸钡悬浊液后，如果放置时间太长对比浊测量有何影响？

4.2.4.3 氯化稀土溶液、水浸液、上清液中稀土总量的测定（EDTA 容量法）

【适用范围】

本法适用于各种浓度稀土总量的测定。

【方法提要】

试液在掩蔽剂存在下，pH=5.5 左右，以二甲酚橙为指示剂，用 EDTA 标准溶液滴定稀土总量。

【试剂】

（1）抗坏血酸。

（2）磺基水杨酸，10%溶液。

（3）六亚甲基四胺，20%溶液。

（4）二甲酚橙，0.2%溶液。

（5）氨水，1+1。

（6）乙酰丙酮，10%溶液。

（7）EDTA 标准溶液，0.005mol/L、0.02mol/L、0.04mol/L、0.1mol/L。

【操作步骤】

用移液管准确移取试液 1mL 于 150mL 锥形瓶中，加 10~20mL 水，少许抗坏血酸及 2~3滴磺基水杨酸。加 4~6 滴二甲酚橙指示剂，滴加氨水（1+1），至溶液呈红色，再滴加盐酸（1+1）使红色刚退，过量 2~3 滴，加 10mL 乙酰丙酮，4~6mL、20%六亚甲基四胺溶液，立即用 EDTA 标准溶液滴定，溶液由红紫色变为亮黄色即为终点。

计算：

$$\mathrm{TREO} = \frac{MV\overline{MW}}{V_0}$$

式中 M——EDTA 标准溶液的摩尔浓度，mol/L；

V——EDTA 标准溶液消耗的体积，mL；

$\overline{MW}$——各料液稀土平均摩尔质量，g/mol；

V_0——所取试液的体积，mL。

【注意事项】

（1）上清液应取样 10~20mL，用 0.005mol/L 标液滴定。

（2）水浸液取样 1mL，用 0.02mol/L 标准溶液滴定，中和前水浸液稀土总量应用定铈法乘以 2 测。

（3）高浓度的稀土溶液，如 300g/L 左右，可取 1mL 直接用 0.1mol/L 标准溶液滴定，但误差较大。若要求比较严格应取 5mL 试样稀释于 100mL 容量瓶中，再取 5mL 用低浓度标液滴定。

【允许差】

分析结果差值应不大于表 4-24 所列的允许差。

表 4-24 允许差表 (g/L)

TREO	允许差	TREO	允许差
<0.50	0.05	100~200	1.0
20~50	0.5	200~300	1.5

【思考题】

（1）用 EDTA 容量法测定稀土总量，加入抗坏血酸或盐酸羟胺的作用是什么？

（2）金属指示剂的作用原理是什么，应该具备哪些条件？

4.2.4.4 有机相中稀土总量的测定（EDTA 容量法）

【适用范围】

本法适用于各段萃取槽中有机相常量稀土总量测定。

【方法提要】

以 6mol/L 的盐酸反萃有机相中的稀土，稀土返回水相，以氨水中和大量的酸，二甲酚橙为指示剂，pH=5.5 左右，用 EDTA 标准溶液滴定。

【试剂】

（1）盐酸，6mol/L。

（2）抗坏血酸。

（3）磺基水杨酸，10%溶液。

（4）六亚甲基四胺，20%溶液。

（5）二甲酚橙，0.2%溶液。

（6）乙酰丙酮，10%溶液。

（7）EDTA 标准溶液，0.02mol/L。

（8）氨水，1+1。

【操作步骤】

准确移取 5mL 或 10mL 有机试液于 60mL 分液漏斗中，加 10mL、6mol/L 盐酸，在振荡器上振摇 5min，静止分层后，将水相放至 250mL 锥形瓶中，用少量水冲洗分液漏斗的出液口，然后再往分液漏斗中加入 10mL、6mol/L 的盐酸振摇 3min，静止分层后水相放入原锥形瓶中，往分液漏斗中加 10mL 水振摇 2min，静止分层后水相放入原锥形瓶中。往锥形瓶中加少量抗坏血酸及 2~3mL10%磺基水杨酸溶液，加 3~4 滴二甲酚橙指示剂，滴加氨水（1+1）使溶液刚呈微红色，再滴加盐酸（1+1），使红色刚退，并过量 3~4 滴，加 5~10mL 乙酰丙酮，4~6mL、20%六亚甲基四胺缓冲溶液，pH=5.5 左右，立即用 EDTA 标准溶液滴定，溶液由紫红色变为亮黄色为终点。

计算：

$$\text{TREO} = \frac{MV_1\,\overline{MW}}{V}$$

式中　M——EDTA 标准溶液的摩尔浓度，mol/L；

$\overline{MW}$——各段有机相试液对应稀土的平均摩尔质量，g/mol；

V_1——滴定时消耗 EDTA 标准溶液的体积，mL；

V——所取有机相试液的体积，mL。

【注意事项】

用水洗涤有机相振摇不可过猛，否则不易分层。

【允许差】

分析结果差值应不大于表 4-25 所列允许差。

表 4-25　允许差表　（g/L）

TREO	允许差	TREO	允许差
1~5	0.3	>10~20	1.0
>5~10	0.5	>20~30	1.5

【思考题】

(1) 提高络合滴定选择性的方法有哪些?

(2) 络合滴定中，为什么常使用缓冲溶液?

4.2.4.5 氯化稀土溶液中 CeO_2/TREO 的测定 (EDTA、硫酸亚铁铵容量法)

【适用范围】

本法适用于各段萃取槽水相中 CeO_2/TREO 的测定。

【方法提要】

分别用 EDTA 容量法和硫酸亚铁铵容量法测出料液中的稀土总量和铈量，铈量除以稀土总量即得 CeO_2/TREO。

【试剂】

(1) 抗坏血酸，盐酸 6mol/L。

(2) 磺基水杨酸，10%溶液。

(3) 氨水，1+1。

(4) 六亚甲基四胺，20%溶液。

(5) 二甲酚橙，0.2%溶液。

(6) 乙酰丙酮，10%溶液。

(7) EDTA 标准溶液，0.04mol/L、0.1mol/L。

(8) 磷酸，相对密度 1.69。

(9) 高氯酸，相对密度 1.67。

(10) 硫酸，5%。

(11) 苯代邻氨基苯甲酸，0.2%。

(12) 亚砷酸钠-亚硝酸钠溶液 (同精矿定铈中所配相同)。

(13) 尿素，20%水溶液，用时配制。

(14) 硫酸亚铁铵标准溶液，0.005mol/L、0.01mol/L、0.04mol/L。

【操作步骤】

分别取 1mL 试样于 150mL 和 250mL 锥形瓶中；或取 5mL 试样于 50mL 容量瓶中，以水稀释至刻度，摇匀，分取 5mL 于 150mL 和 250mL 锥形瓶中，分别测定稀土总量和铈量。

(1) 稀土总量的测定。同氯化稀土料液中稀土总量测试方法相同。

(2) 铈量的测定。于上述 250mL 锥形瓶中加 10mL 磷酸、2mL 高氯酸，放于电炉上加热至高氯酸烟冒尽并有少许磷酸盐冒出时，取下，稍冷，加 80mL、5%的硫酸，流水冷却到室温，加 2~3 滴苯代邻氨基苯甲酸指示剂，用硫酸亚铁铵标准溶液滴定到溶液由紫红色变为黄绿色即为终点。

计算：

$$\text{TREO} = \frac{V_1 M_1 \overline{MW}}{V_0 n} \qquad \text{CeO}_2 = \frac{V_2 M_2 \times 172.12}{V_0 n}$$

$$(\text{CeO}_2/\text{TREO})\% = \frac{\text{CeO}_2}{\text{TREO}} \times 100\%$$

式中 V_0——取样量，mL；

V_1——滴定消耗 EDTA 的体积，mL；

V_2——滴定消耗硫酸亚铁铵的体积，mL；

M_1——EDTA 标准溶液的摩尔浓度，mol/L；

M_2——硫酸亚铁铵标准溶液的摩尔浓度，mol/L；

n——分取试样液的倍数（1/10）；

$\overline{MW}$——各段有机相试液对应稀土的平均摩尔质量，g/mol；

172.12——CeO_2的摩尔质量，g/mol。

【注意事项】

（1）试样中含锰时：溶液呈紫红色时加入尿素 2~4mL，滴加亚硝酸钠-亚砷酸钠至红色消退，并过量 0.5mL。

（2）氯化镧的铈量测定时需加大取样量（5mL 直接测），溶样开始时可能会析出大量白色磷酸稀土，不必介意，继续加热到冒高氯酸烟时就会消失。加硫酸时需要温度高一些加。

【允许差】

分析结果差值应不大于表 4-26 所列的允许差。

表 4-26　允许差表　　（%）

CeO_2/TREO	允许差	CeO_2/TREO	允许差
0.1~0.50	0.050	>10.0~40.0	0.4
>0.50~1.0	0.15	>40.0~80.0	0.5
>1.0~10.0	0.3	>80.0~99.8	0.6

【思考题】

定铈法通常使用稀硫酸稀释样品，能否用稀硝酸或稀盐酸，为什么？

4.2.4.6　氯化钕溶液中镨含量的测定（目视比色法）

【适用范围】

本法适用于氯化钕液中 0.35%镨量的测定。

【方法提要】

氯化镨为绿色溶液，氯化钕为紫红色溶液，少量氯化镨存在于氯化钕液中会呈黄色，通过黄色的深浅对比镨含量的高低。

【操作步骤】

（1）氯化钕标准溶液。取萃取出来的氯化钕液 100mL 于取样瓶中，在等离子体发射光谱仪上分析其中的 Pr 含量，若符合标准要求，则留样并装入 50mL 比色管中，装入高度为比色管的 2/3 处。要求留两个标准：镨含量分别为 0.35%和 0.40%。

（2）比色。取氯化钕试样溶液于 50mL 比色管中，试液体积应与标准溶液体积相同，将滤纸衬于比色管背面，日光灯下试液与标准进行比较，视其黄色深浅来确定试样液中镨含量的高低。

【注意事项】

(1) 该方法误差较大，比较要特别仔细。

(2) 标准要每月换一次。

【思考题】

影响目视比色的因素有哪些?

4.2.4.7 盐酸浓度的测定（酸碱滴定法）

【适用范围】

本法适用于工业盐酸，2.5mol/L、4.5mol/L、5mol/L 等盐酸浓度的测定。

【方法提要】

取各种浓度的盐酸，以甲基红-亚甲基蓝为指示剂，用氢氧化钠标准溶液滴定。

【试剂】

(1) 甲基红指示剂，0.2%，溶于60%乙醇中。

(2) 亚甲基蓝指示剂，0.2%溶液。

(3) 氢氧化钠标准溶液，0.25mol/L。

【操作步骤】

准确移取 1mL 盐酸于 150mL 锥形瓶中，加约 20mL 水、4 滴甲基红指示剂及 1 滴亚甲基蓝指示剂，立即以氢氧化钠标准溶液滴定，溶液由红紫色变为亮绿色即为终点。

计算：

$$M = \frac{M_1 V_1}{V}$$

式中 M——盐酸的摩尔浓度，mol/L；

M_1——氢氧化钠标准溶液的摩尔浓度，mol/L；

V_1——氢氧化钠标准溶液消耗的体积，mL；

V——取盐酸的体积，mL。

【注意事项】

两种指示剂的比例可视情况做适当的增减。

【允许差】

分析结果差值应不大于表 4-27 所列的允许差。

表 4-27 允许差表 (mol/L)

盐酸浓度	允许差
2.5、4.5、5	0.05

【思考题】

盐酸易挥发，取样和测定时应注意什么?

4.2.4.8 氨水浓度的测定（酸碱滴定法）

【适用范围】

本法适用于工业氨水和碳酸氢铵水溶液浓度的测定。

【方法提要】

氨水试液被过量的盐酸标准溶液中和，以氢氧化钠标准溶液滴定过量的盐酸，由此求出氨水的浓度。

【试剂】

（1）甲基红指示剂，0.2%，溶于60%的乙醇中。

（2）亚甲基蓝指示剂，0.2%溶液。

（3）盐酸标准溶液，0.35mol/L。

（4）氢氧化钠标准溶液，0.25mol/L。

【操作步骤】

准确吸取1mL氨水试液于预先盛有30.00mL或35.00mL盐酸标准溶液的150mL锥形瓶中，加少量水，加4滴甲基红指示剂、1滴甲基蓝指示剂，用氢氧化钠标准溶液滴定，溶液由红紫色变为亮绿色即为终点。

计算：

$$M_{NH_3 \cdot H_2O} = \frac{M_2V_2 - M_1V_1}{V}$$

式中　$M_{NH_3 \cdot H_2O}$——氨水或碳氨水的摩尔浓度，mol/L；

V——所取氨水的体积，mL；

V_1——消耗氢氧化钠标准溶液的体积，mL；

V_2——加入盐酸标准溶液的体积，mL；

M_1——氢氧化钠标准溶液的摩尔浓度，mol/L；

M_2——盐酸标准溶液的摩尔浓度，mol/L。

【注意事项】

（1）盐酸的加入量可视氨水的浓度适量增减。

（2）如加入氨水后，溶液呈亮绿色，说明加入盐酸标准溶液不够，应重新多取盐酸标准溶液，重新取样滴定。

【允许差】

分析结果差值应不大于表4-28所列的允许差。

表4-28　允许差表　（mol/L）

氨水浓度	允许差
2.3	0.05

【思考题】

氨水浓度的测定为什么要采用返滴定法？

4.2.5　稀土金属及其化合物的分析

4.2.5.1　稀土总量的测定（EDTA容量法）

【适用范围】

本法适用于稀土氧化物中95%~99.80%稀土总量的测定。

【方法提要】

试样用酸溶解，在pH=5.5条件下，以二甲酚橙作指示剂，用EDTA标准溶液滴定。

【试剂】

(1) 盐酸，1+1。

(2) 氨水，1+1。

(3) 二甲酚橙，0.2%溶液。

(4) 六亚甲基四胺缓冲溶液，20%。

(5) 乙二胺四乙酸二钠标准溶液，0.02000mol/L。准确称取 14.889g 经 80℃烘干 2h 的基准乙二胺四乙酸二钠于 250mL 烧杯中，加少量水溶解，移入 2000mL 容量瓶中，以水稀释至刻度，摇匀。

(6) 抗坏血酸。

(7) 磺基水杨酸，10%水溶液。

【操作步骤】

准确称取 0.6g 经 1000℃马弗炉中灼烧 1h 冷却至室温的试样于 250mL 烧杯中，加 5mL 盐酸（1+1），加热溶解试样，冷却后移入 100mL 容量瓶中，以水稀释至刻度，摇匀。

准确移取上述试液 10mL 于 250mL 锥形瓶中，加入 40mL 水，加少许抗坏血酸、2mL 磺基水杨酸液，用氨水（1+1）及盐酸（1+1）调节溶液 pH 为 5 左右，加 10mL 六亚甲基四胺缓冲溶液，滴 2 滴二甲酚橙指示剂，用 EDTA 标准溶液滴定至溶液由紫红色变为亮黄色，即为终点。

计算：

$$\mathrm{TREO}\% = \frac{VMm_0/2}{mV_2/V_1 \times 1000} \times 100\%$$

式中　m——试样重，g；

m_0——被测稀土氧化物的摩尔质量，g/mol；

M——EDTA 标准溶液的浓度，mol/L；

V——滴定消耗 EDTA 的体积，mL；

V_1——试液总体积，mL；

V_2——分取试液的体积，mL。

【注意事项】

(1) 本法也适用于氯化稀土和碳酸稀土及钐铕钆富集物中稀土总量的测定，称样量做适当增加。

(2) 如铁高，此法不适用。铝的干扰可加乙酰丙酮掩蔽。

(3) 三价铁离子对指示剂有封闭作用，加入抗坏血酸是将 Fe^{3+} 还原为 Fe^{2+}，起掩蔽作用，滴定钕的溶液时加盐酸羟胺作掩蔽剂效果更好。

(4) 混合稀土氧化物要根据稀土配分计算出平均分子量。

【允许差】

分析结果差值应不大于表 4-29 所列的允许差。

表 4-29　允许差表　(%)

稀土金属或化合物稀土总量	允许差	稀土金属或化合物稀土总量	允许差
40.00~90.00	0.50	>90.00~99.80	0.60

【思考题】

(1) 碳酸稀土、氯化稀土样品均匀性较差，如何保证所称取的样品具有代表性?

(2) 测定稀土总量时，各种混合稀土氧化物的分子量如何计算?

(3) 举例说明金属指示剂的“封闭作用”和“僵化现象”。怎样避免金属离子对指示剂的封闭作用?

4.2.5.2 水不溶物的测定（重量法）

【适用范围】

本法适用于氯化稀土中0.10%~0.50%水不溶物的测定。

【方法提要】

试样以水溶解，用玻璃砂坩埚滤出不溶物，干燥后的质量值即为水不溶物量。

【仪器】

(1) 电热恒温干燥箱，(200±2)℃。

(2) 玻璃砂坩埚，G_4。

(3) 真空泵。

【操作步骤】

准确称取10g试样于250mL烧杯中，加水100~150mL，搅拌2min，静置5min。把试液缓缓倒入已在105~110℃烘干至恒重的玻璃砂坩埚中抽滤，用水将杯中不溶物全部转移到坩埚中，并洗坩埚2~3次，抽干。坩埚置于105~110℃烘箱内烘1h，冷却，称重。重复操作，直至恒重。

计算：

$$水不溶物\ \% = \frac{m_2 - m_1}{m} \times 100\%$$

式中 m——试样质量，g；

m_1——空坩埚的质量，g；

m_2——不溶物和坩埚的质量，g。

【注意事项】

(1) 新坩埚用盐酸泡后再用。使用后亦用稀盐酸浸泡后，洗净反复使用。

(2) 实验溶解时加几滴盐酸会使结果偏低，所以本法不加盐酸。

(3) 洗玻璃砂坩埚待每次抽干后，再用洗瓶洗。

【允许差】

分析结果差值应不大于表4-30所列的允许差。

表4-30 允许差表 (%)

水不溶物含量	允许差
0.10~0.50	0.04

4.2.5.3 酸不溶物的测定（重量法）

【适用范围】

本法适用于钐铕钆富集物中0.1%~5%酸不溶物的测定。

【方法提要】

试样经酸溶，用 G_4 玻璃砂坩埚过滤后称重，以此测量酸不溶物量。

【仪器】

（1）盐酸，1+1。

（2）G_4 玻璃砂坩埚。

（3）真空泵。

【操作步骤】

准确称取试样 2g 于 250mL 烧杯中，加 20mL 盐酸（1+1）。加热溶解试样并蒸发 2~3 次，加水 30~50mL，微热，用 G_4 玻璃砂坩埚过滤，用水冲洗烧杯 3~5 次，不溶物 8~10 次。放入 105~110℃烘箱中烘 1h，冷却，称重。重复操作，直至恒重。

计算：

$$酸不溶物\ \% = \frac{m_2 - m_1}{m} \times 100\%$$

式中 m——试样质量，g；

m_1——空坩埚的质量，g；

m_2——坩埚加不溶物质量，g。

【注意事项】

试样分解不要蒸到太干，以免四价铈析出，使结果偏高。

【允许差】

分析结果差值应不大于表 4-31 所列的允许差。

表 4-31 允许差表 （%）

酸不溶物含量	允许差	酸不溶物含量	允许差
0.10~1.00	0.05	>1.00~5.00	0.10

4.2.5.4 水分的测定（重量法）

【适用范围】

本法适用于稀土氧化物中 0.20%~15.00%水分量的测定。

【方法提要】

试样在 105~110℃烘箱内干燥一定时间，水分可以完全蒸发。称重样品干燥前后的质量，计算出水分量。

【仪器】

（1）称量瓶，40mm×25mm。

（2）电热干燥箱。

【操作步骤】

准确称取 5g 试样置于已恒重的称量瓶中，半开盖在干燥箱内于 105~110℃烘干 1h，取出称量瓶，盖好盖，移入干燥器中，冷却至室温，称重。重复操作，直至恒重。

计算：

$$H_2O\% = \frac{m_1 - m_2}{m} \times 100\%$$

式中 m——试样质量，g；

m_1——烘干前称量瓶加试样重，g；

m_2——烘干后称量瓶加试样重，g。

【注意事项】

拿取称量瓶时应带干净线手套，防止沾污。

【允许差】

分析结果差值应不大于表4-32所列的允许差。

表4-32 允许差表 (%)

水分含量	允许差	水分含量	允许差
0.20~2.00	0.15	>2.00~15.00	0.30

【思考题】

固体物质中的水分分两种，一种是湿存水，另一种是组成水。稀土氧化物中的水分属于哪一种？

4.2.5.5 灼减量的测定（重量法）

【适用范围】

本法适用于稀土氧化物中0.10%~20.00%灼减量的测定。

【方法提要】

试样于950℃灼烧到恒重，由灼烧前后的质量差计算灼减量。

【仪器】

（1）瓷坩埚，30mL。

（2）马弗炉。

【操作步骤】

准确称取试样8~10g于已在950℃灼烧至恒重的瓷坩埚中，将试样铺平，与950℃马弗炉中灼烧2h。取出，稍冷，置于干燥器中冷却至室温，称重。重复操作，直至恒重。

计算：

$$灼减量\ \% = \frac{m_1 - m_2}{m} \times 100\%$$

式中 m——试样重，g；

m_1——灼烧前坩埚加试样重，g；

m_2——灼烧恒重后坩埚加试样重，g。

【注意事项】

操作时应防止坩埚沾污其他物质，影响测定结果。

【允许差】

分析结果差值应不大于表4-33所列的允许差。

表4-33 允许差表 (%)

灼减量	允许差
0.10~1.00	0.10
>1.00~5.00	0.25
>5.00~20.00	0.40

【思考题】

(1) 所谓的灼烧减量，指的是烧掉稀土氧化物中的什么？

(2) 空坩埚灼烧至恒重的目的是什么？灼烧空坩埚的条件如何掌握？带有样品的坩埚灼烧至恒重的目的是什么？

4.2.5.6 氯根的测定（硫氰酸汞光度法）

【适用范围】

本法适用于稀土金属及氧化物、碳酸稀土中 0.0050%~0.10%氯根的测定。

【方法提要】

在酸性介质中，氯离子与硫氰酸汞作用，生成稳定的氯化汞，游离出的硫氰酸根与三价铁形成红色硫氰酸铁络合物，于分光光度计波长 460nm 处测量其吸光度，于工作曲线上查出氯根含量。

【仪器】

(1) 硝酸（1+3），先将硝酸煮沸除尽氮氧化物，再进行配制。

(2) 硝酸铁，15%溶液；称取 30g 硝酸铁，加 10mL 硝酸及少量水溶解，以水稀释至 200mL，过滤后使用。

(3) 硫氰酸汞，0.35%乙醇溶液；称取 0.7g 硫氰酸汞，加 200mL 无水乙醇溶解。

(4) 氯根标准溶液，准确称取在 400~450℃灼烧过的基准氯化钠 1.6487g 于 300mL 烧杯中，加 200mL 水溶解。移入 1000mL 容量瓶中，以水稀释至刻度，摇匀。此溶液 1mL 含 1mg 氯根。准确移取 10mL 上述溶液于 1000mL 容量瓶中，用水稀释至刻度，摇匀。此溶液 1mL 含 10μg 氯根。

【操作步骤】

准确称取 0.5~1.0g 试样于 100mL 烧杯中，加入 10mL 硝酸（1+3），低温加热至试样全溶，取下，冷却，将溶液移入 50mL 容量瓶中，用水稀释至刻度，摇匀。

吸取上述溶液 5mL 于 25mL 容量瓶中，加入 10mL 硝酸（1+3），加 2.5mL0.35%硫氰酸汞溶液，摇匀，加 2.5mL15%硝酸铁溶液，以水稀释至刻度，摇匀。5min 后于 723 分光光度计，波长 460nm，3cm 比色皿，试剂空白作参比测量吸光度，从工作曲线上查的氯根值。

工作曲线的绘制：准确移取每毫升含 10μg 的氯根标准溶液 0、1mL、2mL、3mL、5mL 于 25mL 容量瓶中，加入 10mL 硝酸（1+3），以下操作同试样。以氯离子含量为横坐标，吸光度为纵坐标，绘制工作曲线。

计算：

$$Cl^- \% = \frac{m_1 \times 10^{-6}}{mV_1/V} \times 100\%$$

式中 m_1——从中作曲线上查得的氯根质量，μg；

M——称样量，g；

V_1——分取试液的体积，mL；

V——试样溶液总体积，mL。

【注意事项】

(1) 硫氰酸汞的制备：称取一定量的硝酸汞，用 200mL、1%硝酸溶解，加 2 滴 15%

硝酸铁，不断搅拌下，滴加硫氰酸钾溶液至沉淀析出，使溶液呈深红色为止。用 G_4 玻璃砂坩埚过滤，用水洗涤过量的硫氰酸根，将沉淀置于阴凉干燥处，以防硫氰酸汞受热分解。

（2）每批试样须带工作曲线及空白，同时测定。

（3）分解试样，温度不宜过高，不可煮沸。

（4）防止氯离子的沾污，操作要十分仔细。

（5）测定所用水为二次蒸馏水。

【允许差】

分析结果差值应不大于表 4-34 所列的允许差。

表 4-34 允许差表 （%）

氯根含量	允许差	氯根含量	允许差
0.0050~0.0150	0.0025	>0.030~0.060	0.0060
>0.0150~0.030	0.0040	>0.060~0.10	0.010

【思考题】

（1）测定氯根时，分解样品温度不宜过高、加温时间不宜过长，这是为什么？

（2）该测定方法中，各种试剂加入量哪些要求比较准确，哪些则不必，为什么？

（3）进行比色分析时，如何选择比色皿，使用比色皿应该注意什么？

4.2.5.7 硫酸根的测定（硫酸钡比浊法）

【适用范围】

本法适用于氧化稀土、氯化稀土、碳酸稀土中 0.025%~0.25%硫酸根的测定。

【方法提要】

在酸性溶液中，当有稳定剂存在下，硫酸根与钡离子生成均匀而微小的硫酸钡粒，并悬浮于溶液中，借此可进行比浊测定。

【试剂与仪器】

（1）稳定剂，称取 15g 氯化钠溶于 60mL 水中，加 6mL 盐酸、10mL 丙三醇和 20mL、95%乙醇，混匀。

（2）氯化钡，25%水溶液。

（3）盐酸，1+1。

（4）硫酸根标准溶液，准确称取在 150℃烘干 2h 的基准硫酸钾 0.0907g 于 100mL 烧杯中，加水溶解后，移入 1000mL 容量瓶中，用水稀释至刻度，摇匀。此溶液每毫升含 50μg 硫酸根。

（5）723 分光光度计。

【操作步骤】

准确称取 0.5g 试样于 100mL 烧杯中，加 5mL 盐酸（1+1），加热溶解，并蒸至近干，加 10mL 水溶解盐类，移入 25mL 比色管中，加 2.5mL 稳定剂，强力振荡 20 下，加入 2mL、25%氯化钡溶液，用水稀释至刻度，以均匀的速度和一定的强度振摇 1min，放置 5min，在 723 分管光度计，波长 420nm 或 430nm 处，2cm 比色皿，以试剂空白作参比进行比浊测量，从工作曲线求得硫酸根含量。

工作曲线的绘制：

准确移取硫酸根标准溶液 0、50μg、100μg、150μg、200μg、250μg 于一系列 25mL 比色管中，加 2.5mL 稳定剂，以下同试样操作。

计算：

$$SO_4^{2-}\% = \frac{m_1 \times 10^{-6}}{m} \times 100\%$$

式中 m——试样重，g；

m_1——从工作曲线上查得的硫酸根微克数，μg。

【注意事项】

(1) 硫每次测定带工作曲线，振摇时间和强度与试样操作尽量一致。

(2) 比浊测定应在 30min 进行完，否则时间太长硫酸钡会沉淀。

(3) 室内温度不能太低，温度低会使工作曲线整体偏低。

(4) 所用水均为二次蒸馏水。

【允许差】

分析结果差值应不大于表 4-35 所列的允许差。

表 4-35 允许差表 (%)

硫酸根含量	允许差
0.025~0.050	0.008
>0.050~0.10	0.012
>0.10~0.25	0.024

【思考题】

(1) 稀土中硫酸根的测定，如果室温太低会使标准及样品的吸光度降低，这是为什么？

(2) 使用可见分光光度计应注意哪些方面？标准液和样品液吸光度控制在什么范围误差较小？

4.2.5.8 铁的测定（1,10-二氮杂菲比色法）

【适用范围】

本法适用于稀土金属及其氧化物、氯化稀土、碳酸稀土中 0.0001%~0.0050%铁的测定。

【方法提要】

试样用盐酸或硝酸分解，在微酸性介质中，铁与硫氰酸钾、1，10-二氮杂菲形成红色的三元络合物，经甲基异丁基甲酮萃取该络合物，于分光光度计 520nm 处测量其吸光度。

【试剂与仪器】

(1) 甲基异丁基甲酮。

(2) 过氧化氢，30%。

(3) 盐酸，1+1，优级纯。

(4) 硝酸，1+1，优级纯。

(5) 硫氰酸钾，50%溶液。

(6) 1，10-二氮杂菲，0.25%乙醇溶液。

(7) 铁标准溶液，准确称取 0.1000g 铁（99.9%）于 150mL 烧杯中，加 30mL 盐酸（1+1），低温加热溶解，冷却至室温。移入 1000mL 容量瓶中，用水稀释至刻度，摇匀，次溶液 1mL 含 100μg 铁；准确移取 10mL 上述溶液于 1000mL 容量瓶中，用水稀释至刻度，摇匀，次溶液 1mL 含 1μg 铁。

(8) 723 分光光度计。

【操作步骤】

准确称取 0.5~1g 试样于 100mL 烧杯中，加 5mL 盐酸（1+1），低温加热至试样全部溶解，冷却至室温，将移入 100mL 容量瓶中，用水稀释至刻度，摇匀。

准确移取 20mL 试液于 60mL 分液漏斗中，补加 2mL 盐酸（1+1），加 2mL、50%硫氰酸钾溶液，2mL、0.25% 1,10-二氮杂菲溶液，摇匀。加 5mL 甲基异丁基甲酮，振摇 1min，静止分层，弃去水相。有机相放入 1cm 比色皿中，以试剂空白作参比，于分光光度计 520nm 处测量的吸光度。从工作曲线上查得铁含量。

工作曲线的绘制：

准确移取 0、1mL、2mL、3mL、4mL、5mL 铁标准溶液（1μg/mL）分别置于 60mL 分液漏斗中，以水稀释到 20mL，加 2mL 盐酸（1+1），加 2mL、50%硫氰酸钾溶液、2mL、0.25%1,10-二氮杂菲溶液，摇匀，加 5mL 甲基异丁基甲酮，以下操作同试样。以吸光度对铁含量绘制工作曲线。

计算：

$$\mathrm{Fe}\% = \frac{m_1 V \times 10^{-6}}{m V_1} \times 100\%$$

式中 m——试样质量，g；

m_1——从工作曲线查得的铁质量，μg；

V——试液总体积，mL；

V_1——分取试液的体积，mL。

【注意事项】

(1) 计算氧化铁含量可用铁含量乘以 1.430 得到。

(2) 氧化铈试样可用硝酸加过氧化氢低温溶解，蒸至溶液变黄色，无小气泡出现，移入 100mL 容量瓶中，定容，分取，显色。

(3) 铁含量小于 0.0005%试样要全部显色。

(4) 此法灵敏度高，主义器皿的沾污，所用器皿最好用稀酸浸泡，用时洗净。

【允许差】

分析结果差值应不大于表 4-36 所列的允许差。

表 4-36 允许差表 (%)

铁含量	允许差	铁含量	允许差
0.0001~0.0008	0.0001	>0.0016~0.0030	0.0003
>0.0008~0.0016	0.0002	>0.0030~0.0050	0.0005

【思考题】

（1）可见光的波长范围是多少？

（2）什么叫显色反应。影响显色反应的因素有哪些？

（3）520nm 波长的光呈什么颜色。物质的颜色和吸收光的颜色是什么关系？

4.2.5.9 氯化铵量的测定（蒸馏酸碱滴定法）

【适用范围】

本法适用于氯化稀土、碳酸稀土中 0.30%~5.0%氯化铵含量的测定。

【方法提要】

在氢氧化钠存在下，于蒸馏瓶内通过水蒸气加热试样，用过量硫酸标准溶液吸收分解出的氨和水蒸气，过量的硫酸用氢氧化钠标准溶液滴定，从而计算出氯化铵的含量。

【试剂与仪器】

（1）盐酸，1+1。

（2）氢氧化钠，40%溶液。

（3）溴甲酚绿-甲基红混合指示剂，0.1%溴甲酚绿乙醇溶液；0.2%甲基红乙醇溶液；3+1 混合。

（4）硫酸标准溶液，0.2mol/L。

（5）氢氧化钠标准溶液，0.2mol/L。

（6）凯氏蒸馏瓶。

（7）电热套。

（8）三颈蒸馏瓶。

【操作步骤】

准确称取试样 1~5g 于烧杯中，氯化稀土试样用 10mL 水溶解，碳酸稀土试样加 10mL 水、10mL 盐酸（1+1）溶解。将盛有 25.00mL 标准硫酸溶液的 300mL 锥形瓶接入冷凝器出口。从加样口倒入试样溶液，冲洗烧杯 2~3 次，随后加入 50mL、40%的氢氧化钠溶液，盖严（水封），通入水蒸气蒸馏，接收液体积为 200~250mL 时取下，加 5 滴溴甲酚绿-甲基红混合指示剂，用氢氧化钠标准溶液滴定至蓝色即为终点。

计算：

$$NH_4Cl = \frac{(2M_1V_1 - M_2V_2) \times 0.0535}{m}$$

式中 M_1——硫酸标准溶液的浓度，mol/L；

V_1——用于吸收液的硫酸标准溶液的体积，mL；

M_2——氢氧化钠标准溶液的浓度，mol/L；

V_2——硫酸标准溶液的体积，mL；

m——试样重，g；

0.0535——氯化铵的毫摩尔质量，g/mmol。

【注意事项】

（1）蒸馏水装置一定要严密，不能有漏气现象，否则结果偏低。

（2）若加入指示剂后，溶液呈蓝绿色，说明氯化铵含量高，要多取硫酸标准溶液接收液。

（3）试样要做平行样。

【允许差】

分析结果差值应不大于表 4-37 所列的允许差。

表 4-37 允许差表 （%）

氯化铵含量	允许差	氯化铵含量	允许差
0.30~1.50	0.20	>1.50~5.0	0.30

4.2.5.10 硝酸根的测定（麝香草酚比色法）

【适用范围】

本法适用于氢氧化铈、低氯根碳酸铈碳中 0.10%~3.0%硝酸根的测定。

【方法提要】

试样用硫酸溶解，用阳离子树脂分离稀土或用草酸沉淀稀土。在一定浓度的硫酸介质中，麝香草酚（2-异丙基-5-甲基苯酚）与硝酸根作用，生成硝基酚化合物。调整试液为碱性后则发生分子重排，形成黄色络合物。该化合物的颜色强度与硝酸根含量成正比，在波长 410nm 处测量其吸光度，从工作曲线上查得硝酸根含量。

【试剂与仪器】

（1）氨基磺酸铵溶液，2%，氨基磺酸铵（$NH_3 \cdot SO_2 \cdot NH_2$）2g 溶于 100mL 蒸馏水中。

（2）麝香草酚溶液，2%。麝香草酚[$(CH_3)_2CHC_6H_3(CH_3)OH$]2g 溶于 100mL 无水乙醇中。

（3）硫酸，相对密度 1.84，1+1。

（4）氢氧化钠溶液，40%。

（5）硝酸根标准溶液，准确称取在 105~110℃烘干 1h 的基准硝酸钾 0.1631g，溶于水中，并定容至 1000mL 容量瓶中，摇匀。此溶液 1mL 含 100μg 硝酸根。

分取上述溶液 10mL 于 100mL 容量瓶中，用水稀释至刻度，摇匀。此溶液 1mL 含 10μg 硝酸根。

（6）723 分光光度计。

【操作步骤】

准确称取 0.2g 试样于 50mL 烧杯中，加入少许水，滴加（1+1）硫酸少量，在电炉上低温加热使试液溶解清亮。按计算量加入适量过量的草酸沉淀稀土，将沉淀连同溶液一起转入 100mL 容量瓶中，用水稀释至刻度，摇匀。分取 1~5mL 试液（视含量而定）于 50mL 干燥比色管中，用水稀释至 5mL，加氨基磺胺溶液 0.2mL，摇匀。放置 5min 后，加麝香草酚溶液 0.5mL，再摇动下，缓慢准确地加入浓硫酸 5mL，放置 10min，使试液稍冷，用水稀释至 20mL，摇匀。再用氢氧化钠溶液稀释至 50mL，流水冷却至室温，摇匀。在 723 分光光度计 410nm 处，3cm 比色皿，试剂空白作参比，测量吸光度，从工作曲线中查得 NO_3^- 的微克数。

工作曲线的绘制：准确分取 0、10μg、20μg、30μg、40μg、50μg 硝酸根标准溶液于一系列干燥的 50mL 比色皿中，用水稀释至 5mL，以下操作同试样。以硝酸根浓度对吸光度，绘制工作曲线。

计算：

$$NO_3^-\% = \frac{m_1 \times 10^{-6}}{mV_1/V} \times 100\%$$

式中 m_1——从工作曲线上查得的硝酸根的微克数，μg；

m——称样重，g；

V_1——分取试液的体积，mL；

V——试样溶液总体积，mL。

【注意事项】

(1) 溶样时酸不可过量太多，溶清即可，温度不宜过高，有时酸度高加入草酸时可能没有沉淀，稀释至容量瓶中酸度降低便会是稀土沉淀。

(2) 氯离子含量高时对测定有影响，所以不能用盐酸溶解。

(3) 低氯根碳酸铈称取 0.2g 试样，加入少许水，滴加硫酸（1+1）至试样溶解，溶解后转入装有 10mL 阳离子树脂的比色管中，摇动 5min，使稀土交换到树脂上，将溶液转入 100mL 容量瓶中，树脂用蒸馏水洗三遍，洗水全部转入容量瓶中，稀释至刻度，摇匀。以下操作步骤相同。(注：也可以用草酸分离稀土。)

(4) 若室温较低，可能有结晶析出，而影响吸收值。此时，可将比色管至于热水中微热，使结晶溶解后再测量吸光度。

(5) 草酸加入量：

$$m = m_1 \times TREO\% \times 1.50$$

式中 m_1——称取试样量，g；

TERO%——稀土氧化物总量的百分数。

【允许差】

分析结果差值应不大于表 4-38 所列的允许差。

表 4-38 允许差表 (%)

硝酸根含量	允许差	硝酸根含量	允许差
0.10~1.00	0.040	>2.00~3.00	0.12
>1.00~2.00	0.080		

【思考题】

测定硝酸根为何要对稀土进行预分离。如果不分离会对测定结果有何影响？

4.2.5.11 二氧化硅的测定（钼蓝光度法）

【适用范围】

本法适用于稀土氧化物中 0.001%~0.20%二氧化硅的测定。

【方法提要】

试样用无水碳酸钠-硼酸混合溶剂熔融，用稀盐酸浸出，在 0.12~0.25mol/L 的盐酸介质中，硅与钼酸铵生成硅钼黄络合物。将酸度提高到 3mol/L，以破坏磷、砷钼黄络合物，用抗坏血酸将硅钼黄还原成硅钼蓝，与分光光度计 790nm 处测量吸光度，以此测定硅含量。

【试剂与仪器】

（1）过氧化氢，高纯，30%。

（2）无水碳酸钠，高纯。

（3）硼酸，优级纯。

（4）混合溶剂（2+1），称取 2g 无水碳酸钠加 1g 硼酸，研匀。

（5）硝酸，相对密度 1.42，优级纯，1+1。

（6）盐酸，相对密度 1.19，优级纯，2+1、1+1、1+4、1+49。

（7）钼酸铵，5%溶液，高纯。

（8）抗坏血酸，1%溶液，用时配制。

（9）硅标准溶液，称取 0.2000g 经 950～1000℃烧灼 1h 并在干燥器中冷却到室温的二氧化硅（光谱纯）。置于省油 1g 无水碳酸钠的铂坩埚中，加 1g 无水碳酸钠覆盖，盖上坩埚盖，于 950～1000℃马弗炉熔融 30min，取出，稍冷，在塑料杯中用沸水（高纯）浸出，待熔块溶解后，冷却到室温，将溶液移入 1000mL 容量瓶中，用高纯水稀释到刻度，摇匀。立即移入塑料瓶中保存，此溶液每毫升含二氧化硅 200μg；移取上述溶液 25mL 于 500mL 容量瓶中，用水稀释到刻度，摇匀，立即移入塑料瓶中。此液每毫升含二氧化硅 10μg。

（10）721 分光光度计。

【操作步骤】

准确称取 0.2～0.5g 试样于盛有 1g 混合溶剂的铂坩埚中，搅匀，以 1g 混合溶剂覆盖，于 950～1000℃马弗炉熔融 20min，取出冷却，将坩埚置于聚四氟乙烯烧杯中，加 20mL 水、3mL 盐酸，低温加热浸取，洗净铂坩埚，溶液冷却至室温，移入 50mL 容量瓶中，以水稀释到刻度，摇匀。

准备移取 2～10mL 试液于 25mL 比色管中，以盐酸（1+49）补足到 10mL，加 2mL、5%钼酸铵溶液，摇匀。放置 15min，加 9mL 盐酸（2+1），摇匀。放置 1min，加入 2mL、1%抗坏血酸，用水稀释到刻度，摇匀，放置 15min。在 723 分光光度计，波长 790nm 处，用 2cm 比色皿，试剂空白做参比测量吸光度，从工作曲线上查得二氧化硅的微克数。

工作曲线的绘制：

移取 0、2.5μg、5μg、10μg、15μg、20μg 二氧化硅溶液于一组 25mL 比色管中，用水稀释到 10mL，加 2mL、5%钼酸铵溶液，摇匀。以下操作同试样相同。

计算：

$$SiO_2\% = \frac{m_1 V \times 10^{-6}}{m V_1} \times 100\%$$

式中 m——试样重，g；

m_1——工作曲线上查得的二氧化硅微克数，μg；

V——试液总体积，mL；

V_1——分取试液的体积，mL。

【注意事项】

（1）本法所用水均为二次蒸馏水。

（2）二氧化铈试样在碱熔后，以硝酸加过氧提取，并到熔块完全溶解，蒸到近干，盐酸提取后，移入容量瓶，分取显色。

（3）测定稀土金属及其氧化物中酸溶硅含量时，试样用盐酸或硝酸溶解。

（4）空白值如太高，该批实验失败，必须重新分析。

【允许差】

分析结果差值应不大于表 4-39 所列的允许差。

表 4-39　允许差表　（%）

SiO_2 含量	允许差	SiO_2 含量	允许差
0.0010~0.0040	0.0005	>0.040~0.080	0.010
>0.0040~0.0080	0.0010	>0.080~0.12	0.020
>0.0080~0.020	0.0020	>0.12~0.20	0.030
>0.020~0.040	0.0040		

4.2.5.12　磷的测定（钼蓝光度法）

【适用范围】

本法适用于稀土及其氧化物，氯化稀土中 0.0010%~0.01%磷含量的测定。

【方法提要】

试样用盐酸或硝酸和高氯酸溶解，在 0.31~0.48mol/L 盐酸介质中，磷与锑、钼酸铵生成杂多酸，用抗坏血酸还原为锑磷钼蓝络合物，与分光光度计 690nm 处测量吸光度。

【试剂与仪器】

（1）硝酸，相对密度 1.42；高氯酸，相对密度 1.67；过氧化氢 30%。

（2）盐酸，1+1、1+2、1+10；硝酸，1+1；氨水，1+10。

（3）钼酸铵溶液，4%，高纯。

（4）酒石酸锑钾溶液，0.3%。

（5）抗坏血酸溶液，2%，用时配制。

（6）淀粉溶液，1%，用时配制。

（7）对硝基酚溶液，1%。

（8）磷标准溶液，称取 0.4393g 磷酸二氢钾（KH_2PO_4）（>99.9%，105~110℃烘干 1h）于 2000mL 烧杯中，加水溶解，移入 1000mL 容量瓶中，用水稀释至刻度，摇匀。此溶液 1mL 含 100μg 磷。

（9）准确移取上述溶液 20mL 于 1000mL 容量瓶中，用水稀释到刻度，摇匀。此溶液 1mL 含 2μg 磷。

（10）723 分光光度计。

【操作步骤】

准确称取 0.5~1g 试样于 100mL 烧杯中，加入 10mL 盐酸（1+1），加热溶解，如试样溶解，滴加 3~4 滴过氧化氢至试样完全溶解。蒸发溶解至 1~2mL，冷却。称入 25mL 容量瓶中，用水稀释刻度，摇匀。

分取上述溶液 2~5mL 容量瓶中，加一滴对硝基酚溶液，用氨水（1+10）调溶液至黄色，用盐酸（1+10）调溶液至黄色刚消失。加入 1.6mL 盐酸（1+2）、0.6mL 钼酸铵溶液、2mL淀粉溶液、1.5mL抗坏血酸溶液、0.5mL酒石酸锑钾溶液，依次混匀。用水稀释至刻度，摇匀。放置5min，于723分光光度计690nm处，3cm比色皿，试剂空白做参照对比测量吸光度，从工作曲线上查出相应的磷量。

工作曲线的绘制：移取0、0.5mL、1.00mL、2.00mL、3.00mL、4.00mL、5.00mL磷标准溶液（2μg/ mL）分别置于一组25mL容量瓶中，加入10mL水、1滴对硝基酚溶液，用氨水（1+10）调至黄色，以下同试样操作。以吸光度对磷含量绘制工作曲线。

计算：

$$P\% = \frac{m_1 V \times 10^{-6}}{m V_1} \times 100\%$$

式中 m——试样重，g；

m_1——从工作曲线查得的磷含量，g；

V——试液总体积，mL；

V_1——分取试液的体积，mL。

【注意事项】

（1）氧化物中P_2O_5的含量可由算出的磷的结果乘以2.2292。

（2）氧化铈试样溶液样时20mL硝酸（1+1），滴加2mL过氧化氢，低温加热，待试样溶解完全后，将溶液蒸至近干，加入3~5mL高氯酸，加热至冒烟至湿盐状，稍冷，加入10mL盐酸（1+1），滴加2~3滴加过氧化氢，加热溶解盐类，冷却，移入25mL容量瓶中，用水稀释至刻度，摇匀。

（3）每次做空白实验。

【允许差】

分析结果差值应不大于表4-40所列的允许差。

表4-40 允许差表 （%）

磷含量	允许差	磷含量	允许差
0.0010~0.0025	0.0008	>0.0050~0.010	0.0016
>0.0025~0.0050	0.0012		

【思考题】

钼蓝光度法测定硅和磷，酸度的控制对测定有何意义？

4.2.5.13 钍的测定（偶氮胂Ⅲ分光光度法）

【适用范围】

本法适用于稀土及其氧化物0.0001%~0.10%钍含量的测定。

【方法提要】

试样以盐酸溶解，在pH值为2的稀盐酸介质中，用PMBP-乙酸丁酯溶液萃取钍以分离稀土。用6mol/L盐酸反萃取钍，于分管光度计波长650nm处测定钍于偶氮胂Ⅲ络合物的吸光度。

【试剂与仪器】

（1）盐酸，相对密度1.19，1+1、1+49；硝酸，相对密度1.42。

（2）高氯酸，相对密度1.67。

（3）过氧化氢，30%；氨水，1+9。

（4）1-苯基-3-4-苯甲酰基-吡唑酮-5（PMBP）-乙酸丁酯溶液（10g/L）取 5g PMBP，加 500mL 乙酸丁酯溶解。

（5）氯乙酸缓冲溶液，称取 87g 氯乙酸，加 1L 水溶解，用盐酸（1+1）和氨水（1+9）调节 pH=2.0（精密 pH 值试纸测）。

（6）钍标准溶液，称取 0.1138g 经 110℃烘干并置于干燥器中冷却至室温的二氧化钍于 100mL 烧杯中，加 10mL 盐酸（1+1）、一滴氢氟酸（1+9），低温加热至溶解完全并蒸发到 1mL 左右。加 5mL 盐酸（1+1）继续蒸发至 1mL 左右重复操作一次以赶尽氟离子。冷却至室温，将溶液移入 1000mL 容量瓶中，用盐酸（1+49）定容，摇匀。此溶液为 1mL 含 100μg 钍；准确移取上述溶液 10mL 于 500mL 容量瓶中，用盐酸（1+49）稀释至刻度，摇匀。此溶液为 1mL 含 2μg 钍。

（7）偶氮胂Ⅲ，0.1%水溶液。

（8）钾酚红，0.1%水溶液。

（9）723 分光光度计。

【操作步骤】

准确称取 0.1~2.0g 试样于 100mL 烧杯中，加入 10mL 盐酸（1+1），低温加热溶解完全，蒸发至体积 1mL，冷却至室温，溶液移入 100mL 容量瓶中，用水稀释到刻度，摇匀。移取 10~20mL 试液于 60mL 分液漏斗中，加 2 滴钾酚红指示剂，滴加氨水（1+9）和盐酸（1+49）调节溶液至橙色（pH 约 1~2），加 2.5mL 氯乙酸缓冲溶液，加水至体积为 30mL 左右。加 10mL PMBP-乙酸乙酯溶液，振摇 2min，静置分层，弃去水相。加 10mL 盐酸（1+49），振摇 2min，静置分层，弃去水相。再重复操作一次。加 10mL 盐酸（1+1）振摇 2min，静置分层，反萃水相放入 100mL 烧杯中。再向分液漏斗中加入 5mL 盐酸（1+1），振摇 2min，静置分层，水相合并于反萃水相中，加热至溶液清亮。冷却至室温，移入 25mL 容量瓶中，加 6mL 盐酸，摇匀。加 1mL 偶氮胂Ⅲ溶液，用水稀释到刻度，摇匀。于 723 分光光度计，波长 650nm 处，2cm 比色皿，试剂空白做参照对比测量吸光度，从工作曲线上查出相应的磷量。

工作曲线的绘制：移取 0、0.5mL、1.00mL、2.00mL、4.00mL、8.00mL、12.00mL 钍标准溶液于一系列 25mL 容量瓶中，分别加入 6mL 盐酸、1mL 偶氮胂Ⅲ溶液，用水稀释至刻度，摇匀。同样试样显色操作，以吸光度对钍含量绘制工作曲线。

计算：

$$\text{Th\%} = \frac{m_1 V \times 10^{-6}}{m V_1} \times 100\%$$

式中 m——试样重，g；

m_1——从工作曲线查得钍量，g；

V——试液总体积，mL；

V_1——分取试液的体积，mL。

【注意事项】

（1）分解二氧化钍时，加氢氟酸是为了助溶，否则二氧化钍不溶于盐酸。

（2）试样含钍量低时，在试样分解后，全部试液萃取，不许分取。

（3）本法也适用于氯化稀土、硝酸稀土和碳酸稀土中微量钍的测定。

(4) 二氧化铈试样以硝酸加过氧化氢低温溶解，蒸至 1mL。

【允许差】

分析结果差值应不大于表 4-41 所列的允许差。

表 4-41 允许差表 (%)

钍含量	允许差	钍含量	允许差
0.0001~0.0005	0.0001	>0.0080~0.016	0.0016
>0.0005~0.0020	0.0002	>0.0016~0.040	0.0032
>0.0020~0.0040	0.0004	>0.040~0.10	0.008
>0.0040~0.0080	0.0008		

4.2.5.14 氯化稀土、碳酸稀土中氧化钙的测定（原子吸收分光光度法）

【适用范围】

本法适用于氯化稀土 0.10%~5.00%氧化钙及碳酸稀土中 0.0050%~0.30%氧化钙的测定。

【方法提要】

试样经盐酸溶解，在稀盐酸介质中，用空气-乙炔火焰，在原子吸收分光光度计波长 422.7nm 处，用标准加入法测定氧化钙的含量。

【试剂与仪器】

(1) 过氧化钠，30%，高纯。

(2) 盐酸，相对密度 1.19，优级纯，1+1。

(3) 氧化钙标准溶液，称取 1.7848g 经 110℃烘干至恒重的基准碳酸钙于 250mL 烧杯中，加入 20mL 盐酸（1+1）溶解，煮沸除尽 CO_2，冷却至室温，移入 1000mL 容量瓶中，用水稀释至刻度，摇匀。此溶液 1mL 含 1mg 氧化钙。

准确移取 20mL 氧化钙标准溶液（1mg/mL）于 500mL 容量瓶中，加入 25mL 浓盐酸，用水稀释至刻度，摇匀。此溶液 1mL 含 40μg 氧化钙。

准确移取 25mL 氧化钙标准溶液（1mg/mL）于 1000mL 容量瓶中，加入 50mL 浓盐酸，用水稀释至刻度，摇匀。此溶液 1mL 含 25μg 氧化钙。

(4) AA320 型原子吸收分光光度计，配有空气-乙炔燃烧器，附钙空心阴极灯，仪器工作条件见表 4-42。

表 4-42 AA320 型原子吸收分光光度计工作条件表

元素	波长/nm	狭缝/nm	灯电流/mA	空气流量/$L \cdot min^{-1}$	乙炔流量/$L \cdot min^{-1}$	燃烧器高度/mm
Ca	422.7	0.7	5~10	5.0	0.9~1.1	5~6

【操作步骤】

氯化稀土称取试样 0.1000g 于 100mL 烧杯中，加入 5mL 盐酸（1+1），低温加热至溶解完全，若不清亮可加 3~4 滴过氧化氢助溶；碳酸稀土称取试样 0.1000~0.2000g 于 100mL 烧杯中，加入 5mL 盐酸（1+1），低温加热至溶解完全，若不清亮可加 3~4 滴过氧化氢助溶，并赶尽过氧化氢。冷却至室温，移入 50mL 容量瓶中，用水稀释到刻度，摇匀。

(1) 氯化稀土。移取 5mL 待测液于 4 个 10mL 容量瓶中，分别加入 0、0.50mL、1.00mL、1.50mL 钙标准溶液（含 CaO 40μg/mL），加入 1.25mL 盐酸，用水稀释到刻度，摇匀。

(2) 碳酸稀土。移取 5mL 待测液于 4 个 10mL 容量瓶中，分别加入 0、1.00mL、3.00mL、5.00mL 钙标准溶液（含 CaO 25μg/mL），加入 1.25mL 盐酸，用水稀释到刻度，摇匀。

CaO 浓度测定操作如下：

(1) 将氯化稀土溶解、稀释、定容后的溶液按仪器工作条件进行测定，按照标准加入法，把加入标准溶液的浓度 0、2.00μg/mL、4.00μg/mL、6.00μg/mL 分别输入计算机，可直接测得 CaO 的浓度（μg/mL）。

(2) 将碳酸稀土溶解、稀释、定容后的溶液按仪器工作条件进行测定，按照标准加入法，把加入标准溶液的浓度 0、1.00μg/mL、3.00μg/mL、5.00μg/mL 分别输入计算机，可直接测得 CaO 的浓度（μg/mL）。

计算：

$$\mathrm{CaO}\% = \frac{cd \times 10^{-6}}{m/V} \times 100\%$$

式中 c——测得被测溶液中 CaO 的浓度，μg/mL；

d——稀释倍数；

m——称样量，g；

V——试样液总体积，mL。

【注意事项】

(1) 测定所用水均为二次蒸馏水。

(2) 氯化稀土中钙含量高时，可在溶样后移入 200mL 容量瓶中定容，分取 2mL 试液测定。

【允许差】

分析结果差值应不大于表 4-43 所列的允许差。

表 4-43 允许差表 (%)

氧化钙含量	允许差	氧化钙含量	相对误差
0.10~1.0	0.05	0.0050~0.010	20
>0.10~2.50	0.10	>0.010~0.060	15
>2.50~5.0	0.20	>0.060~0.30	10

4.2.5.15 氯化稀土、碳酸稀土中氧化铁的测定（原子吸收分光光度法）

【适用范围】

本法适用于氯化稀土、碳酸稀土中 0.0010%~0.20%氧化铁量的测定。

【方法提要】

试样经盐酸溶解，在 5%稀盐酸介质中，用空气-乙炔火焰，在原子吸收分光光度计波长 248.3nm 处测量氧化铁的浓度，直线回归法计算机测出浓度。

【试剂与仪器】

(1) 盐酸，相对密度 1.19，优级纯，1+1。

(2) 过氧化钠，30%，高纯。

(3) 氧化铁标准溶液，称取基准纯铁粉（>99.99%）0.1749g 于 250mL 烧杯中，加盐酸（1+1）10mL，加热溶解。冷却至室温，移入 250mL 容量瓶中，用二次蒸馏水稀释至刻度，摇匀，此溶液含氧化铁 1mg/mL。准确移取 10mL 上述溶液于 200mL 容量瓶中，加入 10mL 盐酸，用二次蒸馏水稀释至刻度，摇匀，此溶液含氧化铁 50μg/mL。使用时稀释为含氧化铁 10μg/mL。

(4) AA320 型原子吸收分光光度计，配有空气-乙炔燃烧器，附铁空心阴极灯，仪器工作条件见表 4-44。

表 4-44 AA320 型原子吸收分光光度计工作条件表

元素	波长/nm	狭缝/nm	灯电流/mA	空气流量/$L \cdot min^{-1}$	乙炔流量/$L \cdot min^{-1}$	燃烧器高度/mm
Fe	248.3	0.2	7~15	5.0	0.8~1.0	5~6

【操作步骤】

称取 0.1000~0.2000g 试样于 100mL 烧杯中，加入 5mL 盐酸（1+1），加热溶解，冷却至室温，移入 50mL 容量瓶中，用二次蒸馏水稀释到刻度，摇匀，待测定。

Fe_2O_3 的测定：分别取 0、1.00mL、3.00mL、5.00mL 铁标准溶液（含 Fe_2O_3 40μg/mL）于 4 个 50mL 容量瓶中，加入 2.5mL HCl，用二次蒸馏水稀释到刻度，摇匀。

上述标准溶液连同试样溶液一起按仪器工作条件进行氧化铁的测定。按照直线回归法，首先将标准溶液浓度 0、0.20μg/mL、0.60μg/mL、1.00μg/mL 输入计算机，测出 Fe_2O_3 的工作曲线，然后测定试液中 Fe_2O_3 的浓度（μg/mL）。

计算：

$$Fe_2O_3\% = \frac{cd \times 10^{-6}}{m/V} \times 100\%$$

式中 c——测得被测溶液中 Fe_2O_3 的浓度，μg/mL；

d——稀释倍数；

m——称样量，g；

V——试样液总体积，mL。

【注意事项】

(1) 试样中铁含量高时，需要分区后测定，酸度保持在 5%（V/V）。

(2) 若试样溶解不清时，可加几滴过氧化氢助溶。

【允许差】

分析结果差值应不大于表 4-45 所列的允许差。

表 4-45 允许差表 （%）

氧化铁含量	相对误差	氧化铁含量	相对误差
0.0010~0.0050	30	>0.010~0.060	15
>0.0050~0.010	20	>0.060~0.20	10

4.2.5.16 氯化稀土中氧化钡的测定（原子吸收分光光度法）

【适用范围】

本法适用于氯化稀土中0.40%~2.0%氧化钡量的测定。

【方法提要】

试样用无水碳酸钠熔融，水浸取，过滤，滤渣中的钡用硝酸、高氯酸溶解。在稀酸介质中，用空气-乙炔火焰，在原子吸收分光光度计波长553.5nm处，用标准加入法测定钡含量。

【试剂与仪器】

（1）无水碳酸钠。

（2）硝酸，相对密度1.42。

（3）高氯酸，相对密度1.67。

（4）无水乙醇。

（5）盐酸，相对密度1.19，1+1。

（6）碳酸钠溶液，2%。

（7）氯化钡溶液，25%。

（8）氧化钡标准溶液，称取1.2871g经110℃烘干至恒重并在干燥器中冷却至室温的基准碳酸钡，置于250mL烧杯中，加水20mL，滴加盐酸（1+1）至完全溶解，再过量20mL盐酸（1+1），低温加热煮沸驱除二氧化碳，冷却至室温，移入1000mL容量瓶中，再用二次蒸馏水稀释至刻度，摇匀；此溶液1mL含1mg氧化钡。

（9）对硝基酚指示剂，0.1%。

（10）AA320型原子吸收分光光度计，配有空气-乙炔燃烧器，附钡空心阴极灯，仪器工作条件见表4-46。

表4-46 AA320型原子吸收分光光度计工作条件表

元素	波长/nm	狭缝/nm	灯电流/mA	空气流量/L·min^{-1}	乙炔流量/L·min^{-1}	燃烧器高度/mm
Ba	553.5	0.2	8~15	5.0	1.0~1.2	5~6

【操作步骤】

称取0.5000~1.0000g试样于预先盛有4g无水碳酸钠的30mL铂坩埚中，覆盖4g无水碳酸钠。置于1000℃的马弗炉中熔融至流体状，摇匀。继续熔融15min取出冷却。将坩埚置于250mL烧杯中，加1000mL水。低温加热溶解，微沸数分钟，待熔块完全溶解后，用水洗出坩埚，再次煮沸后取下，冷却至室温。用定量滤纸过滤，用2%碳酸钠溶液洗出沉淀和滤纸4~5次，水洗至无硫酸根为止。弃去滤液。将沉淀连同滤纸置于2000mL烧杯中，加30mL硝酸、5mL高氯酸。覆盖表面皿，加热至冒高氯酸浓烟，直至近干，稍冷，加20mL水，加热溶解至清，冷却至室温。移入50mL容量瓶中，用水稀释至刻度，摇匀。

移取5~10mL试液于4个25mL容量瓶中，分别加入0、0.25mL、0.50mL、0.75mL氧化钡标准溶液（1mg/mL），用水稀释至刻度，摇匀。

BaO浓度的测定：将上述溶液按仪器工作条件进行测定，按照标准加入法，把加入标准溶液的浓度0、10μg/mL、10μg/mL、20μg/mL、30μg/mL分别输入计算机，直接测出待测溶液中 BaO 的浓度（μg/mL）。

计算：

$$BaO\% = \frac{cd \times 10^{-6}}{m/V} \times 100\%$$

式中 c——测得被测溶液中 BaO 的浓度，μg/mL；

d——稀释倍数；

m——称样量，g；

V——试样液总体积，mL。

【注意事项】

检验无硫酸根的办法：取 10mL 滤液于 25mL 比色管中，加 1 滴对硝基酚指示剂，用盐酸（1+1）调至黄色刚消失，并过量 1 滴，加 2mL 无水乙醇，摇匀。加 3mL、25%氯化钡溶液，摇匀。10min 后溶液应透明无浑浊。

【允许差】

分析结果差值应不大于表 4-47 所列的允许差。

表 4-47　允许差表　（%）

氧化钡含量	允许差	氧化钡含量	允许差
0.040~1.00	0.10	>1.00~2.00	0.20

4.2.5.17　氯化稀土、碳酸稀土中氧化镍的测定（原子吸收分光光度法）

【适用范围】

本法适用于氯化稀土、碳酸稀土中 0.0020%~0.010%氧化镍的测定。

【方法提要】

试样经盐酸溶解，在稀盐酸介质中，用空气–乙炔火焰，在原子吸收分光光度计波长 232.0nm 处采用氘灯扣背景，测出镍的含量。

【试剂与仪器】

（1）硝酸，相对密度 1.42，优级纯，1+1。

（2）盐酸，相对密度 1.19，优级纯，1+1。

（3）镍标准溶液，准确称取 0.2500g 镍粉（>99.99%）于 250mL 烧杯中，加入少许水润湿，加入 10mL 硝酸（1+1），加热至完全溶解，取下，冷却至室温移入 250mL 容量瓶中，用二次蒸馏水稀释至刻度，摇匀。此溶液 1mL 含 1mg 镍；准确移取上述镍标准溶液 5.00mL 于 500mL 容量瓶中，加 20mL 硝酸（1+1），以二次蒸馏水稀释至刻度，摇匀。此溶液 1mL 含 10μg 镍。

（4）AA320 型原子吸收分光光度计，配有空气-乙炔燃烧器，附镍空心阴极灯，仪器工作条件见表 4-48。

表 4-48　AA320 型原子吸收分光光度计工作条件表

元素	波长/nm	狭缝/nm	灯电流/mA	空气流量/$L \cdot min^{-1}$	乙炔流量/$L \cdot min^{-1}$	燃烧器高度/mm
Ni	232.0	0.2	7~15	5.0	0.8~1.0	5~6

【操作步骤】

称取2.0000g试样于100mL烧杯中，加入5mL盐酸（1+1），加热溶解，冷却至室温后，移入50mL容量瓶中，用水稀释到刻度，摇匀。

NiO的测定：分别取0、1.00mL、3.00mL、5.00mL标准溶液（含镍10μg/mL）于4个50mL容量瓶中，加入5mL HCl，用二次蒸馏水稀释到刻度，摇匀。

上述标准溶液连同试样溶液使用空气-乙炔于原子吸收分光光度计波长232.0nm处，采用氘灯扣背景，进行镍的测定。按照直线回归法，首先将标准溶液浓度0、0.20μg/mL、0.60μg/mL、1.00μg/mL输入计算机，测出Ni的工作曲线，然后测定试液中Ni的浓度（μg/mL）。

计算：

$$NiO\% = \frac{cd \times 1.273 \times 10^{-6}}{m/V} \times 100\%$$

式中 c——测得被测溶液中NiO的浓度，μg/mL；

d——稀释倍数；

m——称样量，g；

V——试样液总体积，mL；

1.273——由镍换算成氧化镍的系数。

【允许差】

分析结果差值应不大于表4-49所列的允许差。

表4-49 允许差表 （%）

氧化镍含量	相对误差	氧化镍含量	相对误差
0.0010~0.0050	30	>0.0050~0.010	20

4.2.5.18 氯化稀土、碳酸稀土中氧化镁、氧化钠的测定（原子吸收分光光度法）

【适用范围】

本法适用于氯化稀土、碳酸稀土中0.0050%~0.20%氧化镁、氧化钠的测定。

【方法提要】

试样经盐酸溶解，在5%稀盐酸介质中，在原子吸收分光光度计波长285.2nm、589.0nm处，用空气-乙炔火焰，直线回归法测定氧化镁、氧化钠的含量。

【试剂与仪器】

（1）盐酸，相对密度1.19，优级纯，1+1。

（2）氧化镁标准溶液，含氧化镁1mg/mL，使用时稀释为10μg/mL。

（3）氧化钠标准溶液，含氧化钠1mg/mL，使用时稀释为10μg/mL，用时现配。

（4）AA320型原子吸收分光光度计，配有空气-乙炔燃烧器，附镁、钠空心阴极灯，仪器工作条件见表4-50。

表4-50 AA320型原子吸收分光光度计工作条件表

元素	波长/nm	狭缝/nm	灯电流/mA	空气流量/L·min^{-1}	乙炔流量/L·min^{-1}	燃烧器高度/mm
Na	589.0	0.2	4~8	5.0	0.8~1.1	5~6
Mg	285.2	0.7	2~4	5.0	0.9~1.1	5~6

【操作步骤】

称取2.0000g试样于100mL烧杯中，加入少量二次蒸馏水及5mL盐酸（1+1），加热溶解，冷却至室温后，移入50mL容量瓶中，以二次蒸馏水稀释到刻度，摇匀，待测。

MgO、Na_2O的测定：

分别取0、1.00mL、3.00mL、5.00mL氧化镁标准溶液（含MgO 10μg/mL）于4个50mL容量瓶中，加入5mL HCl（1+1），用二次蒸馏水稀释到刻度，摇匀。

分别取0、1.00mL、3.00mL、5.00mL氧化钠标准溶液（含Na_2O 10μg/mL）于4个50mL容量瓶中，加入5mL HCl（1+1），用二次蒸馏水稀释到刻度，摇匀。

上述标准溶液连同试样溶液使用空气-乙炔于原子吸收分光光度计波长285.2nm、589.0nm处，进行氧化钠、氧化镁的测定。按照直线回归法，首先将标准溶液浓度0、0.20μg/mL、0.60μg/mL、1.00μg/mL输入计算机，直接测出氧化钠、氧化镁的工作曲线，然后测定试液中氧化钠、氧化镁的浓度（μg/mL）。

计算：

$$MgO(Na_2O)\% = \frac{cd \times 10^{-6}}{m/V} \times 100\%$$

式中 c——测得被测溶液中MgO、Na_2O的浓度，μg/mL；

d——稀释倍数；

m——称样量，g；

V——试样液总体积，mL。

【注意事项】

若样品中待测元素含量高时，可分取适量体积测定。

【允许差】

分析结果的差值应不大于表4-51所列的允许差。

表4-51 允许差表 （%）

氧化镁、氧化钠含量	相对误差	氧化镁、氧化钠含量	相对误差
0.0050~0.010	20	>0.060~0.20	10
>0.010~0.060	15		

4.2.5.19 氯化稀土、碳酸稀土中氧化锰、氧化锌的测定（原子吸收分光光度法）

【适用范围】

本法适用于氯化稀土、碳酸稀土中0.0010%~0.20%氧化锰、氧化锌的测定。

【方法提要】

试样经盐酸溶解，在5%稀盐酸介质中，在原子吸收分光光度计波长279.5nm、213.9nm处，使用空气-乙炔火焰，直线回归法测定氧化锰和氧化锌的含量。

【试剂与仪器】

（1）盐酸，相对密度1.19，优级纯，1+1。

（2）锰标准溶液，称取0.5000g金属锰（99.99%），于200mL烧杯中加20mL盐酸（1+1）溶解，冷却至室温，移入500mL容量瓶中，用水稀释至刻度，摇匀。此溶液含锰1mg/mL；准确移取上述溶液5mL于200mL容量瓶中，加10mL盐酸，用二次蒸馏水稀释至刻度，摇匀，此溶液 1mL 含 25μg 锰。

（3）氧化锌标准溶液，称取经 900℃灼烧 1h 并冷却至室温的基准氧化锌 0.2500g 于 250mL 烧杯中，加少许水及 10mL 盐酸，加热溶解，冷却后移入 250mL 容量瓶中，用二次蒸馏水稀释至刻度，摇匀。此溶液含氧化锌 1mg/mL。准确移取上述溶液 10mL 于 1000mL 容量瓶中，加 50mL 盐酸，用二次蒸馏水稀释至刻度，摇匀，此溶液含氧化锌 10μg/mL。

（4）AA320 型原子吸收分光光度计，配有空气-乙炔燃烧器，附锰、锌空心阴极灯，仪器工作条件见表 4-52。

表 4-52 AA320 型原子吸收分光光度计工作条件表

元素	波长/nm	狭缝/nm	灯电流/mA	空气流量/L·min^{-1}	乙炔流量/L·min^{-1}	燃烧器高度/mm
Mn	279.5	0.2	6~12	5.0	0.8~1.01	5~6
Zn	213.9	0.7	4~10	5.0	0.8~1.1	5~6

【操作步骤】

称取 1.0000~2.0000g 试样于 100mL 烧杯中，加入少量二次蒸馏水及 5mL 盐酸（1+1），加热溶解，冷却后移入 50mL 容量瓶中，以二次蒸馏水稀释到刻度，摇匀，待测。

MnO、ZnO 浓度的测定：

分别取 0、1.00mL、2.00mL、3.00mL、4.00mL、5.00mL 锰标准溶液（25μg/mL）于 5 个 50mL 容量瓶中，加入 5mL HCl（1+1），用二次蒸馏水稀释到刻度，摇匀。

分别取 0、1.00mL、2.00mL、3.00mL、4.00mL、5.00mL 氧化锌标准溶液（10μg/mL）于 5 个 50mL 容量瓶中，加入 5mL HCl（1+1），用二次蒸馏水稀释到刻度，摇匀。

上述标准溶液连同试样溶液使用空气-乙炔于原子吸收分光光度计波长 279.5nm、213.9nm 处，进行锰、氧化锌的测定。按照直线回归法，首先将锰标准溶液浓度 0、0.50μg/mL、1.00μg/mL、1.50μg/mL、2.00μg/mL 输入计算机，直接测出锰的工作曲线，然后测定试液中锰的浓度（μg/mL）；按照直线回归法，首先将氧化锌标准溶液浓度 0、0.20μg/mL、0.60μg/mL、1.00μg/mL 输入计算机，直接测出氧化锌的工作曲线，然后测定试液中氧化锌的浓度（μg/mL）；

计算：

$$\mathrm{Mn(Zn)}\% = \frac{Cd \times 10^{-6}}{m/V} 100\%$$

$$\mathrm{MnO}\% = \mathrm{Mn}\% \times 1.291$$

$$\mathrm{ZnO}\% = \mathrm{Zn}\% \times 1.2447$$

式中 c——测得被测溶液中 Mn（Zn）的浓度，μg/mL；

d——稀释倍数；

m——称样量，g；

V——试样液总体积，mL；

1.291——由锰换算成氧化锰的系数；

1.2447——由锌换算成氧化锌的系数。

【注意事项】

若样品中待测元素含量高时，可分取适量体积测定。

【允许差】

分析结果差值应不大于表4-53所列的允许差。

表4-53 允许差表 (%)

氧化锰、氧化锌含量	相对误差	氧化锰、氧化锌含量	相对误差
0.0010~0.0050	30	>0.010~0.060	15
>0.0050~0.010	20	>0.060~0.20	10

4.2.5.20 稀土金属及其氧化物中钠的测定（原子吸收分光光度法）

【适用范围】

本法适用于稀土金属及氧化物中0.0005%~0.025%钠量的测定。

【方法提要】

试样以硝酸溶解，在稀硝酸介质中，于原子吸收分光光度计波长589.0nm处，采用标准加入法测定钠的含量。

【试剂与仪器】

（1）过氧化氢，30%，高纯。

（2）硝酸，相对密度1.42，优级纯，1+1。

（3）草酸，5%，优级纯。

（4）钠标准溶液，称取1g预先在400~500℃烧灼过2h的氯化钠于250mL烧杯中，加二次蒸馏水溶解。移入500mL容量瓶中，用水稀释至刻度，摇匀后转入干燥的塑料瓶中贮存。此溶液为1mg/mL钾。准确移取10mL上述溶液于1000mL容量瓶中，用水稀释至刻度，摇匀。此溶液1mL含10μg钠。

（5）AA320型原子吸收分光光度计，配有空气-乙炔燃烧器，附钠空心阴极灯，仪器工作条件见表4-54。

表4-54 AA320型原子吸收分光光度计工作条件表

元素	波长/nm	狭缝/nm	灯电流/mA	空气流量/$L \cdot min^{-1}$	乙炔流量/$L \cdot min^{-1}$	燃烧器高度/mm
Na	589.0	0.2	4~8	5.0	0.8~1.1	5~6

【操作步骤】

称取0.2000~2.0000g试样于100mL烧杯中，加入5mL硝酸（1+1），低温加热至完全溶解，冷却至室温。将试液移入25mL容量瓶中，用水稀释到刻度，摇匀。

移取5mL试液4份于4个25mL容量瓶中，分别加入0、0.50mL、1.00mL、1.50mL钠标准溶液（10μg/mL），加入2.5mL硝酸（1+1），用二次蒸馏水稀释至刻度，摇匀。

Na浓度的测定：

将上述溶液按仪器工作条件进行测定，按照标准加入法，把加入标准溶液的0、0.2μg/mL、0.4μg/mL、0.6μg/mL分别输入计算机，直接测出待测溶液中钠的浓度（μg/mL）。

计算：

$$Na\% = \frac{cd \times 10^{-6}}{m/V} \times 100\%$$

式中 c——测得被测溶液中 Na 的浓度，μg/mL；

d——稀释倍数；

m——称样量，g；

V——试样液总体积，mL。

计算：

$$NaO\% = Na\% \times 1.348$$

式中 1.348——钠量转化成氧化钠量的系数。

【注意事项】

（1）称取试样量要根据钠含量的高低做适当调整。

（2）氧化铈试样应在聚四氟乙烯烧杯中，加入硝酸和过氧化氢，低温加热溶解完全并蒸发至体积小于 1mL，移入 200mL 烧杯中。加入 50mL 二次蒸馏水，加热煮沸，加 50mL 近沸的 5%草酸溶液，冷却至室温。将溶液过滤于 200mL 容量瓶中（用水洗烧杯和沉淀 5~6 次），用水稀释至刻度，摇匀。分取 20mL 标准加入法测定钠的量。

【允许差】

分析结果差值应不大于表 4-55 所列的允许差。

表 4-55 允许差表 （%）

钠含量	相对误差	钠含量	相对误差
0.0010~0.0050	30	>0.010~0.060	15
>0.0050~0.010	20	>0.060~0.20	10

4.2.5.21 稀土金属及其氧化物中氧化铁、氧化镁、氧化钙的测定（原子吸收分光光度法）

【适用范围】

本法适用于稀土金属及氧化物中氧化铁 0.0010%~0.20%、氧化钙 0.0050%~0.30%、氧化镁 0.0005%~0.30%的测定。

【方法提要】

试样以盐酸或硝酸溶解，在稀酸介质中，用空气-乙炔火焰进行测定。用标准加入法测定钙量，直线回归法测定铁、镁量。

【试剂与仪器】

（1）硝酸，相对密度 1.42，优级纯，1+1。

（2）盐酸，相对密度 1.19，优级纯，1+1。

（3）过氧化氢，30%，高纯。

（4）氧化铁标准溶液，含氧化铁 1mg/mL，使用时稀释为氧化铁 10μg/mL。

（5）氧化钙标准溶液，含氧化钙 1mg/mL，使用时稀释为氧化钙 10μg/mL。

（6）氧化镁标准溶液，含氧化镁 1mg/mL，使用时稀释为氧化镁 10μg/mL。

（7）AA320 型原子吸收分光光度计，配有空气-乙炔燃烧器，附铁、钙、镁空心阴极灯，仪器工作条件见表 4-56。

表 4-56 AA320 型原子吸收分光光度计工作条件表

元素	波长/nm	狭缝/nm	灯电流/mA	空气流量/$L \cdot min^{-1}$	乙炔流量/$L \cdot min^{-1}$	燃烧器高度/mm
Fe	248.3	0.2	7~15	5.0	0.8~1.0	5~6
Ca	422.7	0.7	5~10	5.0	0.9~1.1	5~6
Mg	285.2	0.7	2~4	5.0	0.9~1.1	5~6

【操作步骤】

称取 0.5000~1.0000g 试样于 100mL 烧杯中，加入 5mL 盐酸（1+1），加热溶解，冷却至室温，移入 50mL 容量瓶中，用二次蒸馏水稀释到刻度，摇匀。

称取 0.5000~1.0000g 氧化铈试样于 100mL 烧杯中，加入 5mL 硝酸（1+1）、3mL 过氧化氢，低温加热至溶解清亮，赶尽过氧化氢，冷却至室温，移入 50mL 容量瓶中，用二次蒸馏水稀释到刻度，摇匀。

（1）Fe_2O_3 浓度的测定。分别取 0、1.00mL、3.00mL、5.00mL 铁标准溶液（含 Fe_2O_3 10μg/mL）于 4 个 50mL 容量瓶中，加入 2.5mL 盐酸，用二次蒸馏水稀释至刻度，摇匀。

上述标准溶液连同试样溶液使用空气-乙炔火焰于原子分光光度计 248.3nm 处，进行氧化铁的测定。按照直线回归法，首先将 Fe_2O_3 标准溶液浓度 0、0.2μg/mL、0.6μg/mL、1.0μg/mL 分别输入计算机，测出氧化铁的工作曲线，然后测定试液中 Fe_2O_3 的浓度（μg/mL）。

（2）MgO 浓度的测定。分别取 0、1.00mL、3.00mL、5.00mL 氧化镁标准溶液（含 MgO 10μg/mL）于 4 个 50mL 容量瓶中，加入 2.5mL 盐酸，用二次蒸馏水稀释至刻度，摇匀。

上述标准溶液连同试样溶液使用空气-乙炔火焰于原子分光光度计 285.2nm 处，进行氧化镁的测定。按照直线回归法，首先将氧化镁标准溶液浓度 0、0.2μg/mL、0.6μg/mL、1.0μg/mL 分别输入计算机，测出氧化镁的工作曲线，然后测定试液中氧化镁的浓度（μg/mL）。

（3）CaO 浓度的测定。移取 4 份 5mL 待测试液于 4 个 25mL 容量瓶中，分别加入 0、1.00mL、3.00mL、5.00mL 钙标准溶液（含氧化钙 25μg/mL），加入 1.25mL 盐酸（1+1），用二次蒸馏水稀释至刻度，摇匀。

将上述溶液按仪器工作条件进行测定，按照标准加入法，把加入标准溶液的 0、1.0μg/mL、3.0μg/mL、5.0μg/mL 分别输入计算机，直接测出待测溶液中 CaO 的浓度（μg/mL）。

计算：

$$CaO(MgO, Fe_2O_3)\% = \frac{cd \times 10^{-6}}{m/V} \times 100\%$$

式中 c——测得被测溶液中各元素的浓度，μg/mL；

d——稀释倍数；

m——称样量，g；

V——试样液总体积，mL。

【注意事项】

(1) 稀土金属中铁含量高时，标准溶液浓度应配到0、1μg/mL、3μg/mL、5μg/mL。试液做适当稀释后测定。

(2) 测氧化钙含量时，分取试液视含量而定。

【允许差】

分析结果差值应不大于表4-57所列的允许差。

表4-57 允许差表 (%)

氧化镁量	相对误差	氧化铁量	相对误差
0.0005~0.0020	40	0.0010~0.0050	30
>0.0020~0.0080	30	>0.0050~0.010	20
>0.0080~0.015	25	>0.010~0.060	15
>0.015~0.060	20	>0.060~0.20	10
>0.060~0.12	15	氧化钙量	相对误差
>0.12~0.30	10	>0.0050~0.010	20
		>0.010~0.060	15
		>0.060~0.30	10

4.2.5.22 高纯稀土氧化物中氧化钙的测定（原子吸收分光光度法）

【适用范围】

本法适用于高纯稀土氧化物中0.0007%~0.015%氧化钙的测定。

【方法提要】

试样用盐酸或硝酸溶解，在稀酸介质中，用笑气-乙炔火焰，在原子吸收分光光度计波长422.7nm处，采用标准加入法测定钙含量。

【试剂与仪器】

(1) 硝酸，相对密度1.42，优级纯。

(2) 盐酸，相对密度1.19，优级纯。

(3) 过氧化氢，30%，高纯。

(4) 氧化钙标准溶液，含氧化钙1mg/mL的溶液。使用时配置成含氧化钙10μg/mL溶液。

(5) AA320型原子吸收分光光度计，配有氧化亚氮-乙炔燃烧器，附钙空心阴极灯。仪器工作条件见表4-58。

表4-58 AA320型原子吸收分光光度计工作条件表

元素	波长/nm	狭缝/nm	灯电流/mA	氧化亚氮流量/$L \cdot min^{-1}$	乙炔流量/$L \cdot min^{-1}$	燃烧器高度/mm
Ca	422.7	0.2	5~10	5.0	4.5~5.0	5~6

注：乙炔流量调到红羽毛火焰高度约为15mm。

【操作步骤】

称取1.0000~2.0000g试样于100mL烧杯中，加入少许水及2.5mL盐酸，低温加热至溶解完全，冷却后将溶液移入50mL容量瓶中，用二次蒸馏水稀释至刻度，摇匀，连同试样做空白试验。

移取4份5mL上述溶液于一组10mL容量瓶中，分别加入氧化钙标准溶液（10μg/mL）0、0.50mL、1.00mL、1.50mL，用二次蒸馏水稀释至刻度，摇匀。空白溶液采用同样方法。

CaO浓度的测定：

将上述溶液按仪器工作条件进行测定，按照标准加入法，把加入标准溶液的浓度0，0.5μg/mL，1.0μg/mL，1.5μg/mL分别输入计算机，可直接测出待测液及空白中CaO的浓度（μg/mL）。

计算：

$$CaO\% = \frac{(c - c_0)d \times 10^{-6}}{m/V} \times 100\%$$

式中 c——测得被测溶液中氧化钙的浓度，μg/mL；

c_0——测得空白溶液中氧化钙的浓度，μg/mL；

d——稀释倍数；

m——称样量，g；

V——试样溶液总体积，mL。

【注意事项】

（1）此方法为国家标准分析方法。

（2）氧化铈试样的处理：称取1.0000~2.0000g试样于100mL烧杯中，加入2.5~5mL。硝酸及2mL过氧化氢，低温加热至溶解完全，并赶尽过氧化氢，冷却至室温，定容于50mL容量瓶中。

【允许差】

分析结果差值不应大于表4-59所列允许差。

表4-59 允许差表 （%）

氧化钙量	相对误差	氧化钙量	相对误差
0.0007~0.0030	30	>0.0050~0.010	15
>0.0030~0.0050	20	>0.010~0.015	10

4.2.5.23 稀土金属及其氧化物中铅的测定（原子吸收分光光度法）

【适用范围】

本法适用于稀土金属及其氧化物中0.0020%~0.050%铅量的测定。

【方法提要】

试样经硝酸溶液，在稀酸介质中，用空气-乙炔火焰进行测定。

【试剂与仪器】

（1）硝酸，相对密度1.42，优级纯。

（2）过氧化氢，30%，高纯。

（3）铅标准溶液，称取0.2500g光谱纯铅粉于250mL烧杯中，加入少许水及10mL硝酸，加热溶解，冷却至室温，移入250mL容量瓶中，用二次蒸馏水稀释至刻度，摇匀，此溶液 1mL 含 1mg 铅。

准确移取上述标准溶液 5mL 于 200mL 容量瓶中，加入 10mL 硝酸，二次蒸馏水稀释至刻度，摇匀，此溶液 1mL 含 25μg 铅。

（4）AA320 型原子吸收分光光度计，配有空气-乙炔燃烧器，附铅空心阴极灯。仪器工作条件见表 4-60。

表 4-60 AA320 型原子吸收分光光度计工作条件表

元素	波长/nm	狭缝/nm	灯电流/mA	空气流量/$L \cdot min^{-1}$	乙炔流量/$L \cdot min^{-1}$	燃烧器高度/mm
Pb	283.3	0.4	3~6	5.0	0.8~1.0	5~6

【操作步骤】

称取 0.2000~1.0000g 试样于 100mL 烧杯中，加入少许水及 2.5mL 硝酸，加热溶解，冷却后将溶液移入 50mL 容量瓶中，用二次蒸馏水稀释至刻度，摇匀。

Pb 浓度的测定：

分别取 0，1.00mL、3.00mL、5.00mL 铅标准溶液（25μg/mL）于 4 个 50mL 容量瓶中，加入 2.5mL 硝酸，用二次蒸馏水稀释至刻度，摇匀。

上述标准溶液连同试样溶液使用空气-乙炔火焰于原子吸收分光光度计波长 283.3nm 处，进行铅的测定。按照直线回归法，首先将标准溶液的浓度 0、0.5μg/mL、1.5μg/mL、2.5μg/mL 输入计算机，测出 Pb 工作曲线，然后测定试液中 Pb 的浓度（μg/mL）。

计算：

$$\text{Pb\%} = \frac{c \times 10^{-6}}{m/V} 100\%$$

式中 c——测得被测溶液中铅的浓度，μg/mL；

m——称样量，g；

V——试样溶液总体积，mL。

计算：

$$\text{PbO\%} = \text{Pb\%} \times 1.077$$

式中 1.077——Pb 转换成 PbO 的系数。

【允许差】

分析结果差值应不大于表 4-61 所列允许差。

表 4-61 允许差表 （%）

铅含量	相对误差	铅含量	相对误差
0.0020~0.0080	30	>0.015~0.050	15
>00080~0.015	20		

4.2.5.24 稀土金属及其氧化物中铜、镍、锰、锌、铬的测定（原子吸收分光光度法）

【适用范围】

本法适用于稀土金属及其氧化物中铜 0.0010%~0.050%、镍 0.0010%~0.050%、锰 0.0010%~0.10%、锌 0.0010%~0.10%、铬 0.0020%~0.10%的测定。

【方法提要】

试样经盐酸或硝酸溶解，在稀酸介质中，用空气–乙炔火焰原子吸收测定。

【试剂与仪器】

（1）硝酸，相对密度 1.42，优级纯。

（2）盐酸，相对密度 1.19，优级纯。

（3）过氧化氢，30%，高纯。

（4）铜标准溶液，称取铜粉（>99.99%）0.2500g 于 250mL 烧杯中，加入少许水及 10mL 硝酸，使之溶解，冷却至室温，移入 250mL 容量瓶中，用二次蒸馏水稀释至刻度，摇匀，此溶液含铜 1mg/mL。准确移取 5mL 上述溶液于 500mL 容量瓶中，加入 20mL 硝酸，用二次蒸馏水稀释至刻度，摇匀，此溶液含铜 10μg/mL。

（5）镍标准溶液，含镍 10μg/mL。

（6）锰标准溶液，含锰 25μg/mL。

（7）锌标准溶液，称取经 900℃ 灼烧 1h 并冷却至室温的基准氧化锌 0.3112g 于 250mL 烧杯中，加少许水及 10mL 盐酸，加热溶解，冷却后移至 250mL 容量瓶中，用水稀释至刻度，摇匀，此溶液含锌 1mg/mL。准确移取 5mL 上述溶液于 500mL 容量瓶中，加入 20mL 盐酸，用二次蒸馏水稀释至刻度，摇匀，此溶液含锌 10μg/mL。

（8）铬标准溶液，称取经 105~110℃ 烘 1h 并冷却至室温的优级纯铬酸钾 3.7349g 于 250mL 烧杯中，溶于少量水后，将溶液移入 1000mL 容量瓶中，以二次蒸馏水稀释至刻度，摇匀，此溶液含铬 1mg/mL。准确移取 5mL 上述溶液于 500mL 容量瓶中，用二次蒸馏水稀释至刻度，摇匀，此溶液含铬 10μg/mL。

（9）AA320 型原子吸收分光光度计，配有空气–乙炔燃烧器，附铜、镍、锰、锌、铬空心阴极灯。仪器工作条件见表 4-62。

表 4-62　AA320 型原子吸收分光光度计工作条件表

元素	波长/nm	狭缝/nm	灯电流/mA	空气流量/L · min^{-1}	乙炔流量/L · min^{-1}	燃烧器高度/mm
Cu	324.8	0.7	2~8	5.0	0.8~1.0	5~6
Ni	232.0	0.2	7~5	5.0	0.8~1.0	5~6
Mn	279.5	0.2	6~12	5.0	0.8~1.0	5~6
Zn	213.9	0.7	4~10	5.0	0.8~1.1	5~6
Cr	357.9	0.7	5~10	5.0	1.0~1.2	5~6

【操作步骤】

称取试样 0.2000~1.0000g 于 100mL 烧杯中，加入少许水及 2.5mL 盐酸，加热溶解，冷却后移入 50mL 容量瓶中，用二次蒸馏水稀释至刻度，摇匀。

试液中各元素浓度的测定：

分别取 0、1.00mL、3.00mL、5.00mL 铜标准溶液（含 Cu 10μg/mL）于 4 个 50mL 容量瓶中，加入 2.5mL 硝酸，用二次蒸馏水稀释至刻度，摇匀。

分别取 0、1.00mL、3.00mL、5.00mL 镍标准溶液（含 Ni 10μg/mL）于 4 个 50mL 容

量瓶中，加入 2.5mL 盐酸，用二次蒸馏水稀释至刻度，摇匀。

分别取 0、1.00mL、3.00mL、5.00mL 锰标准溶液（含锰 25μg/mL）于 4 个 50mL 容量瓶中，加入 2.5mL 盐酸，用二次蒸馏水稀释至刻度，摇匀。

分别取 0、1.00mL、3.00mL、5.00mL 锌标准溶液（含锌 10μg/mL）于 4 个 50mL 容量瓶中，加入 2.5mL 盐酸，用二次蒸馏水稀释至刻度，摇匀。

分别取 0、1.00mL、3.00mL、5.00mL 铬标准溶液（含铬 10μg/mL）于 4 个 50mL 容量瓶中，加入 2.5mL 盐酸，用二次蒸馏水稀释至刻度，摇匀。

上述标准溶液连同试样使用空气-乙炔火焰，按照仪器工作条件测定各元素的浓度。采用直线回归法，首先将各待测元素标准溶液浓度输入计算机，测出工作曲线，然后测定试液中各元素的浓度 c_i（μg/mL）。

计算：

$$c_i = \frac{c \times 10^{-6}}{m/V} \times 100\%$$

式中 c_i——试样中铜、镍、锰、锌、铬的浓度，μg/mL；

c——测得被测溶液中各元素的浓度，μg/mL；

m——称样量，g；

V——试样溶液总体积。

【注意事项】

(1) 氧化铈试样用硝酸和过氧化氢溶解，赶尽过氧化氢。

(2) 待测元素含量高时，可作适当稀释。

【允许差】

分析结果差值应不大于表 4-63 所列的允许差。

表 4-63 允许差表 （%）

铜量（镍量）	相对误差	锰量（锌量）	相对误差
0.0010~0.0050	30	>0.010~0.050	15
>0.0050~0.010	20	>0.050~0.10	10
>0.010~0.050	15	铬量	相对误差
锰量（锌量）	相对误差	0.0020~0.010	25
0.0010~0.0050	30	>0.010~0.050	15
>0.0050~0.010	20	>0.050~0.10	10

【思考题】

(1) 标准加入法定量分析有哪些优点。在哪些情况下适宜采用？

(2) 标准加入法为什么能够克服基体效应及某些干扰对测定结果的影响？

(3) 原子吸收光谱法中常用的定量分析方法有几种，如何进行定量分析？

(4) 原子吸收光谱法与分光光度法有何异同点？

(5) 为什么火焰原子吸收光谱法对助燃气与燃气的开与关的先后顺序要求严格地按

照操作步骤进行?

(6) 在分光光度分析中, 消除干扰的方法有哪些?

(7) 根据燃助比的不同, 原子吸收光谱分析的火焰燃烧状态分为哪几种, 各有何特点?

4.2.5.25 镧铈镨钕液中氧化钐的测定(等离子体发射光谱法)

【适用范围】

本法适用于钕钐分组后少铕料液中 0.030%~0.30%氧化钐的测定。

【方法提要】

在稀盐酸介质中, 直接以氩等离子体光源激发, 进行光谱测定。

【试剂与仪器】

(1) 盐酸, 1+1。

(2) 氧化钐标准溶液, 称取 0.1000g 经 900℃灼烧 1h 的氧化钐(>99.99%), 置于 100mL 烧杯中, 加 10mL 盐酸(1+1), 低温加热溶清后冷却至室温, 溶液移入 100mL 容量瓶中, 用水稀释至刻度, 摇匀; 此溶液 1mL 含 1mg 氧化钐。再将此溶液稀释成 1mL 含 10μg 氧化钐的标准溶液, 酸度为 5%盐酸。

(3) 氧化钐, >99.99%, 900℃灼烧 1h。

(4) 氧化镨, >99.99%, 900℃灼烧 1h。

(5) 氧化铈, >99.99%, 900℃灼烧 1h。

(6) 氧化镧, >99.99%, 900℃灼烧 1h。

(7) ICPS-7500 计算机控制顺序扫描单色仪, 倒数线色散率不大于 0.26nm/mm。氩等离子体光源, 使用功率 1.2kW。

【工作条件】

氩气流量: 冷却气流量 14L/min, 等离子气流量 1.2L/min, 载气流量 0.7L/min, 清洗气流量 3.5L/min。观测高度为线圈上方 15mm。雾化器提升量 1mL/min, 水冲洗时间 10s, 样品冲洗时间 40s。

【标准溶液的配制】

(1) 母液的配制。准确称取 1.3500g 氧化镧于 200mL 烧杯中, 加 10mL 盐酸(1+1), 低温加热溶清后冷却至室温; 准确称取 2.5500g 氧化铈于 200mL 烧杯中, 加 20mL 硝酸(1+1), 10mL 过氧化氢, 低温加热溶清并赶尽过氧化氢, 冷却至室温; 准确称取 0.3000g 氧化镨于 200mL 烧杯中, 加 10mL 盐酸(1+1), 低温加热溶清后冷却至室温; 准确称取 0.8000g 氧化钕于 200mL 烧杯中, 加 10mL 盐酸(1+1)低温加热溶清后冷却至室温。将上述 4 种溶液全部移入 500mL 容量瓶中, 共配制两份。准确移取 15mL、1mg/mL 氧化钕于其中一个容量瓶中, 以水稀释至刻度, 摇匀, 制得母液 A; 另一个容量瓶直接以水稀释至刻度, 摇匀, 制得母液 B。

母液 A 成分见表 4-64。

表 4-64 母液 A 成分表 (μg/mL)

La_2O_3	CeO_2	Pr_6O_{11}	Nd_2O_3	Sm_2O_3
2700	5100	600	1600	30

母液 B 成分见表 4-65。

表 4-65 母液 B 成分表 (μg/mL)

La_2O_3	CeO_2	Pr_6O_{11}	Nd_2O_3
2700	5100	600	1600

(2) 测样用标准溶液的配制。准确移取 20.00mL 母液 A 于 200mL 容量瓶中，加入 20mL 盐酸 (1+1)，以水稀释至刻度，摇匀，制得标样 1；准确移取 20.00mL 母液 B 于 200mL 容量瓶中，加入 6.00mL、10μg/mL 氧化钐，加入 20mL 盐酸 (1+1)，以水稀释至刻度，摇匀，制得标样 2；准确移取 20.00mL 母液 B 于 200mL 容量瓶中，加入 20mL 盐酸 (1+1)，以水稀释至刻度，摇匀，制得标样 3。

标准样品成分见表 4-66。

表 4-66 标准样品成分表 (μg/mL)

标样	La_2O_3	CeO_2	Pr_6O_{11}	Nd_2O_3	Sm_2O_3
1	270	510	60	160	3
2	270	510	60	160	0.3
3	270	510	60	160	0

【操作步骤】

(1) 分析试液的制备。准确移取少铕料液 *x*mL 于 250mL 容量瓶中，加入 25mL 盐酸 (1+1)，用水稀释至刻度，摇匀待测（取样量要根据料液浓度确定，保持被测液 TREO 浓度 1mg/mL)。

(2) 仪器操作（略)。

(3) 测定。将标准溶液中钐的浓度输入计算机，分析线输入计算机。按照模式三（波长固定方式）测定。根据标准溶液和分析试液的强度值，由计算机计算，校正并输出钐的浓度。少铕中钐的分析线为 446.734nm。

计算

$$Sm_2O_3\% = c \times 10^{-6} \times 1000 \times 100\%$$

式中 c——待测液中 Sm_2O_3 的浓度，μg/mL。

【注意事项】

测标准前先用 3μg/mL 氧化钐标准溶液寻峰。

【允许差】

分析结果差值应不大于表 4-67 所列允许差。

表 4-67 允许差表 (%)

Sm_2O_3	相对误差	Sm_2O_3	相对误差
0.030~0.10	30	0.10~0.30	20

4.2.5.26 钐铕钆液中氧化钕的测定（等离子体发射光谱法）

【适用范围】

本法适用于钕钐分组后钐铕料液中 0.030%~6.0%氧化钕的测定。

【方法提要】

在稀盐酸介质中，直接以氩等离子体光源激发，进行光谱测定。

【试剂与仪器】

（1）盐酸，1+1。

（2）氧化镧标准溶液，称取 0.1000g 经 900℃ 灼烧 1h 的氧化镧（>99.99%），置于 100mL 烧杯中，加 10mL 盐酸（1+1），低温加热溶清后冷却至室温，溶液移入 100mL 容量瓶中，用水稀释至刻度，摇匀。此溶液 1mL 含 1mg 氧化镧。

（3）氧化铈标准溶液，称取 0.1000g 经 900℃ 灼烧 1h 的氧化铈（>99.99%），置于 100mL 烧杯中，加 10mL 硝酸（1+1）、5mL 过氧化氢，低温加热溶清后冷却至室温，溶液移入 100mL 容量瓶中，用水稀释至刻度，摇匀。此溶液 1mL 含 1mg 氧化铈。

（4）氧化镨标准溶液，称取 1.0000g 经 900℃ 灼烧 1h 的氧化镨（>99.99%），置于 100mL 烧杯中，加 10mL 盐酸（1+1），低温加热溶清后冷却至室温，溶液移入 100mL 容量瓶中，用水稀释至刻度，摇匀。此溶液 1mL 含 10mg 氧化镨。

（5）氧化钕标准溶液，称取 1.0000g 经 900℃ 灼烧 1h 的氧化钕（>99.99%），置于 200mL 烧杯中，加 10mL 盐酸（1+1），低温加热溶清后冷却至室温，溶液移入 100mL 容量瓶中，用水稀释至刻度，摇匀。此溶液 1mL 含 10mg 氧化钕。

（6）氧化铽标准溶液，称取 0.5000g 经 900℃ 灼烧 1h 的氧化铽（>99.99%），置于 200mL 烧杯中，加 10mL 盐酸（1+1），低温加热溶清后冷却至室温，溶液移入 100mL 容量瓶中，用水稀释至刻度，摇匀。此溶液 1mL 含 5mg 氧化铽。

（7）氧化镝标准溶液，称取 0.5000g 经 900℃ 灼烧 1h 的氧化镝（>99.99%），置于 200mL 烧杯中，加 10mL 盐酸（1+1），低温加热溶清后冷却至室温，溶液移入 100mL 容量瓶中，用水稀释至刻度，摇匀。此溶液 1mL 含 5mg 氧化镝。

（8）氧化钐，>99.99%，900℃灼烧 1h。

（9）氧化铕，>99.99%，900℃灼烧 1h。氧化钆，>99.99%，900℃灼烧 1h。

（10）氧化钇，>99.99%，900℃灼烧 1h。ICPS-7500 计算机控制顺序扫描单色仪，倒数线色散率不大于 0.26nm/mm。氩等离子体光源，使用功率 1.2kW。

【工作条件】

氩气流量：冷却气流量 14L/min，等离子气流量 1.2L/min，载气流量 0.7L/min，清洗气流量 3.5L/min。观测高度为线圈上方 15mm。雾化器提升量 1mL/min，水冲洗时间 10s，样品冲洗时间 40s。

【标准溶液的配制】

（1）母液的配制，准确称取氧化钐 1.3250g、氧化铕 0.2500g、氧化钆 0.3750g、氧化钇 0.2000g 于 250mL 烧杯中，加 30mL 盐酸（1+1），低温加热溶清后冷却至室温，移入 250mL 容量瓶中。并且准确移取 12.50mL、1mg/mL 氧化镧、12.50mL、1mg/mL 氧化铈、5.00mL、10mg/mL 氧化镨、15.00mL、10mg/mL 氧化钕、7.50mL、5mg/mL 氧化铽、17.50mL、5mg/mL 氧化镝于上述容量瓶中，以水稀释至刻度，摇匀。

母液成分见表 4-68。

表 4-68 母液成分表 (μg/mL)

La_2O_3	CeO_2	Pr_6O_{11}	Nd_2O_3	Sm_2O_3	Eu_2O_3	Gd_2O_3	Tb_4O_7	Dy_2O_3	Y_2O_3
50	50	200	600	5300	1000	1500	150	350	800

(2) 测样用标准溶液的配制，准确移取20.00mL母液于200mL容量瓶中，加入20mL盐酸（1+1），以水稀释至刻度，摇匀，制得标样1；准确移取10.00mL母液于200mL容量瓶中，加入20mL盐酸（1+1），以水稀释至刻度，摇匀，制得标样2；准确移取20.00mL标样1于200mL容量瓶中，加入20mL盐酸（1+1），以水稀释至刻度，摇匀，制得标样3；准确移取20.00mL标样2于200mL容量瓶中，加入20mL盐酸（1+1），以水稀释至刻度，摇匀，制得标样4。

标准样品成分见表4-69。

表 4-69 标准样品成分表 (μg/mL)

标样	La_2O_3	CeO_2	Pr_6O_{11}	Nd_2O_3	Sm_2O_3	Eu_2O_3	Gd_2O_3	Tb_4O_7	Dy_2O_3	Y_2O_3
1	5	5	20	60	530	100	150	15	35	80
2	2.5	2.5	10	30	265	50	75	7.5	17.5	40
3	0.5	0.5	2	6	53	10	15	1.5	3.5	8
4	0.25	0.25	1	3	26.5	5	7.5	0.75	1.75	4

【操作步骤】

(1) 分析试液的制备。准确移取钐铕钆料液 xmL于250mL容量瓶中，加入25mL盐酸（1+1），用水稀释至刻度，摇匀待测（取样量要根据料液浓度确定，保持被测液TREO浓度1mg/mL）。

(2) 仪器操作（略）。

(3) 测定。将标准溶液中钕的浓度输入计算机，分析线输入计算机。按照模式一（峰值搜索方式）测定。根据标准溶液和分析试液的强度值，由计算机计算，校正并输出钕的浓度。钐铕钆中钕的分析线为445.157nm。

计算：

$$Nd_2O_3\% = c \times 10^{-6} \times 1000 \times 100\%$$

式中 c——待测液中 Nd_2O_3 的浓度，μg/mL。

【允许差】

分析结果差值应不大于表4-70所列允许差。

表 4-70 允许差表 (%)

钕含量	允许差	钕含量	允许差
0.30~0.50	0.05	>1.00~3.00	0.20
>0.50~1.0	0.10	>3.00~6.00	0.30

4.2.5.27 镧铈液中镨、钕的测定（等离子体发射光谱法）

【适用范围】

本法适用于镧铈液中0.025%~0.50%镨、0.025%~0.50%钕的测定。

【方法提要】

在稀盐酸介质中，直接以氩等离子体光源激发，进行光谱测定。

【试剂与仪器】

（1）盐酸，1+1。

（2）氧化钕标准溶液，1mg/mL（>99.99%）。

（3）氧化镨标准溶液，1mg/mL（>99.99%）。

（4）氧化铈，>99.99%，900℃灼烧 1h。

（5）氧化镧，>99.99%，900℃灼烧 1h。

（6）氩气，>99.99%。

（7）ICPS-7500 计算机控制顺序扫描单色仪，倒数线色散率不大于 0.26nm/mm。氩等离子体光源，使用功率 1.2kW。

【工作条件】

氩气流量：冷却气流量 14L/min，等离子气流量 1.2L/min，载气流量 0.7L/min，清洗气流量 3.5L/min。观测高度为线圈上方 15mm。雾化器提升量 1mL/min，水冲洗时间 10s，样品冲洗时间 40s。

【标准溶液的配制】

（1）母液的配制。准确称取 1.5000g 氧化镧试样于 200mL 烧杯中，加 20mL 盐酸（1+1），低温加热溶清后冷却至室温；准确称取 3.5000g 氧化铈于 300mL 烧杯中，加 20mL 硝酸（1+1）、10mL 过氧化氢，低温加热溶清后赶尽过氧化氢，冷却至室温；将上述两种溶液全部移入 500mL 容量瓶中，并且准确移取 25.00mL 氧化镨（1mg/mL）、25.00mL 氧化钕（1mg/mL）于上述容量瓶中，以水稀释至刻度，摇匀。

母液成分见表 4-71。

表 4-71 母液成分表 （μg/mL）

La_2O_3	CeO_2	Pr_6O_{11}	Nd_2O_3
3000	7000	50	50

（2）测样用标准溶液的配制。准确移取 20.00mL 母液于 200mL 容量瓶中，加入 20mL 盐酸（1+1），以水稀释至刻度，摇匀，制得标样 1；准确移取 10.00mL 母液于 200mL 容量瓶中，加入 20mL 盐酸（1+1），以水稀释至刻度，摇匀，制得标样 2；准确移取 20.00mL 标样 1 于 200mL 容量瓶中，加入 20mL 盐酸（1+1），以水稀释至刻度，摇匀，制得标样 3；准确移取 20.00mL 标样 2 于 200mL 容量瓶中，加入 20mL 盐酸（1+1），以水稀释至刻度，摇匀，制得标样 4。

标准样品成分见表 4-72。

表 4-72 标准样品成分表 （μg/mL）

标 样	La_2O_3	CeO_2	Pr_6O_{11}	Nd_2O_3
1	300	700	5	5
2	150	350	2.5	2.5
3	30	70	0.5	0.5
4	15	35	0.25	0.25

【操作步骤】

（1）分析试液的制备。准确移取镧铈料液 xmL 于 250mL 容量瓶中，加入 25mL 盐酸（1+1），用水稀释至刻度，摇匀待测（取样量要根据料液浓度确定，保持被测液 TREO 浓度 1mg/mL）。

（2）仪器操作（略）。

（3）测定。将标准溶液中各元素的浓度输入计算机，分析线输入计算机。按照模式一（峰值搜索方式）测定。根据标准溶液和分析试液的强度值，由计算机计算，校正并输出各元素的浓度。

各元素分析线见表 4-73。

表 4-73　各元素分析线　（nm）

元　素	分析线	元　素	分析线
La	333.749	Pr	422.533
Ce	413.765	Nd	445.157

计算：

$$c_i = \frac{W_i}{\sum W_j / 99.8\%} \times 100\%$$

式中　c_i——镧铈液中镨、钕的含量，%；

W_i——待测液中镨、钕的浓度，μg/mL；

$\sum W_j$——待测液中各元素的浓度之和，μg/mL；

99.8%——4 个稀土元素占总稀土的量，其他稀土按 0.2%计。

【允许差】

分析结果差值应不大于表 4-74 所列允许差。

表 4-74　允许差表　（%）

镨、钕的含量	相对误差	镨、钕的含量	相对误差
0.025~0.050	20	>0.10~0.50	10
>0.050~0.10	15		

4.2.5.28　金属镧及其化合物中氧化铈、氧化镨、氧化钕、氧化钐、氧化钇的测定（等离子体发射光谱法）

【适用范围】（各元素以氧化物计）

本法适用于镧中氧化铈、氧化镨、氧化钕、氧化钐、氧化钇的顺序测定，测定范围见表 4-75。

表 4-75　测定范围表　（%）

元　素	测定范围	元　素	测定范围
CeO_2	0.0050~0.50	Pr_6O_{11}	0.0050~0.50
Nd_2O_3	0.0030~0.30	Sm_2O_3	0.0040~0.40
Y_2O_3	0.0010~0.10		

【方法提要】

试样以盐酸溶解，在稀盐酸介质中，直接以氩等离子激发，进行光谱测定。

【试剂与仪器】

（1）盐，1+1。

（2）过氧化氢，30%。

（3）硝酸，1+1。

（4）氩气，>99.99%。

（5）氧化镧标准溶液，称取 2.0000g 经 900℃ 灼烧 1h 的氧化镧（>99.99%），置于 200mL 烧杯中，加 20mL 盐酸（1+1），低温加热溶解后冷却至室温，溶液移入 200mL 容量瓶中，用水稀释至刻度，摇匀。此溶液 1mL 含 10mg 氧化镧。

（6）氧化铈标准溶液，称取 0.1000g 经 900℃ 灼烧 1h 的氧化铈（>99.99%），置于 100mL 烧杯中，加 10mL 硝酸（1+1），加 5mL 过氧化氢，低温加热溶解后赶尽过氧化氢，冷却至室温，溶液移入 100mL 容量瓶中，用水稀释至刻度，摇匀。此溶液 1mL 含 1mg 氧化铈。

（7）氧化镨、氧化钕、氧化钐、氧化钇标准溶液，称取 0.1000g 经 900℃ 灼烧 1h 的 >99.99% 的相应氧化物，置于 4 个 100mL 烧杯中，各加 10mL 盐酸（1+1），低温加热溶解并冷却至室温，溶液移入 4 个 100mL 容量瓶中，用水稀释至刻度，摇匀。溶液分别为 1mL 含 1mg 氧化镨、氧化钕、氧化钐、氧化钇。

（8）氧化钇标准溶液，称取 0.1000g 经 900℃ 灼烧 1h 的氧化钇（>99.99%），置于 100mL 烧杯中，加 10mL 盐酸（1+1），低温加热溶解后冷却至室温，溶液移入 1000mL 容量瓶中，用水稀释至刻度，摇匀。此溶液 1mL 含 100μg 氧化钇。

（9）ICPS-7500 计算机控制顺序扫描单色仪：倒数线色散率不大于 0.26nm/mm。氩等离子体光源，使用功率 1.2kW。

【工作条件】

氩气流量：冷却气流量 14L/min，等离子气流量 1.2L/min，载气流量 0.7L/min，清洗气流量 3.5L/min。观测高度为线圈上方 15mm。雾化器提升量 1mL/min，水冲洗时间 10s，样品冲洗时间 40s。

【标准溶液的配制】

（1）母液的配制。准确称取 10.00mL 氧化铈（1mg/mL）、10.00mL 氧化镨标准溶液（1mg/mL），6.00mL 氧化钕（1mg/mL）、8.00mL 氧化钐标准溶液（1mg/mL）、20.00mL 氧化钇标准溶液（100μg/mL）于 200mL 容量瓶中，加入 20mL 盐酸（1+1），以水稀释至刻度，摇匀。

母液成分见表 4-76。

表 4-76 母液成分表 （μg/mL）

CeO_2	Pr_6O_{11}	Nd_2O_3	Sm_2O_3	Y_2O_3
50	50	30	40	10

（2）测样用标准溶液的配制。准确移取 20.00mL 母液于 200mL 容量瓶中，加入 20.00mL、10mg/mL 氧化镧标准溶液，加 20mL 盐酸（1+1），以水稀释至刻度，摇匀，制

得标样 1；准确移取 10.00mL 母液于 200mL 容量瓶中，加入 20.00mL、10mg/mL 氧化镧标准溶液，加 20mL 盐酸（1+1），以水稀释至刻度，摇匀，制得标样 2；准确移取 20.00mL 标样 1 于 200mL 容量瓶中，加入 18.00mL、10mg/mL 氧化镧标准溶液，加 20mL 盐酸（1+1），以水稀释至刻度，摇匀，制得标样 3；准确移取 20.00mL 标样 2 于 200mL 容量瓶中，加入 18.00mL、10mg/mL 氧化镧标准溶液，加 20mL 盐酸（1+1），以水稀释至刻度，摇匀，制得标样 4；准确移取 20.00mL 标样 3 于 200mL 容量瓶中，加入 18.00mL、10mg/mL 氧化镧标准溶液，加 20mL 盐酸（1+1），以水稀释至刻度，摇匀，制得标样 5。

标准样品成分见表 4-77。

表 4-77 标准样品成分表 (μg/mL)

标样	La_2O_3	CeO_2	Pr_6O_{11}	Nd_2O_3	Sm_2O_3	Y_2O_3
1	1000	5	5	3	4	1
2	1000	2.5	2.5	1.5	2	0.5
3	1000	0.5	0.5	0.3	0.4	0.1
4	1000	0.25	0.25	0.15	0.20	0.05
5	1000	0.05	0.05	0.03	0.04	0.01

【操作步骤】

（1）分析试液的制备。准确称取 0.0853g 金属试样，置于 100mL 烧杯中，加入 10mL 盐酸（1+1），低温加热溶解后冷却至室温，移入 100mL 容量瓶中，用水稀释至刻度，摇匀待测。

（2）仪器操作。打开主机电源，预热 4~5h，分光室内温度要达到 38℃；打开冷却水箱、高频电源，开启排风扇；打开真空泵电源，使真空度达到真空区域；ICP 点火，在真空泵+水溶液条件下计算机控制点火；ICP 点火后，需要稳定约 30min，然后进行波长校正；按照仪器工作条件进行分析；分析完毕后，依次进行 ICP 灭火、关闭真空泵、关闭高频电源、5min 后关闭冷却水箱、关闭排风扇；仪器主机电源常开，这样可以节省预热时间（当设备一周以上不使用时，可以关掉主机电源）。

（3）测定。将标准溶液中氧化铈、氧化镨、氧化钕、氧化钐、氧化钇的浓度输入计算机，分析线输入计算机。按照模式二（直接方式）测定。根据标准溶液和分析试液的强度值，由计算机计算，校正并输出各元素的浓度。

各元素分析线见表 4-78。

表 4-78 各元素分析线表 (nm)

元 素	分析线	元 素	分析线
Ce	446.021	Sm	330.637
Pr	440.884	Y	324.228
Nd	445.157		

计算：

$$A_i = \frac{c_i W_i \times 10^{-6} \times 100}{m} \times 100\%$$

式中 A_i——待测稀土元素的含量，%；

W_i——待测稀土元素氧化物转化为单质的系数；

c_i——待测稀土元素氧化物的浓度，μg/mL；

m——称取试样的质量，g。

【注意事项】

（1）测定标准溶液前先用混标进行寻峰，混标的配制法：准确移取 20mL 母液于 200mL 容量瓶中，加 20mL 盐酸（1+1），以水稀释至刻度，摇匀。

（2）本法也适用于氧化镧、氯化镧等纯度的测定，保持被测液 TREO 浓度 1mg/mL。

（3）金属镧纯度的计算为 100%减去 5 个稀土杂质的含量。

【允许差】

分析结果差值不应大于表 4-79 所列的允许差。

表 4-79 允许差表 （%）

含量范围	相对误差	含量范围	相对误差
0.0010~0.0050	30	>0.040~0.10	15
>0.0050~0.010	25	>0.10~0.50	10
>0.010~0.040	20		

4.2.5.29 金属铈及其化合物中氧化镧、氧化镨、氧化钕、氧化钐、氧化钇的测定（等离子体发射光谱法）

【适用范围】（各元素以氧化物计）

本法适用于铈及其化合物中氧化镧、氧化镨、氧化钕、氧化钐、氧化钇的测定，测定范围见表 4-80。

表 4-80 测定范围表 （%）

元 素	测定范围	元 素	测定范围
La_2O_3	0.010~1.0	Pr_6O_{11}	0.0050~0.50
Nd_2O_3	0.0050~0.50	Sm_2O_3	0.0050~0.50
Y_2O_3	0.0010~0.10		

【方法提要】

试样以盐酸溶解，在稀盐酸介质中，直接以氩等离子体光源激发，进行光谱测定。

【试剂与仪器】

（1）盐酸，1+1。

（2）硝酸，1+1。

（3）过氧化氢，30%。

（4）氩气，>99.99%。

（5）氧化铈标准溶液，称取 2.0000g 经 900℃ 灼烧 1h 的氧化铈（>99.99%），于 200mL 烧杯中，加 20mL 硝酸（1+1），10mL 过氧化氢，低温溶解后赶尽过氧化氢，冷却至室温，移入 200mL 容量瓶中，用水稀释至刻度，摇匀。此溶液 1mL 含 10mg 氧化铈。

（6）氧化镧标准溶液，称取 0.1000g 经 900℃灼烧 1h 的氧化镧（>99.99%），置于 100mL 烧杯中，加 10mL 硝酸（1+1），低温加热溶清后冷却至室温，移入 100mL 容量瓶中，用水稀释至刻度，摇匀。此溶液 1mL 含 1mg 氧化镧。

（7）氧化钕标准溶液，1mg/mL（>99.99%）。

（8）氧化镨标准溶液，1mg/mL（>99.99%）。

（9）氧化钐标准溶液，1mg/mL（>99.99%）。

（10）氧化钇标准溶液，1mg/mL（>99.99%）。

（11）ICPS-7500 计算机控制顺序扫描单色仪，倒数线色散率不大于 0.26nm/mm。氩等离子体光源，使用功率 1.2kW。

【工作条件】

氩气流量：冷却气流量 14L/min，等离子气流量 1.2L/min，载气流量 0.7L/min，清洗气流量 3.5L/min。观测高度为线圈上方 15mm。雾化器提升量 1mL/min，水冲洗时间 10s，样品冲洗时间 40s。

【标准溶液的配制】

（1）母液的配制。准确称取 20.00mL 氧化镧（1mg/mL）、10.00mL 氧化镨、氧化钕、氧化钐标准溶液（1mg/mL），20.00mL 氧化钇标准溶液（100μg/mL）于 200mL 容量瓶中，加入 20mL 盐酸（1+1），以水稀释至刻度，摇匀。

母液成分见表 4-81。

表 4-81 母液成分表 （μg/mL）

La_2O_3	Pr_6O_{11}	Nd_2O_3	Sm_2O_3	Y_2O_3
100	50	30	50	10

（2）测样用标准溶液的配制。准确移取 20.00mL 母液于 200mL 容量瓶中，加入 20.00mL 10mg/mL 氧化铈标准溶液，加 20mL 盐酸（1+1），以水稀释至刻度，摇匀，制得标样 1；准确移取 10.00mL 母液于 200mL 容量瓶中，加入 20.00mL、10mg/mL 氧化铈标准溶液，加 20mL 盐酸（1+1），以水稀释至刻度，摇匀，制得标样 2；准确移取 20.00mL 标样 1 于 200mL 容量瓶中，加入 18.00mL、10mg/mL 氧化铈标准溶液，加 20mL 盐酸（1+1），以水稀释至刻度，摇匀，制得标样 3；准确移取 20.00mL 标样 3 于 100mL 容量瓶中，加入 8.00mL、10mg/mL 氧化铈标准溶液，加 10mL 盐酸（1+1），以水稀释至刻度，摇匀，制得标样 4；准确移取 20.00mL 标样 3 于 200mL 容量瓶中，加入 18.00mL、10mg/mL 氧化铈标准溶液，加 20mL 盐酸（1+1），以水稀释至刻度，摇匀，制得标样 5。

标准样品成分见表 4-82。

表 4-82 标准样品成分表 （μg/mL）

标样	CeO_2	La_2O_3	Pr_6O_{11}	Nd_2O_3	Sm_2O_3	Y_2O_3
1	1000	10	5	5	5	1
2	1000	5	2.5	2.5	2.5	0.5
3	1000	1	0.5	0.5	0.5	0.1
4	1000	0.2	0.1	0.1	0.1	0.02
5	1000	0.1	0.05	0.05	0.05	0.010

【操作步骤】

（1）分析试液的制备，准确称取 0.0814g 金属试样，置于 100mL 烧杯中，加入 10mL 盐酸（1+1），低温加热溶解，冷却至室温，移入 100mL 容量瓶中，用水稀释至刻度，摇匀待测。

（2）仪器操作（略）。

（3）测定，将标准溶液中镧、镨、钕、钐、钇的浓度输入计算机，分析线输入计算机。按照模式二（直接方式）测定。根据标准溶液和分析试液的强度值，由计算机计算，校正并输出各元素的浓度。

各元素分析线见表 4-83。

表 4-83　各元素分析线表　（nm）

元　素	分析线	元　素	分析线
La	333.749	Sm	359.260
Pr	422.533	Y	417.755
Nd	445.157		

计算：

$$A_i = \frac{c_i \times W_i \times 10^{-6} \times 100}{m} \times 100\%$$

式中　A_i——待测稀土元素的含量，%；

c_i——待测稀土元素氧化物的浓度，μg/mL；

W_i——待测稀土元素氧化物转化为单质的系数；

m——称取试样的质量，g。

【注意事项】

（1）测定标准溶液前先用混标进行寻峰，混标的配制法：准确移取 20mL 母液于 200mL 容量瓶中，加 20mL 盐酸（1+1），以水稀释至刻度，摇匀。

（2）本法也适用于氧化铈、氯化铈等纯度的测定，保持被测液 TREO 浓度 1mg/mL。

（3）金属铈纯度的计算为 100%减去 5 个稀土杂质的含量。

【允许差】

分析结果差值应不大于表 4-84 所列的允许差。

表 4-84　允许差表　（%）

氧化物	含量范围	相对误差
氧化镧	0.01～0.10	20
	>0.10～0.50	15
	>0.50～1.0	10
氧化镨	0.0050～0.010	25
氧化钕	>0.010～0.10	20
氧化钐	>0.10～0.50	15

续表 4-84

氧化物	含量范围	相对误差
氧化钇	0.0010~0.0050	30
	>0.0050~0.010	25
	>0.010~0.10	20

4.2.5.30 金属镨及其化合物中氧化镧、氧化铈、氧化钕、氧化钐、氧化钇的测定（等离子体发射光谱法）

【适用范围】（各元素以氧化物计）

本法适用于镨及其化合物中氧化镧、氧化铈、氧化钕、氧化钐、氧化钇的测定，测定范围见表 4-85。

表 4-85 测定范围表 （%）

元　素	测定范围	元　素	测定范围
La_2O_3	0.010~0.25	CeO_2	0.010~0.25
Nd_2O_3	0.032~0.80	Sm_2O_3	0.010~0.25
Y_2O_3	0.010~0.25		

【方法提要】

试样以盐酸溶解，在稀盐酸介质中，直接以氩等离子体光源激发，进行光谱测定。

【试剂与仪器】

（1）盐酸，1+1。

（2）硝酸，1+1。

（3）过氧化氢，30%。

（4）氩气，>99.99%。

（5）氧化镨标准溶液，称取 2.0000g 经 900℃灼烧 1h 的氧化镨（>99.99%），置于 200mL 烧杯中，加 20mL 盐酸（1+1），低温加热溶清后冷却至室温，溶液移入 200mL 容量瓶中，用水稀释至刻度，摇匀。此溶液 1mL 含 10mg 氧化镨。

（6）氧化镧标准溶液，1mg/mL（>99.99%）。

（7）氧化铈标准溶液，1mg/mL（>99.99%）。

（8）氧化钕标准溶液，1mg/mL（>99.99%）。

（9）氧化钐标准溶液，1mg/mL（>99.99%）。

（10）氧化钇标准溶液，1mg/mL（>99.99%）。ICPS-7500 计算机控制顺序扫描单色仪倒数线色散率不大于 0.26nm/mm。氩等离子体光源，使用功率 1.2kW。

【工作条件】

氩气流量：冷却气流量 14L/min，等离子气流量 1.2L/min，载气流量 0.7L/min，清洗气流量 3.5L/min。观测高度为线圈上方 15mm。雾化器提升量 1mL/min，水冲洗时间 10s，样品冲洗时间 40s。

【标准溶液的配制】

（1）母液的配制。准确称取 5.00mL 氧化镧（1mg/mL）、5.00mL 氧化铈（1mg/

mL)、16.00mL 氧化钕(1mg/mL)、5.00mL 氧化钐(1mg/mL)、5.00mL 氧化钇(1mg/mL)标准溶液于 200mL 容量瓶中，加入 20mL 盐酸(1+1)，以水稀释至刻度，摇匀。

母液成分见表 4-86。

表 4-86 母液成分表 (μg/mL)

La_2O_3	CeO_2	Nd_2O_3	Sm_2O_3	Y_2O_3
25	25	80	25	25

(2) 测样用标准溶液的配制。准确移取 20.00mL 母液于 200mL 容量瓶中，加入 20.00mL 10mg/mL 氧化镨标准溶液，加 20mL 盐酸(1+1)，以水稀释至刻度，摇匀，制得标样 1；准确移取 10.00mL 母液于 200mL 容量瓶中，加入 20.00mL 10mg/mL 氧化镨标准溶液，加 20mL 盐酸(1+1)，以水稀释至刻度，摇匀，制得标样 2；准确移取 20.00mL 标样 1 于 200mL 容量瓶中，加入 18.00mL 10mg/mL 氧化镨标准溶液，加 20mL 盐酸(1+1)，以水稀释至刻度，摇匀，制得标样 3；准确移取 10.00mL 标样 1 于 250mL 容量瓶中，加入 24.00mL 10mg/mL 氧化镨标准溶液，加 25mL 盐酸(1+1)，以水稀释至刻度，摇匀，制得标样 4。

标准样品成分见表 4-87。

表 4-87 标准样品成分表 (μg/mL)

标样	Pr_6O_{11}	La_2O_3	CeO_2	Nd_2O_3	Sm_2O_3	Y_2O_3
1	1000	2.5	2.5	8	2.5	2.5
2	1000	1.25	1.25	4	1.25	1.25
3	1000	0.25	0.25	0.8	0.25	0.25
4	1000	0.10	0.10	0.32	0.10	0.10

【操作步骤】

(1) 分析试液的制备，准确称取 0.0828g 金属试样，置于 100mL 烧杯中，加入 10mL 盐酸(1+1)，低温加热溶解并冷却至室温，移入 100mL 容量瓶中，用水稀释至刻度，摇匀待测。

(2) 仪器操作(略)。

(3) 测定，将标准溶液中镧、铈、钕、钐、钇的浓度输入计算机，分析线输入计算机。按照模式二(直接方式)测定。根据标准溶液和分析试液的强度值，由计算机计算，校正并输出各元素的浓度。

各元素分析线见表 4-88。

表 4-88 各元素分析线表 (nm)

元素	分析线	元素	分析线
La	333.749	Sm	446.734
Ce	446.021	Y	324.228
Nd	445.157		

计算：

$$A_i = \frac{c_i W_i \times 10^{-6} \times 100}{m} \times 100\%$$

式中 A_i——待测稀土元素的含量，%；

W_i——待测稀土元素氧化物转化为单质的系数；

c_i——待测稀土元素氧化物的浓度，μg/mL；

m——称取试样的质量，g。

【注意事项】

（1）测定标准溶液前先用混标进行寻峰，混标的配制法：准确移取 20mL 母液于 200mL 容量瓶中，加 20mL 盐酸（1+1），以水稀释至刻度，摇匀。

（2）本法也适用于氧化镨、氯化镨等纯度的测定，保持被测液 TREO 浓度 1mg/mL。

（3）金属镨纯度的计算为 100%减去 5 个稀土杂质的含量。

【允许差】

分析结果差值不应大于表 4-89 所列的允许差。

表 4-89 允许差表 （%）

氧化物	含量范围	相对误差
氧化钕	0.32~0.10	25
	>0.10~0.30	20
	>0.30~0.80	15
氧化镧、氧化铈、氧化钐、氧化钇	0.010~0.025	30
	>0.025~0.10	25
	>0.10~0.25	20

参 考 文 献

[1] 池汝安，王淀佐. 稀土矿物加工 [M]. 北京：科学出版社，2014.
[2] 池汝安，田君. 风化壳淋积型稀土矿化工冶金 [M]. 北京：科学出版社，2006.
[3] 李永绣. 离子吸附型稀土资源与绿色提取 [M]. 北京：化学工业出版社，2014.
[4] 池汝安，王淀佐. 稀土选矿与提取技术 [M]. 北京：科学出版社，1996.
[5] 黄礼煌. 稀土提取技术 [M]. 北京：冶金工业出版社，2006.
[6] 陈健，吴楠. 世界稀土资源现状分析与我国稀土资源可持续发展对策 [J]. 农业现代化研究，2012，33 (1)：74~77.
[7] R. E. Hannigan, E. R. Sholkovitz. The development of middle rare earth element enrichments in freshwaters：wrathering of phosphate minerals [J]. Chemical Geology，2001，175 (3)：495~508.
[8] F. E. Katrak. Rare Earths Extraction Preparation and Applications [M]. A Publication of TMS，1989.
[9] 周传典. 发挥我国稀土优势为四化建设服务 [J]. 中国稀土学报，1983，1 (1)：1~2.
[10] Chi Ru-an，Zhu Guoca. Rare earth partitioning of granitoid weathering crust in southern China [J]. Transactions of Nonferrous Metals Society of China，1998，8 (4)：693~699.
[11] 程建忠，车丽萍. 中国稀土资源开采现状及发展趋势 [J]. 稀土，2010，31 (2)：65~69.
[12] 苏文清. 中国稀土产业竞争力评价和分析 [J]. 稀土，2004，25 (5)：91~99.
[13] Chi Ru-an，Li Longfeng，Peng Cui，et al. Partitioning properties of rare earth ores in China [J]. Rare Metals，2005，24 (3)：205~210.
[14] Ma Yingjun，Huo Runke，Liu Congqiang. Speciation and fractionation of rare earth elements in a lateritic profile from southern China：Identification of the carrers of Ce anomalies [C]. //Proceeding of the Goldschmidt Conference，Daves，Switzerland. 2002.
[15] 江祖成，蔡汝秀，张华山. 稀土元素分析化学 [M]. 北京：科学出版社，2000.
[16]《稀土》编写组. 稀土（上册）[M]. 北京：冶金工业出版社，1987.
[17] 李洁，张哲夫. 稀土功能材料现状与分析 [J]. 稀土金属与硬质合金，2002，30 (1)：42~45.
[18] 陈占恒. 稀土新材料及其在高技术领域的应用 [J]. 稀土，2000，21 (1)：53~57.
[19] 杨遇春，汪玉都. 稀土在中国高新材料研制开发中的应用 [J]. 中国稀土学报，1996，14 (1)：72~78.
[20] 饶国华，冯绍健. 离子型稀土矿发现、命名与提取工艺发明大解密（一） [J]. 稀土信息，2007 (8)：28~31.
[21] 饶国华，冯绍健. 离子型稀土矿发现、命名与提取工艺发明大解密（二） [J]. 稀土信息，2007 (9)：26~28.
[22] 饶国华，冯绍健. 离子型稀土矿发现、命名与提取工艺发明大解密（三） [J]. 稀土信息，2007 (10)：25~27.
[23] 池汝安，田君. 风化壳淋积型稀土矿评述 [J]. 中国稀土学报，2007，25 (6)：641~645.
[24] Chi Ru-an，Tian Jun，Li Zhong-jun et al. Existing State and Partitioning of Rare Earths on Weathered Ores [J]. Journal of Rare Earths，2005，23 (6)：756~759.
[25] Tian Jun，Chi Ru-an，Zhu Guo-cai，et al. Leaching hydrodynamics of weathered crust elution-deposited rare earth ore [J]. Transactions of Nonferrous Metals Society of China，2001，11 (3)：434~437.
[26] 田君，尹敬群，欧阳克氙，等. 风化壳淋积型稀土矿提取工艺绿色化学内涵与发展 [J]. 稀土，2006，27 (1)：70~72.
[27] Tian Jun，Chi Ru-an，Yin Jingqun. Leaching process of rare earths from weathered crust elution-deposited rare earth ore [J]. Transactions of Nonferrous Metals Society of China，2010，20 (5)：892~896.

[28] 霍明远. 中国南岭风化壳型稀土资源分布特征 [J]. 自然资源学报, 1992, 7 (1): 64~70.
[29] 池汝安, 王淀佐. 南方稀土矿浸出液提取稀土评述 [J]. 湿法冶金, 1993 (1): 6~10.
[30] 兰自淦, 段友桃. 离子吸附型稀土矿生产中节省草酸用量的工艺 [J]. 稀土, 1990 (1): 61~63.
[31] 李秀芬, 池汝安. 稀土矿淋出液除杂工艺的研究 [J]. 矿产综合利用, 1997 (2): 10~13.
[32] 李秀芬. 硫化钠从稀土矿淋出液中除重金属离子 [J]. 矿产综合利用, 2000 (3): 46~47.
[33] 邱廷省, 方夕辉, 罗仙平, 等. 磁处理强化草酸沉淀稀土浸出液过程的研究 [J]. 稀有金属, 2004, 28 (4): 811~814.
[34] Qiu Tingsheng, Fang Xihui, Cui Lifeng, et al. Behavior of leaching and precipitation of weathering crust ion-absorbed type by magnetic field [J]. Journal of Rare Earths, 2008, 26 (2): 274~278.
[35] 邱廷省, 罗仙平, 方夕辉, 等. 风化壳淋积型稀土矿磁场强化浸出工艺 [J]. 矿产综合利用, 2002 (5): 14~16.
[36] 喻庆华, 李先柏. 晶型碳酸稀土的形成及其影响因素 [J]. 中国稀土学报, 1993, 11 (2): 171~173.
[37] 喻庆华, 李先柏. 晶型碳酸稀土与稀土配分 [J]. 稀有金属与硬质合金, 1997 (3): 8~12.
[38] Chi Ru-an, Xu Zhi-gao, Zhu Guang-cai, et al. Solution-Chemistry Analysis of Ammonium Bicarbonate Consumption in Rare-Earth-Element Precipitation [J]. Metallurgical and Materials Transactions B, 2003, 34 (5): 611~617.
[39] 尹敬群, 卢盛良. 用风化壳淋积型稀土矿控速淋浸浸出液制备晶型碳酸稀土 [J]. 湿法冶金, 1995 (4): 9~14.
[40] Tian Jun, Yin Jingqun, Chen Kaihong, et al. Optimisation of mass transfer in column elution of rare earths from low grade weathered crust elution-deposited rare earth ore [J]. Hydrometallurgy, 2010, 103 (1): 211~214.
[41] 田君, 尹敬群, 谌开红, 等. 风化壳淋积型稀土矿浸出液沉淀浮选溶液化学分析 [J]. 稀土, 2011, 32 (4): 1~7.
[42] Chi Ru-an, Xu Zhigao. A solution chemistry approach to the study of rare earth element precipitation by oxalic acid [J]. Metallurgical and Materials Transactions B, 1999, 30 (2): 189~195.
[43] 刘光德, 刘锦春, 刘良斌, 等. 稀土元素的沉淀浮选法研究 [J]. 分析实验室, 1992, 11 (1): 30~32.
[44] 刘光德, 刘锦春, 刘良斌, 等. 稀土元素的沉淀浮选 (Ⅱ) [J]. 武汉大学学报, 1992 (4): 83~86.
[45] Tian Jun, Yin Jing-qun, Chen Kai-hong, et al. Extraction of rare earths from the leach liquor of the weathered cruste lution-deposited rare earth ore with non-precipitation [J]. International Journal of Mineral Processing, 2011, 98 (3): 125~131.
[46] Chi Ru-an, Xu Jing-ming, He Pei-jiong, et al. Recovering RE from leaching liquor of rare earth ore by extraction [J]. Transactions of Nonferrous Metals Society of China, 1995, 5 (4): 36~40.
[47] 田君, 尹敬群, 欧阳克氙. 从风化壳淋积型稀土矿高柱效浸出液中溶剂萃取氯化稀土的研究 [J]. 湿法冶金, 1998 (2): 45~49.
[48] 朱屯. 萃取与离子交换 [M]. 北京: 冶金工业出版社, 2005.
[49] 杨伯和, 王平, 戴贵军. 从稀土矿石浸出液中分离稀土元素 1. 用离子交换树脂从矿石浸出液中吸附稀土 [J]. 铀冶金, 1991, 10 (3): 13~17.
[50] 郭伟信, 何捍卫, 贾守亚, 等. HEDTA 离子交换色层法分离重稀土元素 [J]. 粉末冶金材料科学与工程, 2009, 14 (3): 195~199.
[51] 张瑞华. 液膜分离技术 [M]. 南昌: 江西人民出版社, 1984.

[52] 李明玉，刘兴荣，张秀娟. 液膜法分离稀土的现状 [J]. 稀土，1994，15 (3)：45~49.
[53] 孙玉柱. 乳状液膜分离技术的研究进展 [J]. 湿法冶金，2005，24 (4)：10~15.
[54] 吴金锋，顾忠茂. 内耦合萃反交替分离法从稀溶液中提取与富集稀土的研究 [J]. 稀土，1996，17 (4)：5~10.
[55] 喻庆华，朱惠英，雷浩，等. 从低品位稀土矿渗浸液中沉淀晶型碳酸稀土 [J]. 稀土，1993，14 (4)：14~17.
[56] 张丽英，吴志华，张怀军. 晶型混合碳酸稀土的沉淀条件研究 [J]. 稀土，1996，17 (3)：61~63.
[57] 韩旗英，杨金华，凌诚，等. 晶型重稀土碳酸盐沉淀工艺技术 [J]. 湖南有色金属，2009，25 (6)：31~34.
[58] 李永绣，胡平贵，何小彬. 碳酸稀土结晶沉淀方法：中国，95108031. 8 [P]. 1997-02-05.
[59] 王毅军，郭军勋. 快速沉淀晶型碳酸钕的试验研究 [J]. 湿法冶金，2004，23 (1)：40~42.
[60] 李平，杜富英，唐定骧. 三价稀土碳酸盐的制备及热分解产物在冰晶石-氧化铝熔体中的溶解度 [J]. 中国稀土学报，1987，5 (1)：21~25.
[61] 李永绣，黎敏，何小彬，等. 碳酸稀土的沉淀与结晶过程 [J]. 中国有色金属学报，1999，9 (1)：165~170.
[62] 辜子英，李永绣，何小彬，等. 碳酸镧沉淀的自发结晶性能 [J]. 稀土，2001，22 (2)：7~9.
[63] Li Yongxiu，Li Min，Hu Pinggui，et al. Study on the crystallization process of yttrium carbonate，Proceedings of International Symposium on Industrial Crystallization [J]. Chemical Industry Press，1998 (9)：49~54.
[64] Li Yongxiu，Li Min，Hu Pinggui，et al. Study on the precipitation and crystallization process of rare earth carbonate. Proceedings of International Symposium on Industrial Crystallization [J]. Chemical Industry Press，1998 (9)：85~90.
[65] 焦小燕，罗贤满，杨宇俊，等. 碳酸氢钠沉淀镧及碳酸镧的结晶过程研究 [J]. 稀有金属与硬质合金，2001 (2)：4~8.
[66] 赵珊茸. 结晶学及矿物学 [M]. 北京：高等教育出版社，2004.
[67] 丁绪淮，谈遒. 工业结晶 [M]. 北京：化学工业出版社，1985.
[68] 张玉龙，唐磊. 人工晶体 [M]. 北京：化学工业出版社，2005.
[69] 穆劲，康诗钊. 高等无机化学 [M]. 上海：华东理工大学出版社，2007.
[70] 黄婷. 碳酸钇、碳酸钕的结晶及相关技术研究 [D]. 南昌：南昌大学，2005.
[71] 王毅军，郭军勋. 晶型碳酸镨钕沉淀制备工艺的研究 [J]. 稀有金属与硬质合金，2003，31 (2)：12~14.
[72] 何小彬，李永绣. 碳酸镨的结晶活性、外观形貌及结晶生长机制 [J]. 中国稀土学报，2002 (z3)：95~98.
[73] 李永绣，黎敏，何小彬，等. 碳酸氢铵与氯化钇反应及结晶产物的组成和晶相类型 [J]. 无机化学学报，2002，18 (11)：1138~1141.
[74] 黎敏. 碳酸钇的结晶机理及应用技术 [D]. 南昌：南昌大学，2000.
[75] 李永绣，何小彬，辜子英，等. $RECl_3$ 与 NH_4HCO_3 的沉淀反应及伴生杂质的共沉淀行为 [J]. 稀土，1999，20 (2)：19~22.
[76] 胡平贵，焦晓燕，何小彬，等. 碳酸氢铵沉淀钇基重稀土时共存铁、铝杂质离子的行为研究 [J]. 稀土，2000，21 (5)：1~4.
[77] 柳松. 水溶液中碳酸铈的陈化过程 [J]. 无机盐工业，2007，39 (8)：31~32.
[78] 丁家文，李永绣，黄婷，等. 镧石型碳酸钕的形成及晶种对结晶的促进作用 [J]. 无机化学学报，2005，21 (8)：1213~1217.

[79] 李永绣，黄婷，罗军明，等. 水菱钇型碳酸钕的形成及聚甘油酸酯对结晶的影响 [J]. 无机化学学报，2005，21（10）：1561~1565.
[80] 罗贤满. 碳酸镧的结晶及添加剂对结晶过程的影响 [D]. 南昌：南昌大学，2001.
[81] 贺伦燕，王似男. 碳酸稀土晶粒状沉淀制取工艺的研究 [J]. 稀有金属与硬质合金，1993（4）：18~21.
[82] 贺伦燕，李南萍. 用碳酸氢铵沉淀制备晶状碳酸钇的机理研究 [J]. 稀土金属与硬质合金，2002，30（1）：1~5.
[83] 冯天泽. 稀土碳酸盐的制法，性质和组成 [J]. 稀土，1989（3）：45~49.
[84] 柳松，马荣骏. 水合稀土碳酸盐的红外光谱 [J]. 科学技术与工程，2007，7（7）：1430~1433.
[85] Liu Song, Ma Rongjun. synthesis and structure of hydrated neodyuium carbonate [J]. J Crystal Growth, 1999（203）：454~457.
[86] 徐光宪，稀土（上册）[M]. 北京：冶金工业出版社，2005，211~220.
[87] 郑大中. 稀土的应用现状与发展前景 [J]. 四川化工与腐蚀控制，2001，5（4）：27~31.
[88] 刘书祯，涂黎明. 稀土添加剂在冶金工业中的应用 [J]. 金属材料与冶金工程，2011，39（1）：48~51.
[89] 李振宏，伍虹. 我国稀土应用的现状与前景 [J]. 稀土，1996，17（26）：48~52.
[90] 卢冠忠，郭耘，郭杨龙. 稀土在石化燃料催化燃烧中的作用及其研究 [J]. 中国基础科学，2004（4）：19~23.
[91] 郑勇，程金树，李宏，等. 稀土在玻璃和微晶玻璃中的应用 [J]. 应用技术，2005（5）：49~52.
[92] 朱虹，穆柏春. 稀土元素在陶瓷材料中的应用 [J]. 佛山陶瓷，2007（1）：35~38.
[93] 刘润红. 稀土磁性材料的应用及前景 [J]. 有色金属工业，2002（1）：60~61.
[94] 李存雄，孟德斌. 稀土在农业上的应用及其发展前景 [J]. 贵州师范大学学报，1994，12（3）：67~72.
[95] 丁海燕. 稀土在皮毛染色过程中助染作用的研究 [J]. 皮革化工，2002，19（4）：4~6.
[96] 杨代胜，刘子恩，王玲. 键和性稀土荧光高分子材料的研究进展 [J]. 高新技术，2012（8）：15~18.
[97] 溪洪民. 稀土元素资源与应用 [D]. 长春：吉林大学，2007.
[98] S. B. Castor. Rare earth deposits of North America [J]. Resource Geology, 2010, 58（4）：337~347.
[99] Y. Kanazawa, M. Kamitani. Rare earth minerals and resources in the world [J]. Journal of Alloys and Compounds, 2006（408~412）：1339~1343.
[100] Xiong Jiaqi. Analysis and Outlook of Global Rare Earth Market（continued）[J]. China Rare Earth Information, 2008, 14（12）：1~3.
[101] P. Falconnet. The economics of rare earths [J]. Journal of the Less Common Metals, 1985, 111（1~2）：9~15.
[102] 胡朋. 国外稀土资源开发与利用现状 [J]. 世界有色金属，2009（9）：72~74.
[103] 池汝安，徐景明，何培炯，等. 世界稀土资源及其开发 [J]. 辽宁冶金，1994（1）：8~13.
[104] 连俊坚. 我国主要类型稀土矿床地采选研究动态与进展 [J]. 冶金地质动态，1996（11）：20~23.
[105] 池汝安，徐景明，何培炯，等. 华南花岗岩风化壳中稀土元素地球化学及矿石性质研究 [J]. 地球化学，1995，24（3）：261~269.
[106] 贺伦燕，王似男. 我国南方离子吸附型稀土矿 [J]. 稀土，1989，10（1）：39~44.
[107] 梁国兴，池汝安，朱国才. 风化型稀土矿的矿石性质研究 [J]. 稀土，1997，18（5）：5~9.
[108] 池汝安，田军，罗仙平，等. 风化壳淋积型稀土矿的基础研究 [J]. 有色金属科学与工程，2012，3（4）：1~13.

[109] 李春，田君. 离子型稀土矿原地浸矿中反吸附问题的探讨 [J]. 江西有色金属，2001 (2)：5~8.
[110] 罗仙平，邱廷省，严群，等. 风化壳淋积型稀土矿的化学提取技术研究进展及发展方向 [J]. 南方冶金学院学报，2002，23 (5)：1~5.
[111] 伍红强，尹艳芬，方夕辉. 风化壳淋积型稀土开采及分离技术的现状与发展 [J]. 有色金属科学与工程，2010，1 (2)：73~76.
[112] 李天煜，熊治廷. 南方离子型稀土矿开发中的资源环境问题与对策 [J]. 国土与自然资源研究，2003，23：42~44.
[113] 罗家珂. 风化壳淋积型稀土矿提取技术的进展 [J]. 国外金属矿选矿，1993 (12)：19~28.
[114] 池汝安. 离子吸附型稀土矿矿物学及稀土提取理论和工艺研究 [D]. 长沙：中南工业大学，1991.
[115] 田君，尹敬群. 我国南方某稀土矿浸出动力学与传质的研究 [J]. 稀有金属，1996，20 (5)：330~342.
[116] 李春. 原地浸矿新工艺在离子型稀土矿的推广应用 [J]. 有色金属科学与工程，2011，02 (1)：63~67.
[117] 吴爱祥，尹升华，李建锋. 离子型稀土矿原地溶浸溶浸液渗流规律的影响因素 [J]. 中南大学学报(自然科学版)，2005，36 (3)：506~510.
[118] 赖兆添，姚渝州. 采用原地浸矿工艺的风化壳淋积型稀土矿山“三率”问题的探讨 [J]. 稀土，2010，31 (2)：86~88.
[119] 汤洵忠，李茂楠，杨殿. 离子型稀土原地浸析采矿的再吸附问题及对策 [J]. 中南工业大学学报，1998 (6)：13~16.
[120] 卢盛良，卢朝晖，吴南萍. 离子型稀土矿控速淋浸工艺研究 [J]. 湿法冶金，1997 (3)：34~39.
[121] 卢盛良，卢朝晖，吴南萍，等. 淋积型稀土矿柱浸实验研究 [J]. 江西科学，1998，16 (2)：77~83.
[122] 张京，林平. 多级搅拌浸出-洗涤塔及其在稀土矿浸洗液中的应用 [J]. 中国有色金属学报，1992，2 (2)：33~38.
[123] 贺伦燕，冯天泽，吴景探，等. 离子吸附型重稀土矿中稀土离子的交换性能和影响因素 [J]. 江西大学学报 (自然科学版)，1988，12 (3)：76~83.
[124] 贺伦燕，王似男. 离子吸附型稀土矿淋洗交换稀土动力学问题的研究 [J]. 稀有金属与硬质合金，1989 (99)：2~8.
[125] 池汝安，李隆峰，王淀佐. 吸附稀土的粘土矿离子交换平衡研究 [J]. 中南大学学报，1991，22 (2)：142~148.
[126] 池汝安，王淀佐. 离子型稀土矿选矿工艺中杂质离子的行为研究 [J]. 江西冶金，1990，10 (2)：27~31.
[127] 张长庚，毛燕红，饶国华. 离子型稀土矿中稀土与非稀土元素浸出关系的研究 [J]. 稀有金属，1991 (3)：175~179.
[128] 李永绣，周新木，刘艳珠，等. 离子吸附型稀土高效提取和分离技术进展 [J]. 中国稀土学报，2012，30 (3)：257~264.
[129] 张长庚. 复合浸出剂提取风化壳淋积型稀土矿 [J]. 湿法冶金，1993 (2)：27~30.
[130] 池汝安，王淀佐. 混合用药交换粘土矿中稀土的实验研究 [J]. 广西冶金，1991 (1)：27~31.
[131] 欧阳克氙，饶国华，姚慧琴，等. 南方稀土矿抑铝浸出研究 [J]. 稀有金属与硬质合金，2003，31 (4)：1~3.
[132] 李斯加. 南方某类稀土矿的抑杂浸出 [J]. 稀土，1996 (17)：27~30.
[133] 方夕辉，朱冬梅，邱廷省，等. 离子型稀土矿抑杂浸出中抑铝剂的研究 [J]. 有色金属科学与工程，2012，3 (3)：51~55.

[134] 毛燕红，张长庚，吴南萍，等. 离子吸附型稀土矿的除铝研究［J］. 上海金属（有色分册），1993，14（3）：16~19.

[135] 奚干卿. 离子半径的研究［J］. 海南师范学报（自然科学版），2001，14（3）：68~75.

[136] 绍宗臣，何群，王维君. 红壤中铝的形态［J］. 土壤学报，1998，35（1）：38~48.

[137] 田君，池汝安，朱国才，等. 我国南方某类稀土矿中铝的赋存状态［J］. 有色金属，2000，52（3）：58~60.

[138] 田君. 风化壳淋积型稀土矿浸取动力学与传质研究［D］. 长沙：中南大学，2010.

[139] Tian Jun，Yin Jingqun，Chi Ru-an，et al. Kinetics on leaching rare earth from the weathered crust elution-deposited rare earth ores with ammonium sulfate solution［J］. Hydrometallurgy，2010，101（3）：166~170.

[140] 李婷，涂安斌，张越非，等. 混合铵盐用于风化壳淋积型稀土矿浸出稀土的动力学研究［J］. 化工矿物与加工，2009（2）：19~24.